(Coords.)
Luís Fernando Soares Zuin
Timóteo Ramos Queiroz

AGRONEGÓCIOS

GESTÃO, INOVAÇÃO E SUSTENTABILIDADE

2ª edição

saraiva uni

saraiva EDUCAÇÃO | saraiva uni

Av. das Nações Unidas, 7221, 1º Andar
Pinheiros – São Paulo – SP – CEP: 05425-902

SAC | Dúvidas referente a conteúdo editorial, material de apoio e reclamações:
sac.sets@somoseducacao.com.br

Direção executiva Flávia Alves Bravin
Direção editorial Renata Pascual Müller
Gerência editorial Rita de Cássia S. Puoço
Coordenação editorial Fernando Alves
Edição Ana Laura Valerio
Neto Bach
Thiago Fraga
Produção editorial Daniela Nogueira Secondo

Revisão Laila Guilherme
Rosângela Barbosa
Diagramação Join Bureau
Arte de capa original Negrito Produção Editorial
Adaptação de capa Alline Garcia Bullara
Imagem de capa Getty Images Plus/iStock/8vFanl
Adaptação da 2ª tiragem Daniela Nogueira Secondo
Impressão e acabamento xxx

ERP 399.625.002.002

ISBN 978-85-7144-008-1

DADOS INTERNACIONAIS DE CATALOGAÇÃO NA PUBLICAÇÃO (CIP)
Angélica Ilacqua CRB-8/7057

Agronegócios / Luís Fernando Soares Zuin e Timóteo Ramos Queiroz (Coords.). – 2. ed. – São Paulo: Saraiva Educação, 2019.

Bibliografia
ISBN 978-85-7144-008-1

1. Agroindústria 2. Economia agrícola I. Título II. Zuin, Luís Fernando Soares III. Queiroz, Timóteo Ramos

CDD 338.1
19-0477 CDU 65:631

Índices para catálogo sistemático:
1. Agroindústria

2ª edição
1ª tiragem: 2019
2ª tiragem: 2020

COD. OBRA 5307 CL 651830 CAE 649737

A experiência não é uma realidade, uma coisa, um fato, não é fácil de definir nem identificar, não pode ser objetivada, não pode ser produzida. E tampouco é um conceito, uma ideia clara e distinta. A experiência é algo que (nos) acontece e que às vezes treme, ou vibra, algo que nos faz pensar, algo que nos faz sofrer e gozar, algo que luta pela expressão, e que às vezes, algumas vezes, quando cai nas mãos de alguém capaz de dar forma a esse tremor, então, somente então, se converte em canto. E esse canto atravessa o tempo e o espaço. E ressoa em outras experiências e em outros tremores e em outros cantos.

Jorge Larrosa
(*Tremores: escritos sobre experiência, 2017.*)

AGRADECIMENTOS

Agradecemos pelo apoio recebido dos órgãos de fomento à pesquisa – Fundação de Amparo à Pesquisa do Estado de São Paulo (Fapesp) e Conselho Nacional de Desenvolvimento Científico e Tecnológico (CNPq) – para a elaboração dos Capítulos 1, 3, 4 e 17. Agradecemos a concessão de uma bolsa Produtividade em Desenvolvimento Tecnológico e Extensão Inovadora ao Prof. Dr. Luís Fernando Soares Zuin – esses conjuntos de investigações contribuíram para o desenvolvimento destes capítulos. As opiniões, hipóteses e conclusões ou recomendações expressas neste material são de responsabilidade dos autores e não necessariamente refletem a visão da Fapesp. Contamos ainda com a colaboração da Coordenadoria de Assistência Técnica Integral (Cati/SP) e do Sindicato dos Produtores Rurais de Paragominas (SPRP).

Ficamos muito gratos a todos os técnicos-extensionistas, empreendedores, produtores e funcionários pertencentes às organizações privadas e governamentais que compõem as cadeias produtivas do agronegócio, os quais foram entrevistados para as nossas pesquisas. Os seus relatos nos ajudaram a entender como se dão as mais diversas interações nos territórios rurais e urbanos, ajudando a pensar uma cadeia produtiva dos agronegócios mais sustentável e com responsabilidade social.

SOBRE OS AUTORES

ALEXANDRE TADEU SIMON

Professor do Programa de Pós-Graduação em Engenharia de Produção da Universidade Metodista de Piracicaba (Unimep), graduado em Engenharia Mecânica pela Universidade Estadual Paulista "Júlio de Mesquita Filho" (Unesp), mestre em Engenharia de Fabricação pela Universidade Estadual de Campinas (Unicamp) e doutor em Engenharia de Produção também pela Unimep. Consultor de empresas com atuação em projetos de implantação de máquinas-ferramenta CNC e automação, desenvolve trabalhos de prospecção tecnológica na área de máquinas-ferramenta e automação. Atuou como gestor em empresas de manufatura de grande porte nos setores de produção, engenharia industrial e implantação de novas tecnologias. Gerenciou diversos projetos de implantação de máquinas-ferramenta CNC, células de manufatura e sistemas da qualidade. Trabalhou como editor técnico por mais de 30 anos em revistas especializadas na área de Produção com maior penetração nas indústrias. Possui experiência na área de Engenharia de Produção com ênfase em Logística, Gestão da Cadeia de Suprimentos e Indústria 4.0: logística sustentável, logística *lean*, logística 4.0, gestão da cadeia de suprimentos sustentável, *supply chain* 4.0.

ANDRÉA ROSSI SCALCO

Professora doutora na Faculdade de Ciências e Engenharia (FCE) da Universidade Estadual Paulista "Júlio de Mesquita Filho" (Unesp/Tupã). Graduada em Engenharia de Alimentos pela Unesp/Rio Preto, mestre e doutora em Engenharia de Produção pela Universidade Federal de São Carlos (UFSCar), com estágio de pós-doutoramento na Santa Clara University, Estados Unidos da América. Atualmente é professora do curso de Administração e professora orientadora do Programa de Pós-Graduação em Agronegócio e Desenvolvimento – Mestrado e Doutorado (PGAD) na Unesp/Tupã e pesquisadora do Centro de Pesquisa em Administração e Agronegócio (Cepeagro) nos seguintes temas: Gestão da Qualidade, Coordenação de Cadeias Agroalimentares, Cadeias Curtas Agroalimentares, Certificação no Agronegócio, Agricultura.

AUGUSTO HAUBER GAMEIRO

Engenheiro agrônomo pela Faculdade de Agronomia Eliseu Maciel da Universidade Federal de Pelotas (UFPel), bacharel em Ciências Contábeis pela Universidade Metropolitana de Santos (Unimes), mestre e doutor em Economia Aplicada pela Escola Superior de Agricultura Luiz de Queiroz da Universidade de São Paulo (Esalq-USP), com pós-doutorado pela Université Paris-Saclay (AgroParisTech/INRA). Suas áreas de dedicação e interesse são Modelagem matemática da produção agropecuária e agroindustrial e Estudo da relação entre animal, sociedade e natureza. Atualmente, é professor associado da Faculdade de Medicina Veterinária e Zootecnia da USP (FMVZ-USP), onde é responsável pelas disciplinas de Economia Aplicada e Sociologia e Extensão na graduação. Na pós-graduação, é credenciado nos Programas de Pós-Graduação em Nutrição e Produção Animal (FMVZ-USP) e em Gestão e Inovação na Indústria Animal (FZEA-USP), sendo responsável pelas disciplinas de Gestão de Custos Agropecuários e Agroindustriais, Gestão da Inovação e da Propriedade Intelectual no Agronegócio, Livestock, Society and Environment e Preparação Pedagógica. É também coordenador do Laboratório de Análises Socioeconômicas e Ciência Animal (LAE) da FMVZ-USP. Desenvolve atividades como pesquisador convidado no Grupo de Pesquisa e Extensão em Logística Agroindustrial (Esalq-LOG/USP) e como professor convidado nos Cursos de Especialização (MBA) em Gestão Estratégica do Agronegócio da Fundação Getúlio Vargas (FGV).

CÂNDIDO FERREIRA DA SILVA FILHO

Bacharel em Ciências Econômicas e em Ciências Contábeis pela Pontifícia Universidade Católica de Campinas (PUC-Campinas), mestre em Administração com ênfase em Administração Rural pela Universidade Federal de Lavras (UFLA) e doutor em Ciências Sociais pela Pontifícia Universidade Católica de São Paulo (PUC-SP). É professor em cursos de graduação e pós-graduação do Centro de Economia e Administração da PUC-Campinas. Foi membro do Grupo e Apoio Pedagógico (GAPe/COGRAD/PROGRAD), de 2014 a 2015; coordenador do Núcleo de Pesquisa e Extensão (Nupex) do Centro de Economia e Administração da PUC-Campinas, de 2009 a 2014; e diretor da Faculdade de Ciências Econômicas da PUC-Campinas, de 2002 a 2006.

CRISTIANE HENGLER CORRÊA BERNARDO

Professora associada da Faculdade de Ciências e Engenharia (FCE) da Universidade Estadual Paulista "Júlio de Mesquita Filho" (Unesp/Tupã). Possui doutorado em Educação pela Universidade Federal de Mato Grosso do Sul (UFMS), mestrado em Comunicação Midiática pela Unesp, especialização em Comunicação e Marketing e graduação em Comunicação Social com habilitação em Jornalismo pela Pontifícia Universidade Católica de Campinas (PUC-Campinas). É livre-docente em Comunicação Empresarial pela Unesp. Ministra as disciplinas de Comunicação Empresarial e Trabalho Interdisciplinar Orientado IV e V para o Curso de Administração e Construção do Conhecimento Interdisciplinar, Metodologia da Pesquisa e Comunicação, Redes e Cultura para o Programa de Pós-Graduação em Agronegócio e Desenvolvimento – Mestrado e Doutorado (PGAD) na Unesp/Tupã. Desenvolve projeto de pesquisa na área de Comunicação Rural, Responsabilidade Socioambiental e Educação e Trabalho. É membro do Centro de Pesquisa em Administração e Agronegócio (Cepeagro) e do grupo Pesquisa em Gestão e Educação Ambiental (PGEA). Tem experiência em assessoria de comunicação, redação jornalística, ética, comunicação empresarial, marketing e gestão educacional, tendo atuado especialmente nos seguintes temas: Educação, Eesponsabilidade Socioambiental, Comunicação Rural, Comunicação Empresarial e Comunicação Científica.

EDER APARECIDO DE SOUSA

Possui graduação em Administração com ênfase em Análise de Sistemas pela Faculdade de Ciências, Contabilidade e Administração de Tupã (FACCAT), graduação em Pedagogia pela Faculdade Reges de Osvaldo Cruz, licenciatura plena em Administração pela Faculdade de Tecnologia de Marília (Fatec) e MBA em Gestão Estratégica de Negócios também pela Faculdade Reges. É docente orientador do Programa de Pós-Graduação em Agronegócio e Desenvolvimento – Mestrado e Doutorado (PGAD) da Universidade Estadual Paulista "Júlio de Mesquita Filho" (Unesp/Tupã) e atualmente é também professor coordenador do Ensino Técnico do Centro Estadual de Educação Tecnológica Paula Souza (CEETEPS) e professor da Faculdade Reges.

EDUARD PRANCIC

Possui doutorado em Engenharia de Produção pela Universidade Federal de São Carlos (UFSCar), mestrado em Engenharia de Produção pela Universidade Federal de Itajubá (Unifei), especialização em Qualidade e Produtividade, graduação em Administração de Empresas e em Tecnologia em Mecânica de Precisão. Atualmente exerce o cargo de diretor do Centro de Economia e Administração da Pontifícia Universidade Católica de Campinas (PUC-Campinas). Tem experiência na área de Administração, com ênfase em Gestão de Operações, atuando principalmente nos seguintes temas: Gestão da Qualidade, Gestão do Desenvolvimento do Produto, Certificação da Qualidade, Gestão de Serviços e Sistemas de Medição de Desempenho.

EDUARDO GUILHERME SATOLO

Professor doutor na Faculdade de Ciências e Engenharia (FCE) da Universidade Estadual Paulista "Júlio de Mesquita Filho" (Unesp/Tupã). Graduado, mestre e doutor em Engenharia de Produção pela Universidade Metodista de Piracicaba (Unimep), com MBA em Gestão e Produção de Açúcar e Álcool pela Faculdade de Tecnologia de Piracicaba (Fatep) e pós-doutorado em Engenharia de Produção e Sistemas Computacionais pelo Programa de Pós-Graduação da Universidade Federal Fluminense (UFF). Atualmente é docente permanente do Programa de Pós-Graduação em Agronegócio e Desenvolvimento – Mestrado e Doutorado (PGAD) da Unesp/Tupã, pesquisador do Centro de Pesquisa em Administração e Agronegócio (Cepeagro), líder do Laboratório DGE (Design Thinking, Gestão e Engenharia Industrial) da UFF/Unesp, tutor do Grupo PET/Empreendedorismo e membro do Núcleo de Desenvolvimento e Otimização de Processos e Sistemas Produtivos (Unimep). Atua em pesquisas nas áreas de Gestão da Produção, Gestão da Qualidade, Gestão da Cadeia de Suprimentos, Planejamento e Controle da Produção e Sustentabilidade Organizacional.

FABIANA CUNHA VIANA LEONELLI

Docente da Faculdade de Zootecnia e Engenharia de Alimentos da Universidade de São Paulo (FZEA-USP), na área de Ciências Sociais, Econômicas e de Gestão aplicadas ao Agronegócio. Possui graduação em Engenharia Agronômica pela Escola Superior de Agricultura Luiz de Queiroz da Universidade de São Paulo (Esalq-USP), mestrado em Engenharia de Produção com ênfase em Coordenação de Cadeias Produtivas e doutorado em Engenharia de Produção com ênfase em Gestão da Qualidade, ambos pela Universidade Federal de São Carlos (UFSCar). Na área de pesquisa e extensão, atua principalmente nos seguintes temas: Rastreabilidade, Certificação de Alimentos e Coordenação de Cadeias Produtivas. É coordenadora do Grupo de Pesquisa em Certificação e Rastreabilidade (CertAgro) na FZEA-USP. Tem experiência profissional em Transferência de Tecnologias, adquirida ao longo de 8 anos de atuação na Embrapa Instrumentação Agropecuária, onde exerceu o cargo de Gerente da Área de Comunicação e Negócios.

FAUSTO MAKISHI

Possui graduação em Engenharia de Alimentos, mestrado em Engenharia de Alimentos com ênfase em Transferência de Tecnologia, Aproveitamento de Resíduos e Geração de Renda pela Universidade de São Paulo (USP) e doutorado em Engenharia de Alimentos pela mesma instituição. Atualmente é professor do Instituto de Ciências Agrárias da Universidade Federal de Minas Gerais (UFMG) nos cursos de graduação em Engenharia de Alimentos e Administração e de pós-graduação no Programa Associado UFMG/Unimontes em Sociedade, Ambiente e Território. Coordena o Núcleo Interdisciplinar de Pesquisa em Tecnologia e Humanidades (NIPTECH) no Centro de Pesquisa em Ciências Agrárias da UFMG. É membro do núcleo de pesquisa Center for Organization Studies (CORS) da USP, onde desenvolve pesquisas na linha de Cadeias de Valor e Transferência de Conhecimento e Tecnologia, com destaque para Governança e Avaliação de Impacto em Sistemas Agroindustriais. Tem experiência nas áreas de Engenharia de Alimentos, Engenharia Econômica e Economia das Organizações, com ênfase em Gestão Estratégica, Segurança Alimentar (Food Security) e Desenvolvimento Local.

GESSUIR PIGATTO

Professor doutor pela Faculdade de Ciências e Engenharia (FCE) da Universidade Estadual Paulista "Júlio de Mesquita Filho" (Unesp/Tupã). Graduado em Ciências Econômicas pela Universidade Federal do Paraná, mestre e doutor em Engenharia de Produção pela Universidade Federal de São Carlos (UFSCar). Docente do curso de Administração na área de Economia. Docente orientador do Programa de Pós-Graduação em Agronegócio e Desenvolvimento – Mestrado e Doutorado (PGAD) da Unesp/Tupã. Pesquisador e coordenador do Centro de Pesquisa em Administração e Agronegócio (Cepeagro). Tem desenvolvido pesquisas nas áreas de Competitividade no Agronegócio, Serviços de Alimentação e Canais de Distribuição.

GIULIANA APARECIDA SANTINI PIGATTO

Professora doutora na Faculdade de Ciências e Engenharia (FCE) da Universidade Estadual Paulista "Júlio de Mesquita Filho" (Unesp/Tupã). Graduada em Ciências Econômicas pela Faculdade de Ciências e Letras (FCL) da Unesp/Araraquara, mestre e doutora em Engenharia de Produção pela Universidade Federal de São Carlos (UFSCar). Docente do curso de Administração nas áreas de Comércio Exterior, Inovação e Comercialização Agrícola. Docente orientadora do Programa de Pós-Graduação em Agronegócio e Desenvolvimento – Mestrado e Doutorado (PGAD) da Unesp/Tupã. Pesquisadora do Centro de Pesquisa em Administração e Agronegócio (Cepeagro). Desenvolve pesquisas nas áreas de inovação e sustentabilidade, nova economia institucional – economia dos custos de transação, estruturas de concorrência e estratégias competitivas e comércio internacional.

JÉSSICA DOS SANTOS LEITE GONELLA

Doutoranda em Engenharia de Produção pela Universidade Federal de São Carlos (UFSCar). Mestre em Agronegócio e Desenvolvimento pelo Programa de Pós-Graduação em Agronegócio e Desenvolvimento (PGAD) da Universidade Estadual Paulista "Júlio de Mesquita Filho" (Unesp/Tupã) e bacharela em Administração pela Faculdade de Ciências e Engenharia (FCE), também da Unesp/Tupã. Atualmente faz parte do grupo de pesquisa em Redução de Lead Time da Universidade Federal de São Carlos (UFSCar) e atua nas linhas de pesquisas de Gestão da Cadeia de Suprimentos e Economia Circular.

JOÃO GUILHERME DE CAMARGO FERRAZ MACHADO

Professor doutor na Faculdade de Ciências e Engenharia (FCE) da Universidade Estadual Paulista "Júlio de Mesquita Filho" (Unesp/Tupã). Graduado em Zootecnia pela Faculdade de Ciências Agrárias e Veterinárias (FCAV) da Unesp/Jaboticabal, mestre e doutor em Engenharia de Produção pela Universidade Federal de São Carlos (UFSCar) e pós-doutor em Ciência da Informação pela Faculdade de Filosofia e Ciências (FFC) da Unesp/Marília. Atualmente atua no curso de Administração e no Programa de Pós-Graduação em Agronegócio e Desenvolvimento – Mestrado e Doutorado (PGAD) da Unesp/Tupã. Pesquisador do Centro de Pesquisa em Administração e Agronegócio (Cepeagro), desenvolvendo pesquisas nas seguintes áreas: Marketing Estratégico, Inovação em Serviços, Gestão de Empreendimentos Rurais e Gestão de Sistemas Agroindustriais.

JOSÉ VICENTE CAIXETA FILHO

Graduado em Engenharia Civil pela Escola Politécnica da Universidade de São Paulo (Poli-USP), mestre em Economia pela University of New England (Austrália), doutor em Engenharia de Transportes pela Poli-USP, pós-doutor pela Christian-Albrechts Universität zu Kiel (Alemanha) e pela University of Illinois (Estados Unidos). Atualmente é professor titular junto ao Departamento de Economia, Administração e Sociologia da Escola Superior de Agricultura Luiz de Queiroz da Universidade de São Paulo (Esalq-USP) e coordenador do Grupo de Pesquisa e Extensão em Logística Agroindustrial (Esalq-LOG). Foi diretor da Esalq de 2011 a 2014. Sua área de atuação em termos de ensino, pesquisa e extensão é voltada para temas e instrumentais analíticos relacionados à Logística Agroindustrial, com destaque para os trabalhos focados nos seguintes temas: Transporte, Armazenamento, Pesquisa Operacional (programação linear e inteira, particularmente). Recebeu, em 2016, o 61º Prêmio Fundação Bunge – Categoria Vida e Obra, na área de Infraestrutura de Transportes.

JÚLIO CESAR PASCALE PALHARES

Graduado em Zootecnia pela Universidade Estadual Paulista "Júlio de Mesquita Filho" (Unesp/Jaboticabal), mestre em Agronomia pela Unesp/Botucatu e doutor em Ciências da Engenharia Ambiental pela Universidade de São Paulo (USP). É professor do curso de pós-graduação em Nutrição e Produção Animal da Faculdade de Medicina Veterinária e Zootecnia da USP (FMVZ-USP), secretário da Sociedade Brasileira dos Especialistas em Resíduos das Produções Agropecuária e Agroindustrial (Sbera) e pesquisador da Embrapa Pecuária Sudeste, atuando especialmente com os seguintes temas: Impactos das Produções Animais nos Recursos Hídricos, Demanda Hídrica das Atividades Pecuárias e Indicadores de Desempenho Ambiental.

JULIO OTÁVIO JARDIM BARCELLOS

Professor titular da Faculdade de Agronomia da Universidade Federal do Rio Grande do Sul (UFRGS). Médico veterinário formado pelo Centro Universitário da Região da Campanha (URCAMP), mestre e doutor em Zootecnia pela UFRGS. Atua como docente orientador permanente dos Programas de Pós-Graduação em Agronegócio e Zootecnia – Mestrado e Doutorado da UFRGS, sendo coordenador do Centro de Estudos e Pesquisas em Agronegócios (CEPAN) e do Programa de Pós-Graduação em Zootecnia (PPG Zootecnia), além de ser revisor científico de diversas revistas nacionais e internacionais. Tem experiência nas áreas de Cadeias Produtivas Agroindustriais, com foco nas Cadeias Produtivas da Carne, Análise de Sistemas de Produção na Agropecuária, Produção de Bovinos de Corte, Organização de Sistemas de Produção, Inovação aplicada à Produção Animal e Gestão da Produção Animal.

LEONID DVORTSIN

De nacionalidade holandesa, é mestre em Estratégia e Gestão da Inovação pela Faculdade de Economia e Negócios da Universidade de Groningen e PhD em Sociologia Rural pela Universidade de Wageningen (WUR), ambas na Holanda. Foi pesquisador no Instituto de Pesquisa em Economia Agrícola, em Haia, e trabalhou no Departamento de Agricultura, Alimentos e Meio Ambiente da Universidade de Pisa, na Itália. Atualmente, é coordenador científico para transição de energia na Universidade de Groningen.

LUÍS FERNANDO SOARES ZUIN

Docente do Departamento de Engenharia de Biossistemas da Faculdade de Zootecnia e Engenharia de Alimentos da Universidade de São Paulo (FZEA-USP) pertencente a área das ciências sociais aplicadas. Graduado em Zootecnia pela Faculdade de Ciências Agrárias e Veterinárias (FCAV) da Universidade Estadual Paulista "Júlio de Mesquita Filho" (Unesp/Jaboticabal), mestre em Medicina Veterinária pela Universidade Federal de Minas Gerais (UFMG) e doutor em Engenharia de Produção pela Universidade Federal São Carlos (UFSCar). Possui projetos de pesquisa e extensão relacionados ao desenvolvimento de uma metodologia de comunicação dialógica, voltada para a capacitação nos territórios rurais, buscando uma interação dialógica entre agentes extensionistas com produtores rurais, funcionários e demais sujeitos que residem e trabalham nos territórios rurais, auxiliando processos de desenvolvimento de novas tecnologias.

LUIZ ANTONIO CASTANHEIRA POLIGNANO

Graduado em Engenharia de Alimentos pela Universidade Federal de Viçosa (UFV) e mestre em Engenharia de Produção pela Universidade Federal de Minas Gerais (UFMG). Livre docente, pesquisador independente e empreendedor resiliente, desde 1998 tem participado de diversos projetos de consultoria em inovação para desenvolvimento de produtos, mercados e negócios agroalimentares sustentáveis e da bioeconomia. É fundador e diretor da DMEP (Desenvolvimento, Mercado e Produto), empresa brasileira que atua com consultoria estratégica para a inovação corporativa, assessoria gerencial e financeira para tração de negócios e grupo de investimento para aceleração de empreendimentos ventures. Atua junto a organizações públicas, instituições de ensino e pesquisa, grandes corporações, empresas do *middle* marketing, projetos *green field* e *startups* tecnológicas. É conselheiro, mentor e sócio de diversos empreendimentos inovadores e impactantes.

MARIO MOLLO NETO

Professor doutor na Faculdade de Ciências e Engenharia (FCE) da Universidade Estadual Paulista "Júlio de Mesquita Filho" (Unesp/Tupã). Possui pós-doutorado em Engenharia de Biossistemas na área de Construções Rurais e Ambiência pela Universidade Estadual de Campinas (Unicamp), doutorado em Engenharia Agrícola na área de Construções Rurais e Ambiência também pela Unicamp, mestrado em Engenharia de Produção pela Universidade Paulista (Unip) e graduação em Engenharia Industrial Modalidade Eletrotécnica pela Universidade São Judas Tadeu (USJT). É professor do Programa de Pós-Graduação em Agronegócio e Desenvolvimento – Mestrado e Doutorado (PGAD) da Unesp/Tupã e, atualmente, é também representante docente no Conselho Universitário e membro do Conselho de Administração e Desenvolvimento da Unesp. Possui publicações na área de Engenharia Elétrica Engenharia Eletrônica, Engenharia de Produção e Administração da Produção, Sistemas de Informação, Engenharia Agrícola e Engenharia de Biossistemas.

MATEUS JOSÉ RODRIGUES PARANHOS DA COSTA

Graduado em Zootecnia pela Faculdade de Ciências Agrárias e Veterinárias (FCAV) da Universidade Estadual Paulista "Júlio de Mesquita Filho" (Unesp/Jaboticabal), especialista em Comportamento Animal pela Universidade de São

Paulo (USP), mestre em Zootecnia pela Unesp, doutor em Psicobiologia pela USP e pós-doutor em Bem-Estar Animal pela Universidade de Cambridge. Foi pesquisador visitante na sede da Organização das Nações Unidas para a Agricultura e Alimentação (FAO), em Roma, e membro do Comitê de Bem-Estar Animal e Educação da Unidade de Bem-Estar Animal da Diretoria Geral de Saúde e Atenção ao Consumidor da União Europeia (DG SANCO), da Comissão Europeia, em Bruxelas. Tem experiência na área de Zootecnia, com ênfase nas áreas de Ecologia e Etologia dos Animais Domésticos e Bem-Estar Animal. Devido ao seu trabalho na promoção do bem-estar animal no Brasil, foi nomeado quatro vezes (de 2013 a 2016) pela Revista Dinheiro Rural como uma das 100 pessoas mais influentes do agronegócio brasileiro. Tem mais de 80 artigos científicos publicados na área. Atualmente é professor adjunto no Departamento de Zootecnia da Unesp/Jaboticabal, onde leciona Etologia e Bem-Estar Animal.

PAULO ANTONIO DA GRAÇA LIMA ZUCCOLOTTO

Graduado em Administração pela Pontifícia Universidade Católica de Campinas (PUC-Campinas) e mestre em Engenharia de Produção pela Universidade Federal de São Carlos (UFSCar). Atualmente é professor assistente da PUC-Campinas e diretor da Faculdade de Administração. Tem experiência na área de Administração, atuando principalmente nos seguintes temas: Administração, Administração em Serviços, Ensino da Administração, Energia e Meio Ambiente.

POLIANA BRUNO ZUIN

Pós-doutora pelo Departamento de Linguística da Universidade Federal de São Carlos (UFSCar), doutora e mestre em Educação e graduada em Pedagogia também pela UFSCar. Coordena o Grupo de Pesquisa e Estudos: Práticas de Letramentos e Ensino e Aprendizado da Língua Materna. Participa como pesquisadora dos grupos de estudos Linguagem e Interação: o ensino à distância e Linguagem: teorias e práticas do Departamento de Teoria e Prática da UFSCar. É docente do Programa de Pós-Graduação em Linguística da UFSCar e da Unidade de Atendimento à Criança, no regime EBTT de dedicação exclusiva. Possui experiência na área de Educação, com ênfase em processos de ensino-aprendizagem da língua materna. Atua especialmente nos seguintes temas: Processos de Ensino-Aprendizagem, Formação de Professores nas Modalidades Presencial e À Distância, Alfabetização, Letramento, Formação de Extensionistas Rurais e Práticas Dialógicas.

RENATO DIAS BAPTISTA

Professor doutor na Faculdade de Ciências e Engenharia (FCE) da Universidade Estadual Paulista "Júlio de Mesquita Filho" (Unesp/Tupã). Doutor em Comunicação e Semiótica pelo Programa de Estudos Pós-Graduados em Comunicação e Semiótica da Pontifícia Universidade Católica de São Paulo (PUC-SP). Foi professor visitante na Universidade de Santiago de Chile e Universidade San Francisco Xavier. Ministrou conferências e cursos em empresas, universidades e instituições de pesquisa no Brasil e no exterior. Assessorou empresas nos diversos subsistemas de Gestão de Pessoas. É docente do curso de graduação em Administração, sendo responsável pelas disciplinas de Gestão de Pessoas e Comportamento Humano nas Organizações, e docente orientador do Programa de Pós-Graduação em Agronegócio e Desenvolvimento – Mestrado e Doutorado (PGAD) da Unesp/Tupã. É também membro do Comitê Editorial e revisor de periódicos científicos, além de colunista da Rádio Unesp-FM. Trabalha especialmente com os temas: Estudos Organizacionais Latino-Americanos, Cultura Organizacional, Comportamento Humano nas Organizações, Comunicação Organizacional e Gestão de Pessoas.

ROBERTA DE CASTRO SOUZA

Graduada em Ciências Econômicas pela Universidade Federal do Mato Grosso do Sul (UFMS), mestre em Engenharia de Produção pela Universidade Federal de São Carlos (UFSCar), doutora em Engenharia de Produção pela Escola Politécnica da Universidade de São Paulo (Poli-USP) e pós-doutora pela Universidade de London, Royal Holloway, Egham. Foi pesquisadora visitante no Institute of Development Studies (IDS) na Universidade de Sussex, Reino Unido. Atualmente é professora doutora do Departamento de Engenharia de Produção da Poli-USP e membro do Conselho Deliberativo do Centro de Estudos das Organizações (NAP-CORS/USP). Dedica-se especialmente às áreas de Economia das Organizações, Estratégia, Organização e Gestão de Operações e Responsabilidade Social Corporativa.

ROBERTA MARA ZÜGE

Graduada, mestre e doutora em Medicina Veterinária pela Faculdade de Medicina Veterinária e Zootecnia da Universidade de São Paulo (FMVZ-USP). Coordenou o projeto de elaboração da norma brasileira de certificação de leite (MAPA).

É consultora na área de certificação de produtos agropecuários, instrutora e auditora certificada Globalgap. Tem experiência na área de Medicina Veterinária, atuando principalmente nos seguintes temas: Biotecnologia, Agronegócio, Manejo Animal, Boas Práticas Agropecuárias, Bem-estar Animal, Qualidade e Segurança de Alimentos, Certificação de Produtos Agropecuários, Normalização, NR 31, Sistemas de Produção Integrada e Gestão Agropecuária e Sistemas de Gestão de Controle de pragas em Propriedades Rurais.

ROBERTO BERNARDO

Engenheiro mecânico graduado pela Universidade Estadual Paulista "Júlio de Mesquita Filho" (Unesp/Ilha Solteira), especialista em Administração e Marketing, mestre em Agronegócio e Desenvolvimento pelo Programa de Pós-Graduação em Agronegócio e Desenvolvimento – Mestrado e Doutorado (PGAD) da Unesp/Tupã e doutorando em Engenharia de Produção pela Universidade Federal de São Carlos (UFSCar). É membro do Centro de Pesquisa em Administração e Agronegócio (Cepeagro). Na carreira docente, lecionou as seguintes disciplinas: Administração da Produção (na Unesp/Tupã), Administração de Recursos Materiais e Patrimoniais (na graduação em Administração da Unilago) e Administração e Marketing (na especialização *lato sensu* também da Unilago). Na área corporativa, atuou em multinacionais como a Coca-Cola e SHV (Supergabras e Minasgas) e em empresas nacionais de médio e grande porte, ocupando cargos de gestão de produção, operações, manutenção e instalações em diversos setores com destaque para alimentos e bebidas, GLP, metalúrgica, frigoríficos e industrial. Sua pesquisa está voltada principalmente para as áreas de Planejamento e Desenvolvimento, Cana-de-açúcar, Inovação e Difusão, Sistema de Integração lavoura-pecuária e lavoura-pecuária-floresta.

RUBENS NUNES

Graduado em Filosofia pela Universidade de São Paulo (FFLCH-USP) e em Ciências Econômicas pela mesma universidade (FEA-USP). Mestre e doutor em Economia também pela USP. Atualmente é professor doutor da Faculdade de Zootecnia e Engenharia de Alimentos da USP-Pirassununga. Tem experiência na área de Economia, com ênfase em Organização Industrial, atuando principalmente nos seguintes temas: Agronegócio, Competitividade, Defesa da Concorrência, Varejo de Alimentos e Supermercados.

SAMUEL CARVALHO DE BENEDICTO

Doutor e mestre em Administração pela Universidade Federal de Lavras (UFLA). Pós-graduado em Educação e em Biologia também pela UFLA. Graduado em Administração pela Universidade para o Desenvolvimento do Estado e da Região do Pantanal (Uniderp/Anhanguera), em Pedagogia pela Universidade do Estado de Minas Gerais (UEMG) e em Biologia e Ciências Físicas e Biológicas também pela UEMG. Possui experiência em desenvolvimento de projetos sociais com pequenos agricultores no município de Campestre-MG. Desenvolve pesquisas sobre sustentabilidade socioambiental nas comunidades Ribeirinhas do Tupé, Manaus, Amazonas. É professor titular e pesquisador do Centro de Economia e Administração da Pontifícia Universidade Católica de Campinas (PUC-Campinas), membro do Grupo de Pesquisa em Gestão Estratégica e Sustentabilidade (NUPEX-CEA/PUC-Campinas), avaliador de Instituições e Cursos Superiores do Conselho Estadual de Educação do Estado de São Paulo (CEE-SP), avaliador de Instituições e Cursos Superiores do INEP e coordenador do Programa de Pós-Graduação Stricto Sensu (Mestrado) em Sustentabilidade da PUC-Campinas.

TIMÓTEO RAMOS QUEIROZ

Professor doutor na Faculdade de Ciências e Engenharia (FCE) da Universidade Estadual Paulista "Júlio de Mesquita Filho" (Unesp/Tupã). Graduado em Administração pela Universidade Federal de Mato Grosso do Sul (FMS), mestre e doutor em Engenharia de Produção pela Universidade Federal de São Carlos (UFSCar). É coordenador do curso de Administração da Unesp e docente orientador do Programa de Pós-Graduação em Agronegócio e Desenvolvimento – Mestrado e Doutorado (PGAD – Unesp/Tupã) e do Mestrado Profissional em Administração (GOAGRO – Unesp/Jaboticabal) e pesquisador do Centro de Pesquisa em Administração e Agronegócio (Cepeagro). Compõe o corpo editorial das revistas *Custos e @gronegócio*, *Desafio*, *Revista de Ingeniería Industrial*, *Ciência Rural*, *Journal of Agrarian Sciences* e *The International Journal of Productivity and Performance Management*. É coordenador dos livros *Agronegócios: gestão e inovação* (2006) e *Agronegócios: gestão, inovação e sustentabilidade* (2015), ambos lançados pela Editora Saraiva. Tem experiência nas áreas de Administração e Agronegócios, com foco em Gestão de Redes e Cadeias Produtivas, Competitividade de Sistemas Agroindustriais, atuando principalmente nos seguintes temas: Análises de Redes de Empresas, Análises Financeiras, Sistemas de Custeio, Indicadores de Desempenho e Tomada de Decisões nos Agronegócios.

VIVIAN LARA DOS SANTOS SILVA

Professora do Departamento de Engenharia de Alimentos da Faculdade de Zootecnia e Engenharia de Alimentos da Universidade de São Paulo (FZEA/USP). Possui pós-doutorado em Administração pela Faculdade de Economia, Administração e Ciências Contábeis da USP (FEA/USP), doutorado e mestrado em Engenharia de Produção pela Universidade Federal de São Carlos (UFSCar) e graduação em Engenharia de Produção Agroindustrial também pela UFSCar. Foi pesquisadora visitante na Universidade de Paris 1/Panthéon-Sorbonne junto ao Centro ATOM e professora convidada do Departamento de Tecnologia de Alimentos da Universidade Politécnica de Valência (UPV/Espanha), exercendo pesquisa com o Grupo de Análise e Simulação de Processos Agroalimentares (ASPA) em colaboração com o Grupo de Economia Internacional e Desenvolvimento (GEID) do Departamento de Economia e Ciências da UPV. Obteve título de professora associada em 2016. É membro do Conselho Deliberativo do Núcleo de Apoio à Pesquisa Centro de Estudos das Organizações (NAP-CORS/USP), do Programa Academia/Rede Temática de Negócios de Impacto e Finanças Sociais (NIFS), coordenadora do Grupo de Estudos e Pesquisa em Estratégia e Coordenação Vertical (GEPEC), atuando ainda como professora conselheira da Enactus Brasil, ONG que se dedica a inspirar jovens à ação empreendedora. É credenciada como orientadora do Programa de Mestrado Profissional em Gestão e Inovação na Indústria Animal da FZEA/USP, colaborando ainda com o Programa de Pós-Graduação em Engenharia de Alimentos da mesma instituição.

PREFÁCIO

A leitura de cada um dos capítulos que compõe este livro fez com que eu me questionasse sobre como Monteiro Lobato criaria o "Jeca Tatu" dos dias de hoje. Provavelmente, nem teria esse nome. Criado em 1918 para ilustrar a situação do homem do campo no interior do estado de São Paulo, chamava a atenção para as condições de abandono em que viviam os habitantes da zona rural paulista, na época importante produtora de café e leite. Felizmente essa realidade mudou e o Jeca Tatu, há muito esquecido, passou a ser apenas um dos personagens (talvez o menos lembrado) das obras de Lobato, pois, mesmo para a agricultura familiar, ele não é um retrato atual do trabalhador do campo.

Desde então houve muitas mudanças, que resultaram em grande transformação econômica e social no meio rural brasileiro, produto do desenvolvimento e da aplicação de tecnologias de gestão e produção, que geraram – e continuam gerando – riqueza e renda e, consequentemente, melhor qualidade de vida para todos aqueles que vivem e trabalham no campo. Não há dúvidas de que um importante elemento dessa transformação foi a estruturação das diversas cadeias produtivas da agropecuária, passo fundamental para a concepção do conceito de agronegócio e para o estabelecimento de redes de cooperação entre diversos agentes envolvidos com a produção agropecuária, que resultaram na valorização do capital humano e proporcionaram maior eficiência no gerenciamento dos negócios agropecuários. Assim, desde há muito tempo, as críticas apresentadas por Monteiro Lobato, em sua obra *Urupês*, não fazem mais sentido.

Entretanto, ele ou qualquer outro pensador do campo teria outras críticas, pois há sempre um efeito colateral com a implementação ou expansão de qualquer atividade econômica. Paralelamente aos benefícios conquistados com o desenvolvimento tecnológico e a expansão das atividades agrícolas e pecuárias no país, surgiram novos desafios, com destaque para aqueles relacionados à preservação do meio ambiente e à utilização sustentável dos recursos naturais. Em decorrência disso, as diversas cadeias produtivas do agronegócio brasileiro passaram a ser alvo de críticas por parte da sociedade civil organizada, com foco em questões relacionadas ao desmatamento, uso da água e de outros recursos naturais, uso exagerado de defensivos agrícolas, desenvolvimento e utilização de plantas geneticamente modificadas para fins de produção de alimentos, adoção de sistemas intensivos de produção animal (pelas potenciais implicações negativas que têm no bem-estar animal), uso de hormônios e antibióticos como promotores de crescimento para animais e aumento da oferta de alimentos processados.

Apesar de muitas dessas críticas não serem sustentadas com argumentos bem fundamentados e, em alguns casos, terem como base apenas crenças ou ficções, elas têm causado impacto negativo para a imagem do agronegócio brasileiro, que carece de transparência. Isso ocorre, muito provavelmente, em função da demora e do despreparo dos atores do agronegócio em responder a essas pressões de maneira clara e precisa, permitindo que seus críticos assumam um papel relevante perante a sociedade.

Nesse complexo cenário, é necessário que se faça uma profunda reflexão sobre a situação, analisando cada uma das críticas recebidas, de modo a diferenciar aquelas que são relevantes e, por consequência, exigem uma tomada de decisão para a adoção de ações corretivas, daquelas que não o são e, portanto, necessitam ser esclarecidas. Independentemente do tipo de resposta, elas demandam agilidade e precisam ser bem fundamentadas.

É preciso definir estratégias mais eficientes para superar esses desafios, o que demanda maior adesão a um novo paradigma para orientar a produção de alimentos, que tem como base o princípio da responsabilidade socioambiental. Nesse sentido, é necessário dedicar tempo e atenção para o desenvolvimento de sistemas e técnicas de produção que sejam fundamentados em princípios éticos para desenvolvimento sustentável e o compromisso com a promoção do bem-estar de todos (humanos e animais), de modo a assegurar geração de renda para os produtores e satisfação aos consumidores, sem causar danos ao ambiente nem colocar comunidades saudáveis em perigo. A sociedade de hoje exige isso.

Esta é a contribuição mais importante desta obra: *oferecer aos leitores elementos essenciais para a reflexão sobre como conduzir as diversas atividades ligadas ao agronegócio tendo como norteadores os princípios de responsabilidade, respeito, transparência, comportamento ético e consideração pelas pessoas e pelos animais.* Não se trata de uma tarefa fácil, porém, é possível de ser realizada. Está muito claro que, para lograr êxito nessa empreitada, é necessário construir um novo caminho que oriente as mudanças e inovações necessárias para uma produção agropecuária sustentável e socialmente responsável – e isso só pode ser alcançado quando se tem como base ideias plurais e abertura para o diálogo com todos os envolvidos.

Além disso, é muito clara a mensagem de que para alcançar sucesso nessa iniciativa é necessário dispor de conhecimentos sobre as técnicas gerenciais e de produção e estar aberto às inovações que se ajustem aos princípios acima propostos. Todos esses elementos, essenciais para a adoção desse novo paradigma na organização e gestão de atividades ligadas ao agronegócio, podem ser mais bem compreendidos com a leitura de cada um dos capítulos deste livro, que trazem luz a um tema tão complexo.

Boa leitura!

Mateus Paranhos da Costa
Professor e pesquisador de Etologia e
Bem-Estar Animal na Unesp (*campus* de Jaboticabal)
Nomeado pela *Revista Dinheiro Rural* uma das
100 pessoas mais influentes do agronegócio brasileiro

APRESENTAÇÃO

A construção dos novos caminhos para uma produção agropecuária sustentável e socialmente responsável

Buscar o ato da reescrita de um texto é, na realidade, percorrer um novo caminho, acompanhado de novos olhares e novas vozes, muitas vezes diferentes e complementares daquilo que escrevemos. Como diz Ana Mae Barbosa: "Mais uma vez eu revejo minhas ideias com a colaboração das ideias dos outros. A autorrevisão é o maior exercício de liberdade que o ser humano pode almejar".[1]

Realizar a ampliação e a atualização de um material tão complexo exigiu imersão nos conceitos consolidados e ainda mais nos temas que estão na vanguarda da produção científica dos agronegócios. Os conteúdos caminham em constante mudança de acordo com as novas descobertas, olhares e posicionamentos; alguns são tomados e aceitos, enquanto outros, refutados e deixados para trás. O importante é a diversidade de sentidos e significados que se apresentam neste nosso novo trabalho.

Nesse caminho dialógico, este material leva à reflexão sobre um amplo espectro e uma leitura cada vez mais diversificada da realidade. O **diverso** é encontrado nas opiniões, nas formas de desenvolvimento, nas construções e nas inúmeras interações voltadas para a inovação presentes na vida dos territórios rurais, bem como suas várias formas e caminhos de interagir com os demais agentes da cadeia produtiva dos agronegócios.

Torna-se cada vez mais claro para os autores dessa obra que a diversidade representa o insumo mais precioso para o desenvolvimento da criatividade, do novo, presente nas inovações tecnológicas. Por outro lado, pode ser o mais custoso. Precioso devido ao encontro dos significados das coisas, presentes nas inúmeras vozes dos sujeitos, que permite gerar novos sentidos sobre as coisas que encontramos no jogo da vida, sejam elas derivadas dos mais distintos temas, lugares ou momentos. Custosa porque necessita de alguns elementos para ser vivida em sua plenitude.

1. BARBOSA, A. M. *A imagem no ensino da arte*. São Paulo: Perspectiva, 2014. p. XXXIV.

O primeiro elemento, e talvez o mais importante, diz respeito à forma de se posicionar perante o outro, ou seja, como se constituir **pelo** e **com** o outro nas interações cada vez mais complexas da vida. Pode-se afirmar que, em um primeiro momento, essas interações de sentidos, em sua maioria, não são amigáveis. São mais frequentes as do tipo "de encontro a", do que aquelas descritas como "ao encontro de". No momento da interação, são comparadas, via palavras e seus sentidos, as vivências e experiências dos interlocutores em um jogo interpretativo dos sentidos e significados pertencentes de forma única a cada um de nós – o que desperta certo desconforto quando encontramos sentidos e significados que pertencem ao nosso interlocutor. Tentar olhar o mundo pela voz do outro, do seu ponto de vista, requer um exercício complexo de alteridade, mas fundamental para descobrir o novo – que pode ser usado ou não em nossos processos criativos.

Nos territórios rurais, o encontro com a voz do outro é o que nos instiga a todo momento a descortinar soluções para os caminhos dos processos, uma vez que se tem a certeza de que a busca pelo novo é um caminho sempre inacabado – processos produtivos que buscam ser acabados, inovam pouco ou nada em produto, processo e na forma como se organizam e se relacionam. Veja a atual explosão de empresas do tipo *startup*, que buscam, de forma incessantemente desbravadora, novos negócios que sejam o mais **disruptores** possíveis, visando, assim, alcançar rapidamente o sucesso econômico e o reconhecimento social.

Este livro busca, na diversidade de autores e suas vozes, ofertar ao leitor um conjunto de repertórios que podem ser usados nas mais variadas formas de interações empreendedoras e também pedagógicas, visando ao desenvolvimento de um território rural sustentável e socialmente responsável.[2] O principal questionamento que se levantou na primeira edição ainda se faz presente neste novo livro: Como pensar uma cadeia produtiva agroindustrial ambientalmente sustentável, socialmente responsável e que ainda apresente lucratividade para todos os seus atores? Estamos certos de que os conteúdos trabalhados neste livro contribuirão para que a sociedade possa responder a essa pergunta tão complexa e desafiadora.

2. Referenciam este e os parágrafos anteriores: ZUIN, L. F. S.; ZUIN, P. B. Comunicação dialógica na gestão ambiental: novos caminhos metodológicos para a extensão rural. In: PALHARES, J. C. P.; GEBLER, L. (Orgs.). *Gestão ambiental na agropecuária*. v. 2. Brasília: Embrapa Informação Tecnológica, 2014. p. 13-48; AUBERT, A.; FLECHA, A.; GARCÍA, C.; FLECHA, R.; RACIONEIRO, S. *Aprendizagem dialógica na sociedade da informação*. São Carlos: EdUFSCar, 2016; VOLÓCHINOV, V. N. *Marxismo e filosofia da linguagem:* problemas fundamentais do método sociológico na ciência da linguagem. São Paulo: Editora 34, 2017.

Por um lado, o gestor contemporâneo defronta-se diariamente com esse questionamento, bem como com seus incontáveis desdobramentos nas atividades que permeiam as rotinas de trabalho nas organizações, que apresenta um contexto produtivo pouco confortável e amplamente desafiador. Por outro lado, podemos somar a esse fato a pressão cada vez maior dos consumidores por ofertas de produtos e serviços com características socioambientais e interacionais distintas dos modelos atuais de produção agropecuária. Quando olhamos esse cenário, começamos a visualizar um novo contexto produtivo, significativamente mais complexo, plástico e diverso do que aquele que vivenciávamos há apenas uma década.

A complexidade parte do pressuposto da presença de uma infinidade de diversidade de sentidos nas pessoas que compõem a cadeia produtiva dos agronegócios, bem como nos consumidores finais, que atribuem aos seus produtos, processos e serviços a necessidade de serem sustentáveis e socialmente justos. Acreditamos que o primeiro passo para desenvolver sistemas produtivos com essas características é instigar nos sujeitos, principalmente nos dirigentes do agronegócio, um olhar sistêmico. Entretanto, esse tipo de olhar somente é constituído por meio de uma postura dialógica.

Pensar de forma sistêmica e dialógica envolve uma abordagem diferente para os fenômenos presentes nos atuais sistemas produtivos. Os olhares dos sujeitos não podem ser mais reducionistas e centrípetos, mas, sim, amplos e centrífugos, buscando as interconexões e suas interações entre os mais variados sujeitos e elementos presentes nas propriedades rurais, bem como em todos os agentes que compõem a cadeia produtiva do agronegócio. O objetivo do olhar sistêmico e dialógico, em um primeiro momento, é visualizar as interdependências, dinâmicas e diversidades entre os vários elementos constitutivos do sistema da produção agropecuária, que podem ser agrupados em três conjuntos:[3]

- **Produtor rural:** família, vivências, experiências, projetos, necessidades, preferências e conhecimentos.
- **Ambiente produtivo:** território rural em que está inserida a propriedade, rede de contatos, fontes de informações, políticas públicas, mercado consumidor e bioma.

3. ZUIN, ZUIN, 2014. p. 13-48; DARNHOFER, I.; GIBBON, D.; DEDIEU, B. Farming systems research: an approach to inquiry. In: DARNHOFER, I.; GIBBON, D.; DEDIEU, B. *Farming systems research into the 21st century:* the new dynamic. Dordrecht: Springer Science, 2012.

- **Propriedade rural:** forma de produzir, tipo de solo, animais de produção, construções, maquinários e acesso a água.

As cadeias produtivas somente caminham em direção à sustentabilidade se forem constituídas por meio de relações dialógicas, ou seja, pela participação responsiva dos dirigentes nessa nova forma de produzir nos territórios rurais. Dificilmente a sustentabilidade nos processos produtivos será atingida por ambientes produtivos monológicos, em que apenas uma única voz é ouvida, impondo um único sentido, como novos padrões de qualidade para os demais sujeitos que fazem parte de sua cadeia produtiva.

A complexidade das relações entre os sujeitos que compõem uma cadeia produtiva reflete e refrata os inúmeros interesses que cada agente possui. Isso é natural. Os interesses são resultado de um conjunto de sentidos que cada sujeito apresenta, constituídos pelas inúmeras vozes com as quais entraram em contato durante toda a sua vivência. Esses sentidos muitas vezes são distintos, pois cada pessoa apresentará vivências e experiências de vida únicas, refletindo uma diversidade de desejos e necessidades particulares.

A gestão por meio do **giro dialógico** propõe a integração dos sujeitos e a aproximação de seus sentidos, onde o dirigente autoritário e monológico é substituído por alguém que busca no diálogo com o outro novos processos de ensino-aprendizado nos territórios rurais. Os atos que determinam uma boa gestão são permeados por inúmeros processos de ensino-aprendizado em um ambiente intrinsicamente inacabado.[4]

Entretanto, para que a produção agropecuária seja realmente sustentável, atendendo às necessidades e aos desejos dos mercados consumidores, é imprescindível o desenvolvimento de uma nova realidade nas organizações dos agronegócios, com uma mudança de paradigma no atual modelo produtivo empregado em grande parte dos agentes das cadeias produtivas dos agronegócios, com o advento inevitável de uma nova produção agropecuária, que emprega fortemente as novas tecnologias da informação e automação em suas rotinas produtivas.

Assim, o conjunto de capítulos deste livro tem o objetivo de colaborar com a construção de um novo cenário produtivo, mais dialógico e diverso em vozes e participações. Este livro encontra-se dividido em quatro partes, sendo

4. Referenciam este e os parágrafos anteriores: ZUIN, ZUIN, 2014; DARNHOFER, 2012; MORSON, G. S.; EMERSON, C. *Mikhail Bakhtin*: criação de uma prosaística. São Paulo: Edusp, 2008; BAKHTIN, M. *Estética da criação verbal*. São Paulo: Martins Fontes, 2003; AUBERT, A.; FLECHA, A.; GARCÍA, C.; FLECHA, R.; RACIONEIRO, S. *Aprendizagem dialógica na sociedade da informação*. São Carlos: EdUFSCar, 2016.

composto de conceitos introdutórios, gestão, inovação, sustentabilidade e responsabilidade social nos agronegócios.

A primeira parte, **Conceitos introdutórios**, é composta de cinco capítulos que visam introduzir ao leitor um conjunto de conteúdos com o objetivo de auxiliar os agentes pertencentes à cadeia produtiva do agronegócio a conduzir seus empreendimentos e a se relacionar com os demais atores da cadeia produtiva em que se encontram inseridos. Para isso, são expostos cinco conceitos básicos: o gestor dialógico, o desenvolvimento de estratégias, a comunicação dialógica, as metodologias de diagnóstico dialógicas e a forma como as empresas organizam-se em redes, obtendo maior lucratividade por meio do compartilhamento de recursos e informações.

A segunda parte, **Gestão nos agronegócios**, traça um panorama de alguns aspectos essenciais para a condução do empreendimento, onde o leitor poderá observar conjuntos de conceitos e relações presentes na gestão da cadeia de suprimentos, tanto a montante como a jusante da produção agropecuária; em seguida, poderá observar a introdução de conceitos relacionados à gestão da qualidade em cadeias curtas dos produtos agroalimentares, expondo conteúdos interacionais entre as organizações dos agronegócios que visam garantir o consumo seguro desses produtos pelos consumidores. Desdobrando essas informações, são ofertados ao leitor assuntos relacionados à gestão de pessoas, ou seja, a uma nova forma de gerenciar as competências nas rotinas produtivas das organizações agroindustriais. Finalizando os conteúdos relacionados à gestão do agronegócio, apresentamos ao leitor um conjunto de métodos para avaliar o resultado das atividades econômicas nos empreendimentos dos agentes dos agronegócios.

Na terceira parte, **Inovação nos agronegócios**, o leitor vai se deparar com um conjunto de capítulos que visam dialogar com os fundamentos das políticas públicas voltadas para o desenvolvimento da tecnologia e inovação nos empreendimentos agroalimentares. O objetivo é discutir com o leitor os padrões tecnológicos e o desenvolvimento de novos produtos existentes na cadeia produtiva agroindustrial, os quais apresentam em seu bojo um caráter sistêmico de inovação em vários agentes pertencentes à cadeia produtiva dos agronegócios.

Nesta parte do livro são discutidos assuntos relacionados à inovação que permeia o marketing e o consumo de serviços de alimentação, no qual é relatada a evolução desse setor, afetando significativamente o comportamento dos consumidores no que diz respeito ao consumo de alimentos fora de casa. Esse novo modo de se alimentar impacta os padrões dos alimentos que perpassam toda a cadeia produtiva do agronegócio.

Para finalizar, são apresentados exemplos de coeducação para uma nova produção agropecuária por meio do comportamento empreendedor nos sujeitos. A importância dessa forma de pensar e conduzir o empreendimento rural é explicitada quando pensamos no caráter sistêmico da inovação nos territórios rurais, em que são ofertados constantemente ao produtor rural desafios, os quais podem afetar a sobrevivência de seu empreendimento.

Na quarta parte do livro, **Sustentabilidade e responsabilidade social**, é revelado ao leitor um conjunto de informações relacionadas à sustentabilidade e à responsabilidade social dos empreendimentos das organizações que compõem a cadeia produtiva do agronegócio e o desenvolvimento de novos produtos alimentícios nos territórios rurais. Para isso, são trabalhados nos últimos quatro capítulos os desafios ambientais na agropecuária brasileira, um modelo de desenvolvimento de produtos alimentícios sustentáveis, a responsabilidade socioambiental nos agronegócios e os processos de ensino-aprendizado relacionados à educação ambiental para as crianças.

No mais, desejamos a leitoras e leitores uma boa leitura!

Luís Fernando Soares Zuin e Timóteo Ramos Queiroz

COORDENADORES

SUMÁRIO

PARTE I CONCEITOS INTRODUTÓRIOS

PARTE III INOVAÇÃO NOS AGRONEGÓCIOS

PARTE I

CONCEITOS INTRODUTÓRIOS

CAPÍTULO 1

A construção de novos caminhos para a gestão, inovação e sustentabilidade nos agronegócios

Luís Fernando Soares Zuin
Poliana Bruno Zuin
Timóteo Ramos Queiroz

INTRODUÇÃO

Nas próximas décadas, o maior desafio dos profissionais de todas as organizações que compõem as cadeias produtivas dos agronegócios será como planejar, implementar e conduzir de forma conjunta modelos produtivos economicamente viáveis, inovadores, ambientalmente corretos e socialmente justos em suas rotinas de trabalho.

Do lado do consumidor, temos cada vez mais uma pluralidade de indivíduos com desejos e necessidades distintos, relacionados aos aspectos éticos e estéticos do ato de consumo dos mais variados produtos, entre eles os alimentos. As ações dos consumidores podem ser compreendidas como um conjunto de atos, observados em seus momentos de compra, preparo e consumo, vivenciados e experimentados na interação com os alimentos tanto no ambiente interno como externo de sua casa.

A diversidade relativa às mais distintas formas de viver dos consumidores faz com que a agroindústria tenha de internalizar constantemente em suas rotinas produtivas novos processos e insumos agropecuários, buscando atender concomitantemente sujeitos que possuem demandas pulverizadas e dispersas de consumo em novos requisitos produtivos.

O alimento e suas formas de consumo refletem e refratam inúmeros significados e sentidos que vão além da sua simples presença física no mundo concreto. Logo, toda a cadeia produtiva dos agronegócios busca, frequentemente, por meio da inovação de seus produtos e processos, atender a essas inúmeras exigências de um mercado consumidor diverso, inserido no contexto interacional contemporâneo da hiperconectividade. Tais exigências sempre serão plásticas e inacabadas, tornando o ato de inovar uma atividade plural, diversa, fragmentada e dialógica, alterando de forma frequente as rotinas produtivas das organizações.[1]

O ato de inovar, particularmente nos territórios rurais, pode assumir muitas nuances nas rotinas produtivas dos agricultores e pecuaristas, que se encontram relacionadas a uma quantidade significativa de variáveis, podendo ou não ser controladas, em menor ou maior grau, pelos sujeitos responsáveis pelo empreendimento.

Entre as variáveis, destacamos a sua vocação produtiva, o tamanho e o tipo do empreendimento, a postura ética e estética do produtor, o acesso e o desenvolvimento conjunto com centros governamentais ou privados de novas tecnologias, a existência de parcerias com agentes a jusante e a montante de sua cadeia produtiva, entre outros elementos. Por exemplo, na agricultura de grande porte, nos ambientes produtivos das culturas de *commodities*, um dos caminhos que a inovação apresenta ocorre pela adoção de tecnologias relacionadas à agricultura de precisão, por meio do emprego de técnicas de georreferenciamento, utilizadas durante as atividades de plantio, colheita e demais cuidados da cultura a ser explorada.

Um dos objetivos da agricultura de precisão nessa proposta produtiva seria lançar no solo que está sendo preparado a quantidade ideal de insumos, mitigando o desperdício e o impacto no meio ambiente de uma série de produtos e, consequentemente, diminuindo os custos de produção. Esse processo de automação estará cada vez mais presente nesse tipo de produção, pensada em grandes escalas.[2]

Por outro lado, na agricultura de pequeno porte, ou familiar, os processos inovadores podem surgir de forma mais frequente por meio do processamento da matéria-prima nas dependências da propriedade rural. Um agricultor que planta hortaliças, além de comercializá-las *in natura*, tem a possibilidade de ofertá-las ao mercado utilizando no seu processo produtivo alguma forma de processamento, como um pé de alface higienizado e embalado em atmosfera modificada, apresentando ao varejo um produto pronto para ser consumido.

1. Referenciam este e os parágrafos anteriores: VOLÓCHINOV, V. *Marxismo e filosofia da linguagem:* problemas fundamentais do método sociológico na ciência da linguagem. São Paulo: Editora 34, 2017; BARROS, C. Da produção ao consumo: diversidade cultural nos usos coletivos de tecnologia entre grupos populares. *Comunicação, Mídia e Consumo*, São Paulo, v. 12, n. 35, p. 129-148, set.-dez. 2015; D'AVILA, G. L.; SILVA, D. A. S.; VASCONCELOS, F. A. G. Associação entre consumo alimentar, atividade física, fatores socioeconômicos e percentual de gordura corporal em escolares. *Ciência saúde coletiva [on-line]*, v. 21, n. 4, p. 1071-1081, 2016.
2. Referenciam este e os parágrafos anteriores: JOHANN, E. A.; SILVA, M. C. A.; URIBE-OPAZO, M. A.; DALPOSSO, G. H. Variabilidade espacial da rentabilidade, perdas na colheita e produtividade do feijoeiro. *Engenharia Agrícola*, Jaboticabal, v. 30, n. 4, p. 700-714, 2010.

Outra forma de agregar um valor maior ao produto é com o emprego de um selo de qualidade, como no caso dos produtos socioambientalmente corretos, tais como os alimentos orgânicos e o comércio justo.

O objetivo desses tipos de atividade nas propriedades rurais de pequeno porte é agregar valor às matérias-primas produzidas em seus territórios rurais, buscando atender à variedade estética e ética de um mercado consumidor cada vez mais diverso e exigente nos produtos, e nos processos a estes relacionados, os quais consumirão. Em ambos os casos, nas grandes e pequenas empresas rurais, o foco e os caminhos percorridos por essas duas estratégias têm o objetivo de aumentar produtividade e lucratividade, tentando garantir sua sobrevivência nesse novo mercado consumidor, em que a palavra de ordem é **diversidade**.

Porém, essas estratégias produtivas percorrem caminhos distintos: as propriedades de grande porte geralmente aportam seus recursos produtivos na diminuição dos seus custos de produção (incluindo estocagem e transporte da *commodity*) e o aumento da produtividade no campo. Por outro lado, as pequenas propriedades rurais, por possuírem uma escala de produção significativamente menor em volume e geralmente estarem mais próximas do seu mercado consumidor, buscam empregar seus recursos no processamento de suas matérias-primas, visando a um reconhecimento do seu mercado por um produto diferenciado das *commodities*, com a pretensão de maximizar seus lucros.

Esse tipo de produtor diferencia seu produto não apenas desenvolvendo um padrão de qualidade distinto da grande agroindústria, mas tentando associá-lo a uma estética e ética diferenciadas, como a produção de alimentos tradicionais, orgânicos, ambientalmente sustentáveis, socialmente justos, entre outros atributos.[3]

Recentemente, foi aprovada pelo governo federal a Lei n. 13.680, de 14 de junho de 2018, alterando as normas para fiscalização sanitária dos produtos feitos de forma artesanal nos territórios rurais brasileiros. A criação de um novo selo, denominado ARTE, permite ao produtor rural de pequeno e médio porte comercializar seu produto em todo o território nacional, potencializando consideravelmente a perspectiva de sobrevivência de seu empreendimento, pois o mercado consumidor é cada vez mais ávido por produtos com tais atributos estéticos e éticos.[4]

3. Referenciam este e os parágrafos anteriores: ZUIN, L. F. S.; ALLIPRANDINI, D. H. Gestão da inovação na produção agropecuária (GIPA). In: ZUIN, L. F. S.; QUEIROZ, T. R. (Orgs.). *Agronegócios:* gestão e inovação. São Paulo: Saraiva, 2006. v. 1, p. 252-278; ZUIN, L. F. S.; QUEIROZ, T. R. Gestão e inovação nos agronegócios. In: ZUIN, L. F. S.; QUEIROZ, T. R. (Orgs.). *Agronegócios:* gestão e inovação. São Paulo: Saraiva, 2006. p. 1-19; ZUIN, L. F. S.; ZUIN, P. B. *Produção de alimentos tradicionais:* extensão rural. Aparecida: Ideias & Letras, 2008.

4. BRASIL. Governo Federal. *Lei n. 13.680, de 14 de junho de 2018*. Disponível em: <http://www.planalto.gov.br/ccivil_03/_ato2015-2018/ 2018/Lei/L13680.htm>. Acesso em: 25 out. 2018.

1.1 NOVA REALIDADE PRODUTIVA

Historicamente, a busca por maior lucratividade foi o impulso mais significativo para o desenvolvimento das organizações nos empreendimentos rurais, independentemente de seu tamanho e da sua inserção na cadeia produtiva – ato verificado no constante aprimoramento técnico e gerencial, sempre presente nesse tipo de atividade produtiva.

Entretanto, na última década, devido à pressão de alguns mercados consumidores (principalmente aqueles pertencentes aos países desenvolvidos europeus), outros dois pressupostos produtivos começaram a ser exigidos para os produtores rurais e seus empreendimentos, transbordando-os também para os demais agentes que compõem a cadeia produtiva dos agronegócios, como a indústria de processamento de alimentos.

O primeiro pressuposto encontra-se ligado à preservação do meio ambiente (biomas), por meio do emprego de tecnologias (produtos e processos) que impactariam em menor grau os mais variados biomas presentes nos territórios rurais, bem como a forma de criar os animais, levando em consideração o seu bem-estar. Nesse momento, surge um termo amplamente empregado até os dias atuais: **produção sustentável.**[5]

O segundo pressuposto diz respeito às condições de vida das pessoas que residem (moradia, acesso a escola etc.) e trabalham (aspectos organizacionais) nos territórios rurais, interagindo de forma direta e indireta com os processos produtivos.

Dessa forma, nos últimos anos, as organizações rurais vêm sendo cobradas fortemente para empregarem em suas rotinas produtivas práticas relacionadas com a sua responsabilidade social, ou seja, como as pessoas que residem e trabalham nos territórios rurais vivenciam suas atividades produtivas. Busca-se, com isso, um processo produtivo no qual o produtor rural e seus funcionários se guiem e respeitem os direitos trabalhistas, como moradia (nas colônias das fazendas), carga horária, condições de trabalho, entre outros elementos. Outros aspectos relacionados à vida dos familiares dos funcionários devem ser levados em conta, como acesso a educação formal de seus filhos, companheiros e companheiras.

5. Acreditamos que os componentes, ações e atos que definem a sustentabilidade, inseridos em uma abordagem dialógica, devem se apresentar sempre de forma mais ampla e plástica possível, pois, para serem definidos, necessariamente passam pela percepção que cada sujeito possui dos inúmeros objetos e interações presentes em seu território rural. A definição da percepção desses componentes e interações passa, necessariamente, por descobrir o **outro** em mim, conceito fundamental da alteridade, conforme escreve Amorim (AMORIM, M. *O pesquisador e seu outro:* Bakhtin nas ciências humanas. São Paulo: Musa, 2004.) em seus estudos sobre as obras de Bakhtin.

Com a introdução desses dois novos pressupostos produtivos, podemos observar que o centro da atenção dos gestores, o qual era preponderantemente a lucratividade, agora se desloca, dando lugar também para a **sustentabilidade ambiental** e a **responsabilidade social**. Os dirigentes começaram a entender que um eventual aumento de sua lucratividade passava necessariamente pela internalização em suas rotinas produtivas de novos produtos, processos e atos exigidos pelo consumidor final – cada vez mais atento e exigente nos pressupostos ambientais e sociais –, constituindo, assim, uma nova realidade produtiva.[6]

1.2

GIRO DIALÓGICO

A nova realidade produtiva fez com que o produtor rural deslocasse seu olhar para outros elementos que impactam seus processos produtivos. Historicamente, o olhar dos produtores rurais e demais sujeitos que os assessoram era predominantemente **centrípeto**, voltado para o centro monológico do sentido da expressão produtividade rural, com viés reducionista e mecanicista, a qual expressava um modelo de produção agropecuário, vivenciado e experienciado na maior parte do tempo apenas no ambiente produtivo do seu empreendimento.

Atualmente, esse olhar se inverte e começa a tornar-se cada vez mais **centrífugo**, interagindo com a fronteira dialógica do sentido da expressão produtividade rural, procurando textos e conteúdos com experiências e vivências que vão além dos limites de sua propriedade e de suas rotinas produtivas. Isto é, ele vai além, rumo à fronteira, ao local da constante ruptura e reorganização de novos sentidos e significados, ou seja, onde se formam os novos paradigmas produtivos.

Nesse novo contexto produtivo, na fronteira dos sentidos e significados, as palavras são ressignificadas, tanto pelos produtores rurais como pelos demais sujeitos que trabalham, vivem e interagem em seus territórios.[7] Ou seja, do olhar reducionista, o produtor começa a inverter seu foco e abrangência, tentando

6. SILVA, V. L.; SERENO, A. M.; AMARAL, S. P. J. Food industry and processing technology: on time to harmonize technology and social drivers. *Food Engineering Reviews*, v. 10, p. 1-13, 2018; THOSLUND, C. A. H.; SANDOE, P.; AASLYNG, M. D.; LASSEN, J. A good taste in the meat, a good taste in the mouth: animal welfare as an aspect of pork quality in three European countries. *Livestock Science*, v. 193, p. 58-65, 2016.

7. ZUIN, L. F. S.; ZUIN, P. B. Comunicação dialógica na gestão ambiental: novos caminhos metodológicos para a extensão rural. In: PALHARES, J. C. P.; GEBLER, L. (Orgs.). *Gestão ambiental na agropecuária*. v. 2. Brasília: Embrapa Informação Tecnológica, 2014, p. 13-48; BAKHTIN, M. *Marxismo e filosofia da linguagem*. São Paulo: Hucitec, 2010a; BAKHTIN, M. *Problemas da poética de Dostoiévski*. Rio de Janeiro: Forense Universitária, 2010c; BAKHTIN, M. *Estética da criação verbal*. São Paulo: Martins Fontes, 2003; MORSON, G. S.; EMERSON, C. *Mikhail Bakhtin:* criação de uma prosaística. São Paulo: Edusp, 2008.

visualizar de forma sistêmica seu novo **todo produtivo**, e não apenas os problemas técnicos e de gestão que surgem em suas rotinas produtivas.[8]

Por outro lado, quando o produtor rural inverte o seu olhar, depara-se com uma infinidade de novos sujeitos, os **outros**, que buscam de forma cada vez mais frequente uma interação mais próxima e que possuem necessidades e desejos, os quais podem ser complexos, únicos e difíceis de serem atingidos.[9] Mas, afinal, quem seriam esses outros?

Os **outros e seus atos** resultam de uma complexa diversidade de posições éticas e estéticas sobre os mais variados assuntos que compõem os processos produtivos nos territórios rurais, os quais encontram nesta era da hiperconectividade inúmeros locais e canais para reverberar essas posições.

Esse grupo de sujeitos pode receber várias designações, como *stakeholders*, funcionários, comunidade, produtor rural, consumidores, sujeitos que trabalham nas empresas de insumos agropecuários e agroindústrias, organizações não governamentais, entre outras pessoas presentes dentro ou fora das propriedades rurais, mas que de alguma forma se relacionam com elas por meio dos produtos, processos e serviços, os quais são vivenciados e consumidos pelo produtor em sua cadeia produtiva.

Nesse novo contexto interacional, o outro é definido por aquele que me constitui, porque também sou constituído por ele nos mais variados encontros no mundo concreto.[10] A forma como as interações se constituem entre esses sujeitos pode repercutir diretamente em uma produção agropecuária nos territórios rurais mais sustentáveis e com responsabilidade social. Muitas vezes, grande parte das decisões nos territórios rurais perpassa o que o outro deseja e necessita. Logo, as formas e os caminhos comunicacionais relacionados às decisões começam a ocorrer de maneira conjunta e compartilhada com o outro.

Isso não significa que esses inúmeros encontros sejam vivenciados em um ambiente interacional não conflituoso, ou seja, harmônico. A aproximação de novos sentidos pressupõe uma ação que envolve um posicionamento pelos falantes durante o diálogo para com a realidade exposta no mundo concreto que permeia o diálogo. A diversidade de posições éticas e estéticas dos sujeitos envolvidos nos processos produtivos e os desejos do consumidor necessariamente

8. DARNHOFER, I.; GIBBON, D.; DEDIEU, B. Farming systems research: an approach to inquiry. In: DARNHOFER, I.; GIBBON, D.; DEDIEU, B. *Farming systems research into the 21st century:* the new dynamic. Dordrecht: Springer Science, 2012.

9. ZUIN, ZUIN, 2014; BAKHTIN, 2010a; BAKHTIN, 2003; JOHNSTON, J. Can consumers buy alternative foods at a big box supermarket? *Journal of Marketing Management*, v. 33, p. 662-671, 2017.

10. Referencia este e os parágrafos anteriores: BAKHTIN, 2010a.

ocasionarão constantes disrupturas e adaptações no pensar e no agir dos atos que envolvem a produção agropecuária.

A busca e a manutenção de ambientes harmônicos com viés taylorista nos processos produtivos tradicionais nunca estiveram tão ameaçadas quanto na atualidade, com o empoderamento de grupos de sujeitos pertencentes aos mais variados segmentos da sociedade. A diversidade ética e estética de pensamentos encontradas nesses grupos tende a propiciar o advento de novos processos produtivos mais socialmente justos e sustentáveis, portanto aceitos, uma vez que mais vozes tendem a ser ouvidas e seus conteúdos levados em consideração no planejamento e na aplicação dos novos processos produtivos.

Entretanto, inicialmente, mais conflitos podem ocorrer, contribuindo para um ambiente produtivo não harmônico, o que torna imprescindível o emprego de atos que envolvam o **giro dialógico** nas relações humanas. Na era da sociedade da informação, as interações humanas estão cada vez mais dialógicas e menos autoritárias e verticalizadas, mas o entendimento de algo pelos interlocutores é necessariamente apresentado por relações que poderão ser consensuais ou conflituosas.[11]

Como pode ser observado na Figura 1.1, as dimensões **gestão**, **inovação** e **sustentabilidade** nos agronegócios, quando inseridas em um ambiente produtivo sistêmico e dialógico, possuem como foco e direcionamento a interação que ocorre com o outro.[12]

O ambiente produtivo que expressa o **giro dialógico** nas interações busca um novo gestor que apresente nos atos produtivos uma alteridade constituída por um olhar centrífugo, uma atitude que propicie um ambiente produtivo polifônico e equipotente, bem como uma postura responsiva, resultado de uma tomada de valor perante as interações que se estabelecem com o outro nos mais variados ambientes e momentos produtivos.[13]

Todo enunciado contido nos diálogos entre os sujeitos, assim como os caminhos percorridos durante as interações, jamais é constituído por uma neutralidade idealizada, sendo os falantes sempre responsáveis pelo que foi e será dito para o outro.[14] Nas rotinas produtivas, a falta de interações significativas

11. Referenciam este e os parágrafos anteriores: ZUIN, ZUIN, 2014; DARNHOFER et al., 2012; AUBERT, A.; FLECHA, A.; GARCÍA, C.; FLECHA, R.; RACIONEIRO, S. *Aprendizagem dialógica na sociedade da informação*. São Carlos: EdUFSCar, 2016.
12. ZUIN, ZUIN, 2014; DARNHOFER et al., 2012; BAKHTIN, 2010a; BAKHTIN, M. *Para uma filosofia do ato responsável*. São Carlos: Pedro & João Editores, 2010b; BAKHTIN, 2010c; BAKHTIN, 2003.
13. O encontro polifônico bakhtiniano (BAKHTIN, 2010c) diz respeito a um ambiente onde todas as vozes possuem a mesma oportunidade de ser vocalizadas. No encontro com o ambiente polifônico, as vozes possuem a mesma potência quando vocalizadas.
14. BAKHTIN, 2010b; FARACO, C. A. *Linguagem & diálogo:* as ideias linguísticas do círculo de Bakhtin. São Paulo: Parábola, 2009.

e responsivas entre os sujeitos leva a erros e falhas, como na execução de atividades produtivas nas propriedades rurais, pois os sentidos gerados durante os diálogos monológicos,[15] essencialmente impositivos, podem apresentar entendimentos distintos entre os falantes, materializando no mundo concreto ações conflitantes com aquelas originalmente predeterminadas pelo gestor. Nesse contexto, o planejamento de uma ação por um único indivíduo percorre o caminho monológico nas relações e não se encontra em uma interação vivenciada pelo giro dialógico, ocasionando uma interação que aproxime os conteúdos dos diálogos dos sujeitos no mundo concreto.

FIGURA 1.1

Gestão, inovação e sustentabilidade nos agronegócios

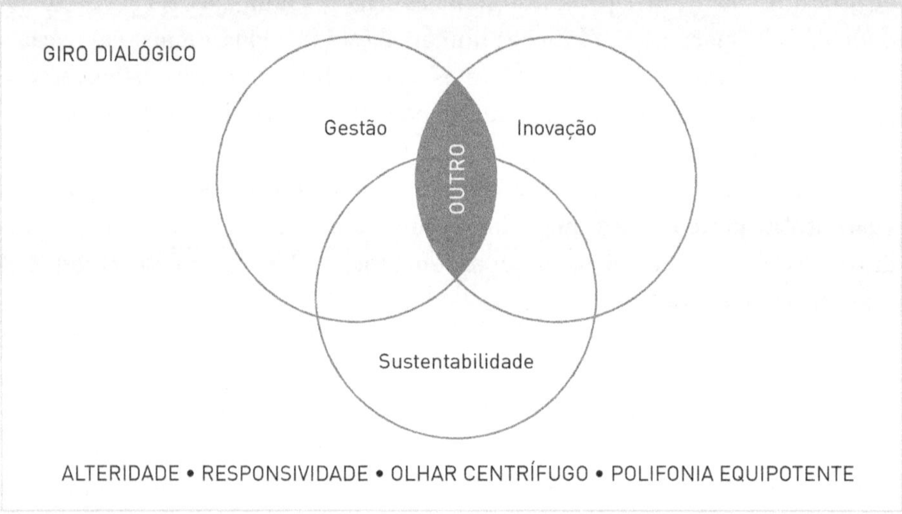

Fonte: adaptada de ZUIN, ZUIN, 2014; DARNHOFER, 2012; BAKHTIN, 2010abc; BAKHTIN, 2003; AUBERT et al., 2016.

Nos diálogos com os extensionistas, é muito comum o produtor rural responsabilizar a comunicação quando seus funcionários não entendem uma indicação, como realizar corretamente uma tarefa, composta pela concretização de um ato responsivo no mundo concreto de uma atividade, geralmente determinado unilateralmente pelo produtor. O produtor, nesse momento interacional, acredita que houve apenas um erro de decodificação e interpretação dos

15. Onde uma voz predomina perante todas as outras (BAKHTIN, 2010c).

conceitos presentes nas palavras por ele proferidas aos seus funcionários, sendo esses sujeitos os únicos responsáveis pela falha.

No entanto, nesse cenário produtivo ocorreu uma falha nas interações entre o produtor e os funcionários, as quais são historicamente constituídas entre os sujeitos, tanto no contexto do trabalho como também fora dele, uma vez que cada um deles apresentará um sentido diferente para cada palavra dita em determinado contexto.

A gênese de um sentido depende das vivências e das experiências que cada sujeito passou em sua vida, das incontáveis vozes que escutou, que internalizou. Mesmo experiências próximas ou similares não significam que os sentidos deverão ser idênticos entre os sujeitos: em verdade, eles nunca serão.[16] Os sentidos na concepção dialógica são um produto direto de interações, contextos e tomada de valor pelos falantes, bem como sombreados pela presença intermitente de um sobredestinatário.[17] Esse sujeito seria um **terceiro indivíduo** que se apresenta nas enunciações, tentando direcioná-las.

No caso do tema deste livro, gestão, inovação e sustentabilidade podem ser representadas pelos conjuntos de pressupostos advindos da cultura e das tradições de um território rural, ou seja, de como as pessoas pensam e definem determinado objeto em um contexto temporal e único.

Os sobredestinatários teriam as vozes mais estridentes do **auditório social**[18] dos sujeitos, pois, em muitas ocasiões, a escolha dos sentidos presentes nos conteúdos dos diálogos é conduzida por eles. Um claro indicativo desse sobredestinatário é quando o produtor fica reticente em empregar uma nova tecnologia em suas rotinas produtivas, dizendo que não precisa mudar seus processos produtivos, pois sempre fez assim, que seus antepassados faziam da mesma forma, garantindo sua sobrevivência.

Nesse caso, os sobredestinatários seriam os seus antepassados e o conhecimento historicamente constituído que se apresenta contido no seu auditório social. A metodologia do giro dialógico proporciona novas formas de propor

16. Referenciam este e os parágrafos anteriores: ZUIN, L. F. S.; ZUIN, P. B.; MANRIQUE, M. A. D. A comunicação dialógica como fator determinante para os processos de ensino-aprendizagem que ocorrem na capacitação rural: um estudo de caso em um órgão público de extensão localizado no interior do estado de São Paulo. *Ciência Rural*, v. 41, n. 5, p. 917-923, 2011; BAKHTIN, 2010ab; ZUIN, ZUIN, 2014.

17. BAKHTIN, 2010abc; BAKHTIN, 2003. ROMAN, A. R. O conceito de Bakhtin: o trajeto polifônico de uma metáfora. *Letras*, n. 41-42, p. 207-220, 1992-1993; AMORIM, M. *O pesquisador e seu outro:* Bakhtin nas ciências humanas. São Paulo: Musa, 2004.

18. Para Bakhtin (2010a), o auditório social pode ser definido como sendo todas as vozes que interagiram e interagem com um sujeito durante suas vivências. Também são somadas as vozes dos auditórios sociais das pessoas que se relacionaram com ele e assim sucessivamente, voltando a um passado longínquo de vozes. Quando não nos lembramos da voz que deu origem ao sentido da palavra e seu contexto, esse local dentro do auditório social recebe o nome de **intuição**.

contextos interacionais que levem em conta um caminho de consenso, encontrando soluções por meio do entendimento entre os falantes, nos contextos produtivos dos territórios rurais extensionistas, produtores, funcionários e familiares.[19]

1.2.1 Perspectivas do giro dialógico nos agronegócios

De acordo com as posturas apresentadas pelos extensionistas, produtores, gestores e funcionários rurais em suas rotinas produtivas, é possível visualizar duas formas opostas de conduzir os seus empreendimentos agropecuários e agroindustriais: uma é denominada **giro dialógico** e a outra **gestão monológica**, como pode ser observado na Figura 1.2.

FIGURA 1.2

Diferenças entre as formas de giro dialógico e gestão monológica

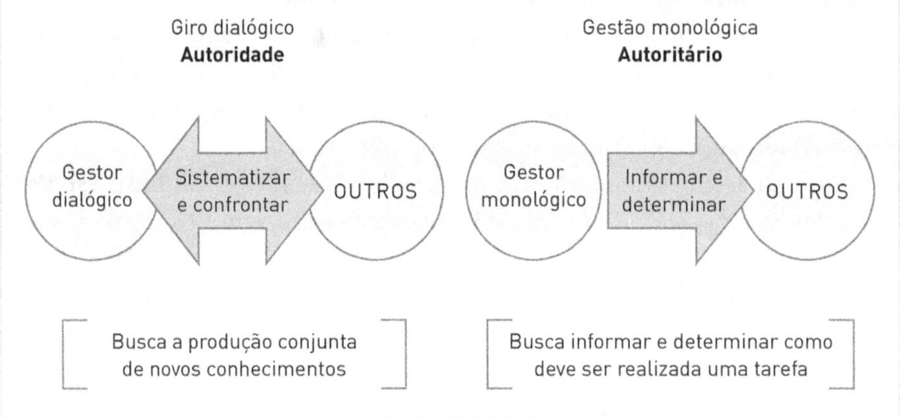

Fonte: adaptada de ZUIN, ZUIN, 2014; CHIGGI, 2008ab; AUBERT et al., 2016.

O giro dialógico é caracterizado pela autoridade[20] e não pelo autoritarismo,[21] como é verificado em muitos momentos na gestão monológica. A postura do giro dialógico dos gestores nos processos produtivos está de acordo com as últimas tendências das iterações entre os sujeitos nos mais diversos ambientes de trabalho, diante da transformação contemporânea na postura

19. Referenciam este e os parágrafos anteriores: BAKHTIN, 2010a; BAKHTIN, 2010b; BAKHTIN, 2003; AMORIM, 2004; AUBERT et al., 2016.
20. ZUIN, ZUIN, 2014; GHIGGI, G. Autoridade. In: STRECK, D. R.; REDIN, E.; ZITKOSKI, J. J. *Dicionário Paulo Freire*. Belo Horizonte: Autêntica, 2008a; AUBERT et al. 2016.
21. ZUIN, ZUIN, 2014; GHIGGI, G. Autoritarismo. In: STRECK, D. R.; REDIN, E.; ZITKOSKI, J. J. *Dicionário Paulo Freire*. Belo Horizonte: Autêntica, 2008b.

dos dirigentes pertencentes a uma sociedade da informação e não mais preponderantemente industrial.

Esse novo cenário socioeconômico da sociedade da informação teceu novos caminhos comunicativos, fortalecendo o processo da globalização e ofertando para os dirigentes um aumento significativo de novos riscos e opções, além de fazer com que cada vez mais novas vozes sejam ouvidas e seus conteúdos sejam levados em consideração no processo de tomada de decisão.[22]

Na sociedade da hiperconectividade, o gestor dialógico assume o papel de mediador, persuadindo o outro e não o manipulando a tomar uma decisão ou defender uma posição perante certa enunciação. Essas posturas afetam diretamente as relações entre proprietários rurais, gerentes e os outros.

O produtor ou gerente, quando apresenta autoridade em suas interações, auxilia os funcionários e os outros a traduzir, planejar e transformar os elementos que constituem o seu empreendimento de forma conjunta. O gestor dialógico é comprometido com o processo produtivo e, ao mesmo tempo que ensina, aprende a realizar corretamente as atividades e tarefas presentes em suas rotinas produtivas, adaptando-as à diversidade de biomas e aos sujeitos que interagem. Ele compreende que o processo de aprimoramento do seu empreendimento ocorre entre as pessoas e que cada uma traz consigo um capital cultural de origem ímpar, levando a caminhos e formas de aprendizado distintos do outro.

Nesse contexto produtivo, o gestor dialógico[23] desenvolve duas tarefas, sendo a primeira sistematizar os conjuntos de conhecimentos necessários para que os outros executem determinado ato de forma conjunta, assertiva e responsiva,[24] e a segunda, confrontar permanentemente os outros com distintos e diversos saberes-fazeres. Essa atividade é fundamental para a realização dos processos de melhorias contínuas[25] dos produtos e processos nos empreendimentos rurais.

A contraposição de conteúdos e formas de como fazer uma tarefa de maneira dialógica é um ato frequente da rotina produtiva do gestor que assume essa postura. Ele busca expor, o máximo possível, o que os outros sabem sobre

22. AUBERT et al., 2016; ZUIN, L. F. S.; GAMEIRO, A. H.; ZUIN, P. B.; PRANCIC, E. O administrador e as suas decisões. In: ESCRIVÃO FILHO, E.; ARAGÃO, J. E. O. S. (Org.). *Introdução à administração:* história, educação e perspectivas profissionais. São Paulo: Atlas, 2016, v. 1, p. 293-305.

23. O gestor dialógico pode se apresentar como o extensionista, produtor ou funcionário rurais, sendo este aquele que conduz os processos produtivos.

24. GHIGGI, 2008a; GHIGGI, 2008b; AUBERT et al., 2016.

25. SHIBA, S.; GRAHAM, A.; WALDEN, D. *TQM:* quatro revoluções na gestão da qualidade. Porto Alegre: Artes Médicas, 1997.

o assunto tratado e, em seguida, propõe novas formas de troca de informações e conhecimentos entre os sujeitos, fazendo com que os falantes realizem o exercício da observação e da execução da tarefa pelo ponto de vista do outro – principalmente caso esses sujeitos estejam envoltos em um ambiente onde a busca da criatividade e da curiosidade é desejada, ou seja, um meio que pressupõe a constante atividade de inovar os seus processos, produtos e serviços.

No ambiente produtivo dos agronegócios há também forte tendência de valorizar essa postura criativa em todos os sujeitos envolvidos nas formas como são realizados os seus processos produtivos, pois, além de seus dirigentes buscarem a diminuição dos custos de produção, em alguns tipos de produtos como Bens Especiais Agroalimentares (BEAs), o ato criativo empregado nos produtos e processos é uma ação imperativa para o seu sucesso comercial.

Como já observado, ambientes de trabalho que levam em conta a preservação intocada da harmonia tendem a ser pouco ou nada criativos. Para a produção de produtos *commodities*, pode ser uma ilusão acreditar que tais ambientes são finalizados, e não plásticos e temporais. Na realidade da rotina de trabalho, a todo momento o dirigente desse tipo de empreendimento é desafiado a ser plástico, pois seus processos sempre serão inacabados.[26]

A criatividade dialógica somente é possível em um ambiente não finalizado que parte de incertezas. Caso os sujeitos possuam, de forma preconcebida, um conjunto de certezas, a inovação pode não ocorrer por encontrar-se em um ambiente monológico,[27] com viés autoritário e, portanto, em um contexto produtivo que se apresenta finalizado aos sujeitos.

Nesse contexto, a gestão monológica é vista como uma forma negativa e pouco produtiva de administrar os negócios, fomentando de forma precária a curiosidade e a busca conjuntas por soluções entre os sujeitos envolvidos no desenvolvimento dos produtos, processos e serviços. Em suas rotinas produtivas, o gestor monológico tende a imobilizar o processo contínuo de aprendizado e, consequentemente, o de melhoria de seus produtos e processos, pois exclui dessa ação a opinião crítica dos outros.

O perfil desse tipo de gestor pode ser considerado inseguro quanto à internalização de novos processos produtivos, os quais são impostos por um mercado consumidor diverso e cada vez mais atento aos processos produtivos dos agronegócios. As relações monológicas constituídas entre os sujeitos durante

26. Referenciam este e os parágrafos anteriores: ZUIN et al. 2016; MINTZBERG, H. *Managing essencial:* a essência do premiado managing, para gerentes com pouco tempo. Porto Alegre: Bookman, 2014.
27. ZUIN, ZUIN, 2014; BAXTER, L. A. *Voicing relationships:* a dialogic perspective. Los Angeles: Sage Publications, 2011; MORSON, EMERSON, 2008.

os processos de melhoria contínua são verticais, não sendo polifônicas e equipotentes, como na proposta das interações do giro dialógico. A autoridade, em contraposição com o autoritarismo, é afirmada pelos atos do diálogo, embate e mediação, sem desrespeitar as liberdades de se expressar de cada sujeito presente no empreendimento rural.[28] O dirigente dialógico compreende claramente que a comunicação é algo que tem origem num fenômeno social e não em uma realidade idealizada e imposta por um único sujeito.[29]

Quando desdobramos os conceitos de gestão por meio das abordagens dialógica e monológica, obtemos duas definições distintas de inovações tecnológicas e gerenciais. O processo de inovação dialógico nos territórios rurais apresenta um componente preponderantemente polifônico, que ocorre quando os sujeitos, por meio de suas enunciações, não se apresentam acríticos ao outro, e sim empoderados pelo ambiente produtivo propiciado pelo giro dialógico. As vozes nesse tipo de diálogo são equipotentes, permanecendo em cada pessoa a sua individualidade e sua independência crítica em determinado contexto interacional. Em um ambiente produtivo plural, cada indivíduo expressa livremente seus pontos de vista e suas tomadas de valor.

O contrário da polifonia seria a monofonia, na qual as vozes são suprimidas de sua individualidade, de sua unicidade, de forma que as enunciações, bem como as posturas dos sujeitos, se tornam dependentes do direcionamento de uma única voz, o qual é ofertado por um outro.[30] Nesse caso, um exemplo de onde predomina a forma de inovação monofônica no ambiente produtivo nos territórios rurais pode ser encontrado nos **pacotes tecnológicos**, os quais são ofertados pelas empresas de pesquisas governamentais e privadas aos produtores rurais com o objetivo de maximizar o rendimento do cultivo ou criação de animais do empreendimento rural.

A metodologia de implementação de tais pacotes prevê que conjuntos de produtores rurais, situados em contextos ecológicos abissalmente distintos, adotem as inovações contidas nele de maneira integral, acrítica e finalizada em suas rotinas produtivas. Entretanto, o custo elevado das inovações tecnológicas contidas nesses pacotes configurou uma dificuldade para sua aquisição pelos produtores de pequeno porte, fazendo com que as estratégias difusionistas de transferência de tecnologias fossem repensadas pelas empresas de pesquisas

28. ZUIN, ZUIN, 2014; GHIGGI, 2008a; GHIGGI, 2008b.
29. AUBERT et al., 2016.
30. Referenciam este e os parágrafos anteriores: BAKHTIN, 2010b; BAKHTIN, 2010c; ROMAN, 1992-1993; AUBERT et al., 2016.

agropecuárias, uma vez que ambientes mais produtivos não necessariamente são mais lucrativos para os produtores rurais.

Nesse sentido, a alternativa aos processos produtivos difusionistas monológicos ocorre pela produção agropecuária sustentável e se dá pela intervenção no bioma por meio de um processo social dialógico e responsável. A produção agropecuária sustentável é um instrumento de desenvolvimento rural, cujo objetivo é atender às diversas demandas sociais, econômicas e ambientais que farão parte do território rural.[31]

1.2.2 A alteridade do giro dialógico nos territórios rurais

Na Figura 1.3 podem ser observados os caminhos que a alteridade[32] percorre nos territórios rurais no contexto educacional do giro dialógico. De forma ampla, a alteridade determina que um sujeito se constitua no ato de se reconhecer no outro. Nesse momento, durante a interação, o inverso também ocorre, sendo que o outro se reconhecerá também em mim.

FIGURA 1.3

A alteridade nos territórios rurais

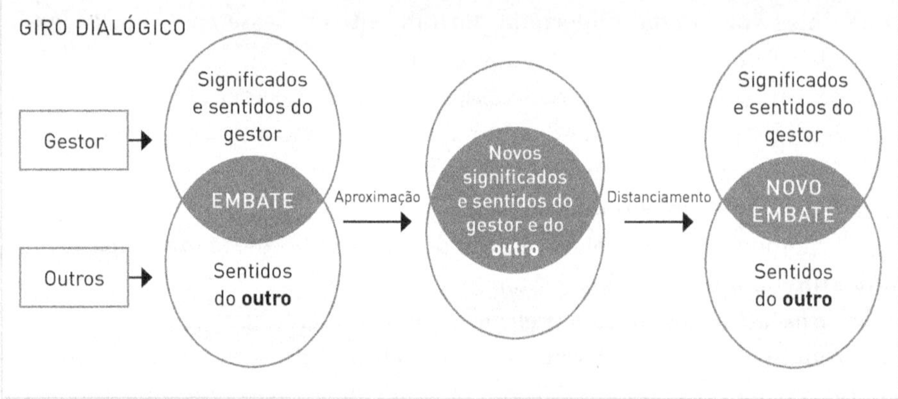

Fonte: adaptada de DINIZ, 2011; BAKHTIN, 2010ab; AMORIM, 2004; AUBERT et al., 2016.

31. Referenciam este e os parágrafos anteriores: ZUIN, ZUIN, 2014; ASSIS, R. L. Desenvolvimento rural sustentável no Brasil: perspectivas a partir da integração de ações públicas e privadas com base na agroecologia. *Economia Aplicada*, v. 10, n. 1, p. 75-89, 2006; AUBERT et al., 2016.

32. DINIZ, D. F. Estudo sobre alguns conceitos considerados fundamentais para a compreensão da teoria sócio-histórica do filósofo russo Mikhail Bakhtin: uma investigação teórica. *Intertexto*, v. 4, n. 1, p. 5-18, 2011; BAKHTIN, 2010a; BAKHTIN, 2010b; AMORIM, 2004; AUBERT et al., 2016.

No giro dialógico, o sujeito é compreendido por meio de atos e ações relacionados com as interações com o outro. Não há a possiblidade de conhecer o outro quando não nos posicionamos (tomada de valor) perante suas enunciações, contextos e demais interações. Entretanto, a alteridade não significa consenso imediato entre os sujeitos que dialogam. É natural que ocorra em um primeiro momento o embate e a tensão entre as vozes que são ditas no mundo.

A alteridade é assimétrica e descontínua nesse estágio inicial da interação entre os sujeitos e não se encontra relacionada à ideia de empatia e aceitação imediata pelo que o outro expressa no mundo concreto: é pelo embate de conteúdos (significados e sentidos) das coisas que cada sujeito carrega em si que determinada alteridade começa a ser constituída com e por meio do outro. Esse embate de conteúdos ocorre pelo fato de que os sujeitos possuem valores e pontos de vista distintos, os quais foram historicamente vivenciados e constituídos por cada um deles, na diversidade de situações experimentadas pelos falantes.

Depois da fase inicial do embate de significados entre os sujeitos, ocorre a aproximação dos sentidos entre os falantes, como no caso dos gestores e dos outros. No movimento seguinte da alteridade ocorre um distanciamento do gestor dialógico em relação aos outros, e novamente acontece um novo embate dos sentidos entre os sujeitos que estão dialogando.

Os diálogos no contexto do giro dialógico vão além da troca de enunciações no espaço físico entre duas pessoas, sendo o diálogo conceituado como todo e qualquer ato comunicativo que foi ou não oralizado pelos sujeitos.[33] O diálogo possui uma dimensão na qual sempre será inconcluso, pois, mesmo depois de as palavras serem ditas pelos sujeitos, inicia-se um caminho que percorre um novo e constante processo de significação da mensagem, muito além da presença física dos falantes.

Nesse processo, a linguagem encontra-se em um constante ato de criação e recriação pelos sujeitos, em que buscam interpretar de forma inacabada a vida no mundo concreto. Como a linguagem é um produto do contexto social e coletivo, os sentidos e significados contidos em uma língua são plásticos e atemporais, desenvolvendo-se nas interações dos sujeitos e levando as palavras que fazem parte dos nossos discursos a ocorrer historicamente a partir e por meio das palavras que foram e são proferidas pelo outro.[34]

O incremento na qualidade das relações entre os sujeitos desenvolve-se diretamente por meio da intensidade e das formas como ocorreram suas

33. DINIZ, 2011; BAKHTIN, 2010a; BAKHTIN, 2010b; AMORIM, 2004; AUBERT et al., 2016.
34. Referencia este e os parágrafos anteriores: ROMAN, 1992-1993.

interações, bem como pela geração e aproximação de novos sentidos, buscando compreender nessa relação uma intersubjetividade presente nos conteúdos da comunicação nos processos de ensino-aprendizado. Somente pelo entendimento da qualidade da interação é que se apresenta ao gestor seu real potencial de desenvolvimento do novo nos territórios rurais.

Por essa abordagem, os sujeitos não são o resultado nem do seu ambiente social nem, muito menos, de suas heranças biológicas. Nesse contexto de ensino-aprendizagem dialógico, os sujeitos desenvolvem-se a partir da aproximação e da interação com o outro. A interação ocorre na comunicação, a qual é observável por meio de um conjunto de atividades que os sujeitos realizam no mundo concreto depois do diálogo.

Para entender as atividades presentes nos fenômenos materializados no mundo concreto, faz-se necessária, nos falantes, a compreensão dos caminhos percorridos pelos sujeitos até o momento de sua concretização. Para compreender a completude das interações é determinante que os sujeitos as entendam em sua plenitude, bem como o processo que gerou seu desenvolvimento.

O desenvolvimento das interações entre os sujeitos estaria relacionado ao seu posicionamento durante o diálogo com um futuro que não se encontra predeterminado e que sempre está por se alcançar. O desenvolvimento do conteúdo do texto não ocorre de forma linear no tempo, mas tende a ser um processo irregular e cíclico, possuidor de um caráter sistêmico, porém único e temporal.

O ato do desenvolvimento do contexto vai ao encontro das transformações nas relações sociais, determinando como serão as interações entre os sujeitos. Portanto, somente por meio das relações com o outro é que o sujeito conseguirá se relacionar com ele próprio, porque um se constitui por meio do outro.[35]

Entretanto, como esses caminhos percorridos pelos sujeitos nos territórios rurais brasileiros podem modificar as realidades sociais e produtivas, distintas, em muitos casos, embora semelhantes no que diz respeito às dificuldades? Distintas porque são únicas em necessidades nos caminhos produtivos, percorridos de modo a garantir sua sobrevivência. Semelhantes nas dificuldades como não conseguir controlar completamente o preço pago pelos seus produtos, principalmente quando o produtor produz e comercializa *commodities* agrícolas. Nesse caso, um dos caminhos para o produtor rural aumentar sua renda seria agregando valor às matérias-primas, ou seja, às *commodities* agropecuárias que produz. Esse caminho será exposto no Capítulo 11.

35. Referenciam este e os parágrafos anteriores: GERALDI, J. W.; BENITES, M.; FICHTNER, B. *Transgressões convergentes:* Vigostski, Bakhtin, Baterson. Campinas: Mercado das Letras, 2006; BAKHTIN, 2010a.

CONSIDERAÇÕES FINAIS

Diante do exposto, vimos o quanto o outro é determinante para o sucesso dos processos produtivos nos territórios rurais. O consumidor final, na figura de um dos conjuntos de sujeitos plurais em desejos e necessidades identificado como outro, exige, cada vez mais, processos diferenciados que sejam ao mesmo tempo sustentáveis e socialmente justos, submetendo aos seus produtos rurais uma diversidade de sentidos e significados.

Planejar e desenvolver ambientes produtivos sustentáveis passa, necessariamente, pela internalização do gestor de práticas dialógicas, originadas por uma diversidade de vozes. Nesse contexto produtivo presente no giro dialógico,[36] surge o dirigente em busca de construir um ambiente de trabalho criativo e diverso proporcionando a polifonia e a equipotência das vozes, garantindo, assim, o embate dos mais diversos sentidos, buscando um ato de inclusão.

Certamente sua contribuição mais profunda nos processos produtivos é produzir sentidos aproximados entre os sujeitos envolvidos nos processos de desenvolvimento socioeconômico nos territórios rurais, o que significa fazer com que todos os sujeitos envolvidos traduzam de forma satisfatória o conteúdo do enunciado, levando a uma ação no mundo concreto que esteja de acordo com um planejamento prévio de uma tarefa.

Esse ato possibilita que os desejos e as necessidades de um grupo se aproximem, gerando de forma mais segura e menos turbulenta o desenvolvimento de novos processos produtivos nos territórios rurais. Esses diálogos percorrem um caminho difícil e longo, pois, quando pensamos em ambientes produtivos voltados ao desenvolvimento de novos produtos, a complexidade dos elementos e operações que o compõem é significativamente maior, quando comparada com a dos produtos *commodities*.

Os caminhos produtivos para o dirigente dialógico nunca serão harmônicos (estáveis e não conflituosos), pois, ao ter consciência de seus atos no mundo concreto, desencadeia outros atos em outras vozes. Nesse ambiente produtivo complexo e inacabado, revela-se a importância de o gestor ser dialógico para que a diversidade de vozes reflita em ações e atividades que sejam bem-sucedidas, lançando o seu produto com sucesso no mercado consumidor, garantindo a sobrevivência de seu empreendimento.

36. AUBERT et al., 2016.

REFERÊNCIAS

AMORIM, M. *O pesquisador e seu outro:* Bakhtin nas ciências humanas. São Paulo: Musa, 2004.

ASSIS, R. L. Desenvolvimento rural sustentável no Brasil: perspectivas a partir da integração de ações públicas e privadas com base na agroecologia. *Economia Aplicada,* v. 10, n. 1, p. 75-89, 2006.

AUBERT, A.; FLECHA, A.; GARCÍA, C.; FLECHA, R.; RACIONEIRO, S. *Aprendizagem dialógica na sociedade da informação.* São Carlos: EdUFSCar, 2016.

BAKHTIN, M. *Estética da criação verbal.* São Paulo: Martins Fontes, 2003.

______. *Marxismo e filosofia da linguagem.* São Paulo: Hucitec, 2010a.

______. *Para uma filosofia do ato responsável.* São Carlos: Pedro & João Editores, 2010b.

______. *Problemas da poética de Dostoiévski.* Rio de Janeiro: Forense Universitária, 2010c.

BARROS, C. Da produção ao consumo: diversidade cultural nos usos coletivos de tecnologia entre grupos populares. *Comunicação, Mídia e Consumo,* São Paulo, v. 12, n. 35, p. 129-148, set.-dez. 2015.

BAXTER, L. A. *Voicing relationships:* a dialogic perspective. Los Angeles: Sage Publications, 2011.

BRAIT, B. Bakhtin e a natureza constitutivamente dialógica da linguagem. In: BRAIT, B. (Org.). *Bakhtin:* dialogismo e construção de sentido. Campinas: Editora da Unicamp, 2005.

BRASIL. Governo Federal. *Lei n. 13.680, de 14 de junho de 2018.* Disponível em: <http://www.planalto.gov.br/ccivil_03/_ato2015-2018/2018/Lei/L13680.htm>. Acesso em: 25 out. 2018.

D'AVILA, G. L.; SILVA, D. A. S.; VASCONCELOS, F. A. G. Associação entre consumo alimentar, atividade física, fatores socioeconômicos e percentual de gordura corporal em escolares. *Ciência Saúde Coletiva [on-line],* v. 21, n. 4, p. 1071-1081, 2016.

DARNHOFER, I.; GIBBON, D.; DEDIEU, B. Farming systems research: an approach to inquiry. In: DARNHOFER, I.; GIBBON, D.; DEDIEU, B. *Farming systems research into the 21st century:* the new dynamic. Dordrecht: Springer Science, 2012.

DINIZ, D. F. Estudo sobre alguns conceitos considerados fundamentais para a compreensão da teoria sócio-histórica do filósofo russo Mikhail Bakhtin: uma investigação teórica. *Intertexto,* v. 4, n. 1, p. 5-18, 2011.

FARACO, C. A. *Linguagem & diálogo:* as ideias linguísticas do círculo de Bakhtin. São Paulo: Parábola Editorial, 2009.

GERALDI, J. W.; BENITES; M.; FICHTNER, B. *Transgressões convergentes:* Vigostski, Bakhtin, Baterson. Campinas: Mercado das Letras, 2006.

GHIGGI, G. Autoridade. In: STRECK, D. R.; REDIN, E.; ZITKOSKI, J. J. *Dicionário Paulo Freire.* Belo Horizonte: Autêntica, 2008a.

GHIGGI, G. Autoritarismo. In: STRECK, D. R.; REDIN, E.; ZITKOSKI, J. J. *Dicionário Paulo Freire*. Belo Horizonte: Autêntica, 2008b.

HISSA, C. E. V. Fronteiras da transdisciplinaridade moderna. In: HISSA, C. E. V. (Org.). *Saberes ambientais:* desafios para o conhecimento disciplinar. Belo Horizonte: Editora UFMG, 2008.

JOHNSTON, J. Can consumers buy alternative foods at a big box supermarket? *Journal of Marketing Management*, v. 33, p. 662-671, 2017.

JOHANN, E. A.; SILVA, M. C. A.; URIBE-OPAZO, M. A.; DALPOSSO, G. H. Variabilidade espacial da rentabilidade, perdas na colheita e produtividade do feijoeiro. *Engenharia Agrícola*, Jaboticabal, v. 30, n. 4, p. 700-714, 2010.

MINTZBERG, H. *Managing essencial:* a essência do premiado managing, para gerentes com pouco tempo. Porto Alegre: Bookman, 2014.

MORSON, G. S.; EMERSON, C. *Mikhail Bakhtin:* criação de uma prosaística. São Paulo: Edusp, 2008.

ROCHA, D. Cenografias do trabalho docente de orientação. *Revista MOARA*, n. 38, p. 126-139, jul.-dez. 2012.

RODRIGUES, C. M. Conceito de seletividade de políticas públicas e sua aplicação no contexto da política de extensão rural no Brasil. *Cadernos de Ciência & Tecnologia*, v. 14, n. 1, p. 113-154, 1997.

ROMAN, A. R. O conceito de Bakhtin: o trajeto polifônico de uma metáfora. *Letras*, n. 41- 42, p. 207-220, 1992-1993.

SHIBA, S.; GRAHAM, A.; WALDEN, D. *TQM:* quatro revoluções na gestão da qualidade. Porto Alegre: Artes Médicas, 1997.

SILVA, V. L.; SERENO, A. M.; AMARAL SOBRAL, P. J. Food industry and processing technology: on time to harmonize technology and social drivers. *Food Engineering Reviews*, v. 10, p. 1-13, 2018.

THOSLUND, C. A. H.; SANDOE, P.; AASLYNG, M. D.; LASSEN, J. A good taste in the meat, a good taste in the mouth: animal welfare as an aspect of pork quality in three European countries. *Livestock Science*, v. 193, p. 58-65, 2016.

VOLÓCHINOV, V. *Marxismo e filosofia da linguagem:* problemas fundamentais do método sociológico na ciência da linguagem. São Paulo: Editora 34, 2017.

ZUIN, L. F. S.; ALLIPRANDINI, D. H. Gestão da inovação na produção agropecuária (GIPA). In: ZUIN, L. F. S.; QUEIROZ, T. R. (Orgs.). *Agronegócios:* gestão e inovação. São Paulo: Saraiva, 2006.

ZUIN, L. F. S.; GAMEIRO, A. H.; ZUIN, P. B.; PRANCIC, E. O administrador e as suas decisões. In: ESCRIVÃO FILHO, E.; ARAGÃO, J. E. O. S. (Org.). *Introdução à administração:* história, educação e perspectivas profissionais. v. 1. São Paulo: Atlas, 2016.

ZUIN, L. F. S.; QUEIROZ, T. R. Gestão e inovação nos agronegócios. In: ZUIN, L. F. S.; QUEIROZ, T. R. (Orgs.). *Agronegócios:* gestão e inovação. São Paulo: Saraiva, 2006.

ZUIN, L. F. S.; ZUIN, P. B. Comunicação dialógica na gestão ambiental: novos caminhos metodológicos para a extensão rural. In: PALHARES, J. C. P.; GEBLER, L. (Orgs.). *Gestão ambiental na agropecuária.* v. 2. Brasília: Embrapa Informação Tecnológica, 2014.

______. *Produção de alimentos tradicionais:* extensão rural. Aparecida: Ideias & Letras, 2008.

ZUIN, L. F. S.; ZUIN, P. B.; MANRIQUE, M. A. D. A comunicação dialógica como fator determinante para os processos de ensino-aprendizagem que ocorrem na capacitação rural: um estudo de caso em um órgão público de extensão localizado no interior do estado de São Paulo. *Ciência Rural*, v. 41, n. 5, p. 917-923, 2011.

CAPÍTULO 2

Planejamento estratégico polifônico para os agronegócios

Luís Fernando Soares Zuin
Poliana Bruno Zuin
Eduard Prancic
Timóteo Ramos Queiroz

INTRODUÇÃO

Uma boa estratégia raramente significa fazer o mesmo que todo mundo faz.[1] Ao longo das últimas décadas, o significado da palavra **estratégia** foi sendo desdobrado pelos dirigentes em seus empreendimentos em inúmeros sentidos situacionais locais e temporais, levando a um conjunto de palavras como: caminhos, meios, desenvolvimento, elaboração, planejamento, meta, objetivo, ações, atividades, procedimentos, sucesso, fracasso, formulação, reformulação, entre outras.

Em suas rotinas produtivas, as atividades e os procedimentos que fazem parte do planejamento de uma estratégia decorrem necessariamente de um processo de alargamento da percepção da realidade presente no mundo concreto, a qual é vivenciada e experimentada pelos dirigentes e funcionários. Assim, o que se busca é um distanciamento do olhar com viés reducionista tão comumente encontrado em sujeitos que apresentam uma postura preponderantemente mecanicista e positivista. Tal alargamento decorre de um ambiente produtivo constituído de forma dialógica, por meio de inúmeras interações entre sujeitos pertencentes aos vários ambientes internos e externos de uma organização.

Na dificuldade ou na impossibilidade de um alargamento cognitivo da realidade, o dirigente não pode assumir uma rotina de trabalho calcada em atividades de planejamento, uma vez que suas decisões são alicerçadas por variáveis, com causas e efeitos pontuais e reducionistas. Quando significados e sentidos

1. WHITTINGTON, R. *O que é estratégia*. São Paulo: Thomson Learning, 2006. p. XII.

são distantes e desconexos de outras realidades, o conteúdo do planejamento estratégico se torna impreciso, não correspondendo às necessidades de solução apresentadas ao dirigente e, assim, afetando de forma negativa seus resultados.

O ato da confecção do planejamento estratégico possui também os objetivos de desenvolver, melhorar e intensificar o maior número de interações as quais afetam direta ou indiretamente as rotinas produtivas da organização. O planejamento estratégico pode ser entendido como uma ferramenta que possui o objetivo de auxiliar os dirigentes no seu ato de gestão, abrindo, com isso, um leque de novas possibilidades para as organizações melhorarem seus produtos, processos e serviços.

Esse ato de melhoria, quando aplicado às rotinas produtivas, vai ao encontro das necessidades dos clientes, pois, entre outras atividades propostas na confecção do planejamento estratégico, há análise de conjuntos de variáveis presentes no ambiente externo da empresa, como o estudo dos produtos e serviços dos concorrentes, bem como a forma como os potenciais consumidores se relacionam com esses produtos e serviços.

Entretanto, as variáveis externas e internas da organização apresentam-se em um ambiente interacional significativamente competitivo e diverso em constante movimento, exigindo dos dirigentes uma postura de atenção e monitoramento contínuo das variáveis que afetam seu empreendimento, gerando atos de flexibilização e adaptação, principalmente dos objetivos e metas que compõem seu planejamento estratégico.[2]

Nesse contexto plástico e temporal, a estratégia, quando entendida como a atividade de planejar, desenvolver e aplicar uma ação no mundo real em busca de determinado cenário produtivo ideal, pode ser considerada uma atividade gerencial frequentemente contestável, imperfeita e inalcançável.

A atividade de prever o futuro e planejar as atividades que poderão se contrapor ou compor com uma possível realidade ainda não determinada é um ato interacional significativamente complexo, sendo definido por inúmeras interações que ocorrem entre dirigente e auxiliares.

O problema do ato de planejar é constantemente envolto pela síndrome da **superficialidade** e ocorre frequentemente no contexto produtivo quando o dirigente não possui tempo para realizar uma análise profunda das variáveis e determinar uma síntese confiável de um tema produtivo.

2. Referenciam este e os parágrafos anteriores: MINTZBERG, H. *Managing essencial.* Porto Alegre: Bookman, 2014; ZUIN, L. F. S.; GAMEIRO, A. H.; ZUIN, P. B.; PRANCIC, E. O administrador e as suas decisões. In: ESCRIVÃO FILHO, E.; ARAGÃO, J. E. O. S. (Org.). *Introdução à administração:* história, educação e perspectivas profissionais. São Paulo: Atlas, 2016, v. 1, p. 293-305; WHITTINGTON, 2006.

Por ser cobrado incessantemente em sua rotina de trabalho para finalizar rapidamente uma atividade e alcançar o sucesso, a superficialidade analítica do processo de tomada de decisão pode ser considerada de alto risco para o empreendimento, pois pode desenvolver nesse sujeito um perfil adaptativo e manipulador, em vez de reflexivo e conciliador.

Entretanto, a reflexão, não sendo desdobrada em uma ação ou atividade, apresenta um viés passivo. Por outro lado, a realização de uma atividade sem reflexão é irracional. A superficialidade é o resultado direto de contextos produtivos onde podem ser observados conjuntos de interações com poucas vozes, com seus respectivos cotejamentos monológicos e olhares centrípetos.

Planejar algo remete o dirigente a um contexto produtivo que determinará um cronograma de atividades encadeadas, muitas vezes de perfil majoritariamente idealizado, por meio de um conjunto de técnicas analíticas. Em contrapartida, o dirigente encontra-se envolto em oportunidades e também dificuldades que surgem diariamente em sua rotina de trabalho.

A questão que se apresenta no momento de construção de um cenário futuro é: *Qual estratégia o dirigente busca realizar, formar e formular com sua equipe*? Frequentemente, as estratégias são formadas nas organizações por meio de um processo de aprendizado informal e pouco estruturado, não sendo elaboradas por meio do emprego intenso de técnicas analíticas, com viés preponderantemente quantitativo.

Nesse caso, o olhar do dirigente é centrípeto e monológico, pois as técnicas analíticas quantitativas empregadas durante a análise e síntese dos conteúdos não ofertam ao dirigente e sua equipe acesso ao enunciado que gerou a informação.

De outro modo, o dirigente com perfil dialógico tem uma perspectiva centrífuga, rumo à fronteira de novos significados e sentidos que se mesclam, fazendo surgir algo novo nesse território pouco controlado, indefinido, plástico e diverso. O planejamento estratégico polifônico e equipotente ajuda a compreender esses conjuntos de vozes alocados na fronteira do novo, auxiliando no processo de tomada de decisão dos dirigentes, uma vez que busca categorizar e inter-relacionar as inúmeras variáveis pertencentes ao ato de planejar e implementar algo, empregando de forma auxiliar as técnicas analíticas.[3]

Temos, então, técnicas analíticas que decompõem de forma cartesiana determinado tema estudado, em contraposição a uma abordagem cognitiva cujo

3. Referenciam este e os parágrafos anteriores: MINTZBERG, 2014.; ZUIN et al., 2016, p. 293-305; AMORIM, M. *O pesquisador e seu outro:* Bakhtin nas ciências humanas. São Paulo: Musa, 2004.

ato da síntese dialógica busca, em um segundo momento, juntar de forma concatenada e coerente as várias vozes e olhares em sistemas integrados de gestão.

O ato de desenvolver de forma competente uma síntese com conteúdo claro e seguro é uma ação fundamental de um bom dirigente, o qual necessita passar por uma mudança de perspectiva para torná-la relevante para a organização. O olhar e a postura cartesiana devem ser somados ao dialógico, com o objetivo de desenvolver nesse sujeito uma nova habilidade cognitiva que busque o entendimento mais amplo possível de determinada situação, ou seja, um olhar sistêmico.

Atualmente, a sociedade da informação também se faz presente nos territórios rurais, auxiliando, intensificando e ampliando as interações entre os produtores rurais e demais agentes da cadeia produtiva que dão suporte a essas práticas produtivas. Entretanto, deve-se levar em conta as limitações de tais ferramentas quantitativas, principalmente na significação de novos sentidos, proveniente das trocas pontuais e esparsas de conteúdos enviesados e imprecisos, ou até mesmo falsos.

A amplitude de vozes, com seus mais diversos significados e sentidos, ajuda a desenvolver o olhar sistêmico e a postura dialógica, facilitando o processo de síntese durante a tomada de decisão – e é nesse ponto que as vivências e experiências são importantes na construção de novos sentidos. Uma boa síntese parte da construção de uma imagem ampla que vai sendo completada e colocada em movimento a cada voz que é escolhida ou excluída do processo de elaboração de possíveis cenários e caminhos.

O isolamento do dirigente, nesse caso, em um contexto criativo com abordagem monológica, pode levá-lo à falsa sensação de ser objetivo, no sentido de ser eficiente e eficaz no processo de tomada de decisão. Porém, essa objetividade racional leva, entre outros fatores negativos, a tratar as pessoas como objetos, sendo facilmente descartadas e substituídas.[4]

O ato de realizar o planejamento estratégico pode ser considerado uma das ferramentas administrativas mais importantes para o andamento das rotinas produtivas de uma empresa, uma vez que operacionaliza as atividades e ações descritas durante a etapa de desenvolvimento por meio de um processo de reflexão, análise e síntese, tendo variáveis e vozes presentes nos mais distintos ambientes internos e externos da organização.

4. Referenciam este e os parágrafos anteriores: MINTZBERG, 2014; ZUIN et al., 2016; TERENCE, A. C. F. *Planejamento estratégico como ferramenta de competitividade na pequena empresa: desenvolvimento e avaliação de um roteiro prático para o processo de elaboração do planejamento*. 2002. Dissertação (Mestrado) – Escola de Engenharia de São Carlos, Universidade de São Paulo (USP), São Carlos, 2002.

De forma ampla, as organizações rurais são compostas por algumas particularidades, as quais podem ser evidenciadas por meio do reflexo nos atos produtivos que descortinam posturas relativas à condução do empreendimento. Frequentemente, pode ser observada excessiva centralização das decisões – ato comum em um ambiente produtivo monológico – associada, entre outras posturas, ao baixo interesse em internalizar novas tecnologias voltadas à inovação tecnológica dos produtos e processos.

Essa conduta traz deficiências no gerenciamento do tempo de atividades e representa a busca pelo imediatismo quanto aos resultados produtivos, refletindo no desenvolvimento de uma produtividade mais elevada, sem considerar a rentabilidade do empreendimento, ou seja, seu lucro. Muitas dessas posturas foram historicamente constituídas por inúmeras interações que levavam a uma região de segurança produtiva do empreendimento – o que é naturalmente arriscado.

Entretanto, a falta de formalidade encontrada nas interações técnicas e gerenciais, que determinam os caminhos que levam aos atos de planejar, implementar e decidir, não deve ser entendida como uma atividade simplista, pois não emprega técnicas de análise de construção de possíveis cenários e produtos de forma clara, estruturada e acadêmica.

Por outro lado, a informalidade no processo de tomada de decisão pode esconder do pensamento mecanicista-positivista da academia um modelo de gestão sofisticado e complexo empregado no empreendimento, não sendo esse tema devidamente investigado pela academia. Um dos mantras recitados em exaustão pelo mundo coorporativo é que somente aquilo que é medido pode ser administrado, levantando vários questionamentos quanto à sua validade, por exemplo: *Como mensurar na totalidade do mundo concreto o desempenho de uma gestão?*

Nesse caso, um dos sentidos do ato de mensurar algo vai frequentemente ao encontro de uma visão puramente racional e distante dos processos produtivos que se apresentam no mundo real, estando naturalmente enviesado pelo olhar do dirigente e do projeto idealizado para os sistemas de produção. A idealização de um processo produtivo, quando contraposto com o resultado de mensuração, pode carregar em seu bojo incertezas e limitações, tanto quanto de análises pouco profundas e distorcidas da mesma realidade exposta no mundo concreto.

Caso a mensuração fosse uma ferramenta de gestão definitiva entre os dirigentes, não haveria razão para sair do escritório, uma vez que a realidade exposta no mundo concreto estaria facilmente presente e seria ofertada a eles de forma objetiva e confiável. Provavelmente, a principal causa da popularização da mensuração foi a criação de uma zona de conforto para o dirigente que não achava atrativo se relacionar de maneira mais intensa com os demais sujeitos de uma organização.

Essa forma obtusa e centrípeta do olhar do dirigente para a sua realidade possui origem em dados e informações de alcance limitado, com viés predominantemente reducionista de interpretar a realidade produtiva. Quando o dirigente recebe os dados e informações de forma quantitativa, não pode resgatar no número a ele ofertado, para análise e síntese, o enunciado que deu origem a esse métrica. O conteúdo do enunciado muitas vezes apresenta uma assertiva que pode determinar de modo significativo a construção da solução exposta na métrica do indicador.

Além dessa limitação de alcançar o conteúdo da enunciação que deu origem à métrica, outras dificuldades podem ser encontradas pelo dirigente que emprega de forma intensa tal ferramenta, como: excessivo agrupamento de dados e informações, homogeneizando-os significativamente na amostra coletada e ofuscando suas particularidades; demora na entrega das análises e sínteses contidas nas métricas, impossibilitando que sejam empregadas na resolução do problema que ocorre no mundo concreto; os dados não são confiáveis, uma vez que, como toda interpretação do mundo pelos sujeitos pode acarretar erros, não é porque estão expostos em números e planilhas que se tornam verdades absolutas, já que a matemática é uma forma de linguagem sujeita a todas as formas de manipulação como qualquer outra interação da realidade.

Entretanto, as métricas envoltas em informações objetivas não devem ser descartadas dos processos interpretativos de análise e síntese da realidade do mundo concreto das organizações. Elas são ferramentas de gestão importantes, mas somente o emprego delas não garante uma boa gestão do empreendimento; as duas formas de análise quantitativa e qualitativa devem ser empregadas pelos dirigentes, para realizar, pensar e repensar os caminhos que sua empresa tomou, está vivenciando e irá percorrer.[5]

Nas organizações, independentemente de tamanho, quantidade e variedade de níveis hierárquicos que a compõem, ocorre rotineiramente um distanciamento e isolamento tanto vertical (cargo) como horizontal (função) entre os sujeitos que nela trabalham, às vezes podendo ser mais intenso ou não, mas fazendo-se presente nas relações entre dirigente e funcionário. O distanciamento abre um **vão administrativo** entre cargos e funções, refletindo de forma negativa na gestão da organização, por exemplo, levando ao engessamento de

5. Referenciam este e os parágrafos anteriores: ZUIN et al., 2016; TERENCE, 2002; AMORIM, 2004.

seus processos de inovação. Levar o dirigente para o local das rotinas de produção e fazê-lo vivenciar e experimentar pode ser considerado um fator-chave para a diminuição desse vão administrativo entre o cargo e função.

Entretanto, esse não é um argumento que defende o processo de enxugamento ou *downsizing* dos cargos de gerência média nas organizações, mas é uma forma de os dirigentes incentivarem os momentos de interações entre colegas de trabalho de diferentes cargos e funções nas organizações.

Cabe salientar que, no início, esses momentos interacionais podem ocasionar um embate entre os sentidos e os significados das palavras ditas, causando momentos de incomunicabilidade entre os sujeitos, uma vez que suas vivências e experiências, bem como a formação, a atuação e o reconhecimento que definem suas atuações em seus territórios rurais, os quais são constituídos de forma histórica, são significativamente distantes e assimétricos.

A interação é de fundamental importância para a constituição da estratégia na organização e para que passe ao mundo concreto e à função operacional das rotinas produtivas. Nesse caso, o olhar do dirigente deve se voltar mais para o mundo concreto, e não tanto para sua idealização. O ato de delegar algo a um funcionário somente será uma ação com baixo risco quando o dirigente atuar de forma intensa no processo subjetivo de significação de novos sentidos dos membros de sua equipe.

Entretanto, pode ser difícil ofertar parte das informações a todos os membros da equipe, uma vez que, geralmente, os conteúdos determinam o andamento e os rumos macros da organização. Nesse caso, os dirigentes podem elencar um ou mais subordinados, ou contratar uma consultoria, para compartilhar informações estratégicas – certamente, o ganho de ofertá-las por outro ponto de vista é maior que o risco de popularizá-las além do bom senso da segurança idealizada de seu conteúdo.[6]

Um dos grandes desafios das organizações no mundo contemporâneo, envolto na sociedade da informação, é: *Como lidar com o paradoxo ordem/controle e inovação? Como inovar em processos produtivos que empregam a produção em massa taylorista?*

No caso de boa parte da cadeia produtiva dos alimentos processados, o lucro é determinado por inovações incrementais (melhorias que ocorrem sobre uma mesma trajetória tecnológica já existente na organização) que visam à

6. Referenciam este e os parágrafos anteriores: MINTZBERG, 2014; MINTZBERG, H. *Ascensão e queda do planejamento estratégico.* Porto Alegre: Bookman, 2004; ZUIN et al., 2016; VOLÓCHINOV, V. *Marxismo e filosofia da linguagem:* problemas fundamentais do método sociológico na ciência da linguagem. São Paulo: Editora 34, 2017.

diminuição dos custos de operação em detrimento de produtos originados de inovações radicais (onde é exposto ao público um novo paradigma). Esse é um mercado em que o consumidor observa pouca diferença entre os produtos ofertados, adquirindo aquele que se encontra mais barato no momento da compra.

A cultura da inovação nas empresas que processam alimentos passa, frequentemente, por uma abordagem imitativa dos produtos dos concorrentes que já estão no mercado, empregando uma estratégia defensiva e conservadora. Há pouca inovação em recursos humanos e no setor financeiro, focando seus esforços na compra de novos processos produtivos que diminuam seus custos de produção.

Nesse contexto operacional e de inserção no mercado, uma das estratégias usadas para garantir a sobrevivência das organizações, como a de fidelizar os consumidores, apresenta-se significativamente prejudicada. Quando o consumidor compra um produto pelo valor e não por outro atributo de qualidade que o diferencia, esse produto passa a receber a denominação de *commoditizado*.[7]

De forma ampla e frequente, a palavra **gestão**, em geral, é sinônimo de controle nas empresas – o que é mais comum em organizações com produtos do tipo *commodities*. No ambiente produtivo interno idealizado dessas empresas, conjuntos de estratégias estabelecem caminhos com previsibilidade, identificando de forma clara quem são os sujeitos responsáveis para atingi-las. Entretanto, no mundo concreto, os dirigentes e funcionários não conseguem controlar todas as variáveis que influenciam seu empreendimento.

Qualquer ambiente produtivo de uma empresa, tanto interno como externo, é incerto, não sendo possível ter controle total sobre o que foi idealizado. Entender esse ambiente produtivo desordenado e aceitá-lo faz parte da formação do dirigente contemporâneo, pois é preciso compreender a potência desorganizadora que um novo paradigma provoca quando é internalizado por todos os agentes de uma cadeia produtiva. Entretanto, um novo paradigma não significa necessariamente algo bom para todos os sujeitos e suas organizações.[8] Na literatura, existem inúmeros modelos de planejamento estratégico para organizações dos mais variados tamanhos e diversas cadeias produtivas, apresentando conteúdos, como atividades e tarefas, de forma mais ampla ou pontual.

7. Referenciam este e os parágrafos anteriores: MINTZBERG, 2014; ZUIN et al., 2016; SIDONIO, L.; CAPANEMA, L.; GUIMARÃES, D. D.; CARNEIRO, J. V. A. *Inovação na indústria de alimentos:* importância e dinâmica no complexo agroindustrial brasileiro. Disponível em: <https://www.bndes.gov.br/SiteBNDES/bndes/bndes_pt/Galerias/Convivencia/Publicacoes/Consulta_Expressa/Tipo/BNDES_Setorial/201303_08.html>. Acesso em: 3 maio 2018; TOLEDO, J. C.; ALLIPRANDINI, D. H.; ZUIN, L. F. S.; BOSI, M. G. Product development process management practices and problems in companies of Brazilian food industry. *Product (IGDP)*, v. 5, p. 139-150, 2007.

8. Referenciam este e o parágrafo anterior: MINTZBERG, 2014; ZUIN et al., 2016.

Entretanto, a maioria desses modelos propõe um caminho metodológico que visa à elaboração, à implementação e ao controle de conjuntos de atividades e tarefas – principalmente para as organizações de pequeno e médio porte, cujo aspecto mais importante para o sucesso da implementação do planejamento estratégico é o envolvimento direto do dirigente da organização, consciente da necessidade do seu empenho e de seus funcionários. As particularidades de gestão que compõem esse tipo de organização podem dificultar a implementação da rotina do ato de pensar e repensar a estratégia de seu empreendimento.

Outras dificuldades podem ser encontradas durante o desenvolvimento e a implementação do planejamento estratégico nesses tipos de organização, como:[9]

- desconhecimento e falta de interesse pela ferramenta de gestão, por falta de tempo ou receio de mudar suas rotinas produtivas;
- busca pelos resultados imediatos, empregando, para isso, uma gestão intuitiva;
- dificuldade em estabelecer de forma clara a missão da organização, podendo ser originada na falta de conhecimento do que consiste uma missão ou na falta de tempo e de comprometimento dos funcionários;
- no mesmo caminho percorrido pelo imediatismo, podemos observar o estabelecimento de valores conservadores ligados à forma de como conduzir seu empreendimento – valores estes historicamente constituídos pelas relações com outros agentes pertencentes à cadeia produtiva;
- postura conservadora que afeta diretamente a visão da empresa a médio e longo prazo, uma vez que a empresa é determinada pela postura e pelo olhar de seu dirigente;
- o dirigente, ao centralizar as atividades de gestão e técnicas de sua empresa, pode apresentar dificuldades em observar ameaças e oportunidades presentes nos demais agentes que compõem seu ambiente de negócios durante a análise do ambiente externo;
- a rotina intensa de trabalho pode afetar negativamente o olhar crítico diante do ambiente interno da organização, bem como a falta de funcionários qualificados e a ausência de acesso a informação qualificada;
- a falta de objetivos claros pode ser afetada pelo conservadorismo do dirigente ao centralizar a condução e a implementação de atividades produtivas e ser imediatista, tendo, consequentemente, dificuldade em arquitetar um cenário futuro para a organização, entre outros fatores;

9. Referencia este e os parágrafos anteriores: TERENCE, 2002.

- no mesmo sentido, o dirigente pode sentir dificuldades em confeccionar metas para os processos produtivos e atuações nos mercados consumidores, pois não dispõe de tempo para reflexão;
- essa rotina produtiva também afeta negativamente a identificação da estratégia atual da empresa, mesmo que seja determinada informalmente;
- dificuldade em escolher uma estratégia diferente e, com isso, desenvolver planos para atingir novos objetivos e metas. Essa dificuldade possui origem nas posturas descritas anteriormente, acrescidas dos empecilhos encontrados em ter acesso a treinamentos que ajudarão as novas atividades e a divulgação desses novos objetivos entre os funcionários.

De forma pragmática, empregaremos neste estudo o modelo de planejamento estratégico desenvolvido por Terence,[10] com adaptações e complementações propostas por outros autores.[11] De forma detalhada, a autora descreve, em seu modelo de planejamento estratégico voltado para a pequena e média empresa, seis etapas compostas de 13 atividades, conforme se seguem.

ETAPA 1

APRESENTAÇÃO E CONSCIENTIZAÇÃO DA METODOLOGIA PARA O DIRIGENTE

Provavelmente, essa é a etapa mais importante para o desenvolvimento do planejamento estratégico nas organizações. O não comprometimento do dirigente é a variável mais delicada, uma vez que pode ocasionar o insucesso de todas as atividades que compõem as etapas de desenvolvimento, implementação e controle dos conteúdos, bem como os objetivos e as metas que compõem o planejamento estratégico.

Entretanto, como conscientizar os dirigentes da importância de empregar essa ferramenta em suas rotinas produtivas? E, em um momento posterior, desdobrando esse ato responsivo para a atividade, como mobilizar seus funcionários para atender os requisitos de mudança que compõem um planejamento estratégico? Vários caminhos podem levar a uma mobilização dos sujeitos que compõem a organização.

Certamente, a ação mais significativa seria pensar e repensar criticamente as variáveis originadas das inúmeras interações que afetam de forma direta e

10. TERENCE, 2002.
11. TEIXEIRA, M. L. M. Dignidade organizacional: valores e relações com *stakeholders*. In: TEIXEIRA, M. L. M. (Org.). *Valores humanos & gestão:* novas perspectivas. São Paulo: Senac, 2008; ZUIN, ZUIN, 2014; MINTZBERG, H. *Ascensão e queda do planejamento estratégico*. Porto Alegre: Bookman, 2004.

indireta o empreendimento. Em seguida, refletir e prever como essas interações podem impulsionar ou dificultar os processos produtivos e o ambiente em que atua, preparando alterações de rumo e, caso seja possível antecipá-las, desenvolver suas potencialidades.

O planejamento estratégico deve estar voltado para explorar essas potencialidades na rotina produtiva, envolvendo tantos os aspectos práticos e operacionais como a visão ampla do seu negócio.

ETAPA 2

DESENVOLVIMENTO DA VISÃO GERAL DA ORGANIZAÇÃO

Para isso, é necessário estabelecer a missão, a visão e os valores da organização. As empresas, independentemente do tamanho e do grau de inserção na sociedade, desempenham um papel que vai muito além de seu impacto econômico, exercendo, também, uma interação social e política. Entendemos que a ação dos dirigentes passa necessariamente pela construção de uma dignidade organizacional, relativa à interação vivenciada e experimentada por todos os sujeitos que se inter-relacionam de forma direta ou indireta com ela.

Para isso, a organização deve proporcionar um ambiente de trabalho em que o dirigente tenha uma postura dialógica com os sujeitos que interagem com sua organização, possibilitando que seus funcionários corram riscos e, consequentemente, cometam erros (dentro de limites aceitáveis); deve buscar de forma permanente uma integridade inquestionável; deve ter uma visão holística do empreendimento; deve ser paciente, persistente e destemido perante o ambiente de negócios; deve buscar a diversidade de sujeitos e interações; entre outras características.

Com todos esses requisitos, os dirigentes, por meio de conjuntos de relações históricas com os sujeitos que interagem com a organização, constituem o ato de elaborar os valores, a visão e a missão da empresa.

Os valores são o reflexo de sua cultura – sendo essa o resultado das inúmeras interações que ocorrem em suas práticas e em suas rotinas produtivas, as quais são únicas, fazendo com que uma organização seja diferente da outra –, o desdobramento de princípios e crenças, determinados no processo de significação de sentidos e significados, os quais são hierarquicamente determinados, mas não deixam de ser influenciados durante esse processo.

Os valores buscam orientar as condutas individuais e coletivas expressas nos atos interacionais produtivos de uma organização. Logo, o desenvolvimento da dignidade organizacional depende diretamente da construção de valores, os quais são expostos na vida, isto é, em suas rotinas produtivas, uma vez que a dignidade organizacional encontra-se umbilicalmente ligada à cultura e às inúmeras interações vivenciadas na empresa. A construção do ambiente que leve à dignidade organizacional passa necessariamente pela postura dialógica não apenas do dirigente e dos funcionários, mas também dos *stakeholders*.

Nesse contexto dialógico dos valores da empresa, a missão da organização, ou seja, aonde ela pretende chegar para direcionar seus esforços produtivos, busca no contato das inúmeras vozes presentes na elaboração do planejamento estratégico, conjuntos de atividades e tarefas que sejam exequíveis dentro do período proposto pelo dirigente.

ETAPA 3

DIAGNÓSTICO ESTRATÉGICO

Nas organizações, os atos de elaborar e aplicar o diagnóstico estratégico são compostos pelas atividades de análise externa e interna, bem como pelo estabelecimento dos fatores críticos existentes. A primeira etapa do diagnóstico estratégico diz respeito à realização de uma investigação exploratória das variáveis e suas interações que compõem os ambientes internos e externos da organização, onde o principal problema enfrentado pelos dirigentes e sua equipe é encontrar e analisar as informações realmente importantes para a sobrevivência do empreendimento.

Para isso, é necessário identificar as fontes de informação e suas vozes, além de coletar e detalhar os conteúdos relevantes para o desenvolvimento da organização. Por outro lado, a análise do ambiente interno apresenta o objetivo de identificar os dados e informações importantes para empregá-los durante o diagnóstico dos processos produtivos. Vale ressaltar que, para isso, é interessante que o dirigente e sua equipe empreguem metodologias de coleta de dados e informações qualitativas e quantitativas em conjunto.

ETAPA 4

ELABORAÇÃO DA ESTRATÉGIA

A primeira atividade para a elaboração de uma nova estratégia a ser realizada pelo dirigente é a identificação da estratégia atual da organização e a escolha de seus caminhos futuros. Para a realização desse conjunto de atividades, os sujeitos responsáveis pelas atividades que a cercam utilizam um esforço dialógico considerável, em que o principal elemento empregado e desejado durante essas interações é a criatividade. Ambientes de trabalho monológicos e excessivamente hierarquizados tendem a favorecer o acabamento das ideias, ou seja, o engessamento dos sentidos e significados dos dirigentes e funcionários em busca do novo.

O ato de desenvolver uma estratégia tem como objetivo compreender e traçar caminhos para que os serviços e produtos sejam mais atrativos para os consumidores do que os dos concorrentes, bem como entender onde e como sua empresa se posiciona na cadeia produtiva em que se encontra inserida. A definição da estratégia deve ser um trabalho em equipe, envolvendo principalmente os funcionários que serão os multiplicadores do conteúdo para o restante da empresa. Esse conjunto de diálogos também contribui significativamente para que os dirigentes tenham oportunidade de ter vários pontos de vista para serem empregados ou não em seus processos de tomada de decisão.

Nesse momento, o dirigente poderá empregar em sua rotina produtiva uma estratégia própria, uma vez que o ato de adaptar uma estratégia de outra empresa pode ocasionar uma série de riscos elevados para a sobrevivência da empresa. Por exemplo, a estratégia pode indicar um caminho em que a organização vai inserir seus produtos ou serviços em um mercado por meio de uma liderança em custo. Também pode-se adotar uma estratégia de diferenciar seus produtos dos concorrentes, elevando seus padrões de qualidade e também diversificando sua atuação no mercado.

O ato de desenvolver novos cenários produtivos, escolher um e implementar ações e atividades na empresa para alcançá-los não deve ser engessado, mas deve sofrer adaptações no momento de sua implementação no mundo concreto. As estratégias sempre devem ser ligeiramente adaptadas quanto ao seu rumo, ações, atividades e etapas e devem ser entendidas como um processo, um caminho, e não como um plano acabado a ser perseguido a qualquer custo pelos dirigentes.

Em seus estudos, Terence[12] evidencia que:

> Não importa qual será a opção do dirigente, mas é necessário ressaltar que, antes de elaborarem a estratégia, o dirigente e sua equipe devem analisar exaustivamente as atividades anteriores, considerando que: a estratégia deverá condizer com os objetivos e metas estabelecidos; os concorrentes não devem ser subestimados e a empresa deve procurar alavancar seus pontos fortes e neutralizar os fracos, explorar as oportunidades, preparar-se para as ameaças e enfatizar o que se faz de melhor.

12. TERENCE, 2002, p. 100.

Como última etapa dessa atividade, os dirigentes buscam, em conjunto com sua equipe, detalhar as ações e os projetos e, em alguns momentos, realocar os recursos, entre outras demandas que serão cruciais para atingir as metas e os objetivos propostos no plano estratégico.

ETAPA 5

DEFINIÇÃO DOS OBJETIVOS, METAS E AÇÕES

O dirigente, nessa etapa, busca a definição dos objetivos e das metas, bem como a elaboração de um plano contendo ações, projetos, investimentos, entre outras atividades. Essa etapa é realizada depois da confecção da nova estratégia da empresa. Nesse momento, o dirigente possui atributos para analisar e sintetizar as variáveis presentes, tanto no seu ambiente interno, com elementos da rotina produtiva, como no externo, visualizando a melhor forma de atuação para o seu mercado. O desenvolvimento de metas ajuda a formular conjuntos de ações necessárias para a consolidação dos objetivos no mundo concreto.

ETAPA 6

IMPLEMENTAÇÃO E CONSOLIDAÇÃO DO PLANEJAMENTO ESTRATÉGICO DA ORGANIZAÇÃO

A etapa de implantação e consolidação do plano estratégico no mundo concreto tem como ponto de partida o momento em que se inicia a etapa de elaboração do planejamento, na qual as vozes dos vários sujeitos, como funcionários e dirigentes, são ouvidas e compõem a força produtiva da organização.

Essa etapa é fundamental para que os objetivos e as metas que compõem a nova estratégia da empresa sejam exequíveis, indo ao encontro das possibilidades realistas das melhorias das variáveis produtivas disponíveis na organização. O conjunto de atividades presentes no processo estratégico, ou seja, os conjuntos de atividades técnicas e gerenciais presentes no cotidiano das organizações, não deve ser empregado para operacionalizar de forma inicial, imediata e abrupta as variáveis contidas nas etapas de implementação e controle de uma nova estratégia.

O processo estratégico da organização foi constituído ao longo da existência da organização e deve servir como um agente que alavanca e potencializa os recursos, e não como um simples ato do dirigente. Nesse caso, o planejamento estratégico busca apresentar em seu bojo ações que potencializem os mais variados tipos de recursos no ambiente organizacional. Por outro lado, rupturas drásticas no processo estratégico das empresas frequentemente ocasionam climas organizacionais instáveis e desmobilizadores para dirigentes e funcionários.

CONSIDERAÇÕES FINAIS

Pensar em metodologias que possuem abordagens polifônicas e equipotentes pode contribuir positivamente para todas as etapas que fazem parte do planejamento estratégico nas organizações. Levar em conta, no momento de sua elaboração, a diversidade de vozes (e conteúdos) de dirigentes, funcionários, *stakeholders* e consumidores pode ser considerado um dos grandes desafios do dirigente contemporâneo.

Para que os produtos e serviços tenham penetração nos mais variados mercados consumidores, faz-se necessária a internalização de conteúdos provenientes de várias vozes, na constituição dialógica dos caminhos de suas rotinas produtivas. A diversidade e suas vozes nunca foram tão importantes para a sobrevivência das empresas como no atual momento – e nos territórios rurais essa realidade não é diferente.

O ato polifônico e equipotente dos dirigentes dialógicos auxilia de forma positiva, aproximando sentidos e significados da diversidade de vozes, garantindo, assim, a sobrevivência da organização em um mercado consumidor plástico e imprevisível em desejos e necessidades.

REFERÊNCIAS

AMORIM, M. *O pesquisador e seu outro:* Bakhtin nas ciências humanas. São Paulo: Musa, 2004.

MINTZBERG, H. *Managing essencial.* Porto Alegre: Bookman, 2014.

______. *Ascensão e queda do planejamento estratégico.* Porto Alegre: Bookman, 2004.

SIDONIO, L.; CAPANEMA, L.; GUIMARÃES, D. D.; CARNEIRO, J. V. A. Inovação na indústria de alimentos: importância e dinâmica no complexo agroindustrial brasileiro. Disponível em: <https://www.bndes.gov.br/SiteBNDES/bndes/bndes_pt/Galerias/Convivencia/Publicacoes/Consulta_Expressa/Tipo/BNDES_Setorial/201303_08.html>. Acesso em: 3 maio 2018.

TEIXEIRA, M. L. M. Dignidade organizacional: valores e relações com *stakeholders.* In: TEIXEIRA, M. L. M. (Org.). *Valores humanos & gestão:* novas perspectivas. São Paulo: Senac, 2008.

TERENCE, A. C. F. *Planejamento estratégico como ferramenta de competitividade na pequena empresa: desenvolvimento e avaliação de um roteiro prático para o processo de elaboração do planejamento.* 2002. Dissertação (Mestrado) – Escola de Engenharia de São Carlos, Universidade de São Paulo (USP), São Carlos, 2002.

TOLEDO, J. C.; ALLIPRANDINI, D. H.; ZUIN, L. F. S.; BOSI, M. G. Product development process management practices and problems in companies of Brazilian food industry. *Product (IGDP)*, v. 5, p. 139-150, 2007.

VOLÓCHINOV, V. *Marxismo e filosofia da linguagem:* problemas fundamentais do método sociológico na ciência da linguagem. São Paulo: Editora 34, 2017.

WHITTINGTON, R. *O que é estratégia.* São Paulo: Thomson Learning, 2006.

ZUIN, L. F. S.; GAMEIRO, A. H.; ZUIN, P. B.; PRANCIC, E. O administrador e as suas decisões. In: ESCRIVÃO FILHO, E.; ARAGÃO, J. E. O. S. (Org.). *Introdução à administração:* história, educação e perspectivas profissionais. v. 1. São Paulo: Atlas, 2016.

ZUIN, L. F. S.; ZUIN, P. B. Comunicação dialógica na gestão ambiental: novos caminhos metodológicos para a extensão rural. In: PALHARES, J. C. P.; GEBLER, L. (Org.). *Gestão ambiental na agropecuária.* v. 2. Brasília: Embrapa Informação Tecnológica, 2014.

CAPÍTULO 3

Comunicação dialógica para os processos produtivos nos agronegócios

LUÍS FERNANDO SOARES ZUIN
POLIANA BRUNO ZUIN
MATEUS J. R. PARANHOS DA COSTA

INTRODUÇÃO

Dizer a palavra verdadeira é transformar o mundo.[1] A **palavra verdadeira** é o resultado do reflexo e da refração das palavras por meio dos atos responsivos realizados pelos sujeitos que dialogam e constroem de forma conjunta, polifônica e equipotente novos contextos sociais nos territórios rurais. É a palavra conjunta, isto é, os sujeitos buscam resolver suas divergências e realizam no mundo concreto suas necessidades, identificando e compreendendo os vários aspectos e relações que orbitam e constituem sua realidade, que, no caso deste livro, seriam os territórios rurais.

A palavra verdadeira não possui caráter monológico,[2] unidirecional, em que cabe ao outro apenas ouvir, aceitar e desenvolver determinado cenário produtivo – o qual muitas vezes corresponde a uma negação da realidade vivida e experienciada. A palavra verdadeira é, por definição, dialógica, pois possui o poder de transformar o ser humano e o mundo no qual os sujeitos interagem. Quando interagem e dialogam, os indivíduos tomam para si a responsabilidade de conduzir os caminhos e processos que se apresentam em sua realidade rural.

A palavra verdadeira, na perspectiva desses caminhos, percorre os processos produtivos com viés dialógico e necessita ser ancorada nos atos responsivos

1. FREIRE, P. *Pedagogia do oprimido*. Petrópolis: Paz e Terra, 2005.
2. No contexto interacional monológico, os sistemas produtivos são organizados de forma unidirecional, determinando os caminhos e as formas como as pessoas devem interagir e viver em comunidade, excluindo-as dos processos de tomada de decisão e perdendo a liberdade no processo de significação de seus sentidos.

dos sujeitos para que ocorram inúmeros processos de significação durante os diálogos, a fim de produzir sentidos semelhantes, gerados nas interações.

A palavra verdadeira é aquela que busca construir nos territórios rurais um cenário produtivo mais justo socioeconomicamente e ambientalmente sustentável.[3] Os valores, posicionamentos, ideias, entre outros elementos presentes na vida, constituem e formam a consciência dos falantes, e não o contrário. Esse momento interpretativo da realidade ocorre por meio do encontro entre as palavras e a realidade na vida e na interação social no mundo concreto.[4]

Historicamente, a linguagem humana pode ser categorizada de três formas:[5] 1) por meio da representação de uma ideia ou realidade; 2) como um instrumento comunicacional; ou 3) por meio de um tipo de ação ou interação. A primeira forma pressupõe a representação do mundo por meio da linguagem. Nesse contexto comunicativo, a função da língua é refletir o pensamento de um objeto presente no mundo. A segunda maneira funciona como um instrumento, que visa transmitir uma informação por meio de um código, dito por uma fonte (sujeito A) e traduzido pelo receptor (sujeito B). Essas duas definições de linguagem apresentam um viés monológico do conteúdo da mensagem, em que se busca uma aproximação do significado coletivo da palavra, de um sentido único entre os falantes. Por outro lado, a terceira abordagem pressupõe que a linguagem é o desdobramento de uma atividade social, ou seja, uma ação, ou melhor, um ato responsivo e intersubjetivo, que exige uma reação/resposta do outro. Mesmo que essa reação seja passiva, de inteira aceitação, será, ainda sim, uma resposta, um posicionamento. No local dialógico é que surgem vínculos e comprometimentos entre os sujeitos, que antes não existiam ou eram pouco significativos.

Nessa abordagem, a palavra, presente na linguagem, é o lugar da interação, da persuasão, do evento único, da disputa, do movimento, do inacabamento e do embate dos sentidos que ocorrem durante e depois do momento do diálogo.[6] Na comunicação dialógica, os sentidos são expressos nas situações do mundo

3. Referenciam este e os parágrafos anteriores: BAKHTIN, M. *Marxismo e filosofia da linguagem*. São Paulo: Hucitec, 2010a; BAKHTIN, M. *Para uma filosofia do ato responsável*. São Carlos: Pedro & João Editores, 2010b; BAKHTIN, M. *Problemas da poética de Dostoiévski*. Rio de Janeiro: Forense Universitária, 2010c; BAKHTIN, M. *Estética da criação verbal*. São Paulo: Martins Fontes, 2003; ZUIN, L. F. S.; ZUIN, P. B. Comunicação dialógica na gestão ambiental: novos caminhos metodológicos para a extensão rural. In: PALHARES, J. C. P.; GEBLER, L. (Orgs.). *Gestão ambiental na agropecuária*. v. 2. Brasília: Embrapa Informação Tecnológica, 2014. p. 13-48; AUBERT, A.; FLECHA, A.; GARCÍA, C.; FLECHA, R.; RACIONEIRO, S. *Aprendizagem dialógica na sociedade da informação*. São Carlos: EdUFSCar, 2016.

4. GRILO, S. Marxismo e filosofia da linguagem: uma resposta à ciência da linguagem do século XIX e início do XX. In: VOLÓCHINOV, V. *Marxismo e filosofia da linguagem:* problemas fundamentais do método sociológico na ciência da linguagem. São Paulo: Editora 34, 2017.

5. KOCH, I. V. *A inter-ação pela linguagem*. São Paulo: Contexto, 2013.

6. BAKHTIN, 2010a; BAKHTIN, 2010b.

real – sendo este um dos elementos para o entendimento do significado compartilhado entre os falantes – pela impossibilidade dos sujeitos de capturar nos seus discursos a total complexidade da realidade expressa no mundo concreto de sua fala, determinando a incompletude dos entendimentos pelos falantes de seus significados e sentidos.[7]

Uma das maneiras de a linguagem percorrer os territórios rurais é por meio dos ambientes formais e não formais de ensino-aprendizagem.[8] Nesses momentos, para que ocorra o entendimento de enunciações e palavras (processo de significação), é necessário que tanto o locutor como o interlocutor pertençam à mesma comunidade linguística, estando inseridos dentro de um **campo social** previamente determinado. Por mais ampla que possa ser a definição de campo social, o entendimento dos sentidos contidos nas palavras, posto em um evento sem intermediários da troca comunicativa, ocorre quando o local e as situações atemporais são comuns aos falantes.[9]

Vale observar que o campo social é mais amplo que o contexto: é o resultado das vivências e das experiências que os sujeitos tiveram ao longo de suas vidas, e não apenas de determinado local e situação temporal que se apresentem no momento do diálogo entre eles. O cotejamento dos inúmeros textos que foram construídos pelas vivências, experiências e planejamentos determinados por um grupo de sujeitos é que definirá o campo social, determinando aproximações ou rupturas, aliados ou adversários, mas, acima de tudo, as interações no mundo concreto determinam uma identidade individual socialmente constituída.[10]

Outro aspecto importante no processo de significação nos sujeitos é o contexto no qual se encontram inseridos durante o diálogo. Os contextos presentes nos discursos podem possuir várias facetas, e seu estudo vai além da identificação de algumas variáveis socioeconômicas, contemplando também questões de idade, etnia e gênero. O contexto apresenta como base não o conhecimento que as pessoas apresentam **do** mundo, mas sim o entendimento do universo complexo de interações e ambientes presentes **no** mundo.

7. GRILO, 2017.
8. Para nós, os processos de ensino-aprendizagem nos territórios rurais são o resultado de qualquer forma de encontro que pode ocorrer entre todos os sujeitos envolvidos no desenvolvimento da produção agropecuária. Nesse contexto pedagógico, os processos de ensino-aprendizagem não ocorrem apenas em cursos, assistências técnicas e consultorias, mas em todo encontro entre sujeitos que leve à formação de novos sentidos.
9. VOLÓCHINOV, V. N. *A construção da enunciação e outros ensaios*. São Carlos: Pedro & João Editores, 2013.
10. SETTON, M. G. J. A teoria do habitus em Pierre Bourdieu: uma leitura contemporânea. *Revista Brasileira de Educação*, n. 20, maio-ago. 2002.

Determinar o contexto em que os sujeitos se encontram inseridos consiste em um exercício complexo de traçar e mesclar fronteiras entre os vários aspectos que podem estar presentes no mundo. Os contextos são definidos por meio de uma construção intersubjetiva da realidade a qual se apresenta no mundo concreto vivenciada pelos sujeitos durante o diálogo. Essa maneira de construir conjuntamente a realidade determina que a leitura do contexto seja desenvolvida pelos interlocutores, definindo o conteúdo, a forma e os caminhos percorridos por eles no processo de significação durante o encontro de suas enunciações.[11]

Para que ocorra a troca de textos entre os falantes durante o processo de significação, faz-se necessária a correta escolha das palavras das enunciações, pois existe nelas um sentido, ou vários sentidos, que já nos é dado durante o diálogo e será confrontado com aqueles que se encontram no **auditório social** do ouvinte. Nesse encontro, o passado é sempre revisitado, sendo as palavras sempre ressignificadas por meio da compreensão dos contextos vivenciados pelos falantes. Os sentidos nunca serão constituídos fora das relações entre os sujeitos, apenas pelos diálogos que um dia existiram, existem e existirão, mesmo quando os falantes, precursores de um sentido, não estiverem mais presentes na realidade no mundo concreto.[12]

3.1

ENCONTROS E DESENCONTROS DE SIGNIFICADOS E SENTIDOS NOS TERRITÓRIOS RURAIS

A palavra contida na enunciação, quando é dirigida a um interlocutor, tem seu conteúdo gerado em função da existência desse sujeito, o outro. Para a dialogia, não há um interlocutor abstrato, isto é, ele pode ou não estar presente no mundo concreto, mas o diálogo sempre ocorrerá entre sujeitos, entre consciências.

Em cada sujeito há um mundo interior, o qual se encontra em constante ato de tradução, reflexão e interpretação de acordo com os encontros ocorridos durante a vida, isto é, um ato que foi e é vivenciado, experimentado, cabendo uma resposta a ser dada por ele. A própria compreensão da realidade, de forma cronotópica, passa necessariamente por algum tipo de material sígnico, como uma imagem internalizada e refratada nos falantes durante uma interação.

11. Referencia este e o parágrafo anterior: DIJK, T. A. V. *Discurso e contexto:* uma abordagem sociocognitiva. São Paulo: Contexto, 2012.

12. GERALDI, W. G. Introdução: o mundo não nos é dado, mas construído. In: VOLÓCHINOV, V. N. *A construção da enunciação e outros ensaios*. São Carlos: Pedro & João Editores, 2013.

No cotidiano, um signo naturalmente se opõe a outro, pois o sentido de uma palavra proferida por um falante gerará no outro um ato interpretativo. Como já observado, a qualidade e a intensidade das interações com os outros no mundo concreto é o que define quais serão suas mobilizações, apreciações e deduções, entre outros aspectos de seu desenvolvimento. Essas interações com os outros sujeitos podem ser descritas por meio da alegoria do auditório social, onde as palavras já ditas por uma infinidade de outros sujeitos, historicamente ao longo de suas vivências e experiências, estariam contidas, interagindo e dialogando nesse lugar, gerando, constantemente e a cada momento, novos sentidos para as palavras e os contextos apresentados pelo outro no mundo.

Independentemente do tamanho, da profundidade e da complexidade desse auditório social, a orientação da palavra em função do interlocutor comporta **duas faces** nos diálogos no mundo concreto, pois ele possui origem em um **sujeito** e se dirige para o **outro**. Portanto, a palavra na vida seria o produto da interação entre esses dois sujeitos, entre essas duas consciências preenchidas por signos e escolhas e seus posicionamentos responsivos perante a vida. Qualquer enunciação proferida entre esses sujeitos corresponde apenas a uma parte do processo que forma os sentidos durante a comunicação verbal.

No contexto educacional do giro dialógico, outros tipos de comunicação interna e externa se entrelaçam com a verbal, visando à construção de uma nova realidade nos territórios rurais de forma conjunta e inclusiva entre extensionistas, produtores, funcionários e familiares. A comunicação interna seria originada nas vozes proferidas pelo auditório social, enquanto a externa pode ocorrer por meio de gestos, pausas e entonações que permeiam as enunciações.

Durante um diálogo entre duas pessoas, observamos que infindáveis sujeitos e suas vozes também participam da construção dos enunciados dos interlocutores, pois em cada auditório social há inúmeras vozes que possuem origem em auditórios sociais de pessoas que dialogaram com esses dois sujeitos durante suas vivências e assim sucessivamente, até chegar ao primeiro falante da humanidade que transbordou e perpetuou seu conhecimento para outros sujeitos. Dados esses inúmeros auditórios sociais, a palavra dialógica possui um sentido plástico e não finalizado, uma vez que é refletida e refratada por caminhos distintos em cada um dos interlocutores, gerando interpretações próximas ou distantes da realidade a qual os falantes estão vivenciando no momento da interação.[13]

13. Referenciam este e os parágrafos anteriores: ZUIN, ZUIN, 2014; BAKHTIN, 2010a; BAKHTIN, 2010b; BAKHTIN, 2003; MORSON, G. S.; EMERSON, C. *Mikhail Bakhtin:* criação de uma prosaística. São Paulo: Edusp, 2008; AUBERT et al., 2016; VOLÓCHINOV, 2017.

Durante o diálogo no mundo concreto, pode-se observar entre os falantes um conjunto de características e elementos vinculados aos seus gestos e mímicas, os quais contribuem significativamente para a internalização e o entendimento do conteúdo da enunciação, como: a percepção dos interlocutores do significado socialmente constituído dos gestos e movimentos empregados; durante a interação, não raro os movimentos representam uma resposta não verbalizada entre falantes, posicionando um ato perante um contexto, antes mesmo da verbalização; e a expressão facial e gesticulações apresentam uma importância semelhante à verbalização do ato responsável entre os sujeitos, isto é, gesticular um conteúdo adquire em muitas ocasiões uma importância igual ou maior do que a verbalização para o entendimento do conteúdo dos textos, o que, nesse caso, pode levar a um emprego menor de palavras durante a réplica nos diálogos.[14]

Atualmente, na sociedade da informação, os conteúdos das enunciações referentes às relações diárias construídas entre extensionistas, produtores e funcionários rurais podem apresentar dois caminhos, sendo um monológico e outro dialógico,[15] tal como foi apontado anteriormente. As relações monológicas possuem um caráter hierárquico-unidirecional entre os sujeitos. Nas interações monológicas, a comunicação percorre caminhos nos processos de capacitação que podem receber algumas críticas quando comparadas à dialógica[16] nos territórios rurais, sendo:

- possuidora de um aspecto constitutivo por demais reducionista e simplista dos caminhos que a comunicação percorre entre os sujeitos. Nesse caso, o sujeito possui um olhar centrípeto e limitado;
- apresenta um modelo linear e unidirecional de comunicação e interpretação dos sentidos e significados, de A (fonte) para B (receptor), que enfatiza o entendimento dos conceitos (significado) das palavras ditas entre os falantes. Os sujeitos não procuram contextualizar esses conceitos com as interações vivenciadas no campo social, tomando um juízo de valor em suas enunciações e marcando uma posição;
- seu bojo é predominantemente difusionista-tecnicista, contemplando de forma singela a construção conjunta e bidirecional de novas tecnologias nos territórios rurais;

14. GRILO, 2017; VOLÓCHINOV, 2017; AUBERT et al., 2016.
15. ZUIN, ZUIN, 2014; FREIRE, P. *Extensão ou comunicação?* Petrópolis: Paz e Terra, 1977.
16. ZUIN, L. F. S.; ZUIN, P. B. Diagnóstico de cursos de capacitação ofertados por um órgão de extensão rural brasileiro: uma abordagem dialógica. In: CARVALHO, M. L. P. V. S. et al. (Org.). *ESADR 2013:* alimentar mentalidades, vencer a crise global. Évora: Universidade de Évora, 2013. p. 3625-3643; BARROS, D. L. P. Contribuições de Bakhtin às teorias do texto e do discurso. In: FARACO, C. A.; TEZZA, C.; CASTRO, G. *Diálogos com Bakhtin.* Curitiba: UFPR, 2007.

- a comunicação no contexto difusionista-tecnicista busca a concepção tradicional dos processos pedagógicos como meio de sua interação com o outro, onde a oferta do conhecimento ao outro é centrada de forma unidirecional em um indivíduo, restringindo a interação polifônica e equipotente entre os sujeitos (produtores rurais e funcionários) que participam de um curso de capacitação.

Por outro lado, nos territórios rurais, por meio do giro dialógico, o dirigente busca a construção de uma hierarquia bidirecionada da interação por meio do conhecimento compartilhado e inclusivo em suas relações, as quais se apresentam por meio da equipotência das vozes entre os interlocutores.

A equipotência das vozes se dá em um ambiente em que todos os sujeitos que dialogam possuem igual grau de potência para expor seus conteúdos enunciativos, em um local onde uma voz nunca se imporá de forma autoritária sobre a outra. Isso não quer dizer que uma relação dialógica seja sempre permeada por um consenso imediato entre os interlocutores – como visto no Capítulo 1, isso raramente ocorre.

O mais comum é que essa relação se inicie com o embate dos conteúdos presentes nas enunciações, no qual são expostos os sentidos das palavras durante o diálogo entre os interlocutores. A compreensão e o entendimento dos sentidos pertencentes às palavras encontram-se também intimamente associados à intensidade e à profundidade das interações existentes entre os sujeitos, bem como às demais relações que a eles se apresentaram durante suas vivências e experiências.

No caso da produção rural, o embate de sentidos presente nas enunciações constitui um ambiente inovador e criativo, pois tem-se a presença de múltiplos pontos de vista no conteúdo das enunciações dos sujeitos. Essa variedade de opiniões sobre as rotinas produtivas pode proporcionar, por exemplo, a solução de um problema ou uma proposta de melhora da produtividade, ainda mais nesse momento histórico da sociedade da informação, em que o conhecimento constituído por uma coletividade pode ser acessado rapidamente pelos falantes durante seus processos decisórios. O ambiente dialógico é por si só um local onde a criação do novo é sempre bem-vinda, sendo certamente mais frequente, profunda e assertiva quando comparado ao ambiente produtivo monológico.[17]

17. Referenciam este e os parágrafos anteriores: BAXTER, L. A. *Voicing relationships:* a dialogic perspective. Los Angeles: Sage Publications, 2011; BAKHTIN, 2010a; BAKHTIN, 2010b; BAKHTIN, 2003; MORSON, EMERSON, 2008; BARROS, 2007; AMORIM, M. *O pesquisador e seu outro:* Bakhtin nas ciências humanas. São Paulo: Musa, 2004; ZUIN, ZUIN, 2014.

A enunciação monológica difusionista,[18] por sua vez, cujo principal objetivo é seduzir e direcionar ativamente a produção de sentidos para o outro, exercita pouco entre os sujeitos (nos territórios rurais) os caminhos que levam à criatividade, ao novo, pois fomenta de forma insuficiente o embate de sentidos entre os interlocutores.

A criatividade nos sujeitos é inerente à palavra dialógica e ao embate de sentidos e significados. No contexto dialógico dos processos de comunicação inseridos nos cenários produtivos agropecuários, ora o gestor pode ser o extensionista, ora pode se apresentar como produtor rural. A atividade de trocar de lugar com o outro permite a compreensão sobre os sentidos de determinado cenário produtivo pelo olhar do outro.

Na sociedade da informação, os vários grupos de sujeitos é que direcionarão, direta ou indiretamente, as atividades e as tarefas do produtor rural em sua propriedade, porque a voz do outro também fará parte de seu auditório social. Por isso a importância de desenvolver nos sujeitos que vivenciam as práticas produtivas rurais, habilidades dirigidas para a seleção de conjuntos de informações que serão empregadas em sua realidade. No contexto da produção agropecuária, cada vez mais a informação contida nos cursos de capacitação deve estar atrelada à resolução de dificuldades relacionadas a diferentes categorias, sendo consultadas várias fontes confiáveis para selecionar o melhor conteúdo para seu processo produtivo de forma cronotópica.[19]

Entendemos que no ambiente produtivo da propriedade rural o produtor é soberano na tomada de decisão do que é melhor para ele e seus processos produtivos. Entretanto, no contexto da comunicação dialógica, tanto o extensionista como o produtor e os funcionários são constituídos pelo outro, pois os sentidos presentes nas palavras não pertencem a eles, impossibilitando frequentemente sua imposição plena.

Por meio das interações, a *palavra do outro torna-se a minha palavra.* Vale ressaltar que, quando estamos falando do ato que envolve a palavra do outro tornar-se a minha, esse encontra-se inserido em um contexto produtivo dialógico, no qual a palavra não é imposta, e sim compartilhada entre os falantes. Quando a palavra é imposta a um dos interlocutores, apresenta-se como um ato de invasão cultural, em que um grupo de sujeitos busca explicitamente excluir toda a amplitude e diversidade das manifestações dos indivíduos em relação à pluridiscursividade dos sentidos presentes nas enunciações.

18. ROGERS, E. M.; SHOEMAKER, F. F. *Communication of innovations:* a cross-cultural approach. New York: Free Press, 1971.
19. Referenciam este e os parágrafos anteriores: ZUIN, ZUIN, 2014; BAXTER, 2011; MORSON, EMERSON, 2008; BARROS, 2007; AMORIM, 2004; AUBERT et al., 2016.

Nos territórios rurais, a palavra, quando imposta, possui um conteúdo orientado para a descrição, a direção e a obrigação de fazer presente um sentido em um ou múltiplos contextos produtivos. Nesse caso, a palavra serve apenas para representar e descrever um contexto produtivo predeterminado, o qual frequentemente leva o nome de pacotes tecnológicos de empresas de pesquisas agropecuárias. Portanto, a palavra monológica pressupõe um único conteúdo e uma única forma de expressar, que parte de apenas um ponto de vista, de uma única verdade, direcionando monologicamente o outro a respeito de qual ação seria a correta a ser empregada não apenas em um cenário produtivo, mas generalizando para o mais amplo contexto socioeconômico e ambiental de outros territórios rurais.

Atualmente, na sociedade da informação, esse modelo de ensino de propagar e internalizar o conhecimento em vários ambientes de trabalho encontra-se em crise, sendo o conteúdo de algo facilmente confrontado com os trazidos por seus interlocutores no momento decisório, com as tecnologias de informação e comunicação (TIC) cada vez mais presentes, inclusive nos territórios rurais. Essa digitalização dos territórios rurais não apresenta volta, sendo uma realidade nas rotinas produtivas, pois cada vez mais as interações que envolvem os processos de ensino-aprendizagem serão permeadas pelas TICs.[20]

Não apenas nos territórios rurais, mas nos demais locais de nossa sociedade, o centro organizador e formador das enunciações proferidas pelos sujeitos, durante o diálogo, no mundo concreto, ocorre exclusivamente por meio das interações historicamente constituídas. Nesse contexto, fica claro que não é uma atividade mental dos sujeitos que vai modelar e determinar como serão suas enunciações, mas, ao contrário, as enunciações presentes nos diálogos de interação com o outro é que organizam e direcionam a atividade mental dos falantes.

A construção das enunciações ocorre pelo momento social no qual os sujeitos se encontram durante o ato do diálogo. A situação contida nessa circunstância dá forma e conteúdo à enunciação; logo, a enunciação seria o produto direto da interação entre os sujeitos que se encontram socialmente organizados. A comunicação do cotidiano da produção agropecuária também apresenta um forte componente manipulativo originado nos interesses de várias esferas

20. Referenciam este e os parágrafos anteriores: ASSIS, R. L. Desenvolvimento rural sustentável no Brasil: perspectivas a partir da integração de ações públicas e privadas com base na agroecologia. *Economia Aplicada*, Ribeirão Preto. v. 10, n. 1, p. 75-89, 2006; ZUIN, ZUIN, 2014; ZUIN, L. F. S.; ZUIN, P. B.; COSTA, M. J. R. P. Proposta de uma metodologia de comunicação dialógica para cursos de formação continuada no meio rural. In: GIROTTI, M. T.; ROMUALDO, C.; ZUIN, P. B. (Orgs.). *Perspectivas da educação para o século XXI*. Franca: Ribeirão Gráfica Editora, 2012. v. 1, p. 64-83; BAKHTIN, 2010a; BAKHTIN, 2010b; BAKHTIN, 2003; AMORIM, 2004; FREIRE, 1977; AUBERT et al., 2016.

interacionais, que devem ser identificados de forma clara pelo produtor rural durante o processo de tomada de decisão.[21]

É por meio da palavra que um sujeito se constitui e define um posicionamento, uma resposta perante o outro e sua coletividade,[22] pois a palavra determina e singulariza um espaço comum entre o locutor e interlocutor, como uma ponte contendo duas direções, ligando-os. O local onde são organizadas todas as enunciações de todos os diálogos não é o interior dos sujeitos, mas, sim, o exterior em seu meio social, no mundo.

O diálogo nesse mundo apresenta caraterísticas polifônicas e responsivas. A polifonia se deve a um ambiente produtivo em que todas as vozes são identificadas e ouvidas com igual atenção, ou seja, um ambiente comunicativo no qual não é possível determinar uma hierarquia unidirecional de valores contidos em apenas um sentido, mas, sim, a busca pela sua diversidade. Do ponto de vista pragmático, a polifonia pode ser identificada no bojo das enunciações quando se observa o conteúdo da enunciação de um sujeito e seu contexto fazendo parte do momento da elaboração do texto de outra pessoa, constituindo um giro dialógico. A principal função da palavra no contexto do diálogo polifônico é proporcionar o embate de sentidos, e não apenas caracterizar determinado contexto produtivo, sem que ocorra a reação do outro perante o assunto tratado.

O mundo polifônico é essencialmente inacabado e plástico. Nele, o presente e o futuro encontram-se em constante mudança, habitando um lugar temporário no contexto das enunciações. Para o diálogo polifônico, a verdade existe, mas não temos sua posse, pois os sujeitos sempre serão seres inacabados. No entanto, os interlocutores sempre buscam essa verdade, que, de fato, não pode ser alcançada pelos falantes, uma vez que, quando se apresenta no mundo concreto, já não reflete nem refrata a realidade na qual foi elaborada, pois essa já é passado. Portanto, enquanto no contexto comunicativo polifônico são identificadas incontáveis vozes, no monológico observa-se apenas uma, tendo sido as demais abafadas.[23]

Na dialogia, a responsividade ou responsabilidade se deve ao fato de os interlocutores assumirem algum tipo de postura ativa ou passiva perante suas enunciações e as dos outros. Nas relações dialógicas, sempre haverá uma

21. Referenciam este e os parágrafos anteriores: BAKHTIN, 2010a; BAKHTIN, 2010b; BAKHTIN, 2003; BARROS, 2007; AMORIM, 2004; VOLÓCHINOV, 2017.
22. No caso deste livro, pode ser definida como os sujeitos que vivem e/ou interagem nos territórios rurais.
23. Referenciam este e os parágrafos anteriores: BAKHTIN, 2010c; BARROS, 2007; AUBERT et al., 2016.

tomada de decisão, uma escolha, um posicionamento. Mesmo quando um dos sujeitos não quiser escolher algo de forma ativa, sua passividade já é considerada a tomada de um posicionamento, de um ponto de vista. Por outro lado, a postura ativa dialógica visa transformar as interações no mundo de forma polifônica e equipotente.[24]

No ambiente dialógico, responsivo e ativo, tanto o extensionista como o produtor rural buscam o caminho dinâmico da mobilização para aperfeiçoar os sistemas produtivos. O giro dialógico entre os sujeitos é muito mais amplo e profundo que a palavra dialógica. O giro dialógico é baseado em uma interpelação responsiva de sentidos e do processo de significação que se estabelecem por meio das várias enunciações presentes em um diálogo, buscando e interagindo com diversidade de sentidos por meio de um processo de inclusão do diferente. Portanto, a palavra dialógica sempre estará contida dentro das diversas relações dialógicas.[25]

3.2

O PROCESSO DIALÓGICO DE PRODUÇÃO DE NOVOS SENTIDOS E SIGNIFICADOS NOS PROCESSOS PRODUTIVOS DO AGRONEGÓCIO

Na Figura 3.1, podemos observar os caminhos percorridos pelo processo de significação entre o gestor dialógico e o outro nos territórios rurais. O produto da enunciação dialógica é a geração de novos sentidos nos interlocutores, internalizando nesses sujeitos novos conteúdos de origens técnicas e gerenciais para serem empregados em seus empreendimentos.

A passagem desse conhecimento externo – o significado historicamente constituído por um grupo de pessoas, como organizações de insumos agropecuários – para um sentido único e individual de um sujeito é considerada pela psicologia um dos eventos mais importantes e complexos para os processos cognitivos. Para explicar esses caminhos, foram empregadas em sua confecção autores[26] que descrevem a dialogia nos processos de comunicação entre os sujeitos não apenas nos territórios rurais, mas também nos mais diversos contextos sociais e culturais.

24. BAKHTIN, 2010a; BAKHTIN, 2010b; BAKHTIN, 2003.
25. ZUIN, ZUIN, 2014; AMORIM, 2004; AUBERT et al., 2016.
26. ZUIN, ZUIN, 2014; ZUIN et al., 2012; ZUIN, ZUIN, 2013; BAKHTIN, 2010a; BAKHTIN, 2010b; BAKHTIN, 2010c; BAKHTIN, 2003; BARROS, 2007; AMORIM, 2004; LURIA, A. R. *Pensamento e linguagem:* as últimas conferências de Luria. Porto Alegre: Artmed, 1986.

FIGURA 3.1

Processo de significação na gestão dos agronegócios

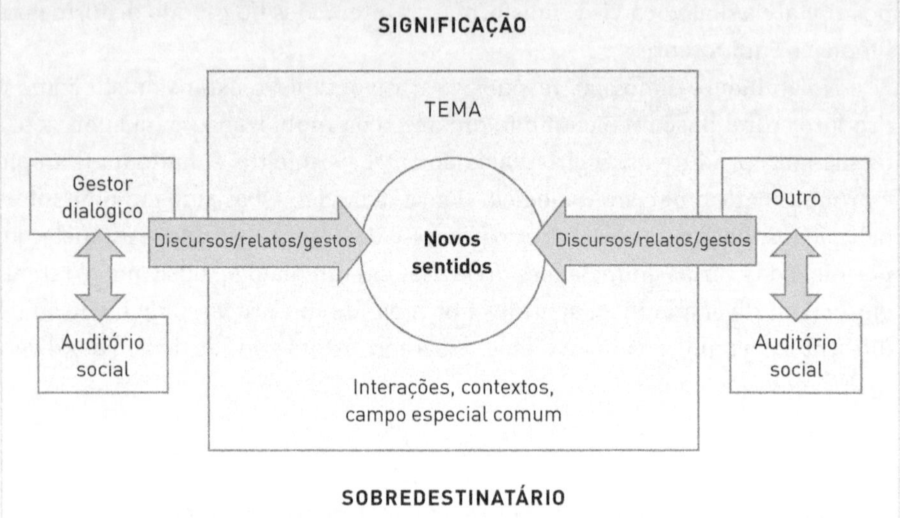

Fonte: adaptada de ZUIN, ZUIN, 2013; ZUIN, ZUIN, 2014; BAKHTIN, 2010abc; BAKHTIN, 2003; BARROS, 2007; AMORIM, 2004; LURIA, 1986.

De maneira ampla, a comunicação dialógica que permeia as relações produtivas e pessoais entre os sujeitos nos territórios rurais pode ser apresentada de duas formas: 1) por meio do **discurso** e 2) por meio do **relato**. O discurso apresenta-se no universo pessoal entre dois falantes, sendo identificado pela singularidade do conteúdo da enunciação. **Eu** (locutor) apresento uma enunciação de um fato pessoal e único para o **outro**, nesse caso, o contexto da enunciação é compartilhado e elaborado diretamente entre os falantes. Por outro lado, o relato desloca-se da esfera pessoal (relação **eu-outro**) e caminha para a impessoalidade e a generalização atemporal do conteúdo da enunciação, buscando propagar apenas o conceito da palavra durante o diálogo, seu significado, o qual pertence a um acontecimento não diretamente vivenciado e experimentado pelos falantes.

Nos cursos de capacitação nos territórios rurais, muitas vezes o palestrante comunica-se por meio de uma mescla de relatos e discursos. Em um momento, o capacitador discursa sobre algo que aconteceu com ele em campo. Em outro, relata achados científicos de pesquisadores os quais, muitas vezes, ele não conheceu pessoalmente, buscando conteúdos nos livros e artigos historicamente constituídos pela academia. Os resultados dessas pesquisas, os conteúdos, muitas vezes se encontram presentes no auditório social desse capacitador.

No segundo caso, o do relato, é mais comum ocorrer um processo de significação não planejado pelo capacitador, dada a pouca interação desse formato de intervenção pedagógica, a palestra, pois geralmente, nesses tipos de encontro, a comunicação percorre um caminho unidirecional do palestrante para os ouvintes, não ocorrendo um giro dialógico presente na diversidade de enunciados com seus sentidos, significados e suas posições únicas. Essa forma de diálogo pode levar os produtores a constituírem novos sentidos com os conteúdos apresentados para contextos produtivos diferentes e distantes daqueles que o capacitador desejou compartilhar em seus cursos, uma vez que cada palavra carrega em seu bojo uma pluralidade de sentidos e significados, dificultando o entendimento entre os falantes do que está sendo compartilhado.

Para que essa dificuldade interacional não ocorra, o capacitador busca ficar atento aos sentidos que as palavras apresentam para seus interlocutores – por isso a construção das interações entre os sujeitos é tão importante. Constituir interações sólidas, permanentes e responsivas entre os sujeitos preconiza a adoção de posturas e atos que levam à transformação dos cenários produtivos nos territórios rurais, ou seja, determinar de forma clara os contextos prático e situacional nos quais as palavras são ditas.

Um dos pontos cruciais nas várias formas segundo as quais podem se dar as interações entre os sujeitos nos territórios rurais é determinar, por meio de um diagnóstico, qual o conteúdo dos assuntos que serão tratados nos encontros, ou seja, como será constituído o tema presente nas enunciações. O momento de entender a realidade do interlocutor também possui o objetivo de compreender quais são as palavras e seus sentidos mais comumente empregados por uma comunidade, uma vez que palavras e sentidos pouco ou nunca empregados por um grupo dificultam de forma crucial o processo de significação entre os falantes.

As atividades pedagógicas de confecção e condução do tema começam a ser construídas no momento em que se inicia o diagnóstico dialógico nos territórios rurais, como será abordado no Capítulo 4. O tema é considerado um sistema de signos dinâmicos e complexos, que busca constante adaptação e evolução dos elementos presentes no mundo, e constitui o conteúdo de um enunciado como sendo uma reação ao argumento dos falantes, no momento do diálogo, ao que é e ao que *será* exposto pelas interações historicamente constituídas. Portanto, o caminho da criação de novos sentidos nas interações, a significação, é considerado um elemento linguístico para o desenvolvimento e a consolidação do tema durante um diálogo no mundo concreto.[27]

Durante o diálogo entre um grupo de sujeitos, um sentido é definido e escolhido quando este é possuidor de algum grau de entendimento, originado da frequência de uso coletivo prévio existente entre os falantes, em determinado contexto.

Pelo menos uma parte do sentido deve ser comum para cada um dos falantes. A construção desses novos sentidos é conjunta e não unitária, caso contrário teríamos um monólogo. Entretanto, o sentido definido é apresentado em um primeiro momento como único para cada um dos falantes e, depois, na interação com os demais sujeitos, vai se tornando coletivo. O sentido altera-se constantemente nas interações que ocorrem entre os sujeitos no grupo, de acordo com os resgates de sentidos semelhantes presentes em suas vivências, nos seus auditórios sociais, passando por um processo frequente de nova significação.

Para que o entendimento entre os sujeitos ocorra em um diálogo, o tema deve ser minimamente reconhecido pelos partícipes. Na interação do giro dialógico, o tema é único e pessoal, pois o processo de significação entre os sujeitos, que percorre cada pessoa no ato de dialogar, também será único e temporal. O tema origina-se no momento e de acordo com o contexto histórico em que foi proferido o enunciado pelos falantes e, para ser compreendido pelos sujeitos, é apoiado minimamente em um processo de significação estável. Caso a significação seja instável, não produzirá um sentido compreendido pelos sujeitos.

No contexto dialógico, o processo de significação é considerado um elo entre como foi, como é e como será tratado o tema nos enunciados. A palavra contida no tema apresenta uma história já dita e utilizada inúmeras vezes antes por outros sujeitos, em outras épocas e contextos. Naturalmente, a palavra antes de ser dita pelos sujeitos já apresenta em sua origem uma memória socialmente construída sobre o conteúdo do tema. Essa memória, que iniciará o processo de significação da palavra dita, encontra-se localizada nos sujeitos em seus auditórios sociais.

Entretanto, isso não significa que os falantes apenas repitam as palavras e seus conceitos de forma passiva, pois o produto do caminho final do processo de significação é a criação de novos sentidos, únicos e temporais. O conceito passa de um significado amplo aceito pelos falantes e caminha rapidamente para uma interpretação individual, já que a palavra não apenas refletiu no interlocutor, mas também foi imersa e refratada na pluralidade de significados,

27. Referenciam este e os parágrafos anteriores: ZUIN, ZUIN, 2014; MORSON, EMERSON, 2008; BARROS, 2007; AMORIM, 2004; AUBERT et al., 2016; LURIA, 1986.

sentidos, relações e contextos contidos no auditório social de cada locutor. Quando a palavra emerge, ela é única, sendo esse o momento monológico de um diálogo, uma vez que, no momento seguinte, quando a palavra é lançada no mundo concreto durante um diálogo, ela não mais pertence ao sujeito que a proferiu, e sim à vida.[28]

Do ponto de vista mecânico, o diálogo entre os falantes só é possível devido ao seu início absoluto e ao seu fim absoluto, inseridos cronotopicamente em um contexto em que o interlocutor assume a responsividade dos caminhos das palavras que anteriormente eram do locutor. Essa fronteira demarcada pela seção da locução do locutor e início da outra seção permite ao interlocutor responder a um enunciado. Em relações monológicas e hierarquicamente passivas, é comum o inacabamento mecânico do diálogo – situação em que a palavra e seus sentidos pertencem apenas a um sujeito ou a determinado grupo, não sendo determinada também pela palavra do interlocutor.

Outro ponto importante na mecânica do diálogo refere-se ao tom da voz com que um enunciado é proferido, pois a tonalidade define a intensidade do sentido presente no contexto do diálogo e o grau da relação (próxima ou distante) existente entre o locutor e o interlocutor. A entonação das palavras nas enunciações é um dos indicativos da intensidade da participação do interlocutor na formação de sentidos nos diálogos. Logo, as enunciações não são unidirecionais, monológicas e passivas, partindo do locutor para o interlocutor, mas originam-se também no interlocutor, já que este leva em conta, durante a elaboração do seu projeto de dizer, o grau da relação no contexto do diálogo.[29]

Podemos fazer uma analogia com o processo de significação das palavras entre sujeitos que se encontram dialogando: dois falantes estariam segurando um elástico, um em cada ponta, sendo que, no momento do diálogo, o interlocutor realizaria uma tensão. Essa tensão seria o resultado do exercício de memória de passado e futuro efetuado pelos interlocutores. O sujeito, nesse momento, tenta antecipar o que será dito pelo locutor, construindo a sua resposta, baseado nos sentidos presentes em seu auditório social.

A produção de sentidos no contexto dialógico é bitemporal (ato de aproximação de passado e futuro), pelo fato de esses sujeitos serem responsivos, de modo que os sentidos (próximos ou distantes) serão gerados quase ao mesmo tempo entre os falantes. Já o diálogo monológico é linear, a fonte transmite um

28. Referenciam este e os parágrafos anteriores: ZUIN, ZUIN, 2014; BAKHTIN, 2010a; BAKHTIN, 2010b; BAKHTIN, 2003; MORSON, EMERSON, 2008; BARROS, 2007; AMORIM, 2004; AUBERT et al., 2016.

29. Referenciam este e o parágrafo anterior: BAKHTIN, 2010a; BAKHTIN, 2010b; BAKHTIN, 2003; BARROS, 2007.

sentido que deve ser imediatamente interpretado e apropriado pelo receptor de forma semelhante ao que foi construído por aquele que falou. Entretanto, na dialogia, a interpretação e a apropriação correta dos sentidos das palavras pelos falantes ocorrem por meio de sua resposta ao diálogo. Caso a resposta seja dada a um ato do locutor, tem-se a prova de que a comunicação foi bem-sucedida, mesmo que a produção de sentidos seja única em cada um dos falantes.[30]

Outro ponto importante é o caráter único que o processo de significação apresenta, isto é, que não se repete, pois o contexto no qual se encontram os falantes é temporal pelo seu próprio inacabamento. Mesmo que os sujeitos tentem repetir o mesmo processo de significação, não conseguirão, pois o local, o contexto, os sobredestinatários e os locutores não serão os mesmos.

O processo de significação encontra-se intimamente ligado ao contexto socioeconômico e cultural do território rural que os sujeitos vivenciam. A qualidade da interação contextualizada entre os sujeitos é o pilar básico do processo de significação bem-sucedido durante os trabalhos de capacitação nos territórios rurais. Os sentidos gerados por cada sujeito dependerão de qual tipo de relação os interlocutores apresentam, sendo a intersubjetividade, no contexto da comunicação dialógica, anterior à subjetividade de cada um.[31]

CONSIDERAÇÕES FINAIS

Os inúmeros caminhos percorridos pelas interações nos ambientes produtivos dos territórios rurais determinarão qual abordagem produtiva os sujeitos envolvidos empregarão em suas rotinas de trabalho.

Entendemos que uma abordagem produtiva permeada pela comunicação dialógica produz um cenário mais amplo no olhar e profundo no conteúdo, pois tende a ser exposta e descortinar mais variáveis e interações, já que temos mais vozes participando da confecção dos enunciados.

A certeza no contexto plástico e não finalizado é constituída **com** e **pelo outro**. De forma cronotópica, os gestores dialógicos percebem que seu determinismo é temporal, complexo e profundo. Por outro lado, o discurso monológico da certeza temporal produtivista-tecnicista nos territórios rurais gera numerosas incertezas, pois os saberes-fazeres não são construídos de forma

30. Referenciam este e os parágrafos anteriores: BAKHTIN, 2010a; BAKHTIN, 2010b; BAKHITIN, 2003; BARROS, 2007; AMORIM, 2004.

31. Referenciam este e o parágrafo anterior: BAXTER, 2011; MORSON, 2008; BARROS, 2007; AMORIM, 2004.

conjunta, polifônica e equipotente entre os sujeitos nos seus territórios rurais e em suas interações com os demais sujeitos integrantes da cadeia produtiva.

O discurso monológico não permite a busca pela compreensão plena de sentidos e direcionamentos de atos responsivos, visando a um novo modo de produção sustentável e socialmente justa para a agropecuária. O sujeito monológico impõe aos demais sujeitos apenas um desejo e a sua motivação, os quais, muitas vezes, também são plásticos e não finalizados.

Como vimos, a palavra de apenas um sujeito não é a palavra verdadeira que transformará as relações em um novo mundo concreto que se apresenta a todo momento para o extensionista, o produtor e os funcionários rurais. A palavra verdadeira é aquela, necessariamente, compartilhada, dialógica e inclusiva, isto é, um giro.[32]

REFERÊNCIAS

AMORIM, M. *O pesquisador e seu outro:* Bakhtin nas ciências humanas. São Paulo: Musa, 2004.

ASSIS, R. L. Desenvolvimento rural sustentável no Brasil: perspectivas a partir da integração de ações públicas e privadas com base na agroecologia. *Economia Aplicada*, Ribeirão Preto. v. 10, n. 1, p. 75-89, 2006.

AUBERT, A.; FLECHA, A.; GARCÍA, C.; FLECHA, R.; RACIONEIRO, S. *Aprendizagem dialógica na sociedade da informação.* São Carlos: EdUFSCar, 2016.

BAKHTIN, M. *Estética da criação verbal.* São Paulo: Martins Fontes, 2003.

______. *Marxismo e filosofia da linguagem.* São Paulo: Hucitec, 2010a.

______. *Para uma filosofia do ato responsável.* São Carlos: Pedro & João Editores, 2010b.

______. *Problemas da poética de Dostoiévski.* Rio de Janeiro: Forense Universitária, 2010c.

BARROS, D. L. P. Contribuições de Bakhtin às teorias do texto e do discurso. In: FARACO, C. A.; TEZZA, C.; CASTRO, G. *Diálogos com Bakhtin.* Curitiba: UFPR, 2007.

BASTOS, F. P. Dizer a sua palavra. In: STRECK, D. R.; REDIN, E.; ZITKOSKI, J. J. *Dicionário Paulo Freire.* Belo Horizonte: Autêntica, 2008.

BAXTER, L. A. *Voicing relationships:* a dialogic perspective. Los Angeles: Sage Publications, 2011.

DIJK, T. A. V. *Discurso e contexto:* uma abordagem sociocognitiva. São Paulo: Contexto, 2012.

FREIRE, P. *Extensão ou comunicação?* Petrópolis: Paz e Terra, 1977.

______. *Pedagogia do oprimido.* Petrópolis: Paz e Terra, 2005.

32. Referenciam este e os parágrafos anteriores: AUBERT et al., 2016.

GERALDI, W. G. Introdução: o mundo não nos é dado, mas construído. In: VOLÓCHINOV, V. N. *A construção da enunciação e outros ensaios*. São Carlos: Pedro & João Editores, 2013.

GRILO, S. Marxismo e filosofia da linguagem: uma resposta à ciência da linguagem do século XIX e início do XX. In: VOLÓCHINOV, V. *Marxismo e filosofia da linguagem:* problemas fundamentais do método sociológico na ciência da linguagem. São Paulo: Editora 34, 2017.

KOCH, I. V. *A inter-ação pela linguagem*. São Paulo: Contexto, 2013.

LURIA. A. R. *Pensamento e linguagem:* as últimas conferências de Luria. Porto Alegre: Artmed, 1986.

MORSON, G. S.; EMERSON, C. *Mikhail Bakhtin:* criação de uma prosaística. São Paulo: Edusp, 2008.

ROGERS, E. M.; SHOEMAKER, F. F. *Communication of innovations:* a cross-cultural approach. New York: Ed. Free Press, 1971.

SETTON, M. G. J. A teoria do habitus em Pierre Bourdieu: uma leitura contemporânea. *Revista Brasileira de Educação*, n. 20, maio-ago. 2002.

VOLÓCHINOV, V. N. *A construção da enunciação e outros ensaios*. São Carlos: Pedro & João Editores, 2013.

ZUIN, L. F. S.; ZUIN, P. B. Diagnóstico de cursos de capacitação ofertados por um órgão de extensão rural brasileiro: uma abordagem dialógica. In: CARVALHO, M. L. P. V. S. et al. (Org.). *ESADR 2013:* alimentar mentalidades, vencer a crise global. Évora: Universidade de Évora, 2013.

______. Comunicação dialógica na gestão ambiental: novos caminhos metodológicos para a extensão rural. In: PALHARES, J. C. P.; GEBLER, L. (Orgs.). *Gestão ambiental na agropecuária*. v. 2. Brasília: Embrapa Informação Tecnológica, 2014.

ZUIN, L. F. S.; ZUIN, P. B.; COSTA, M. J. R. P. Proposta de uma metodologia de comunicação dialógica para cursos de formação continuada no meio rural. In: GIROTTI, M. T.; ROMUALDO, C.; ZUIN, P. B. (Orgs.). *Perspectivas da educação para o século XXI*. Franca: Ribeirão Gráfica Editora, 2012.

CAPÍTULO 4

Metodologias dialógicas para o diagnóstico dos elementos socioeconômicos e ambientais nos territórios rurais

Luís Fernando Soares Zuin

Poliana Bruno Zuin

INTRODUÇÃO

O diagnóstico dialógico[1] é a compreensão, a materialização e o direcionamento compartilhado do "encontro das palavras" ditas pelos sujeitos envolvidos no processo, sendo a base do caminho que leva à tomada de decisão dos sujeitos que trabalham e vivem nos territórios rurais.

O ato de compreensão não se materializa simplesmente na introdução de um sentido que uma palavra possui no outro – esse caminho apenas duplicaria a palavra e seu conceito, impondo um ponto de vista. Não há possibilidade de entender uma palavra em um ambiente pautado por interações passivas, uma vez que a compreensão dialógica ocorre pelo embate, em um jogo de sentidos e significados que resulta da mudança do enunciado em função do que o outro verbalizou em suas enunciações.

O ato de compreensão é, antes de tudo, uma ação que envolve o renunciar/aceitar, bem como o concordar/discordar dos novos sentidos, os quais possuem origem durante a etapa de diagnóstico nos territórios rurais. A preparação e a aplicação do diagnóstico têm início com a alteridade dialógica entre os sujeitos,

1. BAKHTIN, M. *Marxismo e filosofia da linguagem*. São Paulo: Hucitec, 2010a; BAKHTIN, M. *Para uma filosofia do ato responsável*. São Carlos: Pedro & João Editores, 2010b; BAKHTIN, M. *Problemas da poética de Dostoiévski*. Rio de Janeiro: Forense Universitária, 2010c; BAKHTIN, M. *Estética da criação verbal*. São Paulo: Martins Fontes, 2003; FREIRE, P. *Extensão ou comunicação?* Petrópolis: Paz e Terra, 1977; AMORIM, M. *O pesquisador e seu outro:* Bakhtin nas ciências humanas. São Paulo: Musa, 2004; WERTHEIM, J. *Educação rural integrada:* a experiência de pesquisa e planejamento no Ceará. Petrópolis: Paz e Terra, 1983; ZUIN, L. F. S.; ZUIN, P. B. Comunicação dialógica na gestão ambiental: novos caminhos metodológicos para a extensão rural. In: PALHARES, J. C. P.; GEBLER, L. (Orgs.). *Gestão ambiental na agropecuária*. v. 2. Brasília: Embrapa Informação Tecnológica, 2014. p. 13-48; FEYERABEND, F. *Contra o método*. São Paulo: Unesp, 2011.

isto é, quando um sujeito começa a se reconhecer no outro. Nesse momento, locutor e interlocutor começam a compreender o contexto das interações, colocando-se de forma responsiva perante o outro.[2]

O sujeito dialógico possui a consciência de que a realidade vivenciada no mundo concreto é inacabada; logo, o conhecimento originado na descrição dessa realidade também é inacabado, podendo ser reinventado a cada momento por meio de novas investigações. Quando pensamos no ideal positivista-mecanicista de investigação em que tudo pode ser capturado, controlado e mensurado por um sujeito banhado em neutralidade, percebemos o quanto essa postura perante a realidade do mundo concreto da produção rural pode ser inadequada e simplificadora nas inúmeras interações presentes nos territórios rurais. A pesquisa de caráter construtivo-interpretativo, como no caso das investigações com abordagem dialógica, é resultado de uma construção humana. Portanto, não é um conhecimento que se apresenta pronto, originado de uma realidade exposta e ordenada no mundo concreto, refletindo de forma clara e finalizada conjuntos de categorias compreendidas de forma universal.[3]

As metodologias investigativas com abordagens dialógicas não se restringem meramente a uma ação unidirecional empregada pelos extensionistas rurais, voltada para o ato de entender e determinar os mais variados aspectos qualitativos e quantitativos que envolvem a produção agropecuária nas propriedades rurais e no seu território. Ao contrário, as metodologias de diagnóstico dialógicas adquirem nos territórios rurais um grau investigativo mais profundo e abrangente, à medida que permitem pensar e produzir sentidos conjuntamente por meio de um giro dialógico, decorrente da análise dos mais diversos elementos que compõem o desenvolvimento sustentável de seus processos produtivos, uma vez que leva em conta a voz desses sujeitos, ou seja, a alteridade dialógica nesse processo.

Os produtores rurais, nesse contexto produtivo de cunho participativo e responsivo, podem intervir de forma mais ativa nos processos que envolvem o desenvolvimento e a introdução das novas tecnologias produtivas em suas rotinas produtivas. Quando os sujeitos (extensionistas, produtores rurais e funcionários) são envolvidos diretamente na elaboração e na aplicação dos estudos dos aspectos socioeconômicos e ambientais pertencentes aos seus territórios

2. Referenciam este e o parágrafo anterior: MIOTELLO, V. et al. *Um ser expressivo e falante:* refletindo com Bakhtin e construindo uma leitura de vozes. São Carlos: Pedro & João, 2013; WERTHEIM, 1983.

3. OLIVEIRA, R. D.; OLIVEIRA, M. D. Pesquisa social e ação educativa: conhecer a realidade para poder transformá-la. In: BRANDÃO, C. R. *Pesquisa participativa.* São Paulo: Brasiliense, 2006; REY, F. G. *Pesquisa qualitativa e subjetividade:* os processos de construção da informação. São Paulo: Cengage Learning, 2015.

rurais, realizam nesse caminho um ato de descobrir de forma responsiva a realidade que os cerca, adquirindo a capacidade de transformar sua realidade produtiva, sendo esses conjuntos de ações participativas atividades imperativas para que tenham sucesso na mudança dos aspectos investigados.[4]

Nesse sentido, aplicar um diagnóstico buscando conhecer quais são as variáveis socioeconômicas, produtivo-tecnológicas e ambientais mais significativas, presentes tanto na propriedade rural como em seu território, permite ao extensionista e ao produtor coletar conjuntos de dados e informações diretamente relacionados à realidade de cada processo, produto e sujeitos inseridos nessas atividades. No interior desse conjunto de informações, encontram-se os conteúdos relacionados ao contexto da economia local, ao meio ambiente, às interações entre os sujeitos, às vivências individuais e coletivas, entre outras variáveis. Compreender o contexto e as interações que envolvem os sujeitos, não apenas o produtivo-tecnológico, mas também o social e econômico, no qual o produtor, sua família e seus funcionários estão inseridos, é uma atividade que estabelece a principal base para a realização de procedimentos técnicos, gerenciais e metodológicos, os quais permitem o desenvolvimento da comunicação dialógica entre os sujeitos.

As interações propostas no giro dialógico, presente nas atividades na forma de diagnóstico participativo, procuram nos sujeitos envolvidos uma postura de questionamento, e não apenas uma ação de constatar certa realidade. A inserção dos extensionistas rurais junto aos produtores rurais decorre de um caminho interacional complexo e paulatino, mas fundamental para a produção conjunta de novos sentidos, presentes no corpo do diagnóstico dialógico. Nesse caso, a pesquisa qualitativa de caráter dialógico se afasta de uma conduta meramente instrumental do pesquisador, mas determina uma nova postura interacional durante todo o processo que envolve as atividades investigativas.[5]

O diagnóstico dialógico compreende, ainda, um conjunto de atividades de coleta de informações realizadas de forma coletiva e responsiva por todos[6] os sujeitos interessados em aperfeiçoar de forma sustentável seus produtos, processos e serviços. Os extensionistas envolvidos nessa investigação buscam, com os produtores e funcionários, informações que auxiliem no processo de coleta

4. Referenciam este e o parágrafo anterior: ZUIN, ZUIN, 2014; BAKHTIN, 2010a; BAKHTIN, 2010b; AMORIM, 2004; WERTHEIM, 1983; AUBERT, A.; FLECHA, A.; GARCÍA, C.; FLECHA, R.; RACIONEIRO, S. *Aprendizagem dialógica na sociedade da informação*. São Carlos: EdUFSCar, 2016; OLIVEIRA, OLIVEIRA, 2006; REY, 2015.

5. Referenciam este e o parágrafo anterior: ZUIN, ZUIN, 2014; WERTHEIM, 1983; OLIVEIRA, OLIVEIRA, 2006.

6. Entendemos como todos os sujeitos interessados, o próprio produtor rural, seus familiares e funcionários, bem como as demais pessoas pertencentes à cadeia produtiva agropecuária brasileira.

de dados e informações e posterior análise de temas. Nesse caso, os temas refletirão um conjunto de situações-problema de interesse do produtor e demais sujeitos do território rural, podendo ser essa situação originada em um contexto técnico-produtivo, econômico, sociocultural ou ambiental. No final da atividade de coleta de informações, é proposta ao produtor a formulação de um planejamento de atividades, a fim de se configurar um plano de ação que vise fornecer subsídios para o desenvolvimento de novos produtos, processos e serviços para suas rotinas produtivas.

O objetivo das intervenções conjuntas nos processos produtivos rurais é o fomento de uma postura responsiva nos sujeitos a respeito dos problemas socioculturais, econômicos e ambientais presentes em seu território. Para isso, é interessante a construção de um diálogo constante entre sociedade, pesquisadores, extensionistas e produtores, na busca de soluções conjuntas para os problemas dos territórios rurais e urbanos – o que, entretanto, não garante de forma imediata que os resultados serão os mais adequados para determinada realidade vivenciada nos territórios rurais. A multiplicidade de eventos empíricos coletados pelos investigadores em um local voltado à produção rural, e também outras formas de interação, não permite a construção de um conjunto de conhecimentos que determinará o encontro de uma única solução idealizada e finalizada para a situação-problema, a qual será totalmente eficaz quando aplicada no mundo concreto.

Quando observamos um território rural, as dificuldades produtivas relativas à sustentabilidade ambiental de seus empreendimentos são, normalmente, de ordem coletiva e não apenas individual, atingindo mais de uma propriedade. Assim, fazer com que os produtores rurais dialoguem intensamente facilita não apenas a detecção e a proposta de soluções, mas aumenta a probabilidade de sucesso da implementação da solução desenvolvida conjuntamente. A princípio, esse encontro é marcado não pelo consenso, mas pelo dissenso, pelo embate de sentidos historicamente constituídos. Para nós, o giro dialógico, levado ao contexto dos territórios rurais, significa que produtores e extensionistas assumem de forma conjunta a responsabilidade pelo conjunto de atos que possam levantar e solucionar as mais diversas situações-problema presentes em seus cotidianos.

O conhecimento produzido de forma conjunta em um ambiente dialógico percorre um caminho que legitimará a capacidade permanente de novas construções teóricas relativas aos novos sentidos e significados que se apresentam em um momento interpretativo de uma realidade plástica e inacabada nos territórios rurais.[7] Podemos agrupar em quatro conjuntos as atividades correspondentes ao diagnóstico dialógico:[8]

1. Estudo piloto.
2. Análises preliminares e composição da equipe de diagnóstico.
3. Capacitação do diagnóstico e elaboração do dialógico.
4. Aplicação do diagnóstico no território rural.

De forma introdutória, o primeiro conjunto de atividades, o estudo-piloto, diz respeito às ações investigativas preparatórias, determinadas por ampla coleta de dados e informações de origens sociais, econômicos, ambientais e técnico-produtivos presentes na propriedade rural, no território e na cadeia produtiva. O segundo grupo de atividades corresponde à realização do exercício de entender os resultados do estudo-piloto, envolvendo, além do extensionista, representantes dos agricultores e sua comunidade. A terceira atividade diz respeito à capacitação da equipe na metodologia do diagnóstico dialógico, e, por fim, temos a aplicação do diagnóstico dialógico no campo.

4.1

ESTUDO PILOTO DO TERRITÓRIO RURAL[9]

Antes de os extensionistas entrarem em contato com os agricultores para, em conjunto, iniciarem as atividades de diagnóstico, faz-se necessário que esses profissionais coletem um conjunto de dados e informações preparatórias que permitirão caracterizar de forma ampla os contextos econômicos, sociais, ambientais e técnico-produtivos, nos quais estão inseridos produtores e demais sujeitos que vivem e trabalham em seu território, ou seja, os sujeitos que fazem parte diretamente de sua cadeia produtiva. Essa coleta preliminar vai gerar informações que indicarão quais são as principais dificuldades e oportunidades voltadas para o desenvolvimento sustentável do empreendimento rural.

Com esse conjunto de informações preliminares em mãos, os extensionistas iniciam a atividade de desdobramento e começam a levantar as possíveis

7. Referenciam este e os parágrafos anteriores: ZUIN, ZUIN, 2014; ZUIN, L. F. S.; ZUIN, P. B. *Produção de alimentos tradicionais:* extensão rural. Aparecida: Ideias & Letras, 2008; BAKHTIN, 2010a; BAKHTIN, 2010b; STAKE, R. *A arte de investigação com estudos de caso.* Lisboa: Gulbenkian, 2006; WERTHEIM, 1983; REY, 2015; AUBERT et al., 2016.
8. WERTHEIM, 1983.
9. ZUIN, ZUIN, 2014; BAKHTIN, 2010a; BAKHTIN, 2010b; AMORIM, 2004; WERTHEIM, 1983; REY, 2015; AUBERT et al., 2016.

deficiências, necessidades e oportunidades relacionadas às suas dimensões técnico-produtivas, gerenciais e ambientais em que orbitam os produtores rurais. Para isso, elaboram um conjunto de questões para os problemas e oportunidades voltadas para o desenvolvimento sustentável de novos produtos, processos e serviços. Em um primeiro momento, essas informações permitem explicitar e determinar algumas origens, causas e efeitos tanto dos problemas como das potencialidades econômicas presentes nas rotinas produtivas empregadas no território rural.

Com essas informações, os extensionistas começam a pensar em estratégias de aproximação e comunicação para serem usadas durante as interações com os produtores e demais sujeitos, ou seja, os conteúdos e contextos que serão inicialmente abordados, bem como os métodos dialógicos de interações. A seleção e a importância dada pelos extensionistas aos conteúdos preliminares são de caráter plástico e não finalizado, pois as suas escolhas, as quais são trabalhadas durante as etapas de diagnóstico, buscam ser realizadas de forma coletiva junto aos produtores rurais. Durante a etapa do estudo-piloto, os extensionistas realizam concomitantemente a coleta de informações complementares em fontes bibliográficas (órgãos de pesquisa estatais e privados), organizações locais (associações, organizações não governamentais, entre outras) e, o mais importante, realizam observações diretas junto aos sujeitos em suas propriedades e seu território.

Como exemplo, apresentamos um conjunto de informações necessárias para uma coleta preliminar eficiente. Para fins didáticos, agrupamos esses conjuntos de dados e informações que orbitam o universo dos produtores rurais por dimensões, embora, na prática, grande parte delas estejam intimamente relacionadas, vejamos:

- **Dimensão pessoal:** idade, composição da família, gênero, número de irmãos, quantos moram na propriedade rural, quantos dependem da renda da propriedade, quantas pessoas da família trabalham na propriedade, grau de satisfação com a vida que levam, desejos e necessidade do produtor e da família.
- **Dimensão profissional:** tipo de formação, tempo que exerce a profissão, cursos profissionalizantes que frequentou, rede de contatos.
- **Dimensão econômica:** modelo de produção e cultura predominante na região, tamanho das propriedades, renda mensal e anual da produção agropecuária, tipo de acesso ao crédito e demais financiamentos públicos e privados.

- **Dimensão institucional:** apoio técnico, gerencial e financeiro para os agricultores, infraestrutura de comunicação e transporte, serviços (técnicos e gerenciais), tradições (cultura), composições e graus de maturidade de suas associações.
- **Dimensão inovação tecnológica:** nível educacional dos produtores, número, distribuição física e identificação dos centros de pesquisa que podem atender às necessidades dos produtores rurais no que se refere ao desenvolvimento de novas tecnologias, quantidade e conhecimento de extensionistas disponíveis em seu território rural para ajudar na internalização dos novos produtos e processos.
- **Dimensão sustentabilidade:** como anda o manejo ambiental de todo o bioma do território, ocorrência de programas de educação, conscientização e recuperação ambiental.

Provavelmente, o aspecto mais relevante durante o processo de coleta de informações diz respeito a qualidade, quantidade, profundidade e amplitude dos conteúdos levantados. Entretanto, independentemente disso, o conhecimento originado por essa busca proporciona ao extensionista o início do desenvolvimento de um olhar e uma postura presentes no giro dialógico,[10] levando todos os sujeitos presentes nos territórios rurais a interagir de forma significativa – diferentemente da maneira monológica muitas vezes encontrada na postura do técnico com abordagem difusionista. Vale ressaltar que os elementos a serem coletados e que estão descritos nas dimensões possuem um caráter plástico, podendo ser alterados e outros acrescentados, de acordo com as caraterísticas únicas de um território rural.[11]

4.2

ANÁLISES PRELIMINARES, COMPOSIÇÃO E CAPACITAÇÃO DA EQUIPE PARA O DIAGNÓSTICO DIALÓGICO[12]

Com as informações coletadas durante o estudo-piloto, tem início a etapa de preparação do diagnóstico, que difere da anterior uma vez que o extensionista começa a vivenciar e experimentar *in loco* a realidade de todos os sujeitos presentes no território rural. Para o extensionista, esse é um período prévio de

10. AMORIM, 2004; AUBERT et al., 2016.
11. ZUIN, ZUIN, 2014.
12. ZUIN, ZUIN, 2014; BAKHTIN, 2010a; BAKHTIN, 2010b; AMORIM, 2004; WERTHEIM, 1983.

convivência mais intensa com os produtores, permitindo que esse profissional da extensão comece a ser aceito pelos produtores. Para tanto, durante o diálogo com os produtores, o extensionista deixa claro em sua enunciação que está no local para colaborar com a transformação e construção conjunta de uma nova realidade produtiva.

Nessa etapa, o profissional inicia uma fase de aproximação de significados e sentidos entre ele e os produtores rurais, questionando os agricultores entre outros aspectos socioeconômicos, ambientais e técnico-produtivos: *Quais são seus objetivos de vida? Quais são as suas tradições técnico-produtivistas? Como se comunicam? Quais produtos produzidos se destacam? Como são seus processos produtivos? Qual a qualidade dos serviços de empresas privadas e governamentais de assistência técnica que recebem? Quais as principais dificuldades produtivas encontradas? O que entendem por produção sustentável? O que sabem sobre ambientes produtivos socialmente justos? Quais os caminhos percorridos para selecionar e adquirir novas tecnologias? O que pensam sobre sustentabilidade?*

Durante o processo de conhecimento da realidade dos agricultores, o profissional da extensão rural deve identificar e observar os líderes locais (formais, pertencentes a um tipo de associação ou não), qualificando e quantificando os papéis e o grau de interferência que essas pessoas desempenham em seus territórios. Em um primeiro momento, o líder poderá até facilitar sua interação junto à comunidade dos agricultores; entretanto, é interessante que os demais agricultores, e não apenas o líder, participem da equipe de diagnóstico, evitando, assim, que uma única voz monológica[13] descreva a realidade socioeconômica, ambiental e técnico-produtiva do local, e inicie os trabalhos com um viés, um olhar, predominantemente único.

A interação entre os sujeitos pode ser conduzida por meio de um roteiro previamente elaborado, cuja construção tem o objetivo de buscar indicações de quais seriam os caminhos que percorrem a comunicação entre todos os sujeitos envolvidos. O extensionista e os produtores identificam os sentidos que eles e a comunidade possuem das palavras ditas durante o processo de elaboração do diagnóstico. O extensionista, nessa etapa, recolhe os sentidos referentes às dimensões socioeconômicas e ambientais dos mais variados grupos de agricultores, estando tais conteúdos desdobrados aos interesses produtivos e gerenciais do território.

A última atividade do extensionista nessa etapa de preparação para o diagnóstico é a realização de reuniões com os produtores, nas quais é apresentada

13. BAKHTIN, 2010b.

e discutida toda a proposta de trabalho para a elaboração e a implementação do diagnóstico dialógico. O objetivo dessa etapa é formar uma equipe de diagnóstico (EqD), composta por representantes dos produtores e extensionistas. A equipe será responsável por realizar as atividades de coleta e análise de informações.

4.3 CAPACITAÇÃO DA EQUIPE E ELABORAÇÃO DE DIAGNÓSTICO

Provavelmente, essa etapa representa o conjunto de atividades mais significativas que compõem o diagnóstico dialógico e determinam de forma clara o sucesso ou o fracasso de suas atividades. A primeira atividade dos extensionistas que participarão da EqD é internalizar o referencial teórico dialógico que embasa esse tipo de coleta de informações, sendo composto pelo giro dialógico de abordagem bakhtiniana.[14]

Antes de partir para a atividade de coleta de dados a campo, os sujeitos devem buscar formular e projetar de forma preliminar, possíveis cenários produtivos, relacionando-os com as práticas gerenciais, técnicas e ambientais observadas em suas rotinas produtivas. Esses cenários encontram-se em interação com o tipo de produto e processo que os produtores podem desenvolver de forma individual ou por associações em seus territórios rurais.

Nessa etapa de capacitação, os produtores são mobilizados para que expressem suas necessidades e dificuldades, bem como possíveis soluções que poderão ser desenvolvidas, disponibilizadas e empregadas no território. A construção conjunta do conhecimento, a geração de novos sentidos, tão necessária para a solução dos problemas gerenciais, técnicos e ambientais, começa nesse momento polifônico e equipotente[15] de preparação por meio do diálogo profundo, amplo e intenso entre os sujeitos envolvidos. Entendemos que, nesse momento, os diálogos podem suscitar lembranças de encontros negativos, em que os conflitos que naturalmente existem em uma comunidade não são superados. Uma das formas de superar essas experiências desagradáveis é por meio do processo de significação de novos significados e sentidos no contexto produtivo do giro dialógico, o qual costuma amplificar alguns elementos de natureza afetiva e motivacional.

Algumas atividades de planejamento voltadas para os encontros entre os participantes da EqD são realizadas para que o processo de capacitação seja

14. AUBERT, 2016; BAKHTIN, 2010b.
15. BAKHTIN, 2010c.

aproveitado de forma mais eficiente. Primeiro, deve-se buscar a época do ano em que os produtores estão mais disponíveis para frequentar as reuniões, cujo objetivo é constituir entre todos o entendimento da metodologia de coleta de dados de viés participativo do giro dialógico. As reuniões para diagnóstico dialógico não podem coincidir com os períodos mais intensos de trabalhos produtivos, como no caso do plantio e da colheita, ou em horários no qual os produtores rurais estão realizando alguma interação produtiva com animais de criação, como a retirada diária de leite de vacas. Além de tempo para as reuniões, os produtores certamente estarão preocupados em planejar e realizar com sucesso essas duas atividades que são críticas para a sobrevivência do seu empreendimento.

O tempo de duração dos encontros para a capacitação na metodologia de coleta é determinado de acordo com a disponibilidade de cada um dos produtores. A última atividade do processo de capacitação é a construção de um roteiro de pesquisa que responda se os cenários produtivos que serão desenvolvidos são viáveis do ponto de vista social, econômico e ambiental, ou seja, factíveis de serem colocados em prática no mundo concreto.

Caso haja mais de uma EqD trabalhando em uma região, todas deverão se encontrar frequentemente para, em conjunto, discutir a construção de um único roteiro de pesquisa. Um dos pontos mais importantes do processo de desenvolvimento do diagnóstico dialógico é a escolha correta da técnica de coleta de informações empregada pela EqD. É importante planejar como serão percorridos os caminhos da comunicação entre a equipe e os demais sujeitos dos territórios rurais. Um erro muito comum dos extensionistas diz respeito ao emprego de palavras e expressões estranhas ao universo vocabular dos produtores durante a elaboração e a aplicação das questões que compõem o roteiro de pesquisa, muitas de viés monológico. Outro erro que pode ocorrer durante as entrevistas é quando os investigadores dão maior importância ao preenchimento das perguntas que estão no roteiro de pesquisa do que ao diálogo que está ocorrendo. Uma das consequências seria a não coleta de informações que podem ser importantes para a elaboração do plano de intervenção nos territórios rurais.

A elaboração das questões que fazem parte do roteiro de pesquisa leva em conta a visão de mundo[16] do produtor, de seus familiares e funcionários, considerando que esse conjunto de indagações possui o objetivo principal de responder às questões socioeconômicas, ambientais e técnico-produtivas levantadas na etapa de preparação do diagnóstico. A EqD também precisa ficar atenta à

16. FREIRE, 1977.

quantidade de questões presentes no roteiro de pesquisa. Nossa sugestão é que se trabalhe com um número reduzido de questões, deixando o produtor expor à vontade seus sentidos sobre o tema, entrando apenas com interrupções pontuais. Por outro lado, as questões levantadas durante as entrevistas não podem ser imprecisas a ponto de os produtores não poderem visualizar de forma clara a realidade em que estão inseridos. A compreensão crítica da realidade é uma atividade fundamental durante o processo de desenvolvimento de novos produtos e processos sustentáveis.[17]

Uma das questões que deve ser levantada pela EqD é: Qual o nível de profundidade e amplitude que a pesquisa deverá possuir? A resposta vai depender do grau de entendimento que os produtores possuem a respeito de sua realidade, bem como do recorte a ser elaborado no território rural estudado, delimitando suas fronteiras. Cabe à EqD garantir que a profundidade e a amplitude da pesquisa proporcionem uma compreensão da realidade dos produtores e demais sujeitos do território, sendo essa a contribuição fundamental para o diagnóstico dialógico. Ao mesmo tempo que o extensionista e os produtores estão descobrindo as contradições sociais, econômicas e ambientais de sua realidade, encontram-se também desencadeando um processo de construção do conhecimento compartilhado por meio da significação de novos sentidos em cada um dos participantes da EqD, iniciando, assim, a construção conjunta de uma nova realidade produtiva, com a aproximação dos novos significados e sentidos gerados nessa etapa.

A construção conjunta do conhecimento ocorre somente mediante o diálogo e as interações provenientes do seu ato. Essa forma de construção é única e ocorre por meio do exercício constante da conscientização e reflexão, empregando o embate de ideias entre os sujeitos[18] a respeito de suas leituras de mundo. O diagnóstico deve ser encarado como uma ferramenta dialógica que não deve ser aplicada apenas uma vez. Sempre que for necessário, deve-se realizar uma nova coleta de informações para que possa ser respondida uma nova pergunta ou inquietação. Essa ação pode ser realizada independentemente do tempo que se passou do início do primeiro processo de investigação, pois a realidade nos territórios rurais é plástica e temporal.

A técnica de comunicação mais indicada para a coleta de informações é a entrevista aberta com abordagem dialógica sócio-histórica proposta pelo giro

17. Ver Capítulo 11.

18. Como visto no Capítulo 1.

dialógico e outros autores.[19] Essa técnica investigativa oferece a oportunidade de os próprios produtores intervirem diretamente na construção das enunciações da EqD. Na entrevista aberta, por meio do diálogo, todos os sujeitos envolvidos (entrevistado e entrevistador) conduzem as perguntas e respostas no transcorrer da entrevista. O que determina o encaminhamento correto da atividade de coleta de informações no método do giro dialógico é a responsividade conjunta sobre o que foi dito, ou seja, a explicitação da tomada de valor dos sujeitos sobre o tema trabalhado, a qual é gerada tanto pelo entrevistado (produtor, funcionário, familiares, entre outros sujeitos) como pelos entrevistadores (EqD).

Outros instrumentos de coleta de dados, como roteiros de entrevista com perguntas fechadas e não presenciais nos territórios rurais, possuem alguns entraves. As dificuldades dizem respeito ao não acesso ao enunciado que gerou uma resposta quantitativa. O enunciado proporciona ao investigador acesso aos sentidos, fornecendo informações mais detalhadas e particulares sobre o tema trabalhado no roteiro de pesquisa. Outra dificuldade é que os roteiros de pesquisa quantitativos quase não permitem a possibilidade de atividades de construção conjunta do conhecimento, sendo imposto apenas um tipo de resposta ao entrevistado.

Durante a coleta de dados é interessante que, enquanto um dos integrantes questiona o entrevistado, outro anote as respostas. Entretanto, a pessoa que está anotando também deve participar da arguição. Apesar de ser uma entrevista aberta, é aconselhável que a EqD leve um roteiro de pesquisa esquematizado com perguntas abertas sobre cada assunto a ser abordado. Esse procedimento tem como objetivo iniciar o processo de diálogo entre todos os sujeitos, entrevistado e entrevistadores, além de nortear o pesquisador nas temáticas que busca investigar. Do ponto de vista pragmático, é interessante que a entrevista seja gravada, pois a entonação das palavras ditas, as pausas reflexivas, entre outros elementos, facilitam a tomada de valor durante o processo de significação dos membros da EqD, bem como a posterior elaboração do diagnóstico dialógico.

Outro aspecto importante no momento da entrevista é o grau de entendimento que os entrevistados apresentam do conteúdo do roteiro de pesquisa, tanto dos sentidos e significados das palavras como do encadeamento das perguntas, podendo ser explícito ou implícito. O conteúdo explícito ocorre quando os entrevistados entendem as perguntas no primeiro momento em que foram formuladas pelos entrevistadores e é determinado pelas palavras que possuem sentidos

19. BAKHTIN, 2010a; BAKHTIN, 2010b; BAKHTIN, 2010c; BAKHTIN, 2003; AMORIM, 2004; AUBERT et al., 2016.

próximos para entrevistador e entrevistado. O segundo conteúdo, o implícito, corresponde às dúvidas e inseguranças relacionadas a um conjunto de informações que os entrevistados desconhecem ou não entendem em sua totalidade.

Não são raras as vezes que esse tipo de não compreensão é explicitado pelos entrevistados por meio de gestos e entonações nas palavras de suas enunciações. Os gestos são um forte indicativo de que os agricultores compreenderam ou não os conteúdos da pesquisa e por isso devem ser observados. Os gestos, bem como a entonação da voz, no momento em que as palavras sobre o tema são ditas, determinam a tomada de valor dos sujeitos e suas responsividades. Logo, os entrevistadores devem ficar atentos à linguagem corporal e às entonações das palavras dos entrevistados, anotando em qual momento da arguição ocorreram.

No decorrer dos trabalhos de coleta de dados, a EqD buscará adotar um conjunto de procedimentos frente aos entrevistados que estão relacionados à postura dialógica do entrevistador, como: a equipe não pode apressar as respostas, buscando respeitar o ritmo do entrevistado; a equipe entrevistadora não deve se ater à precisão exacerbada das respostas, realizando interrupções em busca de detalhamento, pois isso pode ocasionar limitação e inibição dos entrevistados; se a formulação de novas perguntas no decorrer da entrevista for necessária, deve ser feita de maneira clara e direta, obedecendo ao ritmo do diálogo dado pelo entrevistado, e não pelos entrevistadores e suas metas, ou seja, as vozes dos sujeitos devem ser ouvidas intensamente nessa forma de investigação científica.

No final dos trabalhos de capacitação, a EqD buscará dominar dois grandes conjuntos de conhecimentos. O primeiro é a compreensão do conteúdo do diagnóstico dialógico, ou seja, objetivos e metodologia de pesquisa. O segundo conjunto de conteúdos corresponde às atividades relacionadas à postura do investigador, como: o modo de entrevistar, anotar, observar, analisar, sintetizar e interpretar os relatos vivenciados junto aos produtores e demais sujeitos que compõem o território rural. Com a equipe de diagnóstico capacitada, tem início a etapa de aplicação do diagnóstico a campo.

4.4

APLICAÇÃO DO DIAGNÓSTICO DIALÓGICO NO TERRITÓRIO RURAL

Depois de realizar a capacitação da EqD, começam os preparativos para a aplicação da pesquisa no território rural. Com os dados coletados na etapa anterior, a primeira atividade nesse momento é a confirmação ou a revisão das questões que buscam responder sobre a viabilidade de novos processos produtivos nas propriedades rurais. Com as questões iniciais mantidas ou reelaboradas, o próximo passo é confeccionar o roteiro de pesquisa. Uma vez estruturado, a EqD vai a campo coletar dados e informações por meio de entrevistas e observações presenciais. O importante, nessa etapa, é que a EqD fique atenta à diversidade de sentidos e significados encontrados nos territórios rurais que devem ser, de alguma forma, coletados.

Depois de coletadas as informações, devem, então, passar por um processo de busca do entendimento das oportunidades produtivas do território, sendo analisadas, interpretadas e sistematizadas pela EqD. Uma vez sistematizadas, as informações são confrontadas com as necessidades e os desejos dos produtores rurais, podendo constituir o objetivo mercadológico da empresa e iniciando o processo de desenvolvimento de produtos sustentáveis na organização rural. Nesse momento, caso os objetivos produtivos sejam determinados como exequíveis pela EqD, em parceria com o produtor rural e os demais sujeitos do território, as metas serão documentadas sob a forma de um relatório, ofertado a todos os sujeitos interessados. Um dos objetivos da confecção do relatório é sugerir e embasar políticas públicas que poderão ser usadas para solucionar problemas tanto de um conjunto de propriedades rurais como de todo um território.

Todavia, caso as variáveis contidas nos objetivos não sejam respondidas satisfatoriamente, a EqD formula novas proposições que darão origem a outro roteiro de pesquisa para ser aplicado novamente no território. Nesse caso, a pesquisa terá de ser refeita, quantas vezes forem necessárias, com base no novo conjunto de indagações, para que possam sustentar corretamente os trabalhos que envolvem o desenvolvimento de novas tecnologias.

CONSIDERAÇÕES FINAIS

A principal função do diagnóstico dialógico pode ser descrita por meio de três atividades: interação e descobrimento da diversidade inerente do outro, conhecimento do contexto socioeconômico e ambiental no qual os outros estão inseridos e definição dos posicionamentos do outro perante os caminhos constituídos que cercam o processo de desenvolvimento sustentável de produtos alimentícios nos territórios rurais. O diagnóstico dialógico pressupõe um trabalho constante e nunca finalizado de oferta, contraposição e aproximação de sentidos provenientes dos diálogos e seus embates. Todas as atividades que cercam o diagnóstico dialógico preveem que o outro saiba o sentido e a tomada de valor que o extensionista rural possui de determinado assunto. Esse ato, por meio do qual os sujeitos se posicionam claramente perante o outro, diminui as incertezas nos andamentos e rumos dos processos desenvolvidos, aumentando a chance de sucesso nas parcerias que ocorrerão entre os vários sujeitos que compõem a cadeia produtiva agroalimentar brasileira.

REFERÊNCIAS

AMORIM, M. *O pesquisador e seu outro:* Bakhtin nas ciências humanas. São Paulo: Musa, 2004.

AUBERT, A.; FLECHA, A.; GARCÍA, C.; FLECHA, R.; RACIONEIRO, S. *Aprendizagem dialógica na sociedade da informação.* São Carlos: EdUFSCar, 2016.

BAKHTIN, M. *Estética da criação verbal.* São Paulo: Martins Fontes, 2003.

______. *Marxismo e filosofia da linguagem.* São Paulo: Hucitec, 2010a.

______. *Para uma filosofia do ato responsável.* São Carlos: Pedro & João Editores, 2010b.

______. *Problemas da poética de Dostoiévski.* Rio de Janeiro: Forense Universitária, 2010c.

FEYERABEND, F. *Contra o método.* São Paulo: Unesp, 2011.

FREIRE, P. *Extensão ou comunicação?* Petrópolis: Paz e Terra, 1977.

MIOTELLO, V. et al. *Um ser expressivo e falante:* refletindo com Bakhtin e construindo uma leitura de vozes. São Carlos: Pedro & João, 2013.

OLIVEIRA, R. D.; OLIVEIRA, M. D. Pesquisa social e ação educativa: conhecer a realidade para poder transformá-la. In: BRANDÃO, C. R. (Orgs.). *Pesquisa participativa.* São Paulo: Brasiliense, 2006.

REY, F. G. *Pesquisa qualitativa e subjetividade:* os processos de construção da informação. São Paulo: Cengage Learning, 2015.

STAKE, R. *A arte de investigação com estudos de caso.* Lisboa: Gulbenkian, 2006.

WERTHEIM, J. *Educação rural integrada:* a experiência de pesquisa e planejamento no Ceará. Petrópolis: Paz e Terra, 1983.

ZUIN, L. F. S.; ZUIN, P. B. *Produção de alimentos tradicionais:* extensão rural. Aparecida: Ideias & Letras, 2008.

______. Comunicação dialógica na gestão ambiental: novos caminhos metodológicos para a extensão rural. In: PALHARES, J. C. P.; GEBLER, L. (Orgs.). *Gestão ambiental na agropecuária.* v. 2. Brasília: Embrapa Informação Tecnológica, 2014.

ZUIN, L. F. S.; ZUIN, P. B.; MANRIQUE, M. A. D. A comunicação dialógica como fator determinante para os processos de ensino-aprendizagem que ocorrem na capacitação rural: um estudo de caso em um órgão público de extensão localizado no interior do estado de São Paulo. *Ciência Rural,* v. 42, p. 1-6, 2011.

CAPÍTULO 5

Redes entre organizações nos agronegócios

Timóteo Ramos Queiroz
Mario Mollo Neto

INTRODUÇÃO

Organizações e empresas privadas passam por constantes processos adaptativos, sendo pressionadas, entre outras razões, pela necessidade de eficiência expressa não apenas pelo lucro máximo, mas também por estruturas organizacionais mais ajustadas às condições impostas pelo ambiente.

Garcia e Motta[1] destacam a importância de um tipo particular de agrupamento de empresas: os sistemas locais de produção. Os autores esclarecem que os estudos pioneiros de Marshall sobre os distritos industriais na Inglaterra no século XIX contribuem de maneira significativa para o entendimento desses aglomerados.

Em decorrência da contemporaneidade e da multidisciplinaridade, tal objeto de estudo ainda apresenta terminologias diferenciadas, de acordo com a referência conceitual que se toma como base – vertentes europeias ou estadunidenses, da economia ou da sociologia, utilizam diferentes nomenclaturas. Assim, **arranjos produtivos locais** (APLs), sistemas locais de produção, aglomerações de empresas, *clusters*, distritos industriais, redes empresariais, parques tecnológicos, *millieux* inovadores, entre outros, são termos encontrados na literatura para designar agrupamento de empresas.[2] Essas denominações trazem

1. GARCIA, R.; MOTTA, F. G. Sistemas locais de produção e cadeias globais: uma análise integrada e aplicações para a indústria brasileira. In: AMATO NETO, J. (Org.). *Redes entre organizações:* domínio do conhecimento e da eficácia operacional. São Paulo: Atlas, 2005.
2. CAMPEÃO, P. *Sistemas locais de produção agroindustrial: um modelo de competitividade.* 2004. Tese (Doutorado em Engenharia de Produção) – Universidade Federal de São Carlos (UFSCar), São Carlos, 2004.

consigo diferentes considerações acerca do porte e do setor de atuação dos agentes que compõem os grupos – o que será mais bem analisado mais adiante neste capítulo.[3]

Com o propósito de atender às novas demandas, as empresas vêm adotando processos de desintegração vertical, terceirização e parcerias, resultando em novas configurações de rede.[4] Tal processo visa a uma maior eficiência produtiva e organizacional, aumentando a divisão do trabalho[5] a partir da segmentação/especialização produtiva e criando condições para a formação de redes de empresas. Dentre as formas de redes, destacam-se as redes de cooperação, que possibilitam gerar ganhos conjuntos de tecnologias e reduzir custos de transação.[6] As externalidades positivas geradas pela especialização de diversos agentes, com fracionamento e interconexão de atividades produtivas em torno de um produto, são compartilhadas como benefício coletivo.[7]

Consta na pesquisa de Ricciardi[8] que um aumento dramático no papel das redes de negócios foi testemunhado nas últimas décadas, com foco maior dado às questões relativas a eficiência operacional, legitimidade, poder e/ou resiliência. Assim, destaca-se a relevância dos APLs como formas de arranjo de empresas, com características diferentes das relações de mercado puro ou da integração vertical.[9] Parte-se do princípio de que somente as análises pautadas na relação oferta *versus* demanda são insuficientes para explicar as relações presentes em APLs e nas redes de cooperação que se formam em seu contexto. As redes de cooperação merecem destaque por criar condições favoráveis para

3. PORTER, M. E. Clusters and the new economics of competition. *Harvard Business Review*, nov.-dez., 1998. Disponível em: <https://www.hbr.org/1998/11/clusters-and-the-new-economics-of-competition>. Acesso em: jan. 2019; SUZIGAN, W.; GARCIA, R.; FURTADO, J. *Governança de sistemas de MPME em clusters industriais*. Rio de Janeiro: Redesist, 2002; SUZIGAN, W. et al. Coeficientes de Gini locacionais (GL): aplicação à indústria de calçados do Estado de São Paulo. *Nova Economia*, Belo Horizonte, v. 13, n. 2, p. 39-60, 2003; CASSIOLATO, J. E.; SZAPIRO, M. Uma caracterização de arranjos produtivos locais de micro e pequenas empresas. In: LASTRES, H. M. M.; CASSIOLATO, J. E.; MACIEL, M. L. (Orgs.). *Pequena empresa:* cooperação e desenvolvimento local. Rio de Janeiro: Relume-Dumará, 2003; LASTRES, H. M. M. *Política para promoção de arranjos produtivos e inovativos locais de micro e pequenas empresas:* vantagens e restrições do conceito e equívocos usuais. Rio de Janeiro: Redesist, 2004; GRUPO DE Trabalho Permanente para Arranjos Produtivos Locais (GTP-APL). *Termo de referência para a política de apoio ao desenvolvimento dos arranjos produtivos locais*. Brasília: MDIC, 2004. Disponível em: <http://www.mdic.gov.br/arquivos/dwnl_1289322946.pdf>. Acesso em: 16 nov. 2018.
4. OLAVE, M. E. L.; AMATO NETO, J. Redes de cooperação produtiva: uma estratégia de competitividade e sobrevivência para pequenas e médias empresas. *Gestão & Produção*, v. 8, p. 289-303, dez. 2001; CROSS, R. et al. Knowing what we know: supporting knowledge creation and sharing in social networks. *Organizational Dynamics*, v. 30, n. 2, p. 100-120, 2001.
5. HAGEDOORN, J; SCHAKENRAAD, J. Strategic partnering and technological cooperation. In: DANKBAAR, B.; GROENEWEGEN, J; SCHENK, H. *Perspectives in industrial economics*. Dordrecht: Kluwer, 1989; HAGE, J. T. Organizational innovation and organizational change. *Annual Review of Sociology*, v. 25, p. 597-622, 1999.
6. WILLIAMSON, O. *The mechanisms of governance*. New York: Oxford University Press, 1996.
7. SUZIGAN, 2002; CASSIOLATO, SZAPIRO, 2003; LASTRES, 2004.
8. RICCIARDI, F.; ZARDINI, A.; ROSSIGNOLI, C. Business network commons and their fragilities: emerging configurations of local organizational fields. *Journal of Business Research*, v. 89, p. 328-335, 2018.
9. POWELL, W. Neither market nor hierarchy: network forms of organization. *Research in Organizational Behavior*, v. 12, p. 295-336, 1990.

a sobrevivência e a competitividade, principalmente entre pequenas e médias empresas, inovando na forma de relacionamento entre empresas.[10]

Dias e Franco[11] consideram que um elemento crucial no processo empreendedor é pertencer a uma rede apropriada, como as redes de cooperação de empreendedores do agronegócio, que pode desempenhar um papel fundamental na melhoria do desempenho econômico, social e ambiental das unidades produtivas e no aumento do valor dos produtos tradicionais gerados. De fato, as redes permitem que uma empresa compense a falta de tamanho e recursos ao ter acesso aos recursos disponíveis na rede, originando um crescimento mais rápido sem o grande investimento necessário caso não operasse em rede. As redes de cooperação impactam a produtividade, a escala e a inovação das empresas envolvidas.[12] Assim, empresas que se agrupam em rede apropriam-se de ganhos gerados coletivamente na ordem técnica ou social, por meio, por exemplo, do acúmulo de capital social.

O capital social pode ser entendido como os ganhos gerados a partir das conexões entre agentes - pessoas, equipes, organizações, conceitos etc.[13] - que apresentam vantagens produtivas, tornando possível o alcance dos objetivos dos agentes que não seriam atingidos em sua ausência.[14] Segundo Yan e Guan,[15] o capital social, como um ativo intangível importante, pode influenciar atividades que cobrem a criação de conhecimento dos indivíduos, a transferência de conhecimento interorganizacional e a inovação incremental e radical das empresas.

O entendimento do comportamento dos agentes econômicos não pode ser considerado de forma atomizada, mas sim dentro do contexto das "regras do jogo", formais e informais, que estruturam a interação social, econômica e política.[16] Em vez de definir os vínculos como pré-sociais, várias disciplinas, incluindo a economia, passaram a analisar as interações sociais como processos evolutivos. Os mecanismos por trás das explicações evolutivas são seleção,

10. OLAVE, M. E. L.; AMATO NETO, J. A formação de redes de cooperação e *clusters* em países emergentes: uma alternativa para PMEs no Brasil. In: AMATO NETO, J. (Org.). *Redes entre organizações:* domínio do conhecimento e da eficácia operacional. São Paulo: Atlas, 2005.
11. DIAS, C.; FRANCO, M. Cooperation in tradition or tradition in cooperation? Networks of agricultural entrepreneurs. *Land Use Policy*, v. 71, p. 36-48, 2018.
12. TÁLAMO, J. R.; CARVALHO, M. M. Seleção dos objetivos fundamentais de uma rede de cooperação empresarial. *Gestão & Produção*, v. 11, n. 2, p. 239-250, maio-ago., 2004; KUPFER, D. *Economia industrial:* fundamentos teóricos e práticos no Brasil. Rio de Janeiro: Campus, 2002.
13. PUTNAM, R. D. Capital social e desempenho institucional. In: PUTNAM, R. D. *Comunidade e democracia:* a experiência da Itália Moderna. 2. ed. Rio de Janeiro: Editora FGV, 2000.
14. ABRAMOVAY, R. O capital social dos territórios: repensando o desenvolvimento rural. *Economia Aplicada*, Ribeirão Preto, FEA-RP/USP, v. 4, n. 2, p. 379-397, abr.-jun., 2000.
15. YAN, Y.; GUAN, J. C. Social capital, exploitative and exploratory innovations: The mediating roles of ego-network dynamics. *Technological Forecasting and Social Change*, v. 126, p. 244-258, 2018.
16. NORTH, D. Institutions. *Journal of Economic Perspective*, v. 5, p. 97-112, 1991.

retenção (continuidade) e variação no nível da empresa.[17] Ao contrário da economia evolucionária, em que a seleção de empresas é uma consequência da competição exógena no mercado, a geografia evolutiva sugere que a seleção emerge da formação de laços.[18]

Avançando na análise de redes, é possível caminhar para o entendimento das redes como fruto de laços sociais que abrem caminhos para as análises das redes sociais ou *social network analysis* (SNA), abrangendo ampla variedade de disciplinas e ferramentas.[19] De acordo com Carrington, Scott e Wasserman,[20] as SNA vinham sendo usadas desde a década de 1930, em evolução lenta e linear. Porém, a partir da década de 1990, houve crescente interesse em redes sociais e nos contextos sociais (*social contexts*) que impactavam seus atores. Alguns estudos passaram a utilizar esse ferramental para analisar, por exemplo, as dinâmicas de contágio de epidemias e os comportamentos sociais que favoreciam a propagação de doenças.

Com relação a isso, no trabalho de Proskurnikov e Tempo,[21] podemos ver uma interessante cronologia. Um avanço na análise dos grupos sociais foi possibilitado pela introdução de um método quantitativo para descrever as relações sociais, mais tarde chamado de **sociometria**[22] O trabalho pioneiro de Moreno[23] introduziu uma importante ferramenta gráfica do sociograma, ou seja, "um gráfico que visualiza a estrutura subjacente de um grupo e a posição que cada indivíduo tem dentro dele",[24] além de também utilizar amplamente o termo **rede**, ou seja, um grupo de indivíduos "ligados" por relacionamentos de longo prazo. Posteriormente, o termo **rede social** foi cunhado, o que denota uma estrutura constituída por atores sociais (indivíduos ou organizações) e laços sociais.

17. NELSON, R. R.; WINTER, S. G. *An evolutionary theory of economic change*. Massachusetts: Belknap Press of Harvard University Press, 1982.
18. GLÜCKLER, J. Economic geography and the evolution of networks. *Journal of Economic Geography*, v. 7, n. 5, p. 619-634, 2007; BOSCHMA, R. A.; FRENKEN, K. The emerging empirics of evolutionary economic geography. *Journal of Economic Geography*, v. 11, n. 2, p. 295-307, 2011.
19. HENNEBERG, S. C. et al. Mobilizing ideas in knowledge networks: a social network analysis of the human resource management community 1990-2005. *The Learning Organization*, v. 16, n. 6, p. 443-459, 2009.
20. CARRINGTON, P. J.; SCOTT, J.; WASSERMAN, S. Introduction. In: CARRINGTON, P. J.; SCOTT, J.; WASSERMAN, S. *Models and methods in social network analysis*. New York: Cambridge University Press, 2005.
21. PROSKURNIKOV, A. V.; TEMPO, V. Review: a tutorial on modeling and analysis of dynamic social networks. Part I. *Annual Reviews in Control*, v. 43, p. 65-79, 2017.
22. MORENO, J. *Who shall survive?* A new approach to the problem of human interrelations. Washington, D.C.: Nervous and Mental Disease Publishing Co, 1934; MORENO, J. *Sociometry, experimental method, and the science of society*. Ambler: Beacon House 1951.
23. MORENO, 1934.
24. MORENO, 1934.

A sociometria deu origem à ciência interdisciplinar da SNA[25] utilizando extensivamente métodos matemáticos e ferramentas algorítmicas para estudar as propriedades estruturais das redes e dos movimentos sociais.[26] A SNA está intimamente relacionada à economia,[27] aos estudos políticos,[28] à medicina e à saúde;[29] seu desenvolvimento inspirou muitos conceitos importantes da teoria de redes moderna,[30] tais como cliques e comunidades, medidas de centralidade, redes de pequeno porte, densidade do grafo e coeficientes de agrupamento.

Em uma linha paralela de pesquisa, Norbert Wiener introduziu a ciência geral da cibernética[31] com o objetivo de unificar sistemas, controle e teoria da informação. Wiener acreditava que essa nova ciência deveria se tornar uma ferramenta poderosa no estudo de processos sociais, argumentando que "a sociedade só pode ser entendida por meio de um estudo das mensagens e facilidades de comunicação que pertencem a ela".[32] Confirmando as ideias de Wiener, o desenvolvimento das ciências sociais no século XX deu origem a um novo capítulo da sociologia, chamado **sociocibernética**,[33] e levou à crescente compreensão de que "o problema fundamental da sociologia é a coordenação e o controle dos sistemas sociais".[34] No entanto, o domínio dos sistemas sociais permaneceu quase intocado pela teoria de controle moderna, apesar do tremendo progresso no controle de sistemas complexos de larga escala.[35]

A lacuna entre a teoria bem desenvolvida da SNA e o controle pode ser explicada pela falta de modelos matemáticos, descrevendo a dinâmica social e

25. FREEMAN, L. *The development of social network analysis:* a study in the sociology of science. Vancouver: Empirical Press, 2004; SCOTT, J. *Social network analysis*. California: SAGE Publications, 2000; SCOTT, J.; CARRINGTON, P. (Eds.). *The SAGE handbook on social network analysis*. California: SAGE Publications, 2011; WASSERMAN, S.; FAUST, K. *Social network analysis:* methods and applications. Cambridge: Cambridge University Press, 1994.
26. DIANI, M.; McADAM, D. (Eds.). *Social movements and networks*. Oxford: Oxford University Press, 2003.
27. EASLEY, D.; KLEINBERG, J. *Networks, crowds and markets:* reasoning about a highly connected world. Cambridge: Cambridge University Press, 2010; JACKSON, M. (Ed.). *Social and economic networks*. Princeton and Oxford: Princeton University Press, 2008.
28. KNOKE, D. Networks of elite structure and decision making. Sociological Methods & Research. *SAGE Journals*, v. 22, n. 1, p. 23-45, 1993.
29. O'MALLEY, A. J.; MARSDEN, P. V. The analysis of social networks. *Health Services & Outcomes Research Methodology*, v. 1, n. 8(4), p. 222-269, 2008.
30. NEWMAN, M. The structure and function of complex networks. *SIAM Review*, v. 45, n. 2, p. 167-256, 2003; NEWMAN, M.; BARABASI, A.; WATTS, D. The structure and dynamics of networks. Princeton: Princeton University Press, 2006; STROGATZ, S. *Sync:* the emerging science of spontaneous order. New York: Hyperion Press, 2003.
31. WIENER, N. *Cybernetics, or control and communications in the animal and the machine*. New York: Wiley & Sons, 1948; WIENER, N. *The human use of human beings:* cybernetics and society. New Haven: Houghton Mifflin, 1954.
32. WIENER, 1954.
33. GEYER, F. The challenge of sociocybernetics. *Kybernetes*, v. 24, n. 4, p. 6-32, 1995.
34. FRIEDKIN, N. The problem of social control and coordination of complex systems in sociology: a look at the community cleavage problem. *IEEE Control Systems Magazine*, v. 35, n. 3, p. 40-51, 2015.
35. ANNASWAMY et al. Systems & control for the future of humanity. Research agenda: current and future roles, impact and grand challenges. *Annual Reviews in Control*, 2017; MURRAY, R. (Ed.). *Control in an information rich world:* report of the panel on future directions in control, dynamics and systems. Philadelphia: SIAM, 2003; SAMAD, T.; ANNASWAMY, A. (Eds.). The impact of control technology: overview, success stories, and research challenges. *IEEE Control Systems Society*, 2011.

as ferramentas para análise quantitativa e simulação numérica de grupos sociais de larga escala. Enquanto muitas redes naturais e engenheiradas exibem efeitos de "ordem espontânea"[36] – consenso, sincronia e outros comportamentos coletivos regulares –, as comunidades sociais são frequentemente caracterizadas por dinâmicas altamente "irregulares" e sofisticadas.

As opiniões e as ações de indivíduos muitas vezes não conseguem chegar a um consenso, mas exibem desacordo persistente, como o *clustering* ou a clivagem.[37] Isso requer o desenvolvimento de modelos matemáticos suficientemente ricos para capturar o comportamento dos atores sociais, mas que também sejam simples o suficiente para serem rigorosamente analisados. Embora vários aspectos da dinâmica "social" e "grupo" tenham sido estudados na literatura sociológica,[38] os métodos matemáticos da SNA focalizaram as propriedades gráficas teóricas das redes sociais, prestando muito menos atenção em sua dinâmica. Os modelos relevantes foram principalmente confinados a processos muito especiais, tais como caminhadas aleatórias, contágio e percolação.[39]

Os últimos anos testemunharam uma tendência importante para preencher a lacuna entre SNA e sistemas dinâmicos, dando origem a novas teorias de análise de redes sociais dinâmicas (DSNA)[40] e redes temporais ou evolutivas.[41] Avanços na física estatística deram origem a uma nova ciência da sociodinâmica,[42] que estipula analogias entre comunidades sociais e sistemas físicos, além de métodos teóricos para análise de processos sociais complexos, em que foram desenvolvidas ferramentas de *software* para análise de *big data*, possibilitando uma investigação de redes sociais *on-line* e seus processos dinâmicos.[43] Sem dúvida alguma, as aplicações de um controle multiagente e em rede para grupos sociais se tornarão um componente-chave da ciência emergente em redes sociais dinâmicas. Embora os modelos de processos sociais tenham sido

36. STROGATZ, 2003.
37. FRIEDKIN, 2015.
38. LEWIN, K. Frontiers in group dynamics: concept, method and reality in social science; social equilibria and social change. *Human Relations*, v. 1, n. 5, p. 5-41, 1947; SOROKIN, P. *Society, culture, and personality:* their structure and dynamics, a system of general sociology. New York & London: Harper & Brothers Publ., 1947.
39. NEWMAN, 2003; NEWMAN et al., 2006.
40. BREIGER, R.; CARLEY, K.; PATTISON, P. Dynamic social network modelling and analysis: workshop summary and papers. *The National Academies Press*, Washington, 2003.
41. AGGARWAL, C.; SUBBIAN, K. Evolutionary network analysis: a survey. *ACM Computing Surveys*, v. 47, n. 1, Article 10, 2014; HOLME, P.; SARAMÄKI, J. Temporal networks. *Springer-Verlag Berlin Heidelberg*, VIII, 352, 2013.
42. CASTELLANO, C.; FORTUNATO, S.; LORETO, V. Statistical physics of social dynamics. *Reviews of Modern Physics*, v. 81, p. 591-646, 2009; WEIDLICH, W. Thirty years of sociodynamics: an integrated strategy of modelling in the social sciences – applications to migration and urban evolution. *Chaos, Solitons & Fractals*, v. 24, n. 1, p. 45-56, 2005.
43. ARNABOLDI, V.; PASSARELLA, A.; CONTI, M.; DUNBAR, R. Human cognitive constraints in Facebook and Twitter personal graphs. *Online Social Networks*. Elsevier, p. 116, 2015.

sugeridos em abundância,[44] apenas alguns foram rigorosamente analisados do ponto de vista teórico do sistema.

A análise de redes sociais permite, segundo Peng,[45] a mineração, a medição e a representação de relacionamentos e fluxos entre pessoas, grupos, organizações, computadores, URLs e outras entidades de informação/conhecimento conectadas. Em essência, segundo os mesmos autores, a propagação da influência social, a análise do comportamento do usuário e a modelagem da influência da comunidade podem ser atribuídas ao texto e à estrutura da rede social. Complementam destacando que, portanto, são métodos de aprendizagem de representação de texto e estrutura capazes de capturar uma variedade de características semânticas latentes de cenários de análise de redes sociais, incluindo similaridade/parentesco do texto social e analogia de palavras, detecção de eventos sociais, recuperação de informações, classificação de documentos, análise de estrutura de redes sociais, classificação de usuários e tarefas de agrupamento de usuários e, por isso, tornaram-se ferramentas significativas para a análise de redes sociais.

A premissa conceitual dos *softwares* de análise de redes é, conforme descrevem Pinto e Junqueira,[46] que a modelagem de uma organização pode ser realizada por meio de metamatrizes, como um conjunto de redes entrelaçadas, conectando entidades que podem ser pessoas, conhecimentos, recursos, tarefas e até outras organizações. Atributos adicionais que sejam modeláveis em uma estrutura matricial podem ser agregados à análise, trazendo flexibilidade ao modelo.

A metamatriz é taxionômica e semântica na medida em que identifica as classes de entidades e relações usadas no desenho organizacional e provê uma linguagem comum para falar sobre e representar informações organizacionais. Ela fornece um meio de conceituar o conjunto a ser estudado de entidades e suas relações, trazendo na vanguarda o reconhecimento de que não se tem apenas uma coleção de dados, mas uma série de atributos que os relacionam.[47]

44. ACEMOGLU, D.; DAHLEH, M. A.; LOBEL, I.; OZDAGLAR, A. Bayesian learning in social networks. *Review of Economic Studies*, v. 78, p. 1201-1236, 2011; CASTELLANO, C.; FORTUNATO, S.; LORETO, V. Statistical physics of social dynamics. *Reviews of Modern Physics*, v. 81, p. 591-646, 2009; FRIEDKIN, N. Models of influence in networks. *International Encyclopedia of the Social & Behavioral Sciences*. Elsevier, 2. ed. p. 659-666, 2015; MASON, W. A.; CONREY, F. R.; SMITH, E. R. Situating social influence processes: dynamic, multidirectional flows of influence within social networks. *Personality and Social Psychology Review*, v. 11(3), p. 279-300, 2007; XIA, H.; WANG, H.; XUAN, Z. Opinion dynamics: a multidisciplinary review and perspective on future research. *International Journal of Knowledge and Systems Science*. v. 2(4), p. 72-91, 2011.

45. PENG, H.; BAO, M.; LI, J.; BHUIYAN, M. Z. A.; LIU, Y.; HE, Y.; YANG, E. Incremental term representation learning for social network analysis. *Future Generation Computer Systems*, v. 86, p. 1503-1512, 2018.

46. PINTO, Á. M. G.; JUNQUEIRA, L. A. P. A análise de redes sociais como ferramenta de diagnóstico das relações de poder. *Gesta – Revista Eletrônica de Gestão de Negócios*, v. 4, n. 1, p. 33-59, 2008.

47. CARLEY, K. M.; REMINGA, J. O. Organization Risk Analyzer. *CASOS Technical Report*, Carnegie Mellon University, School of Computer Science, 2004.

Valente[48] explica que os estudos sobre inovações utilizaram-se do mesmo ferramental para determinar os motivadores da adoção tecnológica por algumas empresas e não por outras. No mesmo sentido, houve a possibilidade de explicar porque alguns agentes econômicos eram mais dinâmicos e propensos às inovações do que outros.

Rycroft e Kash[49] entendem que, como a tecnologia é o motor que impulsiona as economias mais bem-sucedidas das sociedades pós-industriais, parece provável que a inovação tecnológica seja caracterizada por processos auto-organizáveis em empresas e outros atores inovadores. No entanto, afirmam na mesma pesquisa que a evidência de auto-organização é mais óbvia não na evolução de firmas particulares, universidades ou agências governamentais, mas no crescimento de atividades colaborativas interorganizacionais (por exemplo, *joint ventures*, consórcios, alianças estratégicas) que caracterizam cada vez mais o mercado, assim como os setores tecnológicos mais complexos e valiosos, como a bioengenharia, aeronaves ou equipamentos de telecomunicação.

A fluidez do contágio é, em grande medida, influenciada pela ação dos agentes-chave, devido a certa influência sistemática que exercem sobre o funcionamento das redes. Cabe alertar que as ações desses agentes podem ser limitadas e não determinantes da sobrevivência das empresas participantes do sistema ou possuir um alto grau de dependência e impacto nos demais membros da rede.[50]

5.1

ANÁLISE DE REDES SOCIAIS APLICADA ÀS REDES ENTRE EMPRESAS

A SNA engloba uma variedade de ferramentas e disciplinas acadêmicas integradas, utilizadas para estudos de redes de empresas.[51] De modo geral, pode ser definida como um modo estrutural de análise das inter-relações de grupos, proporcionando um rico e significativo sistema de acesso a informações de redes por meio do mapeamento e da análise das relações existentes entre pessoas, times, departamentos ou até mesmo organizações como um todo.[52]

48. VALENTE, T. W. Network models and methods for studying the diffusion of innovations. In: CARRINGTON, P. J.; SCOTT, J.; WASSERMAN, S. *Models and methods in social network analysis.* New York: Cambridge University Press, 2005.
49. RYCROFT, R. W.; KASH, D. E. Self-organizing innovation networks: implications for globalization. *Technovation*, v. 24, n. 3, p. 187-197, 2004.
50. STORPER, M.; HARRISON, B. Flexibility, hierarchy and regional developments: the changing structure of industrial production systems and their forms of governance in the 1990s. *Research Policy*, North-Holland, v. 20, n. 5, 1991.
51. HENNEBERG, S. C. et al. Mobilizing ideas in knowledge networks: a social network analysis of the human resource management community 1990-2005. *The Learning Organization*, v. 16, n. 6, p. 443-459, 2009.
52. CROSS, 2001.

Na pesquisa de Sapountzi e Psannis,[53] os autores destacam que as redes sociais normalmente contêm uma enorme quantidade de conteúdo e dados de vinculação que podem ser aproveitados para análise e podem ser divididos em dados não estruturados e estruturados, respectivamente, dependendo se organizados de forma predefinida (dados estruturados) ou não (dados não estruturados). Tais dados, segundo os mesmos autores, são medidos por meio de ferramentas de análise de redes sociais, um aplicativo ou um conjunto de aplicativos para análise de gráficos que se concentram na extração de inteligência dos dados interconectados.

Na pesquisa realizada por Schiller,[54] os autores comentam o fato de que os nós de uma rede podem ser conectados por vários tipos de conexões ao mesmo tempo, incluindo, entre outros, fluxos de materiais e energia, transações financeiras, informações e interação social. A propriedade de quaisquer dois ou mais atores para ter vários vínculos ao mesmo tempo é chamada de **multiplexidade.**[55]

Ao contrário das relações físicas ou químicas, as relações humanas são geralmente multidimensionais:[56] as empresas competem no mercado, colaboram em associações empresariais e se comunicam com os consumidores - tudo simultaneamente. Apesar do interesse primordial nos laços funcionais que estabelecem o metabolismo da rede, ela também precisa considerar as influências sociais indiretas - por exemplo, institutos de pesquisa disseminando conhecimento, bancos distribuindo empréstimos ou reguladores introduzindo nova regulamentação. Assim, além dos fluxos funcionais, as relações sociais entre diferentes formas de organização, que constituem os nós da rede, também são importantes.

Smelser e Swedberg[57] analisam os arranjos em rede, considerando duas grandes forças complementares e interdependentes que auxiliam o trabalho cooperativo das organizações: confiança e reciprocidade. De acordo com Albagli e Maciel,[58] as análises com foco na confiança raramente foram objeto de atenção por parte das ciências sociais e econômicas. Porém, tem havido um crescente interesse dessas ciências sobre o tema e sobre as formas de se promover

53. SAPOUNTZI, A.; PSANNIS, K. E. Social networking data analysis tools & challenges. *Future Generation Computer Systems*, v. 86, p. 893-913, 2018.
54. SCHILLER, F.; PENN, A. S.; BASSON, L. Review. Analyzing networks in industrial ecology: a review of social-material network analyses. *Journal of Cleaner Production*, v. 76, n. 1, p. 1-11, 2014.
55. BORGATTI, S. P.; MEHRA, A.; BRASS, D. J.; LABIANCA, G. Network analysis in the social sciences. *Science*, v. 323, n. 5916, p. 892-895, 2009.
56. WATTS, D. J. The 'new' science of networks. *Annual Review of Sociology*, v. 30, n. 1, p. 243-270, 2004.
57. SMELSER, N. J.; SWEDBERG, R. The sociological perspective on the economy. In: SMELSER, N. J.; SWEDBERG, R. (Eds.). *The Handbook of Economic Sociology*. Princeton: Princeton University Press, 1994. p. 3-26.
58. ALBAGLI, S.; MACIEL, M. L. Capital Social e desenvolvimento local. In: LASTRES, H. M. M.; CASSIOLATO, J. E.; MACIEL, M. L. (Orgs.). *Pequena empresa:* cooperação e desenvolvimento local. Rio de Janeiro: Relume-Dumará, 2003.

a confiança, particularmente onde a cooperação é um ingrediente vital. Cooperação e confiança, longe de serem aspectos puramente culturais, constituem uma resposta racional dos atores econômicos às restrições presentes em seu ambiente. Dessa forma, confiança também pode ser entendida como instrumento para melhorar a eficiência das relações entre agentes econômicos.

Uma primeira regra do capital social, segundo Burt,[59] é que as redes fechadas de corporações facilitam a confiança. A essência da explicação da regra, segundo os autores, é que as histórias avaliativas sobre o comportamento pessoal e empresarial alcançam a todos dentro de uma rede fechada, de forma que distinções de reputação surgem entre indivíduos admirados e distintos e, para preservar a própria reputação, evitam-se indivíduos com reputação negativa em preferência por indivíduos com reputação positiva.

Ao criar um custo de reputação por mau comportamento, os mesmos autores destacam que as redes fechadas de corporações diminuem as chances de mau comportamento entre as pessoas ou demais empresas na rede, de modo que o risco de confiar em outras pessoas ou empresas dentro da rede diminui e a probabilidade de confiar em outras aumenta. Em suma, Burt[60] considera que as redes fechadas de corporações facilitam a confiança e a colaboração, criando custos de reputação por mau comportamento. Nesse contexto, surge um contraponto com visão ortodoxa da economia: os indivíduos não agiriam em um sentido puramente econômico (visando à maximização dos ganhos). Todavia, os indivíduos buscariam estabelecer um arranjo eficiente como resposta ao ambiente, possivelmente cooperativo e influenciado pelo grupo social onde estão inseridos.

Granovetter[61] faz coro contra uma visão impessoal, dissociada do mercado, pretendendo mostrar a existência de uma camada social que se sobrepõe às transações econômicas. Defende, assim, que as redes de relações afetam o comportamento econômico dos agentes e que as relações sociais entre as empresas são mais importantes do que a autoridade existente no interior delas, na manutenção da ordem econômica, em contraposição à corrente de "mercados e hierarquias". Afirma que a integração não resolve os problemas de má-fé e oportunismo observados no mercado: tudo depende da forma como as relações se estruturam, seja no mercado ou na organização. Para o autor, há mais dependência das relações do que da forma organizacional adotada.

59. BURT, R. S.; BIAN, Y.; OPPER, S. More or less guanxi: trust is 60% network context, 10% individual difference. *Social Networks*, v. 54, p. 12-25, 2018.
60. BURT et al., 2018.
61. GRANOVETTER, M. Ação econômica e estrutura social: o problema da imersão. *RAE-Eletrônica*, v. 6, n. 1, jan.-jun., 2007.

É importante ressaltar que Granovetter procura um argumento de equilíbrio entre a visão subsocializada, abordada pela visão clássica e neoclássica da economia, e a visão supersocializada, tratada pelos sociólogos e economistas modernos. Ao passo que os primeiros apontam as relações econômicas como resultante meramente das transações de compra e venda, guiadas por escolhas racionalmente eficientes, os demais supervalorizam a pressão social como condicionante do comportamento econômico. Em ambos, porém, Granovetter aponta a falha da análise atomizada dos indivíduos, seja pela racionalidade plena ou pela incapacidade de influência no restante de seu grupo social.

Olave e Amato Neto[62] abordam duas outras características essenciais em relação à integração entre agentes: a similitude e a complementaridade. A primeira diz respeito às semelhanças entre os membros e, portanto, motiva a junção entre organizações. Já a segunda é resultante da interdependência que gera sinergia, levando um grupo de organizações (ou agentes econômicos) a se estruturarem com maior eficiência do que a soma das partes isoladas. A similitude e a complementaridade trazem referências clássicas como *The Division of Labor in Society*.[63] Durkheim aponta a similitude (*mechanical solidarity*)[64] como forma de atração entre agentes e a complementaridade (*organic solidarity*)[65] como a união de diferentes habilidades. Em outras palavras, Durkheim utiliza a divisão do trabalho como veículo para a coesão e a solidariedade, descrevendo a sociedade como uma série de organismos interdependentes (*the social body*).

Diversos são os motivadores para que as empresas mantenham formas de relacionamento em rede. Isso abrange desde a relação clássica de oferta-demanda (regulada aqui por uma ideia de maximização dos lucros e ampla e ilimitada capacidade de obter e interpretar informações), passando pelos aspectos da nova economia institucional (NEI), como especificidade de ativos, frequência e incerteza, e atingindo atributos de cunho sociológico como confiança, legitimidade, reputação e reciprocidade.

A abordagem da NEI pressupõe o aspecto institucional, ou, como tratado por North,[66] as "regras do jogo", formais ou informais, que delimitam a interação

62. OLAVE, AMATO NETO, 2001.
63. DURKHEIM, 1893 *apud* SMELSER, N. J.; SWEDBERG, R. The sociological perspective on the economy. In: SMELSER, N. J.; SWEDBERG, R. (Eds.). *The Handbook of Economic Sociology*. Princeton: Princeton University Press, 1994.
64. *Mechanical solidarity:* coesão social baseada em semelhança e similaridades entre indivíduos em uma sociedade, amplamente dependentes de rituais coletivos e rotinas. Muito comum nas sociedades pré-históricas e pré-agrícolas e menos predominante com o desenvolvimento moderno.
65. *Organic solidarity:* coesão social baseada na dependência dos indivíduos de sociedades mais avançadas. Comum em sociedades industrializadas, pois ampliam-se a divisão do trabalho e a dependência entre indivíduos que desempenham funções específicas.
66. NORTH, D. *Instituciones, cambio institucional y desempeño económico*. México: Fondo de Cultura Económica, 1993.

social, econômica e política. Scott[67] define instituição como uma estrutura na qual as pessoas que detêm poder estão comprometidas com certos valores ou interesses. Dessa forma, os detentores de poder esforçam-se para que se regenerem as mesmas instituições, ou seja, para que as regras do jogo permaneçam, mantendo suas posições de domínio e preservando o *status quo*.

A visão complementar que se espera expor diz respeito não somente às operações de trocas – ou transações, como abordadas pela NEI –, mas também aos aspectos que formam a arena de troca e como os agentes econômicos passam a operar de forma semelhante em resposta aos estímulos dos ambientes. Assim, a menor capacidade dos agentes de se adaptarem às mudanças externas gerará custos de adaptação – tipo de custo de transação. Da mesma forma, Farina, Azevedo e Saes[68] explicam que uma organização (firma) se configura de acordo com a estrutura que menor custo de transação trouxer. Os autores pressupõem que os agentes tenham racionalidade suficiente para compor um cálculo que leve à melhor escolha em relação aos custos de transação, sendo pautados por três dimensões principais: frequência, incerteza e especificidade de ativos.

A relação entre os pressupostos da economia de custos de transação (ECT)[69] e os conceitos de confiança e reciprocidade[70] está pautada na ideia de que a reciprocidade é uma espécie de "cimento" das relações sociais e configura-se como a expectativa de retorno para as ações entre os membros do mesmo grupo.[71] A dimensão cooperativa e o valor da confiança que caracterizam a reciprocidade são reconhecidos como essenciais à continuidade, à estabilidade e à eficiência do processo de integração, funcionando, principalmente, por meio das redes de agentes.

Dessa forma, interações entre agentes, em que acorrem confiança e reciprocidade, tendem a afetar, de forma positiva, as relações, o que reduz os custos de transação. Dentre os exemplos possíveis, estão o desenvolvimento conjunto de produtos e melhorias de processos, o compartilhamento de equipamentos, a distribuição conjunta de produtos ao consumidor e a especialização em etapas produtivas realizadas em conjunto.

67. SCOTT, W. R. Explaining institutions. In: SCOTT, W. R. *Institutions and organizations*. London: Gafe Publications, 1995.
68. FARINA, E. M. M. Q.; AZEVEDO, P. F.; SAES, M. S. M. *Competitividade:* mercado, estado e organizações. São Paulo: Singular, 1997.
69. FARINA et al., 1997.
70. Faz-se um adendo, pois o grande problema em relacionar os conceitos de confiança e reciprocidade com a ECT é a questão dos pressupostos comportamentais, podendo ocorrer ações de oportunismo. Contrapontos a esses comportamentos oportunistas são abordados por Kollock (1998) e Axelrod e Hamilton (1981).
71. VINHA, V. Polanyi e a nova sociologia econômica: uma aplicação contemporânea do conceito de enraizamento social. *Econômica*, v. 3, n. 2, p. 207-230, dez. 2001.

5.1.1 Cooperação, formalização e grau de centralização das redes

Grandori e Soda,[72] em uma compilação de diversos trabalhos, propuseram uma tipologia de redes interempresariais na qual buscam classificá-las e distingui-las de acordo com mecanismos específicos de cooperação, graus de formalização e centralização, apresentando-as como: (a) sociais; (b) burocráticas; e (c) proprietárias. Tais conceituações foram sintetizadas por Olave e Amato Neto,[73] possibilitando fácil comparação e entendimento da taxonomia proposta (veja, também, o Quadro 5.1):

- **Redes sociais**: não são orientadas por nenhum tipo de contrato formal, sendo subdivididas em **redes sociais simétricas** e **redes sociais assimétricas**. Na primeira, não existe um agente detentor de qualquer tipo de superioridade hierárquica de poder; já na segunda, há um agente central, e podem surgir contratos formais que regularizam especificações de produtos e serviços negociados, mas não da forma de organização entre os agentes.

QUADRO 5.1

Tipos de rede, conforme a cooperação, a formalização e o grau de centralização

Tipo de rede	Características	Relações de poder	Exemplos
Sociais	Não são orientadas por nenhum tipo de contrato formal.	Simétricas	Polos industriais de alta tecnologia.
		Assimétricas	Rede de relacionamento (Twitter, Facebook).
Burocráticas	Estabelecidas por acordos contratuais formalizados.	Simétricas	Associações comerciais.
		Assimétricas	Franquias.
Proprietárias	Caracterizadas pelos acordos formalizados relativos ao direito de propriedade entre os acionistas de empresas.	Simétricas	*Joint venture.*
		Assimétricas	*Capital venture.*

Fonte: adaptado de GRANDORI, 1995; OLAVE, AMATO NETO, 2001.

72. GRANDORI, A.; SODA, G. Inter firm networks: antecedents, mechanism and forms. *Organization Studies*, v. 16, n. 2, p. 183-214, 1995.
73. OLAVE, AMATO NETO, 2001.

- **Redes burocráticas:** modos de coordenação interempresas estabelecidos por acordos contratuais formalizados. As mais importantes formas de redes burocráticas podem ser agrupadas em duas subclasses: **redes burocráticas simétricas** – associações comerciais têm sido tradicionalmente empregadas para auxiliar no desenvolvimento de acordos formais de relacionamento entre firmas dos mesmos setores sem que prevaleçam interesses particulares – e **redes burocráticas assimétricas** – como as redes de agências, de licenciamento e de franquias.
- **Redes proprietárias:** caracterizadas pelos acordos formalizados relativos ao direito de propriedade entre os acionistas de empresas – como as redes proprietárias simétricas e as *joint ventures* – e, por outro lado, as *capital ventures*, exemplificando as redes proprietárias assimétricas.

Já a taxonomia proposta por Storper e Harrison[74] apresenta uma forma de considerar as redes levando em conta as diferentes configurações de acordo com a simetria de poder e o papel exercido (governança praticada) pelos agentes que as compõem. Os autores classificam as redes em quatro categorias, obedecendo a um *continuum* que vai da ausência de hierarquia (*all ring-no core*) à hierarquia plena (*all core*):

- **Rede sem assimetrias (*all ring-no core*):** configura-se por uma relação entre iguais e sem a presença de hierarquia entre os agentes.
- **Rede levemente assimétrica com empresa coordenadora (*core-ring with coordinating firm*):** apresenta algum grau de hierarquia, com leve assimetria entre os agentes participantes do sistema, devido a certa influência sistemática de uma empresa coordenadora,[75] porém limitada e não determinante da sobrevivência das empresas participantes do sistema.
- **Rede assimétrica com empresa líder (*core-ring with lead firm*):** apresenta forte hierarquização, com assimetrias entre a empresa líder e os demais agentes. É peculiar nessa formação que as ações das outras empresas do sistema dependam das estratégias da líder, tendo sua sobrevivência condicionada a ela.
- **Rede hierárquica (*all core*):** atividades assumidas por grande empresa verticalizada, quase não configurando uma rede de empresas.

74. STORPER, HARRISON, 1991.

75. O papel da empresa coordenadora será compreendido neste trabalho também como o papel dos agentes-chave, descritos anteriormente como aqueles que facilitam a fluidez das trocas econômicas e de informação.

5.2

APLS

O Quadro 5.2 apresenta um cruzamento de conceitos tratados por diversos autores que sintetizam as principais características de análise e classificações de aglomerações produtivas, dentre as quais os APLs. Os critérios de análise podem ser classificados como homogêneos, isto é, quando as funções desempenhadas abordam apenas o mesmo conjunto de atores que realizam uma mesma atividade, por exemplo, a união entre produtores de acerola em Junqueirópolis; ou heterogêneos, como a participação de agentes presentes em uma mesma cadeia, ou seja, interação entre produtores e indústrias complementares e/ou de apoio.

Os arranjos organizacionais baseados na proximidade geográfica e na especialização produtiva, como os APLs, podem proporcionar melhorias no posicionamento da organização perante o ambiente institucional. Conforme definições do Grupo de Trabalho Permanente para Arranjos Produtivos Locais,[76] criado em 2004 e mantido pelo Ministério do Desenvolvimento, Indústria e Comércio (MDIC), um APL deve ter a seguinte caracterização: I) número significativo de empreendimentos no território e de indivíduos que atuam em torno de uma atividade produtiva predominante; II) formas percebidas de cooperação e algum mecanismo de governança, podendo incluir pequenas, médias e grandes empresas.

De acordo com Verdi,[77] APLs são aglomerações espaciais de agentes políticos, econômicos e sociais cujo foco está em atividades econômicas específicas interdependentes. Também é válido destacar a necessidade de firmar parcerias a fim de conseguir investimentos e especializá-los, possibilitando, assim, uma integração econômica e social de âmbito local, envolvendo atores públicos e privados.

Dessa forma, pode-se entender a importante relação entre as redes presentes nos APLs, pois, quando há uma rede de cooperação no APL, existe a possibilidade de promover maior articulação entre os vários atores, desenvolvendo, assim, ações conjuntas cujo foco estará nas estratégias, as quais implicarão uma consolidação do APL.

A Rede de Pesquisa em Sistemas Produtivos e Inovativos Locais (RedeSist) caracteriza os APLs como estruturas organizacionais com a presença concentrada de empresas de um mesmo setor ou segmento industrial, apoiadas por

76. GTP-APL, 2004.
77. VERDI, A. R.; SILVA, P. R.; FRANCISCO, V. L. F. S.; AMARO, A. A.; BAPTISTELLA, C. S. L. Arranjo produtivo local: identificação das possibilidades da viticultura na região de Campinas. *Agricultura em São Paulo*, v. 52, n. 2, p. 73-86, jul.-dez. 2005.

QUADRO 5.2

Taxonomia sobre redes entre empresas e suas características

Terminologia utilizada	Referência bibliográfica	Características	Critérios de análise	Presença de cooperação
Redes Sociais	TOMAÉL, MARTELETO, 2006.	Aglomerações/ Redes de informações	Homogêneo	Sim
Arranjo Produtivo Local	VERDI et al., 2005.	Aglomerações espaciais/ Atividades interdependentes	Homogêneo	Sim
Sistemas Locais de Produção	AMATO NETO, 2005.	Aglomerações produtivas/ Empresas	Homogêneo	Sim
Arranjo Produtivo Local	SECTI, 2007.	Conjunto de produtores/ Empresas micro, pequena ou média	Homogêneo	Sim
Arranjo Produtivo Local	SUZIGAN et al., 2002.	Concentração de produtores/ Indústrias	Heterogêneo, pois tem participação de empresas complementares e de apoio e com diferenças de poder.	Sim
Arranjo Produtivo Local	CAPAROLI, VOLKER, 2004.	*Cluster*/Conjunto de produtores pequenos ou médios	Homogêneo/ Heterogêneo, pois existe atividade similar e pode haver atividade complementar.	Sim
Cluster	PORTER, 1998.	Concentração geográfica de instituições inter-relacionadas	Homogêneo/ Heterogêneo, pois existe atividade similar e pode haver atividade complementar.	Sim
Sistemas Locais de Produção	CAMPEÃO, 2004.	Conjunto de fatores para um sistema produtivo competitivo	Heterogêneo	Sim

Fonte: adaptado de QUEIROZ, 2012.

indústrias correlatas e de apoio, com intensas interações entre elas, que podem ou não ser comandadas por uma grande empresa (a "empresa-líder"). Nestes, é verificada uma elevada frequência das interações, decorrente da divisão do trabalho entre os produtores especializados, o que pode se transformar em ganhos competitivos para as diversas firmas participantes do sistema.[78]

Os APLs podem ser considerados como aglomerados de empresas que, além da proximidade física e da forte relação com os agentes da localidade, têm em comum uma mesma dinâmica econômica.

5.3 REDES DE COOPERAÇÃO

De acordo com Olave e Amato Neto,[79] a constituição de redes entre empresas está entre as estratégias atuais para a sobrevivência e a competitividade, principalmente entre pequenas e médias empresas, criando, dessa maneira, uma nova estrutura organizacional e inovando na forma de relacionamento entre empresas.

Tálamo e Carvalho[80] alegam que as redes de cooperação têm impactos, em produtividade e escala, na inovação das empresas envolvidas. Assim, empresas que se agrupam em rede apropriam-se de ganhos gerados coletivamente de ordem técnica ou social, como é o caso das redes sociais.

Existem teorias que tentam ressaltar as culturas de cooperação; entre elas destaca-se a de Olson,[81] que mostra como é comum a ideia de que empregadores almejem lucros maiores, funcionários desejem salários maiores e consumidores procurem preços mais vantajosos. Porém, essa lógica não é plausível na ótica das ações coletivas. Os indivíduos não agem em prol de um objetivo comum, a menos que haja uma coerção – uma força maior que afete todo o conjunto de membros do grupo – que os leve a isso.

Kollock[82] aponta as seguintes práticas como promotoras das ações cooperativas e inibidoras do oportunismo: reciprocidade, capacidade de escolher com quem cooperar, disparo de uma punição severa ao membro do grupo que descumprir as regras (chamada de *grim trigger* ou *trigger strategy*, traduzindo livremente: "estratégia do gatilho") e aprendizado social sobre os comportamentos dos parceiros.

78. SUZIGAN et al., 2002; SUZIGAN et al., 2003; LASTRES, 2004.
79. OLAVE, AMATO NETO, 2005.
80. TÁLAMO, CARVALHO, 2004.
81. OLSON, M. *The logic of collective action*. Harvard: Harvard University Press, 1965.
82. KOLLOCK, P. Social dilemmas: the anatomy of cooperation. *Annual Review of Sociology*, v. 24, p. 183-214, 1998.

Outro apontamento sobre os comportamentos dos indivíduos em grupo foi realizado por Axelrod e Hamilton.[83] Os autores apontaram, após realizarem simulações embasadas na teoria dos jogos e o dilema do prisioneiro, que é possível a coerção de comportamentos oportunistas pela prática do *tit-for-tat* (traduzido livremente, "toma lá, dá cá"). A estratégia é simples: um dos membros presentes no processo cooperativo toma uma primeira atitude, e, então, o próximo membro toma a mesma atitude. Dessa forma, a estratégia do *tit-for-tat* é baseada na reciprocidade.[84]

Epstein[85] explica que a estratégia do *tit-for-tat* foi a vencedora em um concurso promovido por Axelrod, que consistia na junção de pesquisadores e especialistas em teoria dos jogos, em busca de boas estratégias em jogos interativos com participantes, auxiliadas por processos de simulação e computacionais.

5.3.1 Redes de cooperação e a geração do capital social

Para Putnam,[86] o capital social pode ser entendido como o "valor" gerado a partir das conexões entre agentes (pessoas, equipes, organizações, conceitos etc.). De acordo com Abramovay,[87] o capital social é produtivo, uma vez que ele torna possível que se alcancem objetivos que não seriam atingidos em sua ausência. Para esse autor, o capital social aparece, então, como instrumento para a solução dos dilemas da ação coletiva.

Abramovay diz também que a noção de capital social permite ver que os indivíduos não agem independentemente, seus objetivos não são estabelecidos de maneira isolada e seu comportamento nem sempre é egoísta.

Putnam[88] afirma que a incapacidade de cooperar para o proveito mútuo não é, necessariamente, decorrente da ignorância ou da irracionalidade, mas de condutas de caráter oportunista e da possibilidade de deserção.

Na falta de um compromisso mútuo confiável, cada indivíduo prefere desertar, isto é, não praticar relações de cooperação, ou, simplesmente, atuar de maneira individualizada, tornando-se um oportunista. Para haver cooperação, é preciso não somente confiar nos demais componentes de um grupo, mas

83. AXELROD, R.; Hamilton, W. D. The evolution of cooperation. *Science*, v. 211, n. 4489, p. 1390-1396, 27 mar. 1981.
84. AXELROD, HAMILTON, 1981.
85. EPSTEIN, I. O dilema do prisioneiro e a ética. *Estudos Avançados*, São Paulo, v. 9, n. 23, abr. 1995.
86. PUTNAM, 2000.
87. ABRAMOVAY, 2000.
88. PUTNAM, 2000.

também acreditar que se goza de sua confiança. North[89] alega que a coerção de terceiros é onerosa, enquanto Putnam[90] afirma que estruturas desse tipo são menos eficientes, mais sacrificantes e menos satisfatórias do que aquelas cuja confiança é mantida por outros meios.

Epstein[91] explica que a expressão "dilema do prisioneiro" deriva de uma história utilizada para ilustrá-la. Nela, dois cúmplices eram interrogados separadamente pela polícia. Apesar de considerados culpados de um crime grave, a polícia não possuía provas suficientes para indiciá-los. No entanto, há provas para indiciá-los por um crime menor. As alternativas à disposição dos suspeitos A e B são: confessar (estratégia 1) ou não confessar o crime mais grave (estratégia 2). Separados, não podem comunicar-se. Os resultados de tal estratégia são os seguintes: 1) se ambos confessarem, terão sentenças pesadas; 2) se um deles confessar, este terá sua pena agravada e o informante será libertado; 3) se um deles testemunhar contra o cúmplice, será libertado e o cúmplice terá sua pena agravada; 4) se nenhum confessar, ambos só poderão ser condenados pelo crime menor.

De acordo com Epstein,[92] o dilema do prisioneiro compõe um dos ramos da teoria dos jogos. Aqui, uma situação de interação de comportamento humano tem servido de palco para simulações, inclusive com uso de computador, para os parâmetros dessa situação. O dilema do prisioneiro conduz a um paradoxo, pois a racionalidade egoísta, quando exercida por cada um dos participantes, conduz a um desastre para ambos.

O comportamento oportunista, porém, não se manifesta de maneira tão constante como prevê a teoria dos jogos. Um fator limitador é o tempo da relação, uma vez que, quando ocorre indefinidamente – com a denotação de longa data e a repetição da relação entre os envolvidos –, tende a evitar comportamentos oportunistas. Há outras barreiras para o oportunismo: número limitado de jogadores, informação abundante sobre comportamentos passados dos jogadores e o fato de ações futuras não serem desconsideradas.

Um complemento pode ser feito em relação ao papel momentâneo dos agentes que compõem o jogo, ou, no caso de empresas, que atuam em um mesmo mercado (setor da economia). Essas empresas podem assumir, em algum

89. NORTH, 1991.
90. PUTNAM, 2000.
91. EPSTEIN, 1995.
92. EPSTEIN, 1995.

momento da relação, uma ação cooperativa, quando enxergarem vantagens nesse procedimento, e, em outros, voltar a atuar de modo competitivo. A essa relação foi dada a nomenclatura de *coopetition*.[93] Não se pode afirmar, dessa forma, que comportamentos competitivos sejam restritivos para as ações cooperativas. Da mesma forma, a ocorrência de ações cooperativas não implica mercados de baixa competição.

5.3.2 Capital social, confiança e reciprocidade

Robert Bates[94] propõe duas "soluções conciliadoras" para os dilemas coletivos, como comunidade e confiança. A superação do oportunismo e da deserção depende do contexto social mais amplo em que determinado jogo é disputado. Em uma comunidade em que as regras de reciprocidade e de sistemas de participação coletiva são fortalecidas com bom estoque de capital social, é mais fácil a cooperação voluntária.[95] Nessa perspectiva, o capital social diz respeito às características da organização social, como confiança, normas e sistemas que contribuam para aumentar a eficiência da sociedade, facilitando as ações coordenadas e a cooperação espontânea.

Em relações de cooperação e reciprocidade, os participantes estão cientes do risco de descumprimento das regras e normas coletivas e os organizadores têm certo cuidado para escolher os membros. Assim, é importante que os membros tenham um histórico de reputação de honestidade e confiabilidade.

Existe, em estruturas socialmente consolidadas, a possibilidade de se construir a transitividade,[96] em outras palavras, "emprestar confiança". Nesse caso, um indivíduo A que conheça outros B e C, e que B e C não se relacionem a princípio, poderá fazer o papel de intermediário entre ambos, emprestando a confiança de si próprio para outros. Tais relacionamentos de longo prazo e socialmente construídos tendem a reduzir os problemas de obtenção de informações.

Outro círculo virtuoso é o constituído entre confiança e cooperação. De acordo com Smolka,[97] a confiança cria condições favoráveis à cooperação, que

93. TSAI, W. Social structure of "coopetition" within a multiunit organization: coordination, competition, and intraorganizational knowledge sharing. *Organization Science*, v. 13, n. 2, p. 179-190, mar.-apr. 2002; LUO, X.; SLOTEGRAAF, R. J.; PAN, X. Cross-functional "coopetition": the simultaneous role of cooperation and competition within firms. *Journal of Marketing*, v. 70, n. 2, p. 67-80, abr. 2006.

94. BATES *apud* PUTNAM, R. D. Capital social e desempenho institucional. In: PUTNAM, R. D. *Comunidade e democracia: a experiência da Itália Moderna*. 2. ed. Rio de Janeiro: Editora FGV, 2000.

95. PUTNAM, 2000.

96. GRANOVETTER, M. The strength of weak ties. *American Journal of Sociology*, 78, p. 1360-1380, 1973.

97. SMOLKA, R. B. *Redes de cooperação entre EBTs do setor médico-hospitalar da região de São Carlos, Araraquara e Ribeirão Preto*. Dissertação (Mestrado em Engenharia de Produção) – Universidade Federal de São Carlos (UFSCar), São Carlos, 2006.

por sua vez reforça a confiança. Smolka define essa relação como a "quase função confiança". Quanto mais elevado o nível de confiança entre os membros de uma comunidade, maior a probabilidade de haver cooperação.

As regras de reciprocidade e sistemas de participação coletiva geram externalidades (consequências) para os membros da comunidade. Relações de confiança e reciprocidade geram externalidades positivas. Nesse conjunto de regras estão inseridas as regras informais que fortalecem a confiança social e que vingam, uma vez que reduzem os custos de transação e facilitam a cooperação. Entre as mais importantes está a reciprocidade, que poderá ser específica, permuta simultânea de itens de igual valor; ou generalizada, contínua relação de troca que apresenta desequilíbrio mas supõe expectativas mútuas.[98]

A reciprocidade generalizada cria condicionantes favoráveis para ações cooperativas que devem estar em sintonia com as regras do jogo e o histórico de formação social da comunidade em análise. Mark Granovetter assinalou que a confiança é incentivada e a má conduta desestimulada quando os acordos estão inseridos numa estrutura mais ampla de relações pessoais e intercâmbios sociais. Nos termos do autor, ocorre um *embeddedness*, que explicita uma imersão no emaranhado.[99]

Granovetter[100] explica que a concepção de *embeddedness* está no argumento de que as instituições e os comportamentos a serem analisados são tão compelidos pelas contínuas relações sociais que interpretá-los como sendo elementos independentes representa um grave mal-entendido. Assim, a interação social é um meio seguro de obter informações acerca da confiabilidade dos demais atores. Pela ótica do *embeddedness*, a combinação de ordem e desordem, cooperação e oportunismo numa sociedade dependerá dos diversos intercâmbios sociais preexistentes.

As características dos sistemas de participação coletiva são assim definidas por Putnam:[101] I) aumentam os custos potenciais para o transgressor em qualquer transação individual; II) promovem sólidas regras de reciprocidade; III) facilitam a comunicação e melhoram o fluxo de informações sobre a confiabilidade dos indivíduos (confiança e cooperação); e IV) corporificam o êxito alcançado em colaborações anteriores, criando assim um modelo culturalmente definido para futuras colaborações (filtro cultural).

98. PUTNAM, 2000.
99. GRANOVETTER, 2007.
100. GRANOVETTER, 2007.
101. PUTNAM, 2000.

REFERÊNCIAS

ABRAMOVAY, R. O capital social dos territórios: repensando o desenvolvimento rural. *Economia Aplicada*, Ribeirão Preto, FEA-RP/USP, v. 4, n. 2, p. 379-397, abr.-jun. 2000.

ACEMOGLU, D.; DAHLEH, M. A.; LOBEL, I.; OZDAGLAR, A. Bayesian learning in social networks. *Review of Economic Studies*, v. 78, p. 1201-1236, 2011.

AGGARWAL, C.; SUBBIAN, K. Evolutionary network analysis: a survey. *ACM Computing Surveys*, v. 47, n. 1, Article 10, 2014.

ALBAGLI, S.; MACIEL, M. L. Capital Social e desenvolvimento local. In: LASTRES, H. M. M.; CASSIOLATO, J. E.; MACIEL, M. L. (Orgs.). *Pequena empresa:* cooperação e desenvolvimento local. Rio de Janeiro: Relume-Dumará, 2003.

AMATO NETO, J. (Org.). *Redes entre organizações:* domínio do conhecimento e da eficácia operacional. São Paulo: Atlas, 2005.

ANNASWAMY et al. Systems & control for the future of humanity. Research agenda: current and future roles, impact and grand challenges. *Annual Reviews in Control*, 2017.

ARNABOLDI, V.; PASSARELLA, A.; CONTI, M.; DUNBAR, R. Human cognitive constraints in Facebook and Twitter personal graphs. *Online Social Networks*. Elsevier, p. 116, 2015.

AXELROD, R.; HAMILTON, W. D. The evolution of cooperation. *Science*, v. 211, n. 4489 p. 1390-1396, 27 mar. 1981.

AZEVEDO, P. F. Nova economia institucional: referencial geral e aplicações para a agricultura. *Agricultura em São Paulo*, São Paulo. IEA, v. 47, n. 1, p. 33-52, 2000.

BORGATTI, S. P.; MEHRA, A.; BRASS, D. J.; LABIANCA, G. Network analysis in the social sciences. *Science*, v. 323, n. 5916, p. 892-895, 2009.

BOSCHMA, R. A.; FRENKEN, K. The emerging empirics of evolutionary economic geography. *Journal of Economic Geography*, v. 11, n. 2, p. 295-307, 2011.

BREIGER, R.; CARLEY, K.; PATTISON, P. Dynamic social network modelling and analysis: workshop summary and papers. *The National Academies Press*, Washington, 2003.

BURT, R. S.; BIAN, Y.; OPPER, S. More or less guanxi: trust is 60% network context, 10% individual difference. *Social Networks*, v. 54, p. 12-25, 2018.

CAMPEÃO, P. *Sistemas locais de produção agroindustrial: um modelo de competitividade.* Tese (Doutorado em Engenharia de Produção) – Universidade Federal de São Carlos (UFSCar), São Carlos, 2004.

CAPAROLI, R.; VOLKER, P. (Orgs.). *Metodologia de desenvolvimento de arranjos produtivos locais:* projeto PROMOS/SEBRAE/BID (versão 2.0). Brasília: Sebrae, 2004.

CARLEY, K. M.; REMINGA, J. O. Organization Risk Analyzer. *CASOS Technical Report*. Carnegie Mellon University, School of Computer Science, 2004.

CARRINGTON, P. J.; SCOTT, J.; WASSERMAN, S. Introduction. In: CARRINGTON, P. J.; SCOTT, J.; WASSERMAN, S. *Models and methods in social network analysis.* New York: Cambridge University Press, 2005.

CARVALHO, A. C.; VIEIRA, M. M. F.; GOULART, S. A trajetória conservadora da teoria institucional. *RAP*, Rio de Janeiro, v. 39, n. 4, p. 879-874, jul.-ago., 2005.

CASSIOLATO, J. E.; SZAPIRO, M. Uma caracterização de arranjos produtivos locais de micro e pequenas empresas. In: LASTRES, H. M. M.; CASSIOLATO, J. E.; MACIEL, M. L. (Orgs.). *Pequena empresa:* cooperação e desenvolvimento local. Rio de Janeiro: Relume--Dumará, 2003.

CASTELLANO, C.; FORTUNATO, S.; LORETO, V. Statistical physics of social dynamics. *Reviews of Modern Physics*, v. 81, p. 591-646, 2009.

CROSS, R. et al. Knowing what we know: supporting knowledge creation and sharing in social networks. *Organizational Dynamics*, v. 30, n. 2, p. 100-120, 2001.

DIANI, M.; McADAM, D. (Eds.). *Social movements and networks.* Oxford: Oxford University Press, 2003.

DIAS, C.; FRANCO, M. Cooperation in tradition or tradition in cooperation? Networks of agricultural entrepreneurs. *Land Use Policy*, v. 71, p. 36-48, 2018.

EASLEY, D.; KLEINBERG, J. *Networks, crowds and markets:* reasoning about a highly connected world. Cambridge: Cambridge University Press, 2010.

EPSTEIN, I. O dilema do prisioneiro e a ética. *Estudos Avançados*. São Paulo, v. 9, n. 23, abr. 1995.

FARINA, E. M. M. Q.; AZEVEDO, P. F.; SAES, M. S. M. *Competitividade:* mercado, estado e organizações. São Paulo: Singular, 1997.

FREEMAN, L. *The development of social network analysis:* a study in the sociology of science. Vancouver: Empirical Press, 2004.

FRIEDKIN, N. Models of influence in networks. *International Encyclopedia of the Social & Behavioral Sciences.* Elsevier, 2. ed. p. 659-666, 2015.

______; The problem of social control and coordination of complex systems in sociology: a look at the community cleavage problem. *IEEE Control Systems Magazine*, v. 35, n. 3, p. 40-51, 2015.

GARCIA, R.; MOTTA, F. G. Sistemas locais de produção e cadeias globais: uma análise integrada e aplicações para a indústria brasileira. In: AMATO NETO, J. (Org.). *Redes entre organizações:* domínio do conhecimento e da eficácia operacional. São Paulo: Atlas, 2005.

GEYER, F. The challenge of sociocybernetics. *Kybernetes*, v. 24, n. 4, p. 6-32, 1995.

GLÜCKLER, J. Economic geography and the evolution of networks. *Journal of Economic Geography*, v. 7, n. 5, p. 619-634, 2007.

GRANDORI, A.; SODA, G. Inter firm networks: antecedents, mechanism and forms. *Organization Studies*, v. 16, n. 2, p. 183-214, 1995.

GRANOVETTER, M. Ação econômica e estrutura social: o problema da imersão. *RAE--Eletrônica*, v. 6, n. 1, jan.-jun. 2007.

______. The strength of weak ties. *American Journal of Sociology*, n. 78, p. 1360-1380, 1973.

GRUPO DE Trabalho Permanente para Arranjos Produtivos Locais (GTP-APL). *Termo de referência para a política de apoio ao desenvolvimento dos arranjos produtivos locais*. Brasília: MDIC, 2004.

HAGE, J. T. Organizational innovation and organizational change. *Annual Review of Sociology*, v. 25, p. 597-622, 1999.

HAGEDOORN, J.; SCHAKENRAAD, J. Strategic partnering and technological cooperation. In: DANKBAAR, B.; GROENEWEGEN, J.; SCHENK, H. *Perspectives in industrial economics*. Dordrecht: Kluwer, 1989.

HENNEBERG, S. C. et al. Mobilizing ideas in knowledge networks: a social network analysis of the human resource management community 1990-2005. *The Learning Organization*, v. 16, n. 6, p. 443-459, 2009.

HOLME, P.; SARAMÄKI, J. Temporal networks. *Springer-Verlag Berlin Heidelberg*, VIII, 352, 2013.

JACKSON, M. (Ed.). *Social and economic networks*. Princeton and Oxford: Princeton University Press, 2008.

KNOKE, D. Networks of elite structure and decision making. Sociological Methods & Research. *SAGE Journals*, v. 22, n. 1, p. 23-45, 1993.

KOLLOCK, P. Social dilemmas: the anatomy of cooperation. *Annual Review of Sociology*, v. 24, p. 183-214, 1998.

KUPFER, D. *Economia industrial:* fundamentos teóricos e práticos no Brasil. Rio de Janeiro: Campus, 2002.

LASTRES, H. M. M. *Política para promoção de arranjos produtivos e inovativos locais de micro e pequenas empresas:* vantagens e restrições do conceito e equívocos usuais. Rio de Janeiro: Redesist, 2004.

LEWIN, K. Frontiers in group dynamics: concept, method and reality in social science; social equilibria and social change. *Human Relations*, v. 1, n. 5, p. 5-41, 1947.

LUO, X.; SLOTEGRAAF, R. J.; PAN, X. Cross-functional "coopetition": the simultaneous role of cooperation and competition within firms. *Journal of Marketing*, v. 70, n. 2, p. 67-80, apr. 2006.

MARSHALL, A. *Princípios de economia*. São Paulo: Nova Cultural, 1984.

MASON, W. A.; CONREY, F. R.; SMITH, E. R. Situating social influence processes: dynamic, multidirectional flows of influence within social networks. *Personality and Social Psychology Review*, v. 11(3), p. 279-300, 2007.

MORENO, J. *Sociometry, experimental method, and the science of society*. Ambler: Beacon House 1951.

______. *Who shall survive?* A new approach to the problem of human interrelations. Washington, D.C.: Nervous and Mental Disease Publishing Co, 1934.

MURRAY, R. (Ed.). *Control in an information rich world:* report of the panel on future directions in control, dynamics and systems. Philadelphia: SIAM 2003.

NELSON, R. R.; WINTER, S. G. *An evolutionary theory of economic change*. Massachusetts: Belknap Press of Harvard University Press, 1982.

NEWMAN, M. The structure and function of complex networks. *SIAM Review*, v. 45, n. 2, p. 167-256, 2003.

NEWMAN, M.; BARABASI, A.; WATTS, D. *The structure and dynamics of networks*. Princeton: Princeton University Press, 2006.

NORTH, D. *Instituciones, cambio institucional y desempeño económico*. México: Fondo de Cultura Económica, 1993.

______. Institutions. *Journal of Economic Perspective*, v. 5, p. 97-112, 1991.

O'MALLEY, A. J.; MARSDEN, P. V. The analysis of social networks. *Health Services & Outcomes Research Methodology*, v. 1, n. 8(4), p. 222-269, 2008.

OLAVE, M. E. L.; AMATO NETO, J. Redes de cooperação produtiva: uma estratégia de competitividade e sobrevivência para pequenas e médias empresas. *Gestão & Produção*, v. 8, p. 289-303, dez. 2001.

______. A formação de redes de cooperação e *clusters* em países emergentes: uma alternativa para PMEs no Brasil. In: AMATO NETO, J. (Org.). *Redes entre organizações:* domínio do conhecimento e da eficácia operacional. São Paulo: Atlas, 2005.

OLSON, M. *The logic of collective action*. Harvard: Harvard University Press, 1965.

PENG, H.; BAO, M.; LI, J.; BHUIYAN, M. Z. A.; LIU, Y.; HE, Y.; YANG, E. Incremental term representation learning for social network analysis. *Future Generation Computer Systems*, v. 86, p. 1503-1512, 2018.

PINTO, Á. M. G.; JUNQUEIRA, L. A. P. A análise de redes sociais como ferramenta de diagnóstico das relações de poder. *Gesta – Revista Eletrônica de Gestão de Negócios*, v. 4, n. 1, p. 33-59, 2008.

PORTER, M. E. Clusters and the new economics of competition. *Harvard Business Review*, nov.-dec. 1998. Disponível em: <https://www.hbr.org/1998/11/clusters-and-the-new-economics-of-competition>. Acesso em: 17 fev. 2019.

POWELL, W. Neither market nor hierarchy: network forms of organization. *Research in Organizational Behavior*, v. 12, p. 295-336, 1990.

PROSKURNIKOV, A. V.; TEMPO, V. Review: a tutorial on modeling and analysis of dynamic social networks. Part I. *Annual Reviews in Control*, v. 43, p. 65-79, 2017.

PUTNAM, R. D. Capital social e desempenho institucional. In: PUTNAM, R. D. *Comunidade e democracia:* a experiência da Itália Moderna. 2. ed. Rio de Janeiro: Editora FGV, 2000.

QUEIROZ, T. R. As redes de negócios e as redes de cooperação no APL Calçadista de Birigui (SP): caracterização, análise e correlações. *Revista Geografia (Londrina)*, v. 21, n. 1, p. 141- 162, jan.-abr. 2012.

RICCIARDI, F.; ZARDINI, A.; ROSSIGNOLI, C. Business network commons and their fragilities: emerging configurations of local organizational fields. *Journal of Business Research*, v. 89, p. 328-335, 2018.

RYCROFT, R. W.; KASH, D. E. Self-organizing innovation networks: implications for globalization. *Technovation*, v. 24, n. 3, p. 187-197, 2004.

SAMAD, T.; ANNASWAMY, A. (Eds.). The impact of control technology: overview, success stories, and research challenges. *IEEE Control Systems Society*, 2011.

SAPOUNTZI, A.; PSANNIS, K. E. Social networking data analysis tools & challenges. *Future Generation Computer Systems*, v. 86, p. 893-913, 2018.

SCHILLER, F.; PENN, A. S.; BASSON, L. Review. Analyzing networks in industrial ecology: a review of social-material network analyses. *Journal of Cleaner Production*, v. 76, n. 1, p. 1-11, 2014.

SCOTT, J. *Social network analysis*. California: SAGE Publications, 2000.

SCOTT, J.; CARRINGTON, P. (Eds.). *The SAGE handbook on social network analysis*. California: SAGE Publications, 2011.

SCOTT, W. R. Explaining institutions. In: SCOTT, W. R. *Institutions and organizations*. London: Gafe Publications, 1995.

SMELSER, N. J.; SWEDBERG, R. The sociological perspective on the economy. In: SMELSER, N. J.; SWEDBERG, R. (Eds.). *The Handbook of Economic Sociology*. Princeton: Princeton University Press, 1994.

SMOLKA, R. B. *Redes de cooperação entre EBTs do setor médico-hospitalar da região de São Carlos, Araraquara e Ribeirão Preto*. Dissertação (Mestrado em Engenharia de Produção) – Universidade Federal de São Carlos, São Carlos (UFSCar), 2006.

SOROKIN, P. *Society, culture, and personality:* their structure and dynamics, a system of general sociology. New York & London: Harper & Brothers Publ., 1947.

STORPER, M.; HARRISON, B. Flexibility, hierarchy and regional developments: the changing structure of industrial production systems and their forms of governance in the 1990s. *Research Policy*, North-Holland, v. 20, n. 5, 1991.

STROGATZ, S. *Sync:* the emerging science of spontaneous order. New York: Hyperion Press, 2003.

SUZIGAN, W.; GARCIA, R.; FURTADO, J. *Governança de sistemas de MPME em clusters industriais.* Rio de Janeiro: Redesist, 2002.

SUZIGAN, W. et al. Coeficientes de Gini locacionais (GL): aplicação à indústria de calçados do estado de São Paulo. *Nova Economia.* Belo Horizonte, v. 13, n. 2, p. 39-60, 2003.

TÁLAMO, J. R.; CARVALHO, M. M. Seleção dos objetivos fundamentais de uma rede de cooperação empresarial. *Gestão & Produção,* v. 11, n. 2, p. 239-250, maio-ago. 2004.

TOMAÉL, M. I.; MARTELETO, R. M. Redes sociais: posições dos atores no fluxo da informação. *Revista Eletrônica de Biblioteconomia e Ciências da Informação,* Florianópolis, v. 1, Número Especial, 2006.

TSAI, W. Social structure of "coopetition" within a multiunit organization: coordination, competition, and intraorganizational knowledge sharing. *Organization Science,* v. 13, n. 2, p. 179-190, mar.-apr. 2002.

VALENTE, T. W. Network models and methods for studying the diffusion of innovations. In: CARRINGTON, P. J.; SCOTT, J.; WASSERMAN, S. *Models and methods in social network analysis.* New York: Cambridge University Press, 2005.

VERDI, A. R.; SILVA, P. R.; FRANCISCO, V. L. F. S.; AMARO, A. A.; BAPTISTELLA, C. S. L. Arranjo Produtivo Local: identificação das possibilidades da viticultura na região de Campinas. *Agricultura em São Paulo,* v. 52, n. 2, p. 73-86, jul.-dez. 2005.

VINHA, V. Polanyi e a nova sociologia econômica: uma aplicação contemporânea do conceito de enraizamento social. *Econômica,* v. 3, n. 2, p. 207-230, dez. 2001.

WASSERMAN, S.; FAUST, K. *Social network analysis:* methods and applications. Cambridge: Cambridge University Press, 1994.

WATTS, D. J. The 'new' science of networks. *Annual Review of Sociology,* v. 30, n. 1, p. 243-270, 2004.

WEIDLICH, W. Thirty years of sociodynamics: an integrated strategy of modelling in the social sciences – applications to migration and urban evolution. *Chaos, Solitons & Fractals,* v. 24, n. 1, p. 45-56, 2005.

WIENER, N. *Cybernetics, or control and communications in the animal and the machine.* New York: Wiley & Sons, 1948.

______. *The human use of human beings:* cybernetics and society. New Haven: Houghton Mifflin, 1954.

WILLIAMSON, O. *The mechanisms of governance.* New York: Oxford University Press, 1996.

XIA, H.; WANG, H.; XUAN, Z. Opinion dynamics: a multidisciplinary review and perspective on future research. *International Journal of Knowledge and Systems Science,* v. 2(4), p. 72-91, 2011.

YAN, Y.; GUAN, J. C. Social capital, exploitative and exploratory innovations: The mediating roles of ego-network dynamics. *Technological Forecasting and Social Change,* v. 126, p. 244-258, 2018.

PARTE II

GESTÃO NOS AGRONEGÓCIOS

CAPÍTULO 6

Gestão da cadeia de suprimentos do agronegócio

Eduardo Guilherme Satolo
Alexandre Tadeu Simon
Jéssica dos Santos Leite Gonella

INTRODUÇÃO

O estudo de *supply chain management* (SCM), expressão traduzida como **gestão da cadeia de suprimentos**, é um tópico de crescente interesse nos últimos anos, tornando-se uma nova abordagem de conhecimento para gestores e pesquisadores.[1] O conceito emergiu na medida em que as estruturas de mercados se dinamizaram, promovendo alterações nos arranjos estruturais das instituições e demandando novas estratégias de gestão.[2]

A SCM é definida como planejamento e gestão dos elos necessários para o fornecimento e conversão de todas as atividades de uma cadeia de suprimentos. Para tanto, inclui os processos de negócios primordiais ao alcance da administração de alto desempenho integrado, bem como as atividades de logística, produção, coordenação de processos, marketing, finanças e tecnologia da informação e comunicação e outras ações necessárias a produção, distribuição e consumo de bens ou serviços.[3]

Sua origem está relacionada à necessidade de otimizar a gestão de recursos no ambiente corporativo, integrando tópicos importantes em periódicos acadêmicos

1. MATOS, A. L. T.; PIRES, S. R. I.; VIVALDINI, M. Product development: the supply chain management perspective. *International Journal Business Innovation and Research*, v. 13, n. 1, p. 52-67, 2017.
2. STEVENS, G. C.; JOHNSON, M. Integrating the supply chain: 25 years on. *International Journal of Physical Distribution and Logistics Management*, v. 46, n. 1. p. 19-42, 2016.
3. COUNCIL OF SUPPLY CHAIN MANAGEMENT PROFESSIONALS (CSCMP). *Definition of supply chain management*, 2008. Disponível em: <www.cscmp.org>. Acesso em: 1 nov. 2018.

como o *International Journal of Logistics Management*.[4] Pires[5] relaciona seu surgimento com a necessidade de redução dos custos de estoque e distribuição nas décadas de 1970 e 1980. Posteriormente, a tendência de sistematização da produção e logística contribuiu para a gradativa fixação do conceito no meio empresarial.

Por volta da década de 1990, a SCM foi definida sob a perspectiva teórica, diferenciando-se da abordagem tradicional da administração de materiais, adicionando vertentes como o fluxo de informações.[6] O objetivo era alterar a perspectiva da empresa vista sob a ótica independente para um conjunto de elementos relacionados, frisando a importância da SCM para a redução de custos e atendimento ao cliente. Nesse contexto, a gestão articulada influencia a utilização de recursos e o uso eficiente dos bens de capital.[7]

6.1

CADEIA DE SUPRIMENTOS DO AGRONEGÓCIO

Dentro da cadeia de suprimentos do agronegócio, o planejamento e a gestão dos elos passam por diferentes atores, com papéis relevantes e distintos nesse setor da economia. A Figura 6.1 destaca os principais elos da SCM no agronegócio.

Os **proprietários de recursos** são o ponto de partida em qualquer cadeia de suprimentos, haja vista que, em um ambiente agrário, esses agentes não precisam necessariamente se envolver na produção, mas podem arrendar seus recursos produtivos. Assim, a gestão de recursos é um aspecto fundamental da cadeia de suprimentos do agronegócio. No Brasil, uma situação comum são proprietários de extensas faixas de terras que arrendam suas áreas para o cultivo da cana-de-açúcar.

Os **fornecedores de matéria-prima** têm papel importante na cadeia de suprimentos do agronegócio devido à ampla variedade e necessidades de insumos por parte dos produtores, listando-se aqui os fornecedores de sementes, fertilizantes, pesticidas e equipamentos para lavoura, como tratores e roçadeiras. A ação conjunta entre esses fornecedores e produtores permite gerir de modo equilibrado as necessidades dos produtores, que comumente têm demandas em tempos específicos atreladas a condições edafoclimáticas para o plantio das culturas.

4. ELLRAM, L. M.; COOPER, M. C. Supply chain management, partnership, and the shipper-third party relationship. *International Journal of Logistics Management*, v. 1, n. 2, p. 1-10, 1990.
5. PIRES, S. R. I. *Gestão da cadeia de suprimentos:* conceitos, estratégias, práticas e casos. São Paulo: Atlas, 2007.
6. ELLRAM, L. M.; COOPER, M. C. Supply chain management: It's all about the journey, not the destination. *Journal of Supply Chain Management*, v. 50, n. 1, p. 8-20, 2014.
7. HOULIHAN, J. B. International supply chain management. *International Journal of Physical Distribution and Materials Management*, v. 15, n. 1, p. 22-39, 1985.

FIGURA 6.1

Principais elos da SCM do agronegócio

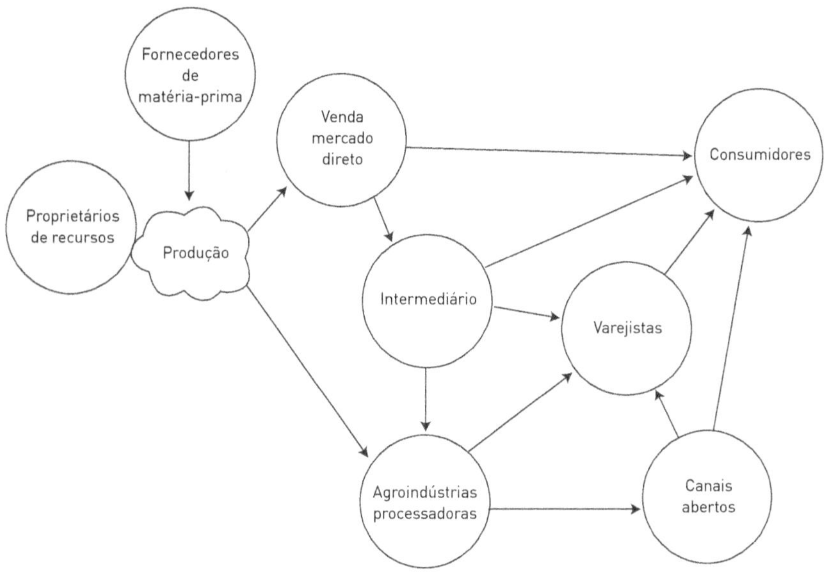

Fonte: adaptada de CHANDRASEKARAN, RAGHURAM, 2014.

A **produção** é resultante dos recursos e das matérias-primas inseridas no sistema que geram os produtos agroindustriais. Dependendo do tipo de produção, sofre a influência de especificidades como a sazonalidade de consumo, condicionantes biológicos e impacto de tecnologias transversais como a biotecnologia, qualidade e vigilância sanitária. Além disso, a produção é destinada como *commodities* ao mercado consumidor (venda para o mercado direto) – como exemplo no Brasil, soja, café e frutas – ou para **agroindústrias processadoras**, que agregam valor ao produto.

A **venda para o mercado direto** tem dinâmicas específicas, comumente regulamentadas pelo governo nacional e por leis internacionais de livre comércio, e conta com o auxílio de intermediários, como associações e cooperativas de produtores, que agem em prol de obter melhores condições contratuais. Seja por meio de intermediários ou mercados diretos, os produtos comercializados são processados por meio de atacadistas e varejistas antes de serem comprados pelos consumidores finais, os quais podem ser indivíduos ou organizações.

As agroindústrias processadoras são um dos principais agentes da cadeia de suprimentos do agronegócio, por realizar a função de converter em alimentos e/ou outros produtos que atendam às necessidades dos consumidores. Esse elo é influenciado por aspectos como margem de lucro, custos de produção, valor agregado aos produtos, direcionando a produção dos itens para atender à demanda do mercado consumidor realizando a sincronização do mix de produção e a previsão de vendas.

Os **varejistas**, representados por um elevado número de agentes, têm a função primordial na movimentação dos bens produzidos ao longo da cadeia de suprimentos do agronegócio, permitindo o acesso dos consumidores finais aos produtos. Para efetuar essa movimentação dos bens produzidos pelas agroindústrias processadoras, os varejistas utilizam-se dos canais de mercado aberto – essenciais para definir a força dos elos e permitir o compartilhamento de lucros em toda a rede.

Por fim, os **consumidores** são o ponto final da cadeia de suprimentos do agronegócio e exercem a pressão para obtenção de produtos de qualidade, além de direcionar, a partir de seu consumo, a relação demanda/mix de produção. O poder de pressão que o consumidor exerce sobre a cadeia de suprimentos do agronegócio é distinto entre os diversos setores, tendo, inclusive, diferentes níveis de proteção pelo governo.

6.2 PROCESSOS DE NEGÓCIOS DA SCM

Os processos de negócios consistem em um conjunto de ações necessárias à produção de bens que tenham valor mensurável pelo cliente, por meio da gestão eficiente dos recursos (produtos, dados, conhecimento), ultrapassando as barreiras interorganizacionais.[8] Os processos de negócios são parte integrante da SCM e apresentam como característica a sincronia, sendo definidos como uma disciplina ou abordagem holística que segue um conjunto de estratégias comerciais, como inovação, flexibilidade e inclusão tecnológica.[9]

A integração dos processos de negócios na SCM é a base para atender de forma plena às necessidades dos clientes. Ao longo da produção de um produto ou serviço, o valor é agregado desde os fornecedores de matéria-prima e em cada um dos beneficiadores dos elos e outros intermediários da cadeia

8. LAMBERT, D.; COOPER, M. C.; PAGH, J. Supply chain management: implementation issues as research opportunities. *The International Journal of Logistics Management*, v. 9, n. 2, p. 1-20, 1998.
9. BLACKSTONE, J. H. JONAH, J. *Apics dictionary:* the essential supply chain reference. 14. ed. Chicago: Apics, 2013. p. 191.

até chegar ao consumidor final. A gestão dos processos de negócios para cada um dos elos traz a geração de valor para todos os *stakeholders*.[10]

Segundo Lambert e Cooper,[11] existem vantagens inerentes à aplicação dos processos de negócios, como a linguagem universal, que facilita a tomada de decisões e a integração com fornecedores, clientes e intermediários. Lambert, Cooper e Pagh[12] propõem oito processos de negócios para a gestão da cadeia de suprimentos, os quais se aplicam à cadeia do agronegócio: gestão do relacionamento com o cliente; gestão do serviço ao cliente; gestão da demanda; atendimento ao pedido; gestão do fluxo de manufatura; gestão do relacionamento com o fornecedor; desenvolvimento e comercialização do produto; e gestão de retornos.

6.2.1 Gestão do relacionamento com o cliente

O século XX foi marcado por alterações significativas nas formas de produção em massa, alterando a complexidade do panorama competitivo global. Além disso, houve quebra de paradigmas decorrente da implementação de novas tecnologias, demandando adaptações por diferentes agentes da cadeia. No âmbito da gestão do relacionamento com o cliente, as empresas perderam o domínio sobre as preferências e desejos dos clientes – o que influenciou o relacionamento dial entre empresa e cliente –, mas atualmente existem esforços para estreitar esse vínculo.[13]

Diante dessas transformações, uma estratégia de gestão que se destacou foi a gestão do relacionamento com o cliente. Esse processo cria valor aos clientes por meio de uma comunicação eficiente, rapidez na entrega e oferta de produtos/serviços personalizados. É equiparado a um ecossistema de parcerias, pois delimita as ações de desenvolvimento por meio da identificação dos clientes-chave e implementação de políticas de relacionamento. Em muitas organizações, é considerada uma solução tecnológica ou ferramenta de comunicação com o cliente, que intermedeia a função entre venda e marketing. A equipe identifica o perfil do cliente, insere-o em grupos segmentados e gera relatórios que minimizam as atividades sem valor agregado.[14]

10. CHANDRASEKARAN, N.; RAGHURAM, G. *Agribusiness supply chain management*. Florida: CRC Press, 2014.
11. LAMBERT, D. M.; COOPER, M. C. Issues in supply chain management. *Industrial Marketing Management*, v. 29, n. 1, p. 65-83, 2000.
12. LAMBERT, COOPER, PAGH, 1998.
13. LAMBERT, D. *An executive summary of supply chain management:* processes, partnerships, performance. 4. ed. Florida: Supply Chain Management Institute, 2008.
14. SEIBOLD, P. B. Get inside the lives of your customers. *Harvard Business Review*, v. 78, n. 5, p. 81-89, 2001.

ESTUDO DE CASO 6.1

A gestão do relacionamento com o cliente na relação entre processadora de polpa de frutas e clientes

A região do Oeste Paulista concentra elevado número de produtores familiares rurais que atuam no setor de fruticultura. Nesse contexto, as empresas processadoras de polpa de frutas vislumbram oportunidades proporcionadas pela abundância de matéria-prima, além da proximidade física de seus fornecedores.

Esse caso permite analisar a relação diádica entre produtores rurais familiares e agroindústrias processadoras de polpas de frutas do Oeste Paulista, revelando pontos de destaque no processo de gestão do relacionamento com o cliente. As parcerias estabelecidas entre os elos se fazem importantes, uma vez que estreitam os laços entre os agentes e reduzem os problemas relacionados às especificações técnicas dos produtos, como tamanho, maturação e qualidade das frutas.

Tendo como elo a relação dial entre produtor familiar rural e seu cliente (agroindústria produtora), identificou-se que as características dos produtos são determinadas em conjunto ou exclusivamente pela agroindústria processadora. Desse modo, os produtores rurais concentram sua produção em atender a esses poucos clientes, não tendo como determinar quem são os clientes-chave.

Quanto aos produtores rurais que comercializam com cooperativas ou associações que atuam no processamento da fruta, identificou-se que não existe segmentação ou prioridade no atendimento da demanda, sendo que os próprios produtores rurais fazem parte dessas instituições e participam das decisões estratégicas, como formação de preços e aspectos relacionados com a compra da matéria-prima.

Considerada como o elo mais forte da cadeia, a agroindústria processadora detém maior domínio sobre o mercado e realiza a segmentação de seus clientes mais importantes, direcionando atendimento prioritário e aplicando medidas para fidelizá-los. Nesse aspecto, as informações sobre os produtos são baseadas em históricos de compras e no comportamento do consumidor, relacionando-se a processos de negócios de gestão da demanda e gestão do serviço ao cliente.

Fonte: GONELLA, J. S. L. *Análise dos processos de negócios da gestão da cadeia de suprimentos de polpa de frutas a partir da relação entre agroindústria processadora e produtor rural familiar*. 2018. 178 f. Dissertação (Mestrado em Agronegócio e Desenvolvimento) – Faculdade de Ciências e Engenharia, Universidade Estadual Paulista "Júlio de Mesquita Filho" (Unesp/Tupã), 2018.

6.2.2 Gestão do serviço ao cliente

A gestão do serviço ao cliente estabelece uma relação dinâmica entre cliente e empresa, por meio de uma plataforma *on-line* que objetiva mantê-lo atualizado sobre as informações inerentes à atividade de compra – o que inclui produção, distribuição e disponibilidade do produto. Esse processo é traduzido como uma forma de interação importante no monitoramento e intervenção de eventuais falhas, como alterações no pedido, devoluções ou trocas.[15]

Sob a perspectiva da logística, à gestão do serviço ao cliente é atribuída a capacidade de interação entre as funções de marketing e logística. Além disso, garante a confiabilidade do consumidor nas fases de compra, acompanhamento e pós-venda. Dentre as atividades desse processo, cita-se a criação de um meio de comunicação entre empresa e cliente, necessário à atualização de informações do pedido, à identificação de problemas, à implantação de ações preventivas, à simulação e à delimitação de alternativas e seus efeitos.[16]

ESTUDO DE CASO 6.2

O gerenciamento do serviço ao cliente em vendas por canal direto

Em razão da fragilidade dos agricultores familiares na distribuição dos produtos, eles buscam eliminar intermediários, fazendo com que o canal direto de comercialização se torne um mecanismo eficiente.

O estudo em questão, aplicado no estado de São Paulo por meio de um *survey* com 241 famílias e 11 agricultores, conduziu uma análise do canal direto *community supported agriculture* (CSA), que é um mecanismo de comercialização de produtos da agricultura especificamente relacionada ao manejo orgânico. Seu uso traz proximidade entre agentes, agricultor e consumidor, sendo que este último se compromete a realizar pagamentos antecipados para que o agricultor possa planejar e produzir.

⇛

15. LAMBERT, D. M. The eight essential supply chain management processes. *Supply Chain Management Review*, v. 8, n. 6, p. 18-25, 2004.
16. SIMON, A. T.; DI SÉRIO, L. C.; PIRES, S. R. I.; MARTINS, G. S. Evaluating supply chain management: a methodology based on a theoretical model. *Associação Nacional de Pós-Graduação e Pesquisa em Administração*, v. 19, n. 1, p. 26-44, 2015.

⇛

Dessa forma, a gestão do serviço ao cliente torna-se essencial para manutenção e fidelização dessa fonte de renda. Tendo como foco essa nova forma de relacionar e gerir o negócio, foi identificada no estudo ampla margem de melhoria dessa relação. Os agricultores e consumidores das CSAs analisadas apresentaram bom alinhamento quanto às características das transações e dos agentes, de modo geral. Os agricultores e consumidores apresentaram desalinhamento quanto à incerteza, mostrando que há necessidade de adaptações no acordo (formal/informal) entre os agentes.

Existe uma racionalidade limitada entre os agentes, uma vez que não há troca de informação em relação a alguns aspectos da transação – como qualidade e quantidade dos produtos consumidos e previsão de volume produzido – o que prejudica a previsão de transações futuras. O estudo aponta que um dos meios de melhorar essa gestão está relacionado com a redução do nível de incerteza do agricultor, por meio da formalização de um acordo entre as partes – ação essa que se relaciona ao processo de gestão do relacionamento com o cliente.

Fonte: ROTOLI, L. U. M. *Análise da relação entre produtor e consumidor vinculados à CSA (Community Supported Agriculture) do estado de São Paulo sob a ótica da economia dos custos de transação*. 2016. 130 f. Dissertação (Mestrado em Agronegócio e Desenvolvimento) – Universidade Estadual Paulista "Júlio de Mesquita Filho" (Unesp/Tupã), 2016.

6.2.3 Gestão da demanda

A gestão da demanda emerge para alinhar a demanda de mercado com a capacidade operacional ao longo da cadeia de suprimentos, balanceando as necessidades de mercado. A demanda é influenciada pelo fluxo de informações ao longo da cadeia; sendo assim, à medida que um elo detém informações estratégicas, como níveis de estoques, padrão de vendas e procedimentos logísticos, existirá maior eficiência na gestão da demanda. Mesmo que a demanda esteja estável, é necessário se atentar a aspectos como infraestrutura, condições de transporte e capacidade produtiva.

A gestão da demanda consiste no alinhamento correto da gestão dos recursos, principalmente quando a oferta é imperfeita, possibilitando a maximização da rentabilidade dos resultados em diversos segmentos administrativos como marketing, processo de planejamento, controle e monitoramento, incluindo tanto a previsão como estratégias para equiparar a demanda nos processos de aquisição e distribuição.[17] O estudo realizado por Shukla e Jharkharia[18] identificou que a gestão da demanda no agronegócio não recebe a devida atenção, evidenciando um ponto crítico na gestão das cadeias agroalimentares e reafirmando sua importância na administração dos processos internos e externos.

ESTUDO DE CASO 6.3

Demanda por produtos com certificação *kosher* e oportunidade de novos negócios

A gestão da demanda na cadeia de polpa de frutas deve alinhar as necessidades dos clientes com a capacidade de produção. Sendo assim, possui forte ligação com a gestão do relacionamento com o cliente. Além de ser comercializada no mercado doméstico, a polpa de fruta é utilizada como matéria-prima para a produção de doces, massas, geleias, sorvetes e néctares. A prática do congelamento da polpa ultrapassa as barreiras impostas pelas variáveis maturação e perecibilidade, tendo a vantagem de produzir durante o período de safra e comercializar em períodos de alta demanda, facilitando a atuação no mercado externo.

Tendo como objetivo alinhar a demanda de mercado com a capacidade operacional, a gestão da demanda serviu para acessar um novo mercado em uma agroindústria de polpa de frutas localizada no Oeste Paulista. Sendo assim, após detectar uma ascendência no consumo de produtos certificados atrelada à baixa oferta para aquele segmento de produto (polpa de fruta), a agroindústria resolveu implementar a certificação *kosher* em seu processo produtivo.

O perfil do mercado consumidor da polpa de fruta *kosher* é o mercado de Israel (Oriente Médio). Sendo assim, o escoamento do produto é direcionado a um público predominantemente judeu. Contudo, a empresa passou a vender para os Estados Unidos, tendo clientes pontuais no país, considerado o segundo maior consumidor de alimentos *kosher* do mundo. Os produtos são transportados em tambores de 200 litros e as negociações acontecem diretamente com o cliente ou com um intermediário – indústrias em sua maioria.

⇛

17. BLACKSTONE, JONAH, 2013.
18. SHUKLA, M.; JHARKHARIA, S. Agri-fresh produce supply chain management: a state-of-the-art literature review. *International Journal of Operations & Production Management*, v. 33, n. 2, p. 114-158, 2013.

⇛

A expansão da atuação da empresa no mercado internacional foi a principal vantagem identificada, revelando que o investimento despendido para a adoção da certificação foi condizente com o retorno alcançado. Ademais, à medida que potenciais compradores foram descobrindo a oferta de polpa de frutas certificadas, seu portfólio de clientes aumentou. Desse modo, destaca-se a importância da gestão da demanda para a gestão eficiente da cadeia de suprimentos.

Fonte: GONELLA, J. S. L.; LOURENZANI, A. E. B. S.; PIGATTO, G.; SATOLO, E. G. *O papel da certificação* kosher *no acesso a mercados:* um estudo de caso em uma agroindústria de polpa de frutas. In: 3TH INTERNATIONAL CONFERENCE AGRICULTURE AND FOOD IN A URBANIZING SOCIETY, 2018, Porto Alegre, RS, Brasil.

6.2.4 Atendimento ao pedido

O atendimento ao pedido pode ser considerado como um conjunto de atividades essenciais ao cumprimento de um pedido. Esse processo interage com o nível operacional, no qual acontecem as principais transações, e com o nível estratégico, no qual a gestão é aperfeiçoada. Há a participação logística no planejamento das atividades operacionais, além da inclusão de clientes e fornecedores de acordo com a segmentação estabelecida.[19]

Dentre as atividades no âmbito do atendimento aos pedidos, inclui-se a determinação da capacidade da cadeia de suprimentos; orçamento dos pedidos; revisão do ciclo de pagamentos; definição do tempo de ciclo e embalagens; e desenvolvimento de outras metas e objetivos. Esse processo de negócio pode influenciar de forma direta a gestão do fluxo de manufatura, pois são as informações derivadas desse processo que alimentarão as operações na produção, seja na compra da matéria-prima, seja no planejamento de produção e na entrega do produto.

19. LAMBERT, D M.; ENZ, G. Issues in supply chain management: progress and potential. *Industrial Marketing Management*, v. 62, n. 4, p. 1-16, 2017.

ESTUDO DE CASO 6.4

Atendimento ao pedido na agroindústria alcooleira

Estudos restritos sobre o atendimento ao pedido são escassos na cadeia de suprimentos do agronegócio. Ao analisar como os processos de negócios afetam a agroindústria alcooleira, esse estudo detectou que o processo de atendimento ao pedido apresenta uma simplificação, pelo menos no momento atual.

Contudo, passará a ser extremamente crítico e complexo com o aumento dos acordos internacionais de exportação do álcool. Nessa situação, os processos gestão da demanda, gestão do fluxo de manufatura e a logística deverão ter perfeito alinhamento para dar suporte ao atendimento ao pedido.

O objetivo é atender de maneira eficaz às necessidades dos clientes, em qualidade, em quantidade e no tempo certo – o que certamente demandará o desenvolvimento de parcerias com membros-chave da cadeia para atender às reais necessidades do cliente e reduzir o custo total de entrega.

Fonte: SIMON, A. T.; SATOLO, E. G.; SCHEIDL, H. A.; DI SÉRIO, L. C. Business process in supply chain integration in sugar and ethanol industry. *Business Process Management Journal*, v. 20, n. 2, p. 272-289, 2014.

6.2.5 Gestão do fluxo de manufatura

A gestão do fluxo de manufatura remete às estratégias da gestão da produção, delimitando planos de capacidade, assim como necessidades e restrições. A estrutura é realizada a fim de harmonizar as ações das empresas com o abastecimento da demanda, priorizando as necessidades dos clientes alinhadas com a produção. Para isso, atua no desenvolvimento de ações destinadas a aumentar flexibilidade, apontando as não conformidades.[20]

Gerir o fluxo de manufatura significa ajustar a produção, tornando-a flexível e adaptável a possíveis mudanças e alcançando a quantidade certa no momento certo (*just in time*), além de atender à customização em massa e promover a minimização dos desperdícios e dos custos operacionais. A equipe multifuncional responsável pela produção é incumbida de analisar a flexibilidade dos atores quanto à interação, como fornecedores, parceiros e clientes,

20. SIMON et. al., 2015.

para que imprevistos não afetem o andamento do processo produtivo. Vale ressaltar que impactos nas relações com os clientes representam custos em toda a cadeia de suprimentos, afirmando a importância da sincronização.[21]

ESTUDO DE CASO 6.5

Fluxo de manufatura em agroindústrias processadoras de filé de tilápia

Alguns produtos gerados pelo agronegócio apresentam características inerentes ao seu processo fabril, como é o caso do processamento de filés extraídos do peixe tilápia. Em decorrência do alto nível de perecibilidade do alimento processado, há a necessidade de fluxo rápido e manuseio para evitar desperdícios. Além disso, tem-se a característica de "desmontagem do produto", ao realizar sua desconstrução ao longo do fluxo produtivo, deixando de ser peixe e tornando-se filé, ao contrário de processos produtivos tradicionais, nos quais se realiza a montagem de subprodutos em produtos. O fluxo da manufatura, como a gestão da demanda e da capacidade produtiva, torna-se essencial para garantir coordenação à cadeia.

Esse estudo, conduzido no estado de São Paulo, analisou como as práticas associadas à produção enxuta, ou seja, sem desperdícios, auxiliam as organizações. Notou-se que o fluxo produtivo em linha, e sem paradas, com curto tempo de atravessamento (*lead time*), é o ideal para evitar perdas (principalmente associadas à deterioração), e que a padronização de tarefas, com o controle de falhas, permite gerar um excelente fluxo da manufatura. É visto também que a integração com fornecedores é um aspecto central, pois há a necessidade de chegada organizada, sincronizada e constante de matéria-prima para evitar a parada de máquinas e mão de obra e, com isso, a geração de ociosidade. Para tanto, o sucesso na gestão do fluxo de manufatura perpassa pelo desenvolvimento e relacionamento com fornecedores essenciais na gestão desse processo.

Fonte: GOES, G. A. *Sistema Lean Production como mecanismo de alcance para manufatura de classe mundial nas agroindústrias processadoras do filé de tilápia do estado de São Paulo*. 141 f. Trabalho de conclusão de curso (Mestrado em Agronegócio e Desenvolvimento) – Faculdade de Ciências e Engenharia, Universidade Estadual Paulista "Júlio de Mesquita Filho" (Unesp/Tupã), 2017.

21. LAMBERT, ENZ, 2017.

6.2.6 Gestão do relacionamento com o fornecedor

A gestão do relacionamento com o fornecedor atua para prover condições essenciais no processo de criação e manutenção da relação entre empresa e fornecedores. É muito semelhante à gestão do relacionamento com o cliente no que tange a estrutura de fidelização, comunicação e seleção de agentes.[22] Denominado como processo de gestão, orienta a definição dos fornecedores-chave, realizada de acordo com sua relevância de gestão a longo prazo, conferindo a tarefa de manter um relacionamento saudável por meio da criação de rotinas e processos necessários à organização da base de suprimentos.[23]

Os fornecedores mais antigos, bem como aqueles que possuem maior grau de relevância para as relações comerciais, são classificados em um subconjunto específico, de modo a manter as relações tradicionais e o valor gerado por essa interação.[24] A cooperação com fornecedores reduz os custos de informação, o que contribui para a coordenação das oportunidades e para a qualidade dos requisitos. Ao selar uma parceria, aspectos como confiança e compromisso são firmados pelo comum interesse, reduzindo eventuais ações oportunistas, além de minimizar custos de transação.

ESTUDO DE CASO 6.6

Gestão do relacionamento de fornecedor de serviços de mecanização do CCT no segmento sucroenergético

O setor sucroenergético apresenta uma característica própria quanto à necessidade de processamento de alto volume de matéria-prima para atender à demanda de mercado e às características de processo contínuo de produção. Essa demanda requer considerável alocação de mão de obra, equipamentos e serviços, além de uma gestão eficiente que garanta a execução das atividades envolvidas.

⇛

22. LAMBERT, D. M.; SCHWIETERMAN, M. A. Supplier relationship management as a macro business process. *Supply Chain Management: An International Journal*, v. 17, n. 3, p. 337-352, 2012.
23. FORKMANN, S.; HENNEBERG, S. C.; NAUDÉ, P.; MITREGA, M. Supplier relationship management capability: a qualification and extension. *Industrial Marketing Management*, v. 57, n. 1, p. 185-200, 2016.
24. LAMBERT, ENZ, 2017.

⇛

Devido a tais características, é comum a contratação de empresas terceirizadas responsáveis pelo corte mecanizado, carregamento e transporte (CCT) de cana-de-açúcar, sendo fornecedores-chave de serviços.

Torna-se importante nesse ponto analisar os procedimentos que as empresas do setor estão adotando para conduzir o processo de terceirização do CCT. Nesse estudo, conduzido junto a um dos principais grupos sucroenergéticos do Brasil, realizou-se a verificação de dois eixos principais de avaliação: motivação, que buscou traduzir as expectativas da empresa em relação à terceirização, e abordagem, como intuito de avaliar como o processo foi conduzido e de que maneira a empresa espera atingir suas expectativas.

No eixo motivação, a empresa em estudo realizou a implantação da terceirização para alcançar resultados positivos de vantagem competitiva, melhorar a flexibilidade de recursos, focar seu core business e reduzir custos. Quanto ao eixo abordagem, que retrata mais fortemente a gestão do relacionamento com o fornecedor, a unidade sucroenergética definiu aspectos para seleção e monitoramento dos prestadores de serviços, como definição de contrato, estabelecimento de conceitos de parceria e de ferramentas para criação de um ambiente de confiança entre as empresas, definição de mecanismos para atrelar a receita ao desempenho obtido na operação e permissão para o prestador de serviço ter autonomia para inovar nos processos de CCT.

O modelo de gestão do relacionamento com fornecedores realizado por essa unidade sucroenergética demonstrou grande aderência em relação ao recomendado na literatura e indica uma contribuição para o sucesso da terceirização no longo prazo.

Fonte: SCHEIDL, H. A.; SIMON, A. T. Avaliação do processo de terceirização do corte mecanizado, carregamento e transporte de cana-de-açúcar. *Revista de Ciência & Tecnologia*, v. 17, n. 33, p. 103-118, 2012.

6.2.7 Desenvolvimento e comercialização do produto

Responsável por fornecer estrutura para o desenvolvimento de novos produtos, esse processo está amparado pelos processos de gestão de relacionamento com os clientes e fornecedores. Para grandes companhias, o desenvolvimento de produtos está atrelado a processos de inovação, amplamente marcado pelo incentivo em pesquisa e desenvolvimento, além do aparato tecnológico e recursos humanos necessários. Porém, sua função não está ligada exclusivamente a processos de inovação, mas deve fomentar a fabricação, logística, comercialização e outras ações necessárias à venda.[25]

Esse processo de negócio fornece estrutura na busca pelo melhor caminho nas decisões de quando e como desenvolver o novo produto, podendo obter apoio de universidades, no que tange o desenvolvimento de pesquisas laboratoriais e de mercado, bem como para o entendimento da situação atual do mercado consumidor quanto à aceitação do novo produto, vislumbrando os níveis de demanda e prospecção de mercado. Nesse âmbito, as ferramentas de marketing, como a pesquisa de marketing, atuam na identificação do mercado consumidor e nas estratégias de divulgação.[26]

ESTUDO DE CASO 6.7

Inovação no café do Cerrado Mineiro

A região do Cerrado Mineiro produz principalmente o café tipo Arábica e tem como característica produzir sob faixa de terras extensas, com maior nível de adoção tecnológica, orientados à produtividade e à qualidade do café.

Um dos meios para o desenvolvimento do produto é com a obtenção do registro de denominação de origem (DO), que permite valoração dos produtos agropecuários, seja por características processuais e sociais dos produtores, seja pelo nível de qualidade do produto, dependendo de alterações institucionais e relacionais entre os envolvidos na atividade, como no caso do Cerrado Mineiro.

A obtenção e a valoração desse tipo de denominação dificilmente parte de atuações isoladas, mas carece de um estreitamento e trabalho conjunto de diversos elos e agentes atuantes na cadeia que operam no desenvolvimento do produto, como na abertura de mercados e melhora de sua comercialização.

A atuação estratégica conjunta da federação e demais órgãos da região, como a Associação dos Pequenos Produtores do Cerrado (APCER) e a Cooperativa dos Cafeicultores do Cerrado (Expocaccer), junto aos produtores, são exemplos reais de sucesso para o funcionamento do sistema de produção local de café de origem.

⇛

25. AARIKKA-STENROOS, L.; SANDBERG, B.; LEHTIMÄKI, T. Networks for the commercialization of innovations: a review of how divergent network actors contribute. *Industrial Marketing Management*, v. 43, n. 3, p. 365-381, 2014.

26. OSTENDORF, J.; MOUZAS, S.; CHAKRABARTI, R. Innovation in business networks: the role of leveraging resources. *Industrial Marketing Management*, v. 43, n. 3, p. 504-511, 2014.

⇛

Essa atuação conjunta possibilitou a melhora do reconhecimento do Cerrado como uma região com expertise na produção de cafés de alta qualidade. Além disso, a Expocaccer destaca-se no papel comercial e institucional, uma vez que é a cooperativa credenciada para realizar as exportações do café de origem, enquanto a Federação do Cerrado Mineiro assume um papel institucional como órgão responsável pelo credenciamento da região como utilizadora da DO junto ao INPI e também auditora da qualidade do café produzido na região.

Fonte: NAGAI, D. K. *O processo de inovações para a criação de valor em denominação de origem em café no Cerrado Mineiro*. 2016. 132 f. Dissertação (Mestrado em Agronegócio e Desenvolvimento) – Universidade Estadual Paulista "Júlio de Mesquita Filho" (Unesp/Tupã), 2016.

6.2.8 Gestão de retornos

A gestão de retornos atua no sentido de reduzir ociosidades, retornos indesejados e alcançar uma competitividade saudável. Além de contribuir para o fluxo eficiente dos processos, também serve para identificar gargalos e gerar oportunidades de amenizá-los. Para Mollenkopf, Russo e Frankel,[27] a gestão de retornos é oriunda das disciplinas de marketing e logística, com ênfase em logística reversa. As estratégias de reciclagem, embalagens alternativas e outras formas de fluxo reverso têm demonstrado resultados positivos na diminuição de desperdícios e pontos ociosos na cadeia de suprimentos.

Conhecida como **gestão de devoluções**, é um processo da SCM que gerencia as atividades ligada a devoluções e retornos. Além de possibilitar o fluxo eficiente dos produtos, diminui falhas, como defeitos em produtos ou erros quanto à entrega e ao atendimento do pedido, auxiliando a contenção de eventuais retornos. A execução eficiente do processo contribui para a redução de custos proveniente de atividades onerosas e ociosas. Nesse sentido, há o gerenciamento de questões específicas como armazenamento e manuseio de produtos frescos e perecíveis, políticas de devoluções flexíveis, problemas de qualidade, produtos quebrados durante o transporte e outras causas de retornos.[28]

27. MOLLENKOPF, D.; RUSSO, I.; FRANKEL, R. The returns management process in supply chain strategy. *International Journal of Physical Distribution and Logistics Management and Accepted*, v. 37, n. 7, p. 568-592, 2007.
28. LAMBERT, ENZ, 2017.

ESTUDO DE CASO 6.8

Gestão de retorno de papelão e papel em uma rede supermercadista

Um estudo conduzido no ano de 2017 em uma rede supermercadista, que conta com 21 lojas nos estados de São Paulo e Paraná, destacou os benefícios obtidos na condução da logística reversa de embalagens de papelão e papel. No segmento supermercadista, o descarte das embalagens dos produtos originados contribui para a existência e a multiplicação do lixo doméstico e urbano em geral, o que torna necessário o desenvolvimento de ações para diminuir os impactos causados ao meio ambiente.

Essa rede supermercadista começou, em meados de 2014, a vislumbrar a aplicação dos conceitos de logística reversa para minimizar danos causados pelo papelão e pelo plástico. Com um aporte inicial de R$ 55 mil, utilizados na compra de equipamentos para prensagem e adequações na estrutura do centro de distribuição, e custos operacionais mensais de R$ 10 mil/mês, a rede supermercadista passou a processar as embalagens secundária e terciária dos produtos. Esses produtos após processamento são destinados para elos subsequentes da cadeia, como empresas processadoras, denominadas aparistas e recicladoras, dependendo da classificação do material separado.

Os resultados obtidos pela rede supermercadista demonstram a viabilidade econômica do processo, ao projetar, com base nos valores médios de preço recebido pelos itens, um fluxo de caixa operacional anual de R$ 3,4 milhões em um cenário realista.

Há ainda os impactos ambientais e sociais na cadeia, ao considerar que uma tonelada de aparas substitui de 15 a 30 árvores e as 3,6 toneladas de papelão geradas pela rede supermercadista evitam a extração de cerca de 54 a 108 mil árvores. Para o plástico, em seu montante de 307 toneladas geradas, evita-se que novas fontes de petróleo sejam utilizadas para a produção desse material. Além disso, há a economia de água e energia gerada pelo processo de reciclagem.

Fonte: DIAS, K. T. S. *A logística reversa no varejo supermercadista como um subprocesso da gestão de retornos de embalagens plásticas e de papelão*. 2018. 132 f. Dissertação (Mestrado em Agronegócio e Desenvolvimento) – Faculdade de Ciências e Engenharia, Universidade Estadual Paulista "Júlio de Mesquita Filho" (Unesp/Tupã), 2018.

CONSIDERAÇÕES FINAIS

O agronegócio é um dos principais fatores-chave para a economia brasileira. Para manter esse setor da economia ativo e competitivo, é importante que as empresas visualizem que não atuam de modo isolado, mas em conjunto a fornecedores e clientes, no que se denomina **cadeia de suprimentos**.

A cadeia de suprimentos do agronegócio destaca-se por ter características próprias inerentes às características dos produtos ofertados. Essa complexidade está atrelada à dificuldade de gerir aspectos de suprimentos, produção, demanda dos clientes e distribuição, cada qual afetado por questões como diversidade da produção e da demanda, do volume de produtos, da perecibilidade e da sazonalidade.

Realizar a gestão dessa cadeia de suprimentos não é simples e carece da compreensão dos processos de negócios e de sua aplicação de modo estruturado entre os elos e agentes da cadeia. Os processos de negócios aqui apresentados auxiliam no estabelecimento de planos de ação a níveis estratégicos e operacionais, além de permitirem à organização e demais elos envolvidos gerar cadeias de suprimentos competitivas a nível global.

REFERÊNCIAS

AARIKKA-STENROOS, L.; SANDBERG, B.; LEHTIMÄKI, T. Networks for the commercialization of innovations: a review of how divergent network actors contribute. *Industrial Marketing Management*, v. 43, n. 3, p. 365-381, 2014.

BLACKSTONE, J. H.; JONAH, J. *Apics dictionary:* the essential supply chain reference. 14. ed. Chicago: Apics, 2013.

CHANDRASEKARAN, N.; RAGHURAM, G. *Agribusiness supply chain management.* Florida: CRC Press, 2014.

COUNCIL OF SUPPLY CHAIN MANAGEMENT PROFESSIONALS (CSCMP). *Definition of supply chain management*, 2008. Disponível em: <www.cscmp.org>. Acesso em: 1 nov. 2018.

DIAS, K. T. S. *A logística reversa no varejo supermercadista como um subprocesso da gestão de retornos de embalagens plásticas e de papelão.* 2018. 132 f. Dissertação (Mestrado em Agronegócio e Desenvolvimento) – Faculdade de Ciências e Engenharia, Universidade Estadual Paulista "Júlio de Mesquita Filho" (Unesp/Tupã), 2018.

ELLRAM, L. M.; COOPER, M. C. Supply chain management, partnership, and the shipper-third party relationship. *International Journal of Logistics Management*, v. 1, n. 2, p. 1-10, 1990.

ELLRAM, L. M.; COOPER, M. C. Supply chain management: it's all about the journey, not the destination. *Journal of Supply Chain Management,* v. 50, n. 1, p. 8-20, 2014.

FORKMANN, S.; HENNEBERG, S. C.; NAUDÉ, P.; MITREGA, M. Supplier relationship management capability: a qualification and extension. *Industrial Marketing Management,* v. 57, n. 1, p. 185-200, 2016.

GOES, G. A. *Sistema Lean Production como mecanismo de alcance para manufatura de classe mundial nas agroindústrias processadoras do filé de tilápia do estado de São Paulo.* 2017. 141 f. Trabalho de conclusão de curso (Mestrado em Agronegócio e Desenvolvimento) – Faculdade de Ciências e Engenharia, Universidade Estadual Paulista "Júlio de Mesquita Filho" (Unesp/Tupã), 2017.

GONELLA, J. S. L. *Análise dos processos de negócios da gestão da cadeia de suprimentos de polpa de frutas a partir da relação entre agroindústria processadora e produtor rural familiar.* 2018. 178 f. Dissertação (Mestrado em Agronegócio e Desenvolvimento) – Faculdade de Ciências e Engenharia, Universidade Estadual Paulista "Júlio de Mesquita Filho" (Unesp/Tupã), 2018.

GONELLA, J. S. L.; LOURENZANI, A. E. B. S.; PIGATTO, G.; SATOLO, E. G. *O papel da certificação kosher no acesso a mercados:* um estudo de caso em uma agroindústria de polpa de frutas. In: 3TH INTERNATIONAL CONFERENCE AGRICULTURE AND FOOD IN A URBANIZING SOCIETY, 2018, Porto Alegre, RS, Brasil.

HOULIHAN, J. B. International supply chain management. *International Journal of Physical Distribution and Materials Management,* v. 15, n. 1, p. 22-39, 1985.

LAMBERT, D. M. *An executive summary of supply chain management:* processes, partnerships, performance. 4. ed. Florida: Supply Chain Management Institute, 2008.

______. The eight essential supply chain management processes. *Supply Chain Management Review,* v. 8, n. 6, p.18-25, 2004.

LAMBERT, D. M.; COOPER, M. C. Issues in supply chain management. *Industrial Marketing Management,* v. 29, n. 1, p. 65-83, 2000.

LAMBERT, D. M.; COOPER, M. C.; PAGH, J. Supply chain management: implementation issues as research opportunities. *The International Journal of Logistics Management,* v. 9, n. 2, p. 1-20, 1998.

LAMBERT, D M.; ENZ, G. Issues in supply chain management: progress and potential. *Industrial Marketing Management,* v. 62, n. 4, p. 1-16, 2017.

LAMBERT, D. M.; SCHWIETERMAN, M. A. Supplier relationship management as a macro business process. *Supply Chain Management: An International Journal,* v. 17, n. 3, p. 337-352, 2012.

MATOS, A. L. T.; PIRES, S. R. I.; VIVALDINI, M. Product development: the supply chain management perspective. *International Journal Business Innovation and Research,* v. 13, n. 1, p. 52-67, 2017.

MOLLENKOPF, D.; RUSSO, I.; FRANKEL, R. The returns management process in supply chain strategy. *International Journal of Physical Distribution and Logistics Management and Accepted*, v. 37, n. 7, p. 568-592, 2007.

NAGAI, D. K. *O processo de inovações para a criação de valor em denominação de origem em café no Cerrado Mineiro.* 2016. 132 f. Dissertação (Mestrado em Agronegócio e Desenvolvimento) – Universidade Estadual Paulista "Júlio de Mesquita Filho" (Unesp/Tupã), 2016.

OSTENDORF, J.; MOUZAS, S.; CHAKRABARTI, R. Innovation in business networks: the role of leveraging resources. *Industrial Marketing Management*, v. 43, n. 3, p. 504-511, 2014.

PIRES, S. R. I. *Gestão da cadeia de suprimentos:* conceitos, estratégias, práticas e casos. São Paulo: Atlas, 2007.

ROTOLI, L. U. M. *Análise da relação entre produtor e consumidor vinculados à CSA (Community Supported Agriculture) do estado de São Paulo sob a ótica da economia dos custos de transação.* 2016. 130 f. Dissertação (Mestrado em Agronegócio e Desenvolvimento) – Universidade Estadual Paulista "Júlio de Mesquita Filho" (Unesp/Tupã), 2016.

SCHEIDL, H. A.; SIMON, A. T. Avaliação do processo de terceirização do corte mecanizado, carregamento e transporte de cana-de-açúcar. *Revista de Ciência & Tecnologia*, v. 17, n. 33, p. 103-118, 2012.

SEIBOLD, P. B. Get inside the lives of your customers. *Harvard Business Review*, v. 78, n. 5, p. 81-89, 2001.

SHUKLA, M.; JHARKHARIA, S. Agri-fresh produce supply chain management: a state-of-the-art literature review. *International Journal of Operations & Production Management*, v. 33, n. 2, p. 114-158, 2013.

SIMON, A. T.; DI SÉRIO, L. C.; PIRES, S. R. I.; MARTINS, G. S. Evaluating supply chain management: a methodology based on a theoretical model. *Revista de Administração Contemporânea*, v. 19, n. 1, p. 26-44, 2015.

SIMON, A. T.; SATOLO, E. G.; SCHEIDL, H. A.; DI SÉRIO, L. C. Business process in supply chain integration in sugar and ethanol industry. *Business Process Management Journal*, v. 20, n. 2, p. 272-289, 2014.

STEVENS, G. C.; JOHNSON, M. Integrating the supply chain: 25 years on. *International Journal of Physical Distribution and Logistic Management*, v. 46, n. 1. p. 19-42, 2016.

CAPÍTULO 7

Cadeias curtas agroalimentares sob a ótica da qualidade

Andréa Rossi Scalco

Eder Aparecido de Sousa

INTRODUÇÃO

A questão sobre a qualidade do produto é um assunto discutido há décadas que vem acompanhando as mudanças no comportamento do consumidor. No início da década de 1920, era fácil de ser observada, uma vez que quem elaborava o produto simultaneamente inspecionava sua qualidade. Naquela época, havia maior interação entre quem produzia e quem consumia, em razão da pouca demanda, o que facilitava o atendimento das necessidades e expectativas dos clientes. Hoje, as empresas precisam atender a diferentes necessidades de vários mercados, muitas vezes em regiões diferentes. Nesse sentido, a qualidade do produto passou a ser objeto de constante investigação por parte das empresas.

A qualidade do produto agroalimentar, especificamente, bem como os atributos que a definem, foi sendo desenvolvida por décadas (de 1950 até início da década de 2000), fazendo com que as discussões em torno da temática se voltassem às questões relacionadas à padronização de atributos e ao atendimento das especificações, bem como à segurança do alimento.

É importante ressaltar que as correntes teóricas que estudam essa temática se voltam exclusivamente aos modelos de sistemas produtivos, em que a produtividade e a distribuição em escala global são os norteadores na produção de alimentos. No entanto, alterações no comportamento de consumo de alimentos e a tentativa de padronizar o consumo global resultaram em mudanças nas estratégias de alguns agentes nos sistemas produtivos de alimentos.

7.1

DESENVOLVIMENTO HISTÓRICO

Foram muitos os pesquisadores e gestores de grandes empresas que contribuíram para o avanço da gestão da qualidade nas empresas, para o entendimento da qualidade do produto e para as estratégias de seu alcance, tais como Feigenbaum, Ishikawa, Deming, Shewart, Juran e Crosby, a partir da década de 1920 até os anos 2000.

Garvin,[1] em seu livro *Gerenciando a qualidade: a visão estratégica e competitiva*, publicado em 1992, retratou bem a evolução da gestão da qualidade que ocorreu em razão principalmente da mudança do comportamento do consumidor e da disponibilidade de produto. Ele classificou essa evolução em quatro grandes momentos, denominados "eras" da qualidade.

Em um primeiro momento, entre o século XVIII e o início do século XIX, quando se tinha pouca demanda e disponibilidade do produto, era possível controlar sua qualidade total, pois quem o elaborava (geralmente era uma única peça) fazia o controle da qualidade por meio da inspeção de 100% do que se produzia. Com o passar dos anos, em razão do aumento populacional e, consequentemente, do aumento da produção, a inspeção da qualidade do produto já não era mais uma realidade. Para padronizar o produto, houve uma mudança na organização do trabalho, onde cada indivíduo era responsável pela execução de uma atividade dentro de um processo, sendo então necessários alguns mecanismos de controle da qualidade, como inspeção por amostragem, e a introdução de alguns conceitos como especificação, tolerância e conformidade.

Já por volta da década de 1930, em razão, na área militar, da necessidade demandada de produtos, como suprimentos bélicos e armamentos mais precisos, foi sendo necessária a adoção de métodos estatísticos para controlar a qualidade do que se produzia. Em decorrência desse rigor, vários estudiosos da área de controle da qualidade reforçaram a necessidade de padronizar os produtos para se ter um alcance mais preciso da qualidade, por meio de rigorosos sistemas de controle, tais como gráficos de controle e sistemas mais precisos de amostragem.

Por volta da década de 1980, foi necessário um repensar das empresas no que se referia à qualidade, em vista de aumento da produção, da alta demanda por produtos de qualidade e dos altos custos para controlar a qualidade na

1. GARVIN, D. A. *Gerenciando a qualidade:* a visão estratégica e competitiva. Rio de Janeiro: Qualitymark, 1992. p. 356.

produção de produtos defeituosos. Foram desenvolvidos sistemas de garantia que envolviam a participação efetiva e o compromisso com a qualidade de todos os funcionários da empresa. Tais concepções em torno da gestão da qualidade não ficaram restritas à área militar, uma vez que os outros setores da indústria, observando as vantagens em gerenciar a qualidade, inseriram tais conceitos e práticas em suas empresas.

Por fim, a partir da década de 1990, em razão da globalização e da necessidade de circulação de mercadorias entre os países, bem como diante da exigência cada vez maior dos consumidores por produtos confiáveis que atendessem plenamente às suas necessidades, as empresas tiveram que incorporar a qualidade do ponto de vista estratégico e não mais do ponto de vista de controle de produção e qualidade, agora com o foco em atender às expectativas e aos desejos diferentes desses consumidores.

No segmento agroalimentar, especificamente, o comportamento no consumo de produtos agroalimentares vem se moldando frente aos vários escândalos alimentares, surgindo grupos de consumidores que buscam valorizar os produtos produzidos localmente, muitas vezes por pequenos agricultores.

Se, por um lado, tem-se a predominância da produção e distribuição de produtos alimentares advindos de sistemas intensivos de produção, em um modelo hegemônico de produção, onde a busca pela padronização do produto se tornou algo incessante pelas empresas, por outro lado tem-se uma evolução na produção e no consumo de produtos alimentares que rompe esse atual modelo, principalmente em alguns países europeus e nos Estados Unidos.

No modelo hegemônico de produção, a jusante na cadeia produtiva, tem-se convivido, ao longo das últimas décadas, com vários escândalos relacionados com a comercialização de alimentos inseguros ao consumo, como a doença da vaca louca em 1997, na Grã-Bretanha, o leite contaminado com soda cáustica e água oxigenada no Brasil, em 2007 e 2013/2014, a influenza aviária na Ásia em 2005/2006, a dioxina em ovos na Alemanha em 2011, entre outros. Tais escândalos estão diretamente relacionados à produção e à distribuição de alimentos por meio de cadeias produtivas longas, onde estão inseridos vários agentes, desde a produção de insumos e a produção agropecuária, até a indústria e os distribuidores.

Além disso, esse modelo, que tem perdurado por décadas, com envolvimento de grandes redes de varejo e de agentes do agronegócio nos segmentos alimentares, tem excluído a agricultura de pequena escala (agricultura familiar).

Autores como Zylbersztajn,[2] Brown e Mitler,[3] Dimitri e Oberholtzer,[4] Cantor e Strochlic,[5] apontam as dificuldades de acesso aos mercados e as dificuldades de melhoria na renda dos pequenos produtores, uma vez que dependem dos intermediários para distribuição de seus produtos. No entanto, em razão da mudança de comportamento no consumo de alimentos na última década, a agricultura familiar e o consumo de produtos locais têm sido valorizados.

Atualmente, surge uma demanda maior de produtos advindos de um modelo que contrapõe aquele de escala global, em que se ressaltam características específicas de qualidade do produto, tais como produção e consumo local, enraizamento, conexão entre produtor e consumidor. As discussões em torno da qualidade dos produtos nesse novo modelo de produção e consumo são recentes, e esta é objeto de estudo de muitos pesquisadores ao redor do mundo, como Migliore, Marsden, Renting, Goodman, Schneider, Brunori, Niederle, Kirwan, entre outros, e necessita de um aprofundamento teórico e prático, tendo em vista as novas demandas dos consumidores por esses produtos e a necessidade dos agricultores, em sua maioria da agricultura familiar, em atendê-las.

A valorização pelo consumidor de produtos regionais que promovam a sustentabilidade somou-se à necessidade dos pequenos produtores, especialmente os agricultores familiares, de acessar e permanecer em mercados competitivos e, dessa forma, contribuir para ampliar ganhos e expandir mercados.[6] Tal constatação foi ressaltada por Marsden,[7] Bakudila,[8] Guadagno,[9] Brunori et al.,[10] Rossi e Brunori[11] e Migliore, Schifni e Cembalo.[12] Esses autores argumentam

2. ZYLBERSZTAJN, D. Organização de cooperativas: desafios e tendências. *Revista de Administração*, São Paulo, v. 29, n. 3, p. 23-32, jul.-set.1994.
3. BROWN, C.; MILLER, S. The impacts of local markets: a review of research on farmers markets and community supported agriculture. *American Journal of Agriculture Economics*, USDA, v. 90, p. 1296-1302, 2008.
4. DIMITRI, C.; OBERHOLTZER, L. The U.S. Organic handling sector in 2004: baseline findings of the nationwide survey of manufacturers, processors, and distributors. *Economic Research Service*, USDA, EIB-36, p. 31, may 2008.
5. CANTOR, A.; STROCHLIC, R. Breaking down market barriers for small and mid-sized organic growers, *Agriculture Marketing Service*, USDA, p. 35, nov. 2009.
6. MATTE, A.; NESKE, M. Z.; BORBA, M. F. S.; WAQUIL, P. D.; SCHNEIDER, S. Relocalização-qualityturn. *Journal of Chemical Information and Modeling*, v. 53, n. 9, p. 1689-1699, 2013.
7. MARSDEN, T. Theorizing food quality: some key issues in understanding its competitive production and regulation. In: HARVEY, M.; MCMEEKIN, A.; WARDE, A. (Ed.). *Qualities of food*. New York: Palgrave, 2004. p. 129-155.
8. BAKUDILA, A. The consumer as "co-producer". In: GIARE, F.; GIUCA, S. *Farmers and short chain:* legal profiles and socio-economic dynamics. Roma: INEA, 2013. p. 129-136.
9. GUADAGNO, R. Reducing intermediaries: the "Zolle" case in Rome. In: GIARE, F.; GIUCA, S. *Farmers and short chain:* legal profiles and socio-economic dynamics. Roma: INEA, 2013. p. 137-142.
10. BRUNORI, G.; CERRUTI, R.; MEDEOT, S.; ROSSI, A. Looking for alternatives: the construction of the organic beef chain. In: MUGELLO, T. *International Journal of Agricultural Resources, Governance and Ecology*, Pisa, Italy, v. 7, p. 126-143, feb. 2008.
11. ROSSI A.; BRUNORI G. Drivers of transformation in the agro-food system: GAS as co-production of alternative food networks. In: ATTIDEL 9TH EUROPEAN IFSA SYMPOSIUM. *Building sustainable rural futures*. The added value of systems approaches in times of change and uncertainty, Austria, *Anais*..., Vienna, Austria: Universität für Bodenkultur, 2010. p. 1913-1931.
12. MIGLIORE, G.; SCHIFNI, G.; CEMBALO, L. Opening the black box of food quality in the short supply chain: effects of conventions of quality on consumer choice. *Food Quality and Preference*, USA, v. 39, p. 141-146, jan. 2015.

que vem ocorrendo uma mudança no comportamento do consumidor, associada mais à questão cultural que econômica, em aspectos que relacionam **alimento** e **território**, uma vez que o consumidor tende a ter uma percepção diferenciada no consumo de produtos alimentares, buscando maior conhecimento com relação ao produto adquirido e até mesmo aos meios de produção do alimento. Diante dos vários escândalos que fomentaram a desconfiança dos consumidores nos sistemas formais de vigilância e a necessidade dos agricultores familiares de se inserirem nos circuitos agroalimentares de produção e distribuição de alimentos, emergiu uma nova forma de produção e consumo de alimentos: as cadeias curtas agroalimentares.[13]

Nesse sentido, cresce a importância dos chamados **canais curtos agroalimentares**, que aproximam o homem (consumidor) do local de produção do alimento (produtor), uma vez que a distância entre produção e consumo vem diminuindo. A fim de compreender melhor o que são de fato as cadeias curtas agroalimentares, o tópico a seguir contextualiza o conceito como um novo – mas não tão novo assim – modelo de produção e consumo de alimentos.

7.2 CADEIAS CURTAS AGROALIMENTARES

Ao estudar as cadeias produtivas agroalimentares, costuma-se referir a uma rede complexa composta por agentes intermediários desde a produção de insumos, produção rural, beneficiamento, até a distribuição e o consumo de alimentos. Em razão da participação de todos esses agentes, denomina-se na literatura esse tipo de configuração de cadeia agroalimentar como **cadeia agroalimentar longa**, uma vez que a interação entre os agentes é praticamente impossível de ocorrer.

Nas cadeias agroalimentares longas, o produto agroalimentar passa a ser como qualquer outra mercadoria. Os critérios de compra pelos consumidores são muitas vezes baseados em preço, marca e alguns atributos que possam diferenciá-los dos demais, mas que muitas vezes encarecem o produto, que passa a ser adquirido conforme o poder aquisitivo do consumidor. Diante desse distanciamento entre produção e consumo, alguns elementos relacionados ao alimento passam a não ser, de fato, vinculados ao alimento, como local de produção, sistema produtivo, quem o produziu, condições da terra, água, paisagem

13. GOODMAN, D. The quality "turn" and alternative food practices: reflections and agenda. *Journal of Rural Studies*, UK, v. 19, p. 1-7, 2003.

e outros aspectos relacionados ao local onde foi produzido, como costumes, tradições e história.

Nesse sentido, a fim de solucionar essa problemática das cadeias agroalimentares longas, algumas empresas, estrategicamente, e visando atender à necessidade de um grupo de consumidores cada vez mais sedentos por informações, desenvolveram alguns mecanismos, como a certificação e os sistemas de rastreabilidade, para satisfazer as necessidades dos consumidores que buscam comprar alimentos com procedência.[14] Em oposição ao modelo de cadeias agroalimentares longas, recentemente cresce um modelo de produção, distribuição e consumo em cadeias agroalimentares curtas.

O modelo de comercialização de produtos em canais curtos, ou comumente chamado **cadeias curtas**, promove uma melhoria na renda do produtor e o acesso a produtos frescos pelo consumidor. É um modelo que traz inúmeras vantagens, seja para o meio ambiente, como redução do consumo de combustíveis, menor necessidade de refrigeração dos produtos e consumo de embalagens, seja para o agricultor, na medida em que há valorização de seu produto e de sua atividade, seja para o consumidor, uma vez que obtém um produto com procedência.[15]

A Figura 7.1 representa a estrutura da extensão das cadeias produtivas agroalimentares.

FIGURA 7.1

Cadeias agroalimentares curtas e longas

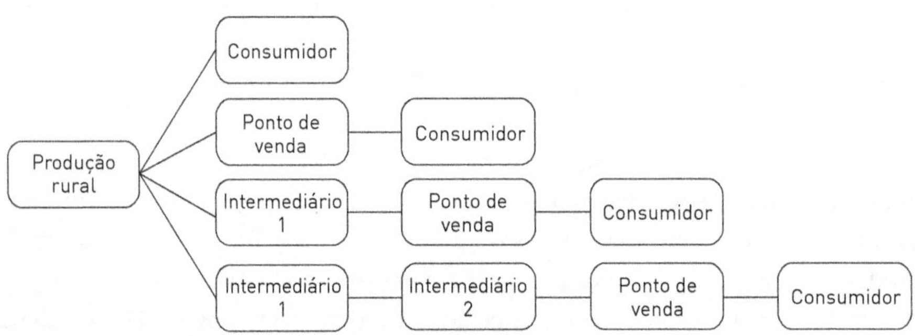

Fonte: elaborada pelos autores.

14. SCHNEIDER, S.; GAZOLLA, M. *Cadeias curtas e redes agroalimentares alternativas:* negócios e mercados da agricultura familiar. Porto Alegre: UFRGS, 2017.

15. GIUCA, S. Understanding the short chain. In: GIARÈ, F.; GIUCA, S. (Ed.). *Farmers and short chain:* legal profiles and socio-economic dynamics. Roma: Istituto Nazionale di Economia Agrária (INEA), 2013. p. 11-27.

Nessa representação de cadeias agroalimentares, tem-se a distribuição dos alimentos seguindo a lógica de quantos intermediários compõem a cadeia produtiva de alimentos. Tais intermediários podem ser desde distribuidores e atacadistas até as indústrias de processamento. O ponto a ser destacado é que, quanto mais distante o consumidor está da fonte produtiva do alimento, menor é a quantidade de informações que possui, indo desde quem produz, onde produz, como produz, até quais são os atributos de segurança do produto.

Alguns autores citam as cadeias curtas pelo simples encurtamento entre as etapas produtivas da cadeia produtiva, reduzindo ao máximo os níveis intermediários entre produção e consumo. No entanto, um grupo de estudiosos utiliza o termo **curto** não para dirigir-se a um simples canal de venda direta, ou uma redução da extensão da cadeia produtiva, mas como um canal onde as informações a respeito do produto, sobre onde e como ele foi produzido, são conhecidas pelo consumidor final.

Nesse sentido, Marsden – geógrafo e sociólogo britânico que estudou cadeias curtas no fim da década de 1990 – propõe o uso deste termo para indicar a aproximação existente entre produção e consumo, tendo como propósito pensar os espaços alternativos fora dos espaços hegemônicos nos processos de produção, distribuição e consumo de alimentos.[16] Segundo ele, o termo associado ao produto é um atributo que pretende carregar informações sobre origem (quem produz), espaço de produção (onde é produzido), valores (aspectos relacionados com a cultura, história do local, questões de etnia e sociais) e método de produção (diferenciando-se dos convencionais).

Podemos classificar as cadeias curtas em três configurações que se diferenciam pela interação entre produtor e consumidor por critérios de tempo e de espaço físico, conforme mostra o Quadro 7.1.[17]

A diferença entre essas três configurações se dá principalmente em relação à distância física e temporal entre produção e consumo. No entanto, as três configurações buscam aproximar produção e consumo, seja por meio do contato direto (face a face), seja por meio de informações obtidas na aquisição do produto (proximidade espacial ou espacialidade estendida).

Ressalta-se que, no último nível de cadeia curta, a espacialidade estendida, temos um alongamento da cadeia produtiva em termos físicos e de número de intermediários, sendo então fisicamente conceituada como uma

16. MARSDEN, T. Theorizing food quality: some key issues in understanding its competitive production and regulation. In: HARVEY, M.; MCMEEKIN, A.; WARDE, A. (Ed.). *Qualities of food*. New York: Palgrave, 2004. p. 129-155.

17. RENTING, H.; MARSDEN, T.; BANKS, J. Understanding alternative food networks: exploring the role of short food supply chains in rural development. *Environment and Planning A: Economy and Space*, UK, v. 35, n. 3, p. 393-411, mar. 2003.

cadeia agroalimentar longa, mas que, ao utilizar mecanismos que permitem agregar informações ao produto, como quem produz, como produz, características locais da produção, entre outras características, permite ao consumidor sentir-se mais próximo da fonte produtiva do alimento, uma vez que acredita nas informações agregadas ao produto.

QUADRO 7.1

Categorias da cadeia curta de abastecimento alimentar

Categoria	**Face a face**	**Proximidade espacial**	**Espacialidade estendida**
Característica	Os consumidores adquirem os produtos diretamente dos produtores locais; a interação pessoal entre os agentes gera confiança e legitimidade quanto à autenticidade e sua origem. Essa categoria assemelha-se à definição de venda direta.	Os consumidores adquirem os produtos em pontos de venda, mas são informados sobre a região específica onde foram produzidos. Em razão de a relação com o consumidor não ser de venda direta, muitas vezes necessita-se de arranjos institucionais mais complexos.	Os produtos são vendidos aos consumidores fora da região de produção; podem percorrer longas distâncias físicas, mas carregam informações da produção, do produto, da região ou do produtor.
Tipos	Loja de produtos vindos da agricultura; comercialização pelo agricultor na propriedade; colheita pelo próprio consumidor; venda à beira da estrada; entrega em domicílio; entrega pelo correio; venda pela internet; feiras agroecológicas.	Grupos de lojas de produtos vindos da agricultura; marca regional; cooperativas Consumidoras; *Community Supported Agriculture* (CSA); rotas temáticas (articulação com o espaço); eventos especiais e feiras (articulação no tempo); lojas locais, restaurantes e empresas de turismo; varejistas especializados (comidas especiais, lojas dietéticas); abastecimento de instituições (cantinas e escolas).	Rótulo de certificação; código de produção; efeito de reputação (exemplo: indicação geográfica, *fair trade*, Selo de Identificação da Participação da Agricultura Familiar – Sipaf).

Fonte: adaptado de RENTING et al., 2003.

Assim, o significado de "curto" para cadeias vai muito além do espaço físico, indo em direção a uma integração entre indivíduos, concretizada pela intenção de compra do consumidor no que se refere à motivação ecológica, cultural e social.

7.3 QUALIDADE EM CADEIAS CURTAS AGROALIMENTARES

Os mercados de cadeias agroalimentares curtas são significativos, pois "possuem a capacidade de ressocializar ou [...] reespacializar o alimento, permitindo ao consumidor fazer julgamento de valor".[18]

Os produtos advindos de cadeia curtas carregam muitas informações quando chegam ao consumidor, e, dentre tantas, a qualidade passa a ser um fator relevante na construção de uma relação sólida de confiança entre produtores e consumidores, fomentada pela produção local, tanto na produção agroecológica como na artesanal.

Na ótica da gestão da qualidade em sistemas produtivos agroalimentares, no modelo hegemônico de produção e consumo de alimentos, a qualidade do produto é definida conforme os atributos que possui, sejam eles objetivos, ocultos (característica nutricionais e higiênicas) ou subjetivos (características valorizadas pelo consumidor ligadas a forma, cheiro, textura, sabor etc.).[19, 20] A qualidade, nesse sentido, é avaliada por meio de normas ou atendimento aos padrões físicos e/ou percebidos pelo consumidor no ato da compra ou no consumo dos produtos.

Quando relacionamos o produto com sua qualidade, especificamente o alimento, as características são percebidas pelo consumidor diante de três perspectivas:[21]

1. **bens de pesquisa:** quando a qualidade é avaliada antes da compra (avaliação preço, cor, tamanho etc.);
2. **bens de experiência:** quando a qualidade é avaliada após a compra e o consumo do produto (sabor, cheiro, gosto etc.);

18. MARSDEN et al., 2000.
19. SCALCO, A. R.; SOUZA, R. D. C. Qualidade na cadeia de leite: diagnóstico e proposição de melhorias. *Organizações Rurais e Agroindustriais*, Lavras, v. 8, n. 3, p. 368-377, nov. 2006.
20. TOLEDO, J. C. Conceitos básicos de qualidade de produto, Apostila, *GEPEQ – Grupo de Estudo e Pesquisa em Qualidade*, Programa de Pós-Graduação em Engenharia de Produção, UFSCar, 2006.
21. DOUGLAS, E. J. *Managerial economics:* analysis and strategy. New Jersey: Prentice-Hall, 1992. p. 665.

3. **bens de crença:** atributos relacionados à segurança do produto e outras características não percebidas no ato da compra e durante seu consumo (inexistência de contaminação química ou microbiológica do produto, métodos e local de produção).

Quando a qualidade é abordada em cadeias curtas, os atributos relacionados aos bens de crença vão além dos atributos de segurança do alimento, reforçando o critério de construção social, no sentido de apoiar a agricultura local. Sendo assim, os atributos valorizados pelo consumidor reforçam aspectos relacionados a enraizamento, confiança e lugar.[22]

Dessa maneira, surge outro conceito denominado *quality turn* ou "virada da qualidade". Tem-se, então, uma mudança no conceito de qualidade do *industrial world*, que ressalta os aspectos de padronização de produtos e processos, para o *domestic world*, que ressalta os aspectos relacionados com confiança, tradição, costumes, história, lugar e práticas ecológicas.[23, 24]

Tal conceito vem da **teoria das convenções**, que aborda os aspectos sociológicos nos processos de avaliação da qualidade do produto pelo consumidor, em que a ênfase passa da dinâmica de mercado, em termos de decisão de compra com base no preço (convenção de mercado), para a dinâmica da construção social endógena, em que a avaliação da qualidade é medida pela interação entre os indivíduos que interpretam e coordenam a qualidade durante as transações de mercado. Nesse sentido, Ferrari[25] afirma que "o mercado não é o resultado do encontro despersonalizado de indivíduos egoístas guiados pelo interesse, mas o produto de convenções, de representações socialmente compartilhadas sobre o mundo".

Nos últimos anos, as mudanças no comportamento do consumo têm modificado a valorização dos atributos de qualidade no sistema agroalimentar, enfatizando produtos artesanais, os quais não necessariamente seguem as normas formais regulamentares, mas valorizam os aspectos sociais ligados ao local de produção, origem do produto e as formas tradicionais do "saber fazer".[26]

22. MARSDEN, T. New rural territories: regulating the differentiated rural spaces. *Journal of Rural Studies*, UK, v. 14, p. 107-117, jan. 1998.
23. MURDOCH, J.; MIELE, M. "Back to nature": changing "worlds of production" in the food sector. *Sociologia Ruralis*, UK, v. 39, n. 4, p. 465-483, 1999.
24. MURDOCH, J. Talking ecologically. *Journal of Environmental Policy & Planning*, UK, v. 1, n. 2, p. 87-92, 2000.
25. FERRARI, D. L. *Cadeias alimentares curtas: a construção social em mercados de qualidade pelos agricultores familiares em Santa Catarina*. 345 f. Tese (Doutorado em Desenvolvimento Rural) – Faculdade de Ciências Econômicas, Universidade Federal do Rio Grande do Sul (UFRGS), Porto Alegre, 2011. Disponível em: <https://lume.ufrgs.br/handle/10183/49829>. Acesso em: 13 mar. 2019.
26. MORENO, M. C. H.; MEDINA, A. F. La calidad en el sistema agroalimentario globalizado. *Revista Mexicana de Sociología*, México, v. 76, n. 4, p. 557-582, 2014.

Segundo Niederle,[27] "a convenção prescreve uma forma de ação a ser adotada sem precisar, para isso, constituir um regulamento formal, mesmo que às vezes possa institucionalizar-se em uma regra ou norma escrita".

A avaliação da qualidade em cadeias curtas agroalimentares é realizada por meio das **convenções informais**, como cívica, doméstica e de estima, e **convenções formais**, como as normas de produto e produção. Na avaliação da qualidade, adiciona-se ainda a convenção de mercado, realizada por meio do preço e status na aquisição dos produtos.

Dentre as convenções informais, na **convenção cívica**, os participantes da transação, ao avaliarem a qualidade do produto agroalimentar, o fazem mediante os benefícios gerados na sociedade como um todo, conferindo importância em atributos, como *foodmiles* e créditos de carbono, onde, ao adquirir os produtos, os consumidores estão preocupados com senso de justiça, responsabilidade, compromisso e sustentabilidade.[28, 29] Ressalta-se, também, uma preocupação com a economia e com o desenvolvimento social local onde o produto é produzido e comercializado, contribuindo para o município ou região.[30]

Na **convenção doméstica**, a avaliação da qualidade do produto é realizada levando em consideração o local onde o alimento é produzido, reforçando as questões relacionadas a tradição, lugar e enraizamento. Nessa convenção, são valorizados os produtos que carregam a informação do "saber tradicional", valorizando os saberes passados de geração em geração.

Na **convenção de estima**, levam-se em consideração critérios relacionados aos sentimentos de confiança, amizade, respeito, reconhecimento, convivência e comunicação.[31, 32] Os consumidores, quando adquirem produtos em cadeias curtas, o fazem muitas vezes pelo respeito ao trabalhador daquele local e criam

27. NIEDERLE, P. A. *Compromissos para a qualidade: projetos de indicação geográfica para vinhos no Brasil e na França.* 2011. 263 f. Tese (Doutorado em Ciências Sociais) – Instituto de Ciências Humanas e Sociais, Universidade Federal Rural do Rio de Janeiro (UFRRJ), Rio de Janeiro, 2011. Disponível em: <https://www.researchgate.net/publication/49132135_Compromissos_para_a_qualidade_projetos_de_indicacao_geografica_para_vinhos_no_Brasil_e_na_Franca>. Acesso em: 13 mar. 2019.

28. KIRWAN, T. The interpersonal world of direct marketing: examining conventions of quality at UK farmers' markets. *Journal of Rural Studies*, UK, v. 22, n. 3, p. 301-312, jul. 2006.

29. CLIMENT-LÓPEZ, E.; SÁNCHEZ-HERNÁNDEZ, J. L.; CANTO-FRESNO, C.; ALONSO-SANTOS, J. L.; RAMÍREZ-GARCÍA, S.; RODERO-GONZÁLEZ, V.; RUIZ-BUDRÍA, E. Measuring quality conventions in the food industry: applications to the wine sector in Spain. *Geoforum*, UK, v. 56, p. 148-160, sep. 2014.

30. BUDRÍA et al. La calidad del vino a la luz de la teoría de las convenciones: aplicación a las denominaciones de origen aragonesas. *Estudios Geográficos*, Espanha, v. 74, n. 274, p. 231-254, 2013.

31. MORRIS, C.; KIRWAN, J. Exploring the ecological dimensions of producer strategies in alternative food networks in the UK. *Journal of the European Society for Rural Sociology*, UK, v. 51, n. 4, p. 349-369, oct. 2011.

32. RIKKONEN, P.; KOTRO, J.; KOISTINEN, L.; PENTTILÄ, K.; KAURIINOJA, H. Opportunities for local food suppliers to use locality as a competitive advantage: a mixed survey methods approach. *Acta Agriculturae Scandinavica, Section B – Soil & Plant Science*, UK, v. 63, p. 29-37, mar. 2013.

laços de amizade e confiança, indo muito mais além do que simplesmente a pura transação comercial.

Ressalta-se que, além das convenções informais anteriormente citadas, têm-se as convenções formais, isto é, as instituições onde a avaliação da qualidade é medida por critérios formais, como os sistemas de certificação. Têm-se, nesse sentido, produtos com selos de reputação local, como "indicação geográfica", "*fair trade*", "aqui tem agricultura familiar", os quais buscam transmitir informações de uma característica (ou várias) do local de produção ou o fortalecimento da agricultura familiar. Nesse sentido, a valorização de produtos agroalimentares em cadeias curtas não se faz somente por meio da proximidade física entre consumidor e agricultor. Os produtos com selo de origem ou identificação geográfica buscam informar atributos culturais e ecológicos relativos a determinadas regiões a fim de ressaltar a qualidade do produto.[33]

Alguns estudos foram realizados no sentido de relacionar as convenções da qualidade às cadeias curtas agroalimentares. Ressalta-se que cada estudo procurou identificar as motivações dos consumidores e os atributos de qualidade relacionados.

O estudo de Migliore, Schifani e Cembalo,[34] no sul da Itália, na Sicília, utilizou a teoria das convenções de qualidade para identificar as convenções de qualidade supracitadas em um tipo de cadeia curta (face a face), no mercado de agricultores de produtos orgânicos, e observou que todas as convenções (cívica, doméstica e de estima) são consideradas na escolha no momento de compra de produtos, com menor peso para as convenções formais (certificação). No entanto, tal pesquisa se limitou a um canal de distribuição e em um tipo de cadeia curta. Em outra pesquisa, Rikkonen[35] identificou, na cadeia de porcos na Finlândia, que os consumidores desse produto preferem adquiri-lo diretamente do produtor, em razão da maior confiança no produto proporcionada pela facilidade de comunicação com o produtor.

Percebe-se que, ao tratar de qualidade em cadeias curtas, onde se tem maior proximidade do produtor com o consumidor, a avaliação da qualidade do produto se faz muito similar aos momentos iniciais da evolução da gestão da qualidade abordada por Garvin nas eras da qualidade (a era de inspeção da qualidade), onde era possível entregar ao consumidor um produto único que atendesse às suas necessidades, avaliadas na relação direta entre produtor e consumidor. Nesse

33. MORGAN, K.; MARSDEN, T.; MURDOCH, J. *Worlds of food:* place, power, and provenance in the food chain. Oxford: Oxford University Press, 2006.

34. MIGLIORE, G.; SCHIFNI, G.; CEMBALO, L. Opening the black box of food quality in the short supply chain: effects of conventions of quality on consumer choice. *Food Quality and Preference*, USA, v. 39, p. 141-146, jan. 2015.

35. RIKKONEN et al., 2013.

sentido, a abordagem de cadeia curta agroalimentar remonta às formas de comercialização e socialização do alimento realizadas a anos atrás.

O conceito de *quality turn* ainda não está totalmente consolidado, e, além do mais, existem correntes diferentes quando se trata dessa temática. As pesquisas em torno do *quality turn* com os norte-americanos, normalmente, são discutidas com a influência de grupos ativistas, acadêmicos e leigos, preocupados com a transformação sociopolítica das redes alternativas agroalimentares, ao passo que a investigação europeia se concentra mais fortemente nas mudanças institucionais incrementais, sendo abordada, explícita ou implicitamente, por grupos políticos.[36]

"Enraizamento, confiança e lugar" (e suas variações) são os pilares fundamentais em termos conceituais do *quality turn*. No entanto, existem ainda divergências quanto ao seu uso em contextos e aplicações diferentes, uma vez que o termo é utilizado de maneira generalizada para todas as cadeias curtas e seus canais – o que acreditamos não ser possível face às particularidades de cada tipo de cadeia curta e de cada canal de distribuição.

Ferrari aponta que os atributos e critérios de qualidade variam entre os diferentes países. Como exemplos, cita estudos de Marsden,[37] onde, ao sul da Europa (Itália, França e Espanha), a qualidade é medida pelas atividades de produção regional e tradição de muitos anos, reforçando atributos culturais, de conhecimento local, de tradição, da agricultura familiar local e alimentos artesanais. No oposto dessa perspectiva, em países do norte da Europa (Reino Unido, Alemanha e Holanda), as convenções locais e ecológicas estão enraizadas dentro de um contexto industrial e mercantil, com preocupações voltadas a saúde e segurança.

Em outro estudo, Dvortsin e Brunori[38] observaram o fenômeno da "virada da qualidade" no contexto da Europa Oriental, uma vez que na Ucrânia, levando em consideração o contexto, onde no passado o Estado era atuante e participava efetivamente na produção e distribuição dos alimentos, hoje vê-se o país com abastecimento de alimentos provenientes de dois modelos distintos e fortemente marcantes: o das cadeias longas, onde os supermercados são os principais canais de venda, e o das cadeias curtas, com representatividade das feiras livres, de agricultores, bancas de estrada etc.

Mesmo que ainda pouco representativos, grupos de consumidores de elite e de movimentos sociais preocupados com as compras de produtos com qua-

36. LAMBERT, D M.; ENZ, G. Issues in supply chain management: progress and potential. *Industrial Marketing Management*, v. 62, n. 4, p. 1-16, 2017.
37. MARSDEN, 2004.
38. DVORTSIN, L.; BRUNORI, G. Reflexões sobre o fenômeno da "virada da qualidade" no contexto da Europa Oriental: o caso do movimento por alimento local da Ucrânia. In: SCHNEIDER, S.; GAZOLLA, M. *Cadeias curtas e redes agroalimentares alternativas:* negócios e mercados da agricultura familiar. Porto Alegre: UFRGS, 2017.

lidade, especialmente produtos sustentáveis, têm levado os supermercados, e a rede varejista em geral, a investirem na tendência do *quality turn*, os quais procuram se abastecer de produtos que tenham tal diferenciação, como orgânicos certificados, artesanais e ainda provenientes da organização de movimentos por alimentação local. O contexto de cadeias curtas e *quality turn* na Ucrânia está mais configurado na relocalização, no retorno às práticas tradicionais no sistema de abastecimento alimentar. Ressalta-se, por outro lado, também um aspecto específico da comunidade ucraniana com a agricultura, uma vez que cerca de 30% dos ucranianos têm relação de parentesco com agricultores de pequena escala, sendo possível o autoabastecimento.

Goodman[39] compilou vários outros artigos que trataram da temática de *quality turn* no evento intitulado International Perspectives on Alternative Agro-Food Networks: Quality, Embeddedness, Bio-Politics, heldatthe University of California, realizado em Santa Cruz, em outubro de 2001. Nesse artigo, o autor aborda os vários elementos que se referem ao *quality turn* nos trabalhos apresentados no evento: transparência, rastreabilidade, enraizamento (ecológico e social), produto local, identidade regional, identidade cultural e confiança. Agregam-se a esse conjunto a relocalização (reconexão, história e tradição)[40] e o modo de produção. Como se vê, o escopo, no que diz respeito aos atributos de qualidade em cadeias curtas, em suas mais diferentes tipologias, abrange uma gama de atributos, alguns convergentes e outros divergentes entre si.

Kjeldsen, Deleuran e Noe[41] fizeram um estudo em uma cadeia curta de produção de sal (para alimentos, medicamentos, terapias etc.) na Dinamarca e verificaram o processo de relocalização, na integração produtor e consumidor, identificando que o termo **curto** para essa cadeia específica refere-se mais ao contexto **social** do que **espacial**, ao que ele chamou de **ressocialização**, uma vez que visitantes de vários locais da Dinamarca frequentam e adquirem produtos dessa região em razão de seu contexto histórico, visto o processo histórico-cultural de revitalização de uma área anteriormente de grande pobreza. Segundo os autores, mesmo em locais distantes, a interação entre produtor e consumidor gerou um processo de troca de experiências e aprendizagem.

Niederle[42] reconhece a crescente demanda por produtos artesanais, tradicionais e agroecológicos para os quais as noções convencionais de qualidade

39. GOODMAN, 2003.
40. FONTE, M. Knowledge, food and place: a way of producing, a way of knowing. *Sociologia Ruralis*, UK, v. 48, n. 3, p. 200-222, 2008.
41. KJELDSEN, C.; DELEURAN, L. C.; NOE, E. The quality turn in the Danish food scape: new food chains emerging – new territorial impacts? *Acta Agriculturae Scandinavica, Section B – Soil & Plant Science*, UK, v. 63, p. 19-28, 2013.
42. NIEDERLE, 2011.

não fazem mais sentido, sendo necessário incorporar um novo conjunto de valores sociais como origem, forma de produção, igualdade social e costumes.

No Brasil, um estudo realizado por Scarabelot e Schneider,[43] cujo objetivo era analisar o processo de construção social das iniciativas de produção, industrialização e comercialização de produtos alimentares da agricultura familiar no município de Nova Veneza, sul de Santa Catarina, veio comprovar a afirmação de que os atributos de qualidade constatados nas cadeias agroalimentares curtas em Nova Veneza ressaltam aspectos imateriais como cultura, gastronomia, paisagens, arquitetura, que podem ser agregados à noção contemporânea de qualidade. Os pesquisadores observam que

> é fundamental que o "produto típico" conserve suas características sem desprezar quesitos que garantam sua qualidade em todos os parâmetros, bem como é imprescindível avançar no debate sobre os dispositivos que permitem ao consumidor associar a procedência do alimento a identidades e valores culturais (...) há inúmeros temas a serem desbravados, como o debate sobre a "qualidade" e suas múltiplas dimensões, que ainda são muito incipientes e não chegaram de forma clara aos agricultores, consumidores, gestores públicos e técnicos.

Tal proposição é reforçada por Niederle – que concorda com relação à necessidade do debate da temática "qualidade" especificamente em cadeias curtas –, "a noção de qualidade é complexa, sendo que o seu significado deve variar de produtos específicos e entre indivíduos, regiões e países. É socialmente construída por meio da interação entre os diferentes atores".[44] A qualidade depende de fatores econômicos e sociais, regiões e países que interferem no nível de inovação de processos e, portanto, na percepção da qualidade dos alimentos.[45]

O impacto ambiental (do produto e/ou do seu processo produtivo) pode ser considerado uma dimensão da qualidade, assim como segurança do alimento, preço ou circunstâncias sociais sob as quais os produtos são fabricados e as matérias-primas, fornecidas. Assim, nem todas essas dimensões são visíveis para os agentes da cadeia produtiva, e particularmente no que se refere à dimensão ambiental, as circunstâncias da produção sustentável não podem ser reveladas no produto final sem o fornecimento de informações adicionais no próprio produto final, tais como códigos de rastreabilidade, rótulos de qualidade, origem

43. SCARABELOT, M.; SCHNEIDER, S. As cadeias agroalimentares curtas e o desenvolvimento local: um estudo de caso no município de Nova Veneza/SC. *Faz Ciência*, Francisco Beltrão, v. 14, n. 19, p. 101-130, jan.-jun. 2012.
44. ILBERY, B.; KNEAFSEY, M. Producer constructions of quality in regional specialty food production: a case study from south west England. *Journal Rural Studies*, v. 16, p.217-230, 2000.
45. CIDELL, J. L.; ALBERTS, H. C. Constructing quality: the multinational histories of chocolate. *Geoforum*, UK, v. 37, n. 6, p. 999-1007, feb. 2006.

do produto, isenção do uso de agrotóxicos, aspectos específicos e diferenciados da região de produção etc.[46]

Especificamente nos produtos cuja qualidade é valorizada por sua origem, surgem os aparatos institucionais para garantia da informação, tais como os certificados de denominação de origem e os de indicação geográfica.[47] Esses produtos carregam atributos relacionados ao local de produção em termos de características climáticas, de solo, vegetação e métodos de produção, bem como características das comunidades relacionadas.[48]

A literatura internacional, e um pouco menos a literatura nacional, aborda uma gama de atributos relacionados à qualidade do produto no que se refere ao consumo de produtos em cadeias curtas, conforme já citado acima. Para compreender como tal temática é inserida no contexto brasileiro, foi realizado um estudo, em uma loja de produtos da agricultura familiar local, que buscou compreender as motivações que levaram um grupo de agricultores a institucionalizar uma loja de produtos da agricultura para consumidores da cidade de São Paulo.

ESTUDO DE CASO 7.1

Síntese de investigação realizada em uma loja de produtos locais

O Armazém do Campo é uma loja de produtores rurais, ligada ao Movimento dos Trabalhadores Rurais Sem-Terra (MST), localizada em São Paulo, na Alameda Eduardo Prado, 499, Campos Elísios. Inaugurado no dia 30 de julho de 2016, o Armazém nasceu de uma demanda do MST, que tinha a ideia de eliminar atravessadores para realizar as atividades de varejo, pois, de acordo com o movimento, a maior parte da produção dos assentamentos existentes no Brasil é comercializada em nível local, o que não justifica a ação de intermediários.

⇛

46. WOGNUM, P. M.; BREMMERS, H.; TRIENEKENS, J. H.; VAN DER VORST, J. G. A. J.; BLOEMHOF, J. M. Systems for sustainability and transparency of food supply chains: current status and challenges. *Advanced Engineering Informatics*, Amsterdam, v. 25, n. 1, p. 65-76, jan. 2011.

47. BUDRÍA et al., 2013.

48. ANJOS, F. S.; SILVA, F. N.; CALDAS, N. V.; POLLNOW, G. E. São as indicações geográficas um instrumento para o desenvolvimento dos territórios? Estudo de caso sobre duas experiências no estado do Rio Grande do Sul. *Política e Sociedade*, Florianópolis, v. 13, n. 26, jan.-abr. 2014.

⇛

A construção desse modelo de negócio comercial nasceu com base em consumidores que apoiam o movimento e ajudaram no desenvolvimento da loja, como nas características físicas, arquitetura, design, cores e análise de viabilidade. Outro ponto que contribuiu para a criação da loja foi a percepção por parte dos idealizadores quanto ao grande número de pessoas que buscam alimentos com menos agrotóxicos. Além do mais, o Armazém nasceu em uma perspectiva de comercialização de alimentos da reforma agrária oriundas da agricultura agroecológica e orgânica, formada por pequenos produtores.

Atualmente, a loja mantém um fluxo médio de três mil clientes mensais. Em uma pesquisa realizada com 51 desses consumidores em março de 2018, notou-se que apenas 13% dos entrevistados possuem idade inferior a 30 anos, sendo que 49% possuem idade entre 31 e 40 anos. Outro ponto observado é que apenas 19,60% não possuem curso superior completo e, dos que já possuem o curso superior (80,40%), 56,10% já iniciaram ou concluíram a pós-graduação. Com relação à renda familiar, 5,9% possuem renda de até dois salários mínimos. Ao todo, 88,3% dos entrevistados possuem renda superior a três salários mínimos, sendo que 35,3% recebem de três a cinco salários, 25,5% recebem de 5 a 10 salários e 21,6% recebem de 10 a 15 salários. Percebe-se, nesse sentido, que o público consumidor do Armazém é um grupo de consumidores, em sua maioria, maduros, escolarizados e de classe média.

O grande desafio das pequenas lojas do varejo, como o Armazém, é sobreviver em meio às grandes redes que priorizam as escalas e a padronização dos produtos comercializados. Com essa estratégia, os preços praticados nas grandes redes do varejo são inferiores aos preços dos produtos comercializados no Armazém do Campo. Dessa maneira, a estratégia praticada pelo Armazém está relacionada à diferenciação de seus produtos pela qualidade, reforçando em suas campanhas de divulgação a importância de comer alimentos sem agrotóxicos, da relação de proximidade com o produtor e da compatibilização dos mesmos ideais filosóficos e políticos dos clientes.

Outro destaque é o atendimento, no qual o consumidor pode escolher ter um atendimento personalizado com a presença das vendedoras da loja, podendo tirar dúvidas sobre os produtos, como locais e características de produção e preparo desses alimentos. Agregado à loja, além da comercialização de produtos, o Armazém realiza eventos culturais, todas as sextas-feiras e sábados, onde vários cantores locais e regionais fazem shows que remetem à cultura popular. Nesses eventos há maior aglomeração de pessoas, e os consumidores ficam satisfeitos com o ambiente de descontração para conversarem e degustarem os produtos *in natura* ou pratos preparados pelo estabelecimento, além da cerveja artesanal que é tradição do local.

⇛

⇛

O principal produto produzido por assentados do MST e comercializado pelo Armazém é o arroz orgânico da marca "Terra Livre", vindo da região de Porto Alegre, dos tipos agulhinha, integral e cateto. Outro produto que tem significativa importância é o feijão-preto e o carioca, que vêm do interior de São Paulo, normalmente de Itapeva. O leite, da marca "Terra Viva", está entre os produtos mais procurados e é proveniente da Cooperativa Central de Reforma Agrária de Santa Catarina, também ligada ao MST.

A entrevista com consumidores evidenciou que 80,4% dos entrevistados compram algum tipo de cereal no Armazém, entre eles o arroz e o feijão. Além disso, mais da metade dos entrevistados consome também leites e derivados, frutas, legumes e verduras. Todos esses produtos têm como principal característica o fato de serem oriundos de assentamentos ou de produção orgânica, sem agrotóxicos. Para que esses produtos cheguem às prateleiras do Armazém e também de outros clientes varejistas, o MST conta com uma rede de distribuição organizada, com elos em praticamente todo o território nacional, apoiado pelas governanças regionais.

Os hortifrutigranjeiros representam 22% do volume de vendas e vêm de um assentamento localizado em São Paulo e outro localizado em Franco da Rocha, na Grande São Paulo. As cervejas artesanais são produzidas por cinco integrantes do movimento que entregam o produto no estabelecimento, sendo produtores da Grande São Paulo.

O propósito do Armazém é vender primeiro os produtos da reforma agrária, mesmo que sejam de outros movimentos; posteriormente, vender os produtos da agricultura familiar; em terceiro lugar, os produtos orgânicos; e, por fim, agregar à loja literatura, música, cultura e teatro. Nesse sentido, o Armazém tem oficinas de teatro, atividades programadas de lançamentos de livros e músicas, promove debates sobre futebol, política e demais temas de importância social.

A relação do Armazém com os produtores e consumidores é cercada de muito respeito e confiança, onde, mesmo não havendo contratos formais de compra com os assentados, eles têm prioridades no portfólio de produtos da loja. Produtos que não são produzidos por assentados são adquiridos de fornecedores que necessariamente mantenham alguma relação comercial com o MST, como é o caso de um box na Companhia de Entrepostos e Armazém Gerais de São Paulo (Ceagesp), que vende produtos orgânicos. Ele troca as mercadorias que possui por arroz produzido por assentados do MST, não havendo, assim, circulação de dinheiro, mas apenas de mercadorias.

Em termos de gestão, o Armazém realiza toda segunda-feira uma reunião com a coordenação do MST para analisar os movimentos comerciais da semana e tomar decisões, como as estratégias de comercialização, as orientações para

⇛

os assentados e alterações no portfólio de produtos feitas em função de demanda ou sazonalidade da produção. Assim, produtos que saem do portfólio, bem como os que ingressam, são avaliados. Atualmente, o Armazém possui em torno de 500 itens à venda, mas a tendência é reduzir para 400, pois alguns produtos necessitam de mais espaços em prateleiras ocupadas por produtos de baixa rotatividade de vendas.

O Armazém também faz algumas exigências para o produtor, como a entrega das verduras embaladas e a disponibilização de informações legais nos rótulos, como validade dos produtos e outros, mas alguns produtores não conseguem cumprir essas exigências. De modo geral, todos os produtos atendem às exigências sanitárias. Contudo, alguns produtos artesanais não possuem rótulos ou mesmo embalagens, como é o caso de doces vendidos por um assentado que disponibiliza o produto todas as semanas e o produz de forma artesanal. Mesmo assim, os consumidores não deixam de consumir esses produtos, pois, de acordo com eles, há um compartilhamento de valores ligados ao respeito por quem produz, a preservação do meio ambiente, a preocupação com o desenvolvimento do local de produção e o fato de o produto ser feito de forma artesanal por comunidades que necessitam de apoio. Assim, a boa relação garante que esse conjunto de atributos seja cumprido pelos produtos da loja.

Na visão da empresa, a maior dificuldade é estimular os produtores a se interessarem pelas atividades de processamento de produtos e venda no varejo, seguindo exemplos como os que ocorrem do Sul do país, onde muitas agroindústrias formadas por associações ou grupo de pequenos produtores têm surgido nos últimos anos, com o objetivo de agregar maior valor à produção agrícola, mantendo as tradições por meio de alimentos saudáveis que carregam um conjunto de significados e valores.

CONSIDERAÇÕES FINAIS

Como observado nos estudos relacionados com a qualidade em cadeias curtas, podemos concluir que os atributos de qualidade dos produtos agroalimentares estão atrelados, além da contextualização local de cada região, que traz sua história social, cultural, ecológica e política, os valores locais ou regionais, as especificidades de cada canal de distribuição e a tipologia de cadeia curta, seja ela face a face, por proximidade espacial ou espacialmente estendida.

REFERÊNCIAS

ANJOS, F. S.; SILVA, F. N.; CALDAS, N. V.; POLLNOW, G. E. São as indicações geográficas um instrumento para o desenvolvimento dos territórios? Estudo de caso sobre duas experiências no estado do Rio Grande do Sul. *Política e Sociedade,* Florianópolis, v. 13, n. 26, jan.-abr. 2014.

BAKUDILA, A. Theconsumer as "co-producer". In: GIARE, F.; GIUCA, S. *Farmers and short chain:* legal profiles and socio-economic dynamics. Roma: INEA, 2013.

BROWN, C.; MILLER, S. The impacts of local markets: a review of research on farmers markets and community supported agriculture. *American Journal of Agriculture Economics,* USDA, v. 90, p. 1296-1302, 2008.

BRUNORI, G.; CERRUTI, R.; MEDEOT, S.; ROSSI, A. Looking for alternatives: the construction of the organic beef chain. In: MUGELLO, T. *International Journal of Agricultural Resources, Governance and Ecology,* Pisa, Italy, v. 7, p. 126-143, feb. 2008.

CANTOR, A.; STROCHLIC, R. Breaking down market barriers for small and mid-sized organic growers. *Agriculture Marketing Service,* USDA, p. 35, nov. 2009.

CIDELL, J. L.; ALBERTS, H. C. Constructing quality: the multinational histories of chocolate. *Geoforum,* UK, v. 37, n. 6, p. 999-1007, feb. 2006.

DIMITRI, C.; OBERHOLTZER, L. The U.S. Organic handling sector in 2004: baseline findings of the nationwide survey of manufacturers, processors, and distributors. *Economic Research Service,* USDA, EIB-36, p. 31, may 2008.

DOUGLAS, E. J. *Managerial economics:* analysis and strategy. New Jersey: Prentice-Hall, 1992.

DVORTSIN, L.; BRUNORI, G. Reflexões sobre o fenômeno da "virada da qualidade" no contexto da Europa Oriental: o caso do movimento por alimento local da Ucrânia. In: SCHNEIDER, S; GAZOLLA, M. *Cadeias curtas e redes agroalimentares alternativas:* negócios e mercados da agricultura familiar. Porto Alegre: UFRGS, 2017.

FERRARI, D. L. *Cadeias alimentares curtas: a construção social em mercados de qualidade pelos agricultores familiares em Santa Catarina.* 2011. 345 f. Tese (Doutorado em Desenvolvimento Rural) – Faculdade de Ciências Econômicas, Universidade Federal do Rio Grande do Sul (UFRGS), Porto Alegre, 2011. Disponível em: <https://lume.ufrgs.br/handle/10183/49829>. Acesso em: 13 mar. 2019.

FONTE, M. Knowledge, food and place: a way of producing, a way of knowing. *Sociologia Ruralis,* UK, v. 48, n. 3, p. 200-222, jun. 2008.

GARVIN, D. A. *Gerenciando a qualidade:* a visão estratégica e competitiva. Rio de Janeiro: Qualitymark, 1992.

GIUCA, S. Understanding the short chain. In: GIARÈ, F.; GIUCA, S. (Ed.). *Farmers and short chain:* legal profiles and socio-economic dynamics. Roma: Istituto Nazionale di Economia Agrária (INEA), 2013.

GOODMAN, D. The quality "turn" and alternative food practices: reflections and agenda. *Journal of Rural Studies*, UK, v. 19, p. 1-7, 2003.

GUADAGNO, R. Reducing intermediaries: the "Zolle" case in Rome. In: GIARE, F; GIUCA, S. *Farmers and short chain:* legal profiles and socio-economic dynamics. Roma: INEA, 2013.

ILBERY, B.; KNEAFSEY, M. Producer constructions of quality in regional specialty food production: a case study from south west England. *Journal Rural Studies*, v. 16, p. 217-230, 2000.

KIRWAN, T. The interpersonal world of direct marketing: examining conventions of quality at UK farmers' markets. *Journal of Rural Studies*, UK, v. 22, n. 3, p. 301-312, jul. 2006.

KJELDSEN, C.; DELEURAN, L. C.; NOE, E. The quality turn in the Danish food scape: new food chains emerging – new territorial impacts? *Acta Agriculturae Scandinavica, Section B – Soil & Plant Science*, UK, v. 63, p. 19-28, 2013.

LAMBERT, D M.; ENZ, G. Issues in supply chain management: progress and potential. *Industrial Marketing Management*, v. 62, n. 4, p. 1-16, 2017.

LÓPEZ, E. C.; HERNÁNDEZ, J. L. S.; FRESNO, C. C.; SANTOS, J. L. A.; GARCÍA, S. R.; GONZÁLEZ, V. R.; BUDRÍA, E. R. Measuring quality conventions in the food industry: applications to the wine sector in Spain. *Geoforum*, UK, v. 56, p. 148-160, sep. 2014.

MARSDEN, T. New rural territories: regulating the differentiated rural spaces. *Journal of Rural Studies*, UK, v. 14, p. 107-117, jan. 1998.

______. Theorizing food quality: some key issues in understanding its competitive production and regulation. In: HARVEY, M.; MCMEEKIN, A.; WARDE, A. (Ed.). *Qualities of food.* New York: Palgrave, 2004.

MARSDEN, T.; BANKS, J.; BRISTOW, G. Food supply chain approaches: exploring their role in rural development. *Sociologia Ruralis*, UK, v. 40, n. 4. p. 424-438, oct. 2000.

MATTE, A.; NESKE, M. Z.; BORBA, M. F. S.; WAQUIL, P. D.; SCHNEIDER, S. Relocalização--qualityturn. *Journal of Chemical Information and Modeling*, v. 53, n. 9, p. 1689-1699, 2013. Disponível em: <http://doi.org/10.1017/CBO9781107415324.004>. Acesso em: 16 nov. 2018.

MIGLIORE, G.; SCHIFNI, G.; CEMBALO, L. Opening the black box of food quality in the short supply chain: effects of conventions of quality on consumer choice. *Food Quality and Preference*, USA, v. 39, p. 141-146, jan. 2015.

MORENO, M.C.H.; MEDINA, A. F. La calidad en el sistema agroalimentario globalizado. *Revista Mexicana de Sociología*, México, v. 76, n. 4, p. 557-582, 2014.

MORGAN, K.; MARSDEN, T.; MURDOCH, J. *Worlds of food:* place, power, and provenance in the food chain. Oxford: Oxford University Press, 2006.

MORRIS, C.; KIRWAN, J. Exploring the ecological dimensions of producer strategies in alternative food networks in the UK. *Journal of the European Society for Rural Sociology*, UK, v. 51, n. 4, p. 349-369, oct. 2011.

MURDOCH, J. Talking ecologically. *Journal of Environmental Policy & Planning*, UK, v. 1, n. 2, p. 87-92, 2000.

MURDOCH, J.; MIELE, M. "Back to nature": changing "worlds of production" in the food sector. *Sociologia Ruralis,* UK, v. 39, n. 4, p. 465-483, 1999.

NIERDELE, P. A. *Compromissos para a qualidade: projetos de indicação geográfica para vinhos no Brasil e na França.* 263 f. Tese (Doutorado em Ciências Sociais) – Instituto de Ciências Humanas e Sociais, Universidade Federal Rural do Rio de Janeiro (UFRRJ), Rio de Janeiro, 2011. Disponível em: <https://www.researchgate.net/publication/49132135_Compromissos_para_a_qualidade_projetos_de_indicacao_geografica_para_vinhos_no_Brasil_e_na_Franca>. Acesso em: 13 mar. 2019.

RENTING, H.; MARSDEN, T.; BANKS, J. Understanding alternative food networks: exploring the role of short food supply chains in rural development. *Environment and Planning A: Economy and Space,* UK, v. 35, n. 3, p. 393-411, mar. 2003.

RIKKONEN, P.; KOTRO, J.; KOISTINEN, L.; PENTTILÄ, K.; KAURIINOJA, H. Opportunities for local food suppliers to use locality as a competitive advantage: a mixed survey methods approach. *Acta Agriculturae Scandinavica, Section B – Soil & Plant Science,* UK, v. 63, p. 29-37, mar. 2013.

ROSSI A.; BRUNORI G. Drivers of transformation in the agro-food system: GAS as co-production of alternative food networks. In: ATTIDEL 9TH EUROPEAN IFSA SYMPOSIUM, Building sustainable rural futures. The added value of systems approaches in times of change and uncertainty, Austria, *Anais...,* Vienna, Austria: Universität für Bodenkultur, p. 1913-1931, 2010.

BUDRÍA, E. R.; PUIG, A. C.; LÓPEZ, E. C.; ORCAO, A. I. E.; NAVARRO, M. H.; PALOMAR, B. L.; MEJÍAS, L. M. F. La calidad del vino a la luz de la teoría de las convenciones: aplicación a las denominaciones de origen aragonesas. *Estudios Geográficos,* Espanha, v. 74, n. 274, p. 231-254, 2013.

SCALCO, A. R.; SOUZA, R. D. C. Qualidade na cadeia de leite: diagnóstico e proposição de melhorias. *Organizações Rurais e Agroindustriais,* Lavras, v. 8, n. 3, p. 368-377, nov. 2006.

SCARABELOT, M.; SCHNEIDER, S. As cadeias agroalimentares curtas e o desenvolvimento local: um estudo de caso no município de Nova Veneza/SC. *Faz Ciência,* Francisco Beltrão, v. 14, n. 19, p. 101-130, jan.-jun. 2012.

SCHNEIDER, S.; GAZOLLA, M. *Cadeias curtas e redes agroalimentares alternativas:* negócios e mercados da agricultura familiar. Porto Alegre: UFRGS, 2017.

TOLEDO, J. C. Conceitos básicos de qualidade de produto. Apostila, *GEPEQ – Grupo de Estudo e Pesquisa em Qualidade,* Programa de Pós-Graduação em Engenharia de Produção, UFSCar, 2006.

WOGNUM, P. M.; BREMMERS, H.; TRIENEKENS, J. H.; VAN DER VORST, J. G. A. J.; BLOEMHOF, J. M. (2011). Systems for sustainability and transparency of food supply chains: current status and challenges. *Advanced Engineering Informatics,* Amsterdam, v. 25, n. 1, p. 65-76, jan. 2011.

ZYLBERSZTAJN, D. Organização de cooperativas: desafios e tendências. *Revista de Administração,* São Paulo, v. 29, n. 3, p. 23-32, jul.-set. 1994.

CAPÍTULO 8

Certificação e rastreabilidade no agronegócio

Fabiana Cunha Viana Leonelli

Roberta Mara Züge

INTRODUÇÃO

Basta uma visita mais atenta ao supermercado para notar a profusão de informações estampadas nos rótulos e que, cada vez mais, incluem selos de certificação, códigos de rastreabilidade e QR codes nas embalagens dos produtos agroalimentares. No entanto, a grande maioria dos consumidores ainda desconhece o significado de tais selos e códigos e, sobretudo, as informações que agregam aos produtos. Para aquém ou além das estratégias de marketing e diferenciação de produtos, a presença de selos de certificação e códigos de rastreabilidade indica, sobretudo, a existência de procedimentos e ferramentas inerentes aos sistemas de gestão da qualidade adotados pelas firmas.

Em razão de problemas relacionados à segurança, fraude e contaminação dos alimentos, atores públicos e privados passaram a fomentar políticas e medidas de controle mais estritas para a produção e importação de matérias-primas e alimentos. Diante desse contexto, a adoção de sistemas de identificação e rastreabilidade, juntamente com a adoção de protocolos de certificação, vem ganhando espaço e tornando-se diferenciais competitivos para as firmas agroindustriais, seja para garantir a segurança e a inocuidade dos alimentos, seja para comunicar a presença de atributos diferenciados de produto e/ou processo.

Nesse sentido, não é exagero afirmar que os conceitos de certificação e rastreabilidade estão incorporados ao vocabulário das mais distintas cadeias produtivas, por motivações diversas: garantir a segurança e a inocuidade dos alimentos, coibir fraudes, comunicar atributos diferenciados de produtos e processos, atender a mercados e consumidores mais exigentes e, sobretudo, posicionar a empresa em um patamar concorrencial diferenciado. Contudo, ainda há muito que evoluir no Brasil quanto ao entendimento e à aplicação de sistemas de certificação e rastreabilidade em cadeias agroindustriais.

Sendo assim, é imperativo aos profissionais que atuam no agronegócio desenvolver maior compreensão acerca dos conceitos fundamentais que alicerçam os sistemas de certificação e rastreabilidade, bem como suas respectivas aplicações em cadeias agroindustriais. Nesse sentido, este capítulo elucida a importância dos mecanismos de avalição da conformidade como eixo conceitual comum aos sistemas de certificação e rastreabilidade, cujos princípios e aplicações são detalhados nas seções seguintes.

8.1 AVALIAÇÃO DA CONFORMIDADE

Para uma melhor compreensão dos sistemas de certificação e rastreabilidade em cadeias agroindustriais, faz-se necessário nivelar os conceitos, posicionando a certificação e a rastreabilidade no escopo teórico de gestão da qualidade[1] e, mais especificamente, entre os mecanismos de avaliação da conformidade.

Segundo o documento da ABNT ISO/IEC, *Normalização e atividades relacionadas – Vocabulário geral*,[2] o conceito de avaliação da conformidade pode ser definido como qualquer atividade que forneça evidência do atendimento de requisitos preestabelecidos, relativos a um produto, processo, sistema, pessoa ou organismo. É importante salientar que a qualidade de um produto é definida – de forma objetiva e mensurável – por uma série de requisitos expressos de formas variadas, publicados em documentos normativos ou em especificações de compra do fornecedor.

Inicialmente, é preciso compreender que a adoção de mecanismos de avaliação da conformidade pode ter caráter voluntário ou compulsório. Assume caráter voluntário quando qualquer parte integrante da cadeia utiliza, voluntariamente, a realização de uma atividade com o objetivo de determinar o atendimento a requisitos aplicáveis. As normas técnicas, como o conjunto de normas ISO, são exemplos de mecanismos de avaliação da conformidade por

1. Há uma vasta referência sobre o tema, com destaque para os trabalhos de JURAN, J. M. et. al. *Quality control:* handbook. EUA: McGraw-Hill Book Company, 1974; FEIGENBAUM, A. V. *Controle da qualidade total*. São Paulo: Makron Books, 1994; MOE, T. Perspectives on traceability in food manufacture. *Trends in Food Science & Tecnology*, v. 9, p. 211-14, 1998.
2. A terminologia referente às atividades de avaliação da conformidade está incluída no documento *Normalização e atividades relacionadas – Vocabulário geral*, editado pela Associação Brasileira de Normas Técnicas (ABNT), com base no documento internacional ISO/IEC Guia 2, de 1998.

caráter voluntário. Do mesmo modo, protocolos de certificação de padrões raciais em carne bovina são exemplos de avaliação da conformidade por caráter voluntário – e serão detalhados adiante neste capítulo. De modo geral, as normas voluntárias têm o poder de agregar valor ao produto, representando importante vantagem competitiva em relação aos concorrentes.

Já a avaliação da conformidade por caráter compulsório ocorre quando o Estado, por meio de uma autoridade reguladora, estabelece a obrigatoriedade – por meio de um instrumento legal[3] – da realização de uma atividade com o objetivo de determinar o atendimento a requisitos e parâmetros preestabelecidos. Ou seja, seu cumprimento é obrigatório, pois o poder público entende que o produto, processo ou serviço pode oferecer riscos à segurança do consumidor, ao meio ambiente, ou, ainda, quando o desempenho do produto, se inadequado, pode trazer prejuízos econômicos à sociedade. Nesse caso, trata-se de regulamentos oficiais específicos. Portanto, sua adoção é obrigatória. O não cumprimento dos requisitos observados nos regulamentos oficiais específicos resulta em sanções e penalidades às empresas e demais atores econômicos. A Figura 8.1 sintetiza tais definições.

FIGURA 8.1

Tipologia de avaliação da conformidade

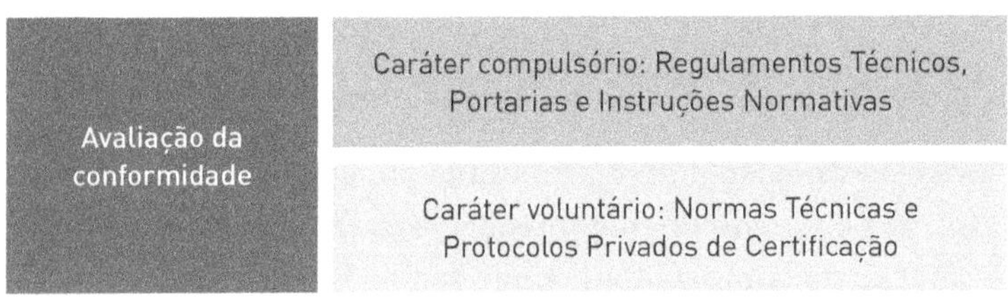

Fonte: elaborada pelas autoras.

No entanto, há situações nas quais se pode dizer que a adoção de mecanismos de avaliação da conformidade assume caráter "quase compulsório",[4] visto que a não adequação às normas e protocolos privados pode acarretar a

3. Como exemplos de instrumentos legais, podemos citar as avaliações da conformidade amparadas por instruções normativas, regulamentos técnicos e portarias publicadas por órgãos governamentais de competência específica, como Inmetro, Anvisa, Ministério da Agricultura, Pecuária e Abastecimento, entre outros.

4. Tipologia originalmente utilizada por LEONELLI, F. C. V. *Identificação e rastreabilidade: proposição de um modelo para o gerenciamento de grãos.* 223 f. Tese (Doutorado em Engenharia de Produção) – Universidade Federal de São Carlos (UFSCar), São Carlos, 2007.

perda de mercado e/ou a interrupção de fornecimento de matéria-prima e produtos agroindustriais para os demais elos da cadeia produtiva. A modalidade aqui considerada como "quase compulsória" engloba situações nas quais, por definição, a adoção de tais mecanismos não é imposta por nenhuma instância governamental, mas, sim, pelos agentes do mercado. A Certificação GLOBALGAP – inicialmente denominada EUREPGAP – é um exemplo de avaliação da conformidade quase compulsória, cuja exigência não vem do poder público, mas de agentes privados.

A EUREPGAP surgiu em 1997 como uma iniciativa de varejistas pertencentes ao Euro-Retailer Produce Working Group (EUREP), visando à elaboração e à harmonização de normas para o desenvolvimento de Boas Práticas Agrícolas (BPA) na agricultura convencional, incluindo a importância da gestão integrada das culturas e do bem-estar dos trabalhadores. É importante ressaltar que essa harmonização de exigências gerou benefícios não apenas às redes de varejo envolvidas, mas, sobretudo, aos consumidores e produtores. Com a crescente adesão de produtores e varejistas ao redor do mundo – já que o protocolo convergia para um novo padrão de comércio globalizado –, a certificação EUREPGAP começou a ganhar importância global, alinhando o nome, em 2007, para GLOBALGAP.

A Figura 8.2 ilustra a dinâmica existente entre os mecanismos de avaliação da conformidade por caráter compulsório, voluntário e quase compulsório.

8.1.1 Processos de avaliação da conformidade

Os processos de avaliação da conformidade podem ser realizados de três modos distintos, dependendo de quem realiza a avaliação. Nesse sentido, a atividade de avaliação da conformidade pode ser classificada como:

- **de primeira parte:** quando realizada pelo fabricante ou pelo fornecedor. Esse mecanismo de avaliação da conformidade é o processo pelo qual um fornecedor, sob condições preestabelecidas, dá garantia escrita de que um produto, processo ou serviço está em conformidade com os requisitos especificados. Essa garantia resulta em um documento denominado **declaração de conformidade do fornecedor**.

FIGURA 8.2

Dinâmica quanto à adoção de mecanismos de avaliação da conformidade

Fonte: adaptada de LEONELLI, 2007.

- **de segunda parte:** quando feita pelo comprador/cliente, ou seja, o processo de avaliação da conformidade pode incluir requisitos específicos à transação, preestabelecidos pelo comprador/cliente, cabendo à segunda parte o papel de avaliar a conformidade aos requisitos estipulados. Esse tipo de avaliação de conformidade é muito comum em empresas que imprimem maior controle na gestão da cadeia de suprimentos.
- **de terceira parte:** quando feita por uma organização credenciada e independente (entidade certificadora), seja em relação ao fornecedor, seja em relação ao cliente, e isenta de qualquer tipo de interesse na transação. As entidades certificadoras são exemplos de organismos de avaliação da conformidade de terceira parte, sendo a certificação o resultado desse processo. Na seção seguinte, a certificação será abordada com maior profundidade.

A seguir, a Figura 8.3 ilustra os diferentes processos de avaliação da conformidade e os principais atores envolvidos.

FIGURA 8.3

Processos de avaliação da conformidade

Fonte: elaborada pelas autoras.

É importante destacar que a declaração de conformidade do fornecedor, assim como todos os programas de avaliação da conformidade, é feita a partir de requisitos instituídos pela Norma ISO 17050, que estabelece os procedimentos recomendados para a elaboração da declaração de fornecedor, assegurando adequado grau de confiança e conformidade em relação às normas e regulamentos, de modo similar à avaliação da conformidade de terceira parte (certificação).

Do mesmo modo, quando o processo de avaliação da conformidade é realizado por terceira parte, é imprescindível que a entidade certificadora responsável por atestar a conformidade seja acreditada. A acreditação é o reconhecimento, por um organismo acreditador e institucional, da competência técnica da entidade certificadora para avaliar e atestar a conformidade de produtos, processos, serviços, sistemas de gestão ou pessoas. Em outras palavras, a acreditação é a "certificação das certificadoras": apenas entidades certificadoras acreditadas podem executar a avaliação da conformidade de terceira parte.

No Sistema Brasileiro de Avaliação da Conformidade, o organismo acreditador oficial é o Inmetro, e os programas de avaliação da conformidade obedecem às políticas e diretrizes do Sistema Nacional de Metrologia, Normalização e Qualidade Industrial (Sinmetro), bem como às práticas internacionais baseadas em requisitos estabelecidos pela International Organization for Standardization (ISO), entidade normalizadora internacional.

8.2

O CONCEITO DE CERTIFICAÇÃO E SUA APLICAÇÃO EM CADEIAS AGROINDUSTRIAIS

Como visto na seção anterior, a certificação pode ser compreendida como resultado do processo de avaliação da conformidade de terceira parte. Contudo, é preciso expandir essa compreensão, visto que a importância e a aplicabilidade da certificação em cadeias agroindustriais transcendem o escopo teórico de avaliação da conformidade e da gestão da qualidade. Na literatura sobre cadeias agroindustriais, a certificação tem se tornado um conceito cada vez mais presente, seja pela característica principal de assegurar o cumprimento de requisitos em produtos e processos, seja pela capacidade de fomentar maior coordenação dos atores da cadeia produtiva.

Para Züge,[5] a certificação pode ser definida como um instrumento para as empresas gerenciarem e garantirem a qualidade de seus produtos, além de informar e garantir aos consumidores que os produtos certificados possuem os atributos procurados – atributos esses, muitas vezes, intrínsecos e imperceptíveis externamente. O processo de certificação, portanto, pode ser utilizado como ferramenta de redução de assimetria informacional ao comprovar a existência dos atributos intrínsecos em determinado alimento, tornando-o mais seguro para o consumo. Essa redução de assimetria informacional efetua-se pela demonstração – por meio de evidências objetivas e comprovantes formais – da existência ou não de determinada característica desejável.

Para Nassar,[6] a certificação está diretamente relacionada com a padronização de atributos de um produto, processo ou serviço, garantindo que tais produtos se enquadrem nas normas predefinidas, e envolve um conjunto de normas e protocolos, podendo ser conferida por meio de órgãos públicos – como as agências de regulamentação e demais esferas governamentais – ou

5. ZÜGE, R. M.; VIEL, R.; SAUPE, A. C.; FELIX, F. Avaliação da conformidade no agronegócio. In: CONGRESSO DE METROLOGIA. *Metrologia para a Vida – Sociedade Brasileira de Metrologia (SBM)*, 2003a, Recife.

6. NASSAR, A. M. Certificação no agribusiness. In: ZYLBERSZTAJN, D.; SCARE, R. F. (Orgs.). *Gestão da qualidade no agribusiness*. São Paulo: Atlas, 2003.

entidades privadas. Para Spers,[7] a certificação pode ser entendida como um sistema de coordenação vertical de cadeias produtivas, visando à garantia de qualidade do produto e/ou processo, de acordo com as necessidades específicas dos consumidores, sejam imediatos ou finais.

A certificação, seja de produto e/ou processo, tem o poder de conferir ao consumidor informações objetivas sobre a qualidade de determinado produto, configurando-se como instrumento de redução do custo da informação ao consumidor e, consequentemente, dos custos de transação entre os elos da cadeia produtiva.

De modo geral, os objetivos para a adoção de um sistema de certificação podem ser sintetizados em:

- monitorar e garantir a presença de um conjunto de atributos, sejam relativos ao produto e/ou processo;
- sinalizar a presença de atributos diferenciados, por meio de selos e certificados inseridos nas embalagens dos produtos;
- posicionar o produto em um patamar concorrencial diferenciado;
- informar e convencer o consumidor da presença de atributos de interesse de difícil mensuração,[8] mesmo após o consumo do produto final (exemplos: produtos orgânicos, produtos cárneos com padrões raciais específicos, produtos não OGMs – Organismo Geneticamente Modificado, produtos *kosher*[9] etc.);
- a certificação pode funcionar como garantia de procedência de um produto e sinalização de qualidade superior, sobretudo àquelas firmas que ainda não gozam de reputação e confiabilidade de marca.

Em particular, esse último aspecto se adapta a situações nas quais a reputação de uma marca não é suficientemente forte para sinalizar qualidade e confiabilidade. Nesse sentido, os selos de certificação surgem como alternativas à transmissão de informações relevantes à opção de compra do consumidor.

7. SPERS, E. E. Segurança do alimento. In: ZYLBERSZTAJN, D.; SCARE, R. F. (Orgs.). *Gestão da qualidade no agribusiness*. São Paulo: Atlas, 2003.

8. Na literatura econômica, há uma tipologia de produtos sugerida por Barzel (1982) que classifica os produtos cuja informação relevante é de difícil mensuração como "bens de crença". Na maioria dos casos, o problema é ainda maior, pois algumas informações relevantes à transação não são obtidas nem após o consumo do produto, tornando o problema de assimetria de informação custoso e insolúvel por inspeção e experimentação direta. Nesses casos, em uma lógica de mercado, a certificação é o meio menos custoso para diminuir tais assimetrias. BARZEL, Y. Measurament cost and the organization of markets. *Journal of Law and Economics*, v. 25, p. 27-48, apr. 1982.

9. O termo *kosher* significa, genericamente, "apropriado para o uso ou consumo". Mais especificamente, denota um alimento permitido pela lei judaica.

Contudo, cabe ressaltar que o papel das entidades certificadoras é configurar-se como terceira parte, idônea e independente, atestando que um produto, processo ou serviço está de acordo com requisitos específicos. Essa transmissão de reputação só se dará se a entidade certificadora gozar de tal reputação e idoneidade. Essa observação é importante, pois, no mercado de certificação, é comum alguns compradores/clientes rechaçarem laudos de certificadoras que não gozam de reputação ou não são validadas por organismos acreditadores internacionais, sobretudo se o produto for destinado à exportação.

Em suma, o monitoramento do processo – inclusive por meio de rastreabilidade – e a rigidez na identificação de não conformidades são características importantes para o estabelecimento de reputação do protocolo de certificação e da entidade certificadora.

8.2.1 Certificação de padrões raciais no Brasil

Segundo Leonelli e Oliveira,[10] para atender ao mercado internacional e também ao consumidor doméstico, a cadeia produtiva de carne bovina no Brasil tem passado por diversas adaptações, dentre as quais a segmentação de mercado e a diferenciação de produtos por meio de certificações de caráter voluntário. Nesse sentido, as avaliações de conformidade por caráter voluntário – como os programas de certificação de padrões raciais – estão ganhando expressão entre pecuaristas e frigoríficos e, sobretudo, despertado o interesse e aceitação do consumidor. Embora ainda representem um nicho de mercado, é fato que as carnes bovinas certificadas por padrões raciais estão ganhando espaço nas gôndolas dos supermercados e butiques de carnes especializadas.

À semelhança do que ocorreu com a certificação de produtos orgânicos no Brasil, onde o Ministério da Agricultura, Pecuária e Abastecimento (MAPA) criou o programa Brasil Orgânico para regularizar e dar visibilidade à produção orgânica, conferindo transparência e chancela aos organismos de avaliação da conformidade orgânica, dinâmica semelhante observa-se com as certificações voluntárias de padrão racial, sob gestão da Confederação da Agricultura e Pecuária do Brasil (CNA), observados os dispositivos técnicos do Departamento de Inspeção de Produtos de Origem Animal (DIPOA), do MAPA.

No sentido de dar visibilidade, informar os agentes da cadeia, promover arranjos entre produtores e frigoríficos e, sobretudo, tornar transparentes os

10. LEONELLI, F. C. V.; OLIVEIRA, I. R. C. Percepção dos consumidores sobre os açougues gourmet: um estudo multicaso. *Organizações Rurais & Agroindustriais*, Lavras, v. 18, n. 1, p. 79-91, 2016.

ESTUDO DE CASO 8.1

Programa Carne Angus Certificada[11]

Liderado pela Associação Brasileira de Angus, o Programa Carne Angus Certificada é um dos mais antigos programas de carne de qualidade do Brasil, criado no ano de 2003 e hoje presente nos principais estados pecuários do país, agregando valor aos produtores participantes. O objetivo do programa é integrar produtores e indústria frigorífica, conferindo transparência nas relações comerciais, rentabilidade ao produtor na comercialização e no fornecimento de um produto diferenciado, além de garantia de qualidade e procedência racial para o consumidor. O maior e mais conhecido programa de carne de qualidade do Brasil tem a chancela de uma das mais antigas certificadoras em atividade na Europa, a TÜV RHEINLAND, com 142 anos de experiência no segmento de certificações, além de contar com o reconhecimento oficial do Ministério da Agricultura, Pecuária e Abastecimento e da Confederação da Agricultura e Pecuária do Brasil por meio do PROTOCOLO ANGUS.

Para participar desse protocolo, não há nenhum custo para o produtor. Basta realizar sua adesão e comercializar seus animais com os frigoríficos parceiros. Nessas indústrias, os técnicos da Associação Brasileira de Angus realizam a classificação das carcaças segundo critérios de raça (mínimo 50% ANGUS), idade, acabamento e conformação e acompanham todo o processo de desossa, embalagem e expedição dos produtos, garantindo a identidade e a qualidade dos produtos que recebem o selo ANGUS CARNE CERTIFICADA, os quais são comercializados no mercado interno e exportados para diferentes destinos. Além disso, a Associação Brasileira de Angus ainda presta apoio técnico e orientação por meio de profissionais credenciados aos produtores participantes.

Síntese dos requisitos dos animais aceitos:

- Padrão racial: mínimo 50% ANGUS. Não são aceitos animais com presença de chifres ou cruzados com raças leiteiras.
- Acabamento: mínimo de gordura MEDIANA.
- Conformação: mínimo subcôncava.
- Idade:
- Machos inteiros até DENTE DE LEITE.
    - Machos castrados.
    - ANGUS × Zebu: até dois dentes.
    - ANGUS × Europeu: até quatro dentes.
    - Fêmeas: até quatro dentes.

Fonte: CNA. *Programa Carne Angus Certificada*, 2018.

11. Para mais detalhes sobre o Programa Carne Angus Certificada, acesse: <http://www.cnabrasil.org.br/programa-carne-angus-certificada>. Acesso em: 4 nov. 2018.

processos envolvidos nos programas de carnes certificadas por padrão racial, a Confederação da Agricultura e Pecuária do Brasil criou a Plataforma de Qualidade CNA.[12] O objetivo dessa plataforma é reunir informações sobre os programas de certificação de raças bovinas chancelados no Brasil, seus respectivos requisitos e regras para adesão voluntária, listagem de frigoríficos credenciados nos Programas de Certificação de Raças Bovinas, entre outras informações pertinentes. Ao atender aos requisitos estabelecidos nos Programas de Certificação de Raças Bovinas, os cortes cárneos gerados recebem o selo de certificação que garante a qualidade diferenciada e o padrão racial do produto, proporcionando ao produtor o pagamento de uma bonificação pelas carcaças certificadas. É importante ressaltar que os programas são auditados por terceira parte, como detalhado a seguir no Programa Carne Angus Certificada.

A Plataforma de Qualidade CNA permite ainda o cruzamento de informações oficiais, como a consulta dos dados que constam na Plataforma de Gestão Agropecuária (PGA) do Ministério da Agricultura; a partir do CPF ou CNPJ dos estabelecimentos registrados é possível acessar informações sobre explorações pecuárias, guias de trânsito animal (GTA) emitidas e recebidas, bem como os sumários de abate dos animais enviados aos frigoríficos, entre outras informações que auxiliam na rastreabilidade e na gestão da propriedade.

Atualmente, os programas de padrão racial disponíveis para adesão na Plataforma de Qualidade CNA são: Programa Angus, Programa Hereford, Programa Charolês, Programa Braford, Programa Wagyu e Programa Devon.

8.3

O CONCEITO DE RASTREABILIDADE E SUA APLICAÇÃO EM CADEIAS AGROINDUSTRIAIS

Segundo a Norma ISO 8402, o conceito de **identificação e rastreabilidade**[13] consiste na capacidade de traçar o histórico, a aplicação ou a localização de um item por meio de informações previamente registradas. Para tanto, um sistema de identificação e rastreabilidade deve constituir um conjunto de práticas passíveis de adoção por diversos setores da economia, com o objetivo de

12. CONFEDERAÇÃO DA AGRICULTURA E PECUÁRIA. *Plataforma Qualidade CNA*. Disponível em: <http://www.cnabrasil.org.br/sites-e-blogs-especiais/plataforma-de-qualidade-da-cna>. Acesso em: 26 de jan. 2018.

13. De acordo com a International Organization for Standardization (ISO) e demais referências bibliográficas, conceitualmente, é adequado referir-se à rastreabilidade como "identificação e rastreabilidade", uma vez que a rastreabilidade de um produto e/ou processo só pode ser alcançada mediante prévia identificação dos componentes a serem monitorados. Contudo, no intuito de facilitar a leitura do texto, ressalta-se que, neste capítulo, o termo **rastreabilidade** será usado como sinônimo do conceito de "identificação e rastreabilidade".

disponibilizar informações essenciais sobre o produto, desde as matérias-primas utilizadas em sua elaboração, informações sobre o processo produtivo, passando pelos fluxos logísticos até o momento em que o produto chega ao consumidor final. Entender a importância que a rastreabilidade vem adquirindo em cadeias agroindustriais é, sobretudo, compreendê-la como elemento integrante do processo produtivo, com o propósito de identificar e monitorar o produto e suas origens.

Em mercados cada vez mais globalizados, a importância de um sistema de rastreabilidade justifica-se quando se faz necessário: a) assegurar que apenas materiais e componentes de qualidade adequada deram origem ao produto final; b) identificar clara e explicitamente produtos que são diferentes, mas que se parecem a ponto de serem confundidos entre si; c) permitir o retorno dos produtos suspeitos em bases precisas (*recall*); e d) localizar as causas de falhas e tomar ação corretiva em tempo hábil e a um custo mínimo.

Para Feigenbaum,[14] a rastreabilidade também é um item importante para o controle da qualidade, pois, para prover efetivo controle da qualidade, é necessário estruturar quatro etapas fundamentais:

1. **Estabelecimento de padrões:** para a obtenção de qualidade e uniformidade de um produto, é imprescindível a determinação de padrões de desempenho, segurança, custo e confiabilidade.
2. **Avaliação da conformidade:** consiste na comparação dos produtos gerados com os padrões exigidos e/ou estabelecidos previamente.
3. **Agir quando necessário:** ação corretiva que busca identificar as causas dos problemas e relacioná-los a demais fatores como projeto, engenharia, produção e manutenção, aspectos e demandas de consumo, entre outros fatores que possam influenciar a satisfação do consumidor.
4. **Planejar melhorias:** consiste em engendrar esforços entre diferentes áreas, com o intuito de aperfeiçoar padrões e processos existentes.

Para Moe,[15] os sistemas de rastreabilidade estão apoiados em um sistema abrangente de gestão da qualidade, cujo intuito é monitorar atributos do produto e/ou processo e, principalmente, possibilitar o retorno às fases de controle ao longo da cadeia produtiva, por meio de procedimentos e registros. Em um programa de rastreabilidade, o fator mais valioso é a informação, que deverá

14. SPERS, 2003.
15. MOE, 1998.

ser agregada aos produtos, seja no lote, de forma individual, seja em alguma unidade física específica. É fundamental que o processo de rastreabilidade seja transparente e faça parte de um objetivo maior da organização.

8.3.1 Características dos sistemas de rastreabilidade

As principais características que um sistema de rastreabilidade deve contemplar são:

- **identificação e informações relativas à manipulação e/ou transformação de itens:** na prática, os sistemas de rastreabilidade são registros que determinam procedimentos e mostram o trajeto de um produto e/ou de um ingrediente por meio das etapas intermediárias que processam e combinam ingredientes em novos produtos, chegando até os consumidores finais;
- **a rastreabilidade dos produtos é baseada na habilidade de identificá-los de forma única em qualquer etapa da cadeia de suprimentos:** conforme os produtos são transformados nas etapas da cadeia produtiva, novas identificações são criadas, permitindo que os itens sejam identificados e possibilitando a ligação ao histórico do produto;
- **ambos, produto e processo, podem compor os elementos-chave em um sistema de rastreabilidade:** isso é possível desde que sejam armazenadas as informações pertinentes relativas ao produto e/ou processo;
- **um sistema de rastreabilidade deve permitir que informações adicionais sejam transmitidas e partilhadas entre os agentes da cadeia de suprimentos:** essas informações podem estar relacionadas com a qualidade do ingrediente ou com a sua origem.

Outra característica importante da rastreabilidade é a prévia definição dos pontos críticos de controle, que podem diferir de acordo com o escopo do sistema de rastreabilidade em questão. Segundo Calder e Marr,[16] o escopo de um sistema de rastreabilidade na produção de carne, por exemplo, pode desempenhar quatro funções específicas.

16. CALDER, R.; MARR, P. A beef producer initiative in traceability: Scottish borders TAG. *Supply Chain Management*, v. 3, n. 3, p. 123-126, 1998.

Primeiro, esse sistema acompanha a identificação individual dos animais, preferencialmente de forma eletrônica, permitindo a gravação dos dados específicos de cada animal. Segundo, essa informação deve ser armazenada toda vez que ocorre movimentação dos animais – entendida aqui como a transferência de posse desses animais. Terceiro, as informações armazenadas deverão facilitar a inspeção nas fazendas. Quarto, esse sistema serve como uma ferramenta para o gerenciamento da fazenda ao constituir um banco de dados para controle das operações.

Para Verbeke e Viaene,[17] os pontos críticos são: o registro e a movimentação de animais, a transferência de identificação e o relacionamento com os elos à montante e jusante. Os pontos críticos descritos no exemplo da carne bovina enfatizam a necessidade de padrões verificáveis, sistema de comunicação compatível e clara delimitação dos níveis de rastreabilidade, responsabilidade e obrigatoriedade dos agentes da cadeia produtiva.

8.3.2 Elementos dos sistemas de rastreabilidade para cadeias agroindustriais

Segundo Opara,[18] há seis importantes elementos que, trabalhados em conjunto, constituem um sistema integrado de rastreabilidade para cadeias agroindustriais. Os elementos destacados na tipologia sugerida pelo autor estão descritos a seguir.

1. **Rastreabilidade de produto:** visa determinar a localização física do produto, em qualquer estágio da cadeia de suprimentos, com o intuito de facilitar o gerenciamento logístico, de inventários e *recall* de produtos.
2. **Rastreabilidade de processo:** tem por objetivo averiguar o tipo e a sequência de atividades que o produto percorreu, procurando descrever o que foi feito, quando e onde. Essa descrição inclui a interação entre o produto e demais fatores (físicos/mecânicos, químicos, biológicos, ambientais e atmosféricos) que resultam na transformação da matéria-prima em produtos com valor agregado.

17. VERBEKE, W.; VIAENE, J. Demand-oriented meat chain management: the emerging role of traceability and information flows. In: INTERNATIONAL CONFERENCE ON CHAIN MANAGEMENT IN AGRIBUSINESS AND THE FOOD INDUSTRY, 2000, Wageningen. *Proceedings of the Fourth International Conference on Chain Management in Agribusiness and the Food Industry.* Wageningen: University Publisher, 2000.
18. OPARA, L. U. Traceability in agriculture and food supply chain: a review of basic concepts, technological implications, and future prospects. *Food, Agriculture & Environment*, v. 1, n. 1, p. 101-106, 2003.

3. **Rastreabilidade genética:** nesse tipo de rastreabilidade, procura-se determinar a constituição genética do produto, seja de origem vegetal ou animal. Isso inclui informações acerca do tipo e origem (variedade e fornecedor) do material e/ou ingredientes geneticamente modificados, informações sobre sementes, porta-enxerto, bulbos, esperma e embrião utilizados na obtenção do produto.
4. **Rastreabilidade de insumos:** tem por objetivo determinar o tipo e a origem (características e fornecedor) de insumos como fertilizantes, defensivos químicos, água utilizada para irrigação, informações pertinentes ao rebanho, rações, presença de aditivos e substâncias químicas utilizadas na preservação e/ou transformação da matéria-prima em novos produtos alimentícios ou em produtos reconstituídos.
5. **Rastreabilidade de pestes e doenças:** destina-se a traçar a epidemiologia de pestes e doenças, procurando também destacar riscos como a presença de bactérias, viroses e outros patógenos emergentes que podem contaminar alimentos e outros produtos derivados de matéria-prima de origem vegetal ou animal.
6. **Rastreabilidade de medidas:** averigua o resultado de medidas individuais, utilizando-se de uma sequência de calibrações aceitas como referência-padrão. Para alcançar isso, as medidas, os equipamentos e os testes utilizados devem estar calibrados de acordo com padrões nacionais e internacionais, garantindo a rastreabilidade.

Cabe ressaltar, contudo, que os elementos da tipologia sugerida por Opara[19] não são excludentes, ou seja, é possível compor um sistema de identificação e rastreabilidade que contemple um ou mais elementos descritos pelo autor.

CONSIDERAÇÕES FINAIS

O cenário presente e futuro para as cadeias agroindustriais brasileiras, sobretudo aquelas com maior expressividade e competitividade no mercado internacional, aponta para um maior acirramento do ambiente competitivo. Nesse contexto, a adoção de ferramentas de rastreabilidade e protocolos de certificação configura-se como elemento estratégico para assegurar o acesso a mercados,

19. OPARA, 2003.

visto que fornecedores de produtos que não atenderem a essa demanda, independentemente da competitividade de preço de seus produtos, podem ter problemas em acessar mercados mais atraentes.

Diante de um contexto de recrudescimento de barreiras ao comércio na arena global, é de esperar condições mais restritivas à comercialização de produtos agroindustriais, sobretudo no que tange às barreiras técnicas e à segurança dos alimentos. Sendo assim, é premente que profissionais que atuam no agronegócio desenvolvam maior compreensão dos sistemas rastreabilidade e certificação, sob a ótica de ferramentas de gestão e competitividade.

Nesse sentido, espera-se que este capítulo tenha elucidado alguns conceitos fundamentais que alicerçam os sistemas de certificação e rastreabilidade, bem como de suas aplicações em cadeias agroindustriais.

REFERÊNCIAS

ASSOCIAÇÃO BRASILEIRA DE NORMAS TÉCNICAS (ABNT). *Normalização e atividades relacionadas - Vocabulário geral.* ISO/IEC Guia 2. Rio de Janeiro, 2006.

BARZEL, Y. Measurament cost and the organization of markets. *Journal of Law and Economics*, v. 25, p. 27-48, apr. 1982.

CALDER, R.; MARR, P. A beef producer initiative in traceability: Scottish borders TAG. *Supply Chain Management*, v. 3, n. 3, p. 123-126, 1998.

CONFEDERAÇÃO DA AGRICULTURA E PECUÁRIA. *Plataforma Qualidade CNA.* Disponível em: <http://www.cnabrasil.org.br/sites-e-blogs-especiais/plataforma-de-qualidade-da-cna>. Acesso em: 26 de jan. 2018.

DÖRR, A. C.; A.; ROSSATO, M. V. (Orgs.). *Agronegócio:* panorama, perspectivas e influência do mercado de alimentos certificados. Curitiba: Appris, 2012.

FEIGENBAUM, A. V. *Controle da qualidade total.* São Paulo: Makron Books, 1994.

GOLAN, E. et al. Traceability for food safety and quality assurance: mandatory systems often miss the mark. *Current Agriculture Food & Resource Issues*, v. 4, p. 27-35, 2003.

______. Traceability in the U.S. food supply: economic theory and industry studies. United States. Department of Agriculture. Economic Research Service. *Agricultural Economic Report*, n. 830, 2003.

INTERNATIONAL ORGANIZATION FOR STANDARDIZATION (ISO). International Trade Centre (ITC), UNCTAD/GATT. *Certification Principles and Practices.* Switzerland, 1980.

JURAN, J. M. et. al. *Quality control:* handbook. New York: McGraw-Hill Book Company, 1974.

LEONELLI, F. C, V. *Identificação e rastreabilidade: proposição de um modelo para o gerenciamento de grãos.* 223 f. Tese (Doutorado em Engenharia de Produção) – Universidade Federal de São Carlos (UFSCar), São Carlos, 2007.

LEONELLI, F. C. V.; OLIVEIRA, I. R. C. Percepção dos consumidores sobre os açougues gourmet: um estudo multicaso. *Organizações Rurais & Agroindustriais*, Lavras, v. 18, n. 1, p. 79-91, 2016.

MOE, T. Perspectives on traceability in food manufacture. *Trends in Food Science & Tecnology*, v. 9, p. 211-14, 1998.

NASSAR, A. M. Certificação no agribusiness. In: ZYLBERSZTAJN, D.; SCARE, R. F. (Orgs.). *Gestão da qualidade no agribusiness.* São Paulo: Atlas, 2003.

OPARA, L. U. Traceability in agriculture and food supply chain: a review of basic concepts, technological implications, and future prospects. *Food, Agriculture & Environment*, v. 1, n. 1, p. 101-106, 2003.

SPERS, E. E. Segurança do alimento. In: ZYLBERSZTAJN, D.; SCARE, R. F. (Orgs.). *Gestão da qualidade no agribusiness.* São Paulo: Atlas, 2003.

VERBEKE, W.; VIAENE, J. Demand-oriented meat chain management: the emerging role of traceability and information flows. In: INTERNATIONAL CONFERENCE ON CHAIN MANAGEMENT IN AGRIBUSINESS AND THE FOOD INDUSTRY. *Proceedings of the Fourth International Conference on Chain Management in Agribusiness and the Food Industry.* Wageningen: Wageningen University Publisher, 2000.

ZÜGE, R. M.; SCHWARTZ, F. F.; FELIX, F. Carne certificada: produto diferenciado para a exportação. In: CONGRESSO DE METROLOGIA. *Metrologia para a Vida – Sociedade Brasileira de Metrologia (SBM)*, Recife, 2003b.

ZÜGE, R. M.; VIEL, R.; SAUPE, A. C.; FELIX, F. Avaliação da conformidade no agronegócio. In: CONGRESSO DE METROLOGIA. *Metrologia para a Vida – Sociedade Brasileira de Metrologia (SBM)*, Recife, 2003a.

CAPÍTULO 9

Gestão de pessoas: desafios individuais e organizacionais

Renato Dias Baptista

INTRODUÇÃO

As organizações têm passado por mudanças sem precedentes em relação à aquisição de novas tecnologias e às regras globais. Contudo, cada setor de negócios absorve as transformações de modo específico e alinhado ao *status quo* corporativo, e cada realidade impõe um redesenho nos modelos de gestão de pessoas para atender às demandas da competitividade. Essa pressão generalizada teve impulso com o desenvolvimento da informática e suas inter-relações com os sistemas produtivos que "escreveram" um dos capítulos da globalização.

No setor de agronegócios, de acordo com os estudos do Ministério da Agricultura brasileiro,[1]

> o mundo vive um período de grande apreensão, em particular após a eclosão da crise financeira nos Estados Unidos, em setembro de 2008. Os elos das cadeias produtivas do agronegócio precisam rever com frequência os seus planejamentos para a tomada de decisão mais adequada possível.

Segundo a Organização para a Cooperação e o Desenvolvimento Econômico (OCDE) e a Organização das Nações Unidas para a Agricultura e a Alimentação (FAO), o Brasil é um dos produtores agrícolas com crescimento mais acelerado

1. MINISTÉRIO DA AGRICULTURA, PECUÁRIA E ABASTECIMENTO. *Brasil:* projeções do agronegócio 2010/2011 a 2020/2021.

e com aumento previsto de 40% até 2019.[2] Hoje, temos um cenário em que as antigas máquinas estão sendo substituídas por equipamentos que utilizam tecnologias de ponta – sendo esse um dos fatores que demarcam uma nova realidade para o setor.

Embora todas as nações devam absorver e gerir esses impactos, a posição de destaque do Brasil deve impulsionar as reconfigurações da tríplice interconexão da gestão: a revisão dos estilos de gestão/liderança, os novos perfis dos operários e a demanda por equipamentos que utilizam tecnologias de ponta.

As indústrias desenvolvem equipamentos de alta tecnologia e performance que transformam os processos tradicionais e exigem um conjunto de competências de seus operadores que, de modo concomitante, requerem modelos de gestão que permitam utilizar essas competências.[3] Nesse contexto, a gestão de pessoas está em contínuo processo de transição. A cada momento são incorporados novos desafios individuais e organizacionais que precisam ser decodificados para garantir a sobrevivência nos atuais ambientes hipercompetitivos.

Nesse cenário, com o apoio das novas tecnologias, o treinamento *on-line* se tornou uma realidade, e o trabalho remoto fomentou uma revisão na maneira de pensar a execução das tarefas. A metodologia *people analytics* permite a elaboração de estratégias fundamentadas em um amplo conjunto de informações sobre o trabalho, e o trabalhador e o *employee experience* amplia e revisa o conceito de trabalho, enquanto os benefícios exclusivos personalizam modelos motivacionais e colaboram para a retenção de talentos. Sim, a realidade é dinâmica e amplia os vínculos individuais e organizacionais em todos os setores da economia.

No setor de agronegócios, de acordo com os estudos do Ministério da Agricultura brasileiro, a agricultura brasileira consolidou o país como um dos mais importantes *players* do mercado global. As condições climáticas aliadas à competência do agricultor brasileiro resultaram, em 2017, em uma supersafra, superior a 238 milhões de toneladas de grãos.[4]

O êxito leva em conta um série de fatores naturais, humanos e tecnológicos, em uma posição de destaque do Brasil que deve também impulsionar um avanço nos modelos de gestão de pessoas: a revisão dos estilos de gestão/

2. ORGANIZACIÓN DE LAS NACIONES UNIDAS PARA LA AGRICULTURA Y LA ALIMENTACIÓN (FAO). *Los precios medios de los alimentos subirán en la próxima década:* persiste la preocupación sobre la seguridad alimentaria. FAO, Roma, 15 jun. 2010.
3. BAPTISTA, R. D. *Technological transition and the new skill required by agribusiness sector*. IFAMA, 2012.
4. GELLER, N. Um ano excepcional para a agricultura brasileira. *Revista Política Agrícola*, v. 26, n. 4, p. 3-6, 2017. Disponível em: <http://seer.sede.embrapa.br/index.php/RPA/article/view/1305/pdf>. Acesso em: jan. 2019.

liderança e os novos perfis de trabalhadores num setor que investe em tecnologias de ponta.

Essa realidade, imersa em uma cultura peculiar, exige ser decifrada, tal qual o oráculo de Delfos: "decifra-me ou devoro-te".[5] Assim, torna-se imprescindível decodificar o papel estratégico da gestão de pessoas diante de grandes mudanças globais.

9.1 QUAL DIREÇÃO SEGUIR?

Em todo o caos há um cosmos; em toda a desordem, uma ordem secreta
CARL JUNG

Em um cenário turbulento, a primeira ação deve ser identificar a própria localização. A situação em que uma empresa se encontra funciona como um código que provê os direcionamentos de um planejamento estratégico. Assim, o passo inicial é buscar identificar os métodos que compõem a realização das tarefas. Feito esse diagnóstico, é preciso garantir que os procedimentos mecanicistas migrem para o modelo orgânico – tarefa não tão simples, já que os sistemas rígidos vigoram em um grande conjunto de corporações. Quando se tem lucro, o argumento para convencer sobre a mudança deve ser profundo e efetivo, e o maior fator de persuasão é que os modelos mecânicos ou fragilmente orgânicos não suportarão o volume de mudanças que reescrevem o papel da gestão de pessoas.

Um dos principais entraves para a mudança está na própria liderança tecnicista, centralizadora e que ainda se apoia nas regras do passado ao evitar estruturas orgânicas. O sistema orgânico é, essencialmente, um modelo que evidencia a importância das pessoas, compreendendo sua complexidade. Apenas uma liderança que englobe a flexibilidade, a participação, a persistência, o reconhecimento da equipe e que permita a abertura de todos os canais de comunicação seria capaz de gerar a transição para o modelo orgânico.

5. A analogia ao oráculo tem o objetivo de evidenciar a importância da cultura e associá-la a um enigma que anseia por ser decifrado. Ao decifrar uma cultura, nos tornamos capazes de compreender os indivíduos que a compartilham. Também nos permite evitar a aniquilação de uma mudança ou inovação. Na mitologia, o oráculo de Delfos foi considerado pelos gregos como uma das autoridades religiosas mais importantes do mundo. Generais o consultavam antes de suas campanhas estadistas, e líderes religiosos de toda a Grécia buscavam aconselhamento. O oráculo era consultado por meio de sua grande sacerdotisa, Pítia – uma serpente famosa por seus enigmas –, e aquele que não o decifrasse era devorado por ela. COREY, D. Socratic citizenship: delphic oracle and divine sign. *The Review of Politics*, v. 67, n. 2, p. 201-228, 2005.

Imparato e Harari[6] afirmam que é inevitável que ocorra alguma resistência à mudança, mas são enfáticos ao dizer que não se deve subestimar o interesse e a receptividade das pessoas em absorver informações sobre processos intelectuais, sociais e tecnológicos em todos os escalões da organização – todos podem estar entusiasmados com a metáfora da empresa como um cérebro e com a importância do patrimônio intangível.

Segundo os autores, as opções de mudança dividem-se em quatro categorias, conforme a Figura 9.1.

FIGURA 9.1

Categorias das opções de mudança

Fonte: elaborada pelo autor.

Como um sistema, essas opções de mudança estão integradas, não sendo possível movimentar uma parte sem causar efeitos em outra. Então, como seria possível efetuar essas mudanças? De acordo com os pressupostos de Robbins,[7] existem, em toda ação de mudança, forças que se interpõem no atingimento de resultados, como mostra a Figura 9.2. A decodificação da realidade, o estabelecimento de um estado desejado e a análise das forças restritivas e propulsoras poderiam estipular o tempo para se efetuar as mudanças.

Nos dias atuais, a realização de estudos sobre essas forças – restritivas e impulsionadoras – passa a ser um desafio da área de gestão de pessoas, pois elas interferem na dinâmica organizacional de forma generalizada. Algumas dessas forças são apresentadas no Quadro 9.1.

6. IMPARATO, N.; HARARI, O. *A grande virada:* inovação e escolha estratégica em uma era de transição. São Paulo: Elsevier, 1997.
7. ROBBINS, S.; JUDGE, T. A.; SOBRAL, F. *Comportamento organizacional.* São Paulo: Pearson , 2011.

FIGURA 9.2

Descongelando o *status quo*

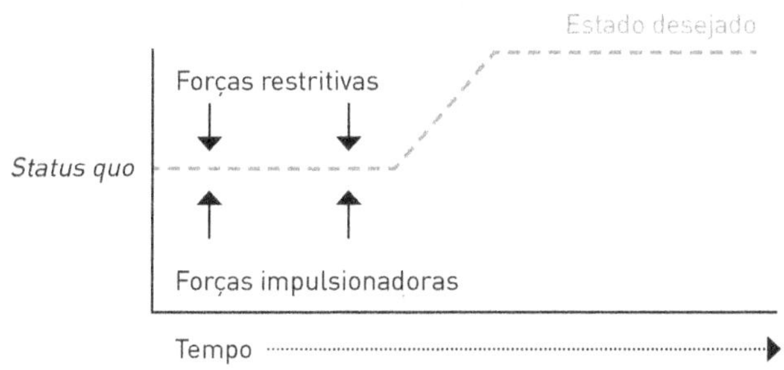

Fonte: ROBBINS et al., 2011.

QUADRO 9.1

Forças para a mudança – com adaptações

Natureza da força de trabalho	• Maior diversidade cultural. • Envelhecimento da população. • Imigração e terceirização crescentes.
Tecnologia	• Computadores mais rápidos, mais baratos e portáteis. • Surgimento e crescimento de redes sociais.
Choques econômicos	• Altas repentinas de juros para combater a inflação. • Colapso do sistema financeiro internacional. • Recessão global.
Competição	• Concorrência globalizada. • Fusões e consolidações. • Maior regulação governamental do comércio.
Tendências sociais	• Consciência ambiental crescente. • Liberação das atitudes para com os funcionários: práticas da diversidade.
Política internacional	• Políticas anticapitalistas. • Abertura de mercados. • Embargos às nações.

Fonte: adaptado de ROBBINS et. al., 2011.

9.2

EM SINTONIA COM O RITMO DAS TECNOLOGIAS

A organização é um local em que impera a velocidade. É preciso analisar, criar e executar tudo no ritmo dos equipamentos vigentes. Se tomarmos o caso da primeira Revolução Industrial e compararmos com as atuais linhas de produção, encontraremos significados diferentes com relação aos conceitos do tempo adequado para executar uma tarefa. Os artesãos do passado consideraram surpreendente o ritmo das máquinas de tear, da mesma maneira que os ingleses do século XIX consideraram um grande feito quando um automóvel ali fabricado atingia pouco mais de 20 km/h. Porém, os tempos atuais alavancaram a ânsia por fazer mais em menos tempo.

Esse aspecto está presente nas ações dos administradores e engenheiros que calculam a vantagem das trocas de equipamentos, no desenvolvimento de máquinas que devem apresentar "defeito zero", na produtividade do operador e nas mudanças de *layout*, entre outros. Os resultados dos controles são apresentados para as lideranças que, em comparação com um padrão – mutável a cada troca de tecnologia –, certificam-se os operários atendem às necessidades de um tempo de fabricação considerado justo. Entretanto, por qual motivo a tecnologia é considerada um fator de grande impacto se já está presente há tanto tempo? A resposta está na velocidade que impõe. Ritmo acelerado requer novas competências e novas formas humanas de interagir nessa realidade organizacional.

A despeito das concepções do termo **competência**, torna-se evidente que as tecnologias demandam revisões dos comportamentos necessários para sua operacionalização. As revisões nas competências humanas para atuar nos novos modelos de trabalho indicam que é preciso abrir mão do passado e evitar que as tecnologias obsoletas gerem brechas cognitivas que impeçam uma mão de obra acostumada aos processos e tecnologias passadas de atuar nos novos contextos de trabalho.

A concepção de brecha aqui descrita vai além dos significados da brecha digital que, segundo Hopenhayn[8] e CEPAL,[9] é caracterizada como a distância que separa os que possuem dos que não possuem acesso às novas tecnologias da informação e da comunicação. A brecha cognitiva é um intervalo entre o

8. HOPENHAYN, M. Educación, comunicación y cultura en la sociedad de la información: una perspectiva latinoamericana. *Revista de la CEPAL*, n. 81, dic. 2003.

9. COMISIÓN ECONÓMICA PARA AMÉRICA LATINA Y EL CARIBE (CEPAL). *Reducir la brecha digital y aumentar la igualdad de oportunidades.* Disponível em: <https://www.cepal.org/cgi-bin/getProd.asp?xml=/prensa/noticias/comunicados/6/21546/P21546.xml&xsl=/prensa/tpl/p6f.xsl&base=/tpl/top-bottom.xsl>. Acesso em: jan. 2019.

conhecimento obsoleto e o conhecimento requerido pelas tecnologias, desde os sistemas especialistas aos robôs alocados na produção.

Quando um equipamento é substituído por uma tecnologia de ponta, ele reconfigura toda a organização, ao mesmo tempo que exige novas competências associadas à capacidade cognitiva de aprender, assimilar e operar uma nova tecnologia. Um equipamento de ponta redesenha, em menor ou maior grau, as técnicas de trabalho, os processos e os modelos de gestão. Nesse caso, os conhecimentos obsoletos representam uma força restritiva à competitividade.

Todo processo de conhecimento depende de sistemas graduais de assimilação; sua contínua geração é assimétrica aos preceitos da suposta "inteligência mecanicista", que representa um modelo centralizador que exclui as equipes da participação na solução dos problemas. Levando-se em conta que uma organização é constituída de pessoas imersas em determinada cultura, quaisquer estratégias para transição somente obterão êxito quando os integrantes dessa cultura assimilarem os valores que tipificam as mudanças.

9.3

CULTURA: DECIFRANDO OS CÓDIGOS PARA A GESTÃO DE PESSOAS

O estudo da cultura pode fornecer informações essenciais para a compreensão do atual processo de mudança e desenvolvimento tecnológico nas organizações. Ainda que o conceito de cultura seja complexo, seu estudo permite-nos compreender profundamente as organizações. Para entendermos a importância da cultura organizacional, devemos relacioná-la às manifestações cotidianas.

Resumiremos aqui uma história, descrita por Deal e Kennedy, que pode ajudar a compreender alguns aspectos da cultura: com o término da Segunda Guerra Mundial, muitas empresas estavam destruídas; na maioria dos casos, não restavam mais do que ferros retorcidos e equipamentos espalhados entre os pedaços de concreto. Após o fim da guerra, iniciou-se uma grande reconstrução, uma vez que era preciso seguir em frente. Depois que as fábricas foram reconstruídas e os empregados sobreviventes reiniciaram as atividades, os relacionamentos entre eles foram retomados. Segundo relatos, muitas das relações interpessoais na empresa eram similares às que ocorriam antes da guerra, isto é, embora a parte física tenha sido destruída, muitos aspectos da cultura mantiveram-se intactos.

Essa história revela a profundidade com que se estabelece uma cultura. As questões culturais permeiam o desenvolvimento de empresas em todo o mundo.

A Tata Motors[10] é um exemplo a ser citado. Criada em 1945, é a maior empresa automobilística da Índia. Seu portfólio é composto por duas unidades de negócios principais – Unidade de Negócios de Carros de Passageiros (PCBU) e Unidade de Negócios de Veículos Comerciais (CVBU) –, sendo a segunda maior fabricante de ônibus e a quarta maior fabricante de caminhões do mundo. A empresa esteve envolvida em um conflito em que foi confrontada por agricultores locais contra o plano de construir uma fábrica de veículos, o Nano. A construção continuou ao longo de 2007 e no primeiro semestre de 2008, em meio a protestos e agitações. No entanto, um novo surto de intensa agitação paralisou completamente o trabalho, culminando em uma retirada formal do projeto pela Tata Motors.[11]

A área rural remota no estado indiano de Bengala Ocidental simboliza uma das dificuldades centrais da Índia – como construir grandes projetos sem privar os agricultores nacionais, que ainda compõem 70% da população, sendo muitos camponeses. A agricultura emprega quase 60% da força de trabalho, mas gera apenas um quinto do produto interno bruto. Com a população da Índia, atualmente de 1,1 bilhão, mais empregos são necessários em trabalhos fora da agricultura.[12] É uma diversa realidade cultural global que demanda por estudos que permitam o crescimento concomitante ao respeito aos valores locais.

Os estudos de Hofstede[13] a propósito, caracterizam a cultura como um fenômeno coletivo, partilhado por pessoas que vivem no mesmo ambiente social onde é adquirida. Ela é como uma programação coletiva da mente que distingue os membros de um grupo, ou categorias de pessoas, em face de outro. Cada indivíduo pertence, em simultâneo, a vários grupos ou categorias que correspondem a diferentes níveis de cultura: um nível nacional, dependendo do país ao qual se pertence (ou países para as pessoas que emigram durante a vida); um nível correspondente à pertença a um grupo regional e/ou étnico e/ou religioso e/ou linguístico – a maioria das nações é composta por grupos culturalmente diferentes do ponto de vista regional e/ou étnico e/ou religioso e/ou linguístico; um nível correspondente à presença a um dos dois sexos, masculino ou feminino; um nível de geração, diferente entre avós, pais e filhos; um

10. UK ESSAYS. Effects of organizational behaviour in Tata Motors. *UK Essays*, nov. 2013. Disponível em: <https://www.ukessays.com/essays/business/effects-of-organizational-behaviour-in-tata-motors-business-essay.php?vref=1>. Acesso em: 5 nov. 2018.

11. DAS, R. The politics of land, consent, and negotiation: revisiting the development-displacement narratives from Singur in West Bengal. *South Asia Multidisciplinary Academic Journal (SAMAJ)*, 2016.

12. LEAHY, J. Journey into conflict: why Tata is caught in land dispute. *Financial Times*, sep. 2008. Disponível em: <https://www.ft.com/content/191e6304-8264-11dd-a019-000077b07658>. Acesso em: 5 nov. 2018.

13. HOFSTEDE, G. *Culturas e organizações:* compreender a nossa programação mental. Lisboa: Sílabo, 2003.

nível correspondente à origem social, associado ao nível de escolaridade e à profissão exercida; para aqueles que trabalham, um nível ligado à organização ou empresa e à forma como os trabalhadores são aí socializados.[14]

Dessa maneira, é recorrente a ideia de caracterizar a cultura como um entrave à mudança organizacional. Entretanto, há dois fatores que devem ser levados em conta para se compreender esse pressuposto:

1. A resistência é uma característica da cultura, já que um ambiente que oferece condições de satisfação tende a considerar qualquer desestabilização como algo hostil.
2. Quando uma equipe ou um de seus membros não compreendem uma mudança, seja de um simples *software* ou a inter-relação entre robôs e técnicas de trabalho, a resistência surge como resposta à insegurança sobre o **mito ou a realidade** de que mudanças geram demissão, conflitos entre as equipes ou que a tecnologia é sempre algo difícil de ser assimilado.[15]

A compreensão da cultura como um fenômeno evolutivo permitiu a Hofstede[16] e Schein[17] incluí-la no sistema de trabalho, na empresa e nos estudos sobre globalização. Deal e Kennedy[18] detalham esses elementos e os inter-relacionam à cultura corporativa, ressaltando que são essenciais para alcançar o êxito. Kotter e Heskett[19] acrescentam que os valores possuem níveis de intensidade. Essa opinião os levou a estabelecer dois níveis de cultura, conforme a Figura 9.3, com tendências a se influenciarem mutuamente. O primeiro nível foi caracterizado como profundo e de menor visibilidade. Nele, a cultura refere-se aos valores compartilhados pelas pessoas em um grupo, que tendem a persistir com o tempo, mesmo quando os membros são substituídos. Nesse patamar, a mudança é extremamente difícil, pois seus componentes, em geral, não têm consciência de muitos valores que os unem. No segundo nível, ao contrário, a cultura representa os padrões de comportamento fomentados para os novos

14. HOFSTEDE, 2003, p. 25.
15. Mito ou realidade? É uma realidade se levarmos em conta que muitas mudanças organizacionais trouxeram demissão em massa. No início dos anos 1990, por exemplo, a informatização foi responsável por uma redução gigantesca nos postos de trabalho do setor bancário. Por outro lado, se analisarmos, por exemplo, a resistência aos modelos de gestão participativa, é um mito, principalmente aos indivíduos acostumados aos rigores mecanicistas que percebem qualquer mudança como ameaçadora.
16. HOFSTEDE, 2003.
17. SCHEIN, E. *Organizational culture and leadership*. New York: John Wiley, 2004.
18. DEAL, T. E.; KENNEDY, A. *Corporate cultures, the rites and rituals of corporate life*. New York: Perseus Books Group, 2000.
19. KOTTER, J. P.; HESKETT, J. L. *Cultura de empresa*. Rio de Janeiro: Jorge Zahar, 1994.

membros. Keyton,[20] por exemplo, avalia que os funcionários recém-admitidos recebem os conceitos sobre as funções e sobre a organização como se fossem a melhor forma para atuar.

FIGURA 9.3

Níveis da cultura organizacional

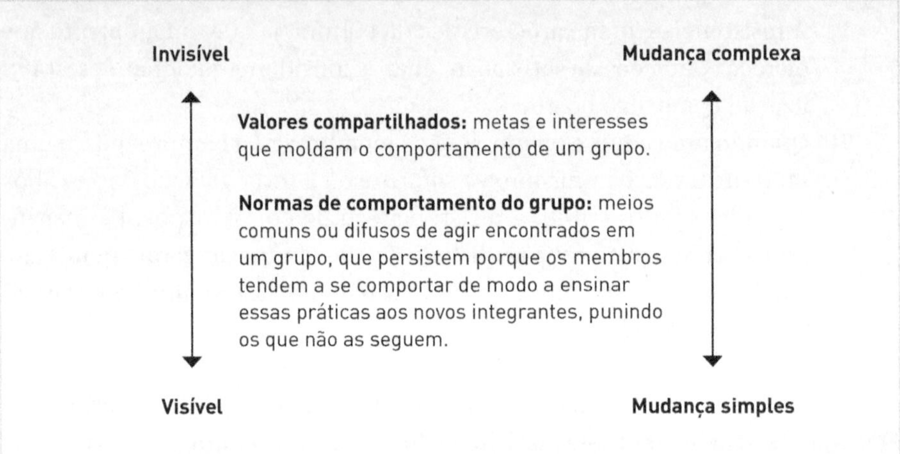

Fonte: KOTTER, HESKETT, 1994.

Outros exemplos são os rituais citados por Gimein[21] e Robbins.[22] Os autores destacam que, por meio deles, é possível reforçar os valores de uma cultura. Como exemplo, citam o grito de guerra do Wal-Mart, criado por Sam Walton, concebido como uma maneira de unir, motivar e reforçar a crença de que a força do trabalho é importante para o sucesso da empresa.

Essas estratégias funcionam como rituais corporativos que objetivam eliminar prováveis resistências em relação à cultura, já que cada funcionário armazena um repertório cognitivo originado de culturas antecedentes, da execução de tarefas realizadas em empregos anteriores ou da participação no grupo social externo à organização. O novo emprego, junto aos demais fatores de mudança, conduz à hipótese de Adler[23] sobre a existência de resistências em qualquer fase de uma mudança organizacional que tenha ocorrido, por exemplo, de uma fusão corporativa, da aquisição de tecnologias e da reestruturação de processos.

20. KEYTON, J. *Communication and organizational culture:* a key to understanding work experiences. London: Sage, 2005.
21. GIMEIN, M. Walton made us a promise. *Fortune*, New York, p. 121-130, mar. 2002.
22. ROBBINS, et. al., 2011.
23. ADLER, N. J. *International dimensions of organizational behavior.* Toronto: South-Western, 2002.

Diante dessa complexidade, a hipótese de Schein sobre um nível que mediaria aqueles citados por Kotter e Heskett pode garantir uma adaptação psíquica à realidade social ou organizacional. Schein[24] afirma que há um nível em que estão os artefatos, como a arquitetura, roupas, móveis e suas disposições em determinado espaço; outro, relacionado aos valores manifestos pelas pessoas sobre as condutas dentro de uma organização; e um terceiro, que se refere às pressuposições inconscientes que determinam os comportamentos. Esses aspectos apresentam influências interconectadas, pois aquilo que é imperceptível reflete o visível, como mostra a Figura 9.4.

FIGURA 9.4

Os três níveis da cultura

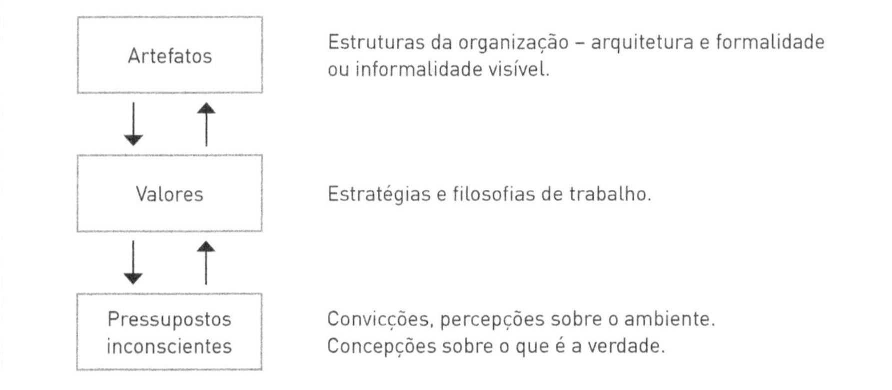

Fonte: SCHEIN, 1999.

Conforme os pressupostos de Kotter, Heskett[25] e Schein,[26] é possível afirmar que a cultura se manifesta em códigos que devem ser decifrados para serem incorporados às estratégias de gestão de pessoas, como destaca Srour,[27] de modo quase poético:

> A arquitetura do ambiente, os móveis e os quadros embutem algo que os gestos desenham. As cores, os movimentos do pessoal e os equipamentos evocam o que as palavras celebram. E, de forma curiosa, os agentes individuais, habitualmente tão diversos entre

24. SCHEIN, E. *The corporate culture survival guide:* sense and nonsense about culture change. San Francisco: Jossey-Bass, 1999.
25. KOTTER, HESKETTI, 1994.
26. SCHEIN, 1999.
27. SROUR, R. H. *Poder, cultura e ética nas organizações.* São Paulo: Elsevier, 1998. p. 167.

> si, assemelham-se nos ritmos e jeitos. O ar parece vibrar, impregnado por sutis reverências e por conteúdos furtivos, por mil cumplicidades que códigos e jargões disfarçam. Para não dar um mau passo, o recém-chegado mantém-se alerta: desliza com prudência minuciosa; procura captar significados nas entrelinhas; mede e compara silêncios e posturas; pouco se atreve a dar notícia de si, para não destoar; sabe-se estranho, forasteiro, outro – tal qual um imigrante; move-se nos limites das boas maneiras; escuda-se nas ideias recebidas do senso comum.

Diante dessas subjetividades, podemos estabelecer, com o apoio de Hall,[28] as relações de territorialidade de uma cultura interna quando encontramos executivos distantes de suas equipes que, por sua vez, não questionam esse procedimento, já que o consideram "culturalmente correto". Em ambiente autocráticos, é recorrente os funcionários curvarem a cabeça ao passar próximo de alguém que pertence ao escalão superior, algo similar a uma atitude de súdito. A cultura se reflete no modo verbal e não verbal de seus membros.

De maneira cíclica, é possível afirmar que os valores instituídos formam as atitudes que modificarão o comportamento, para, então, arraigar-se como uma face da cultura, como mostra a Figura 9.5. Como afirma Adler, "hoje, sabemos que o trabalho não é simples consequência de mecanismos, tampouco de tecnologias ou tarefas. Em todos os níveis, a cultura influencia profundamente as organizações e o comportamento das pessoas".[29]

FIGURA 9.5

Influência da cultura no comportamento

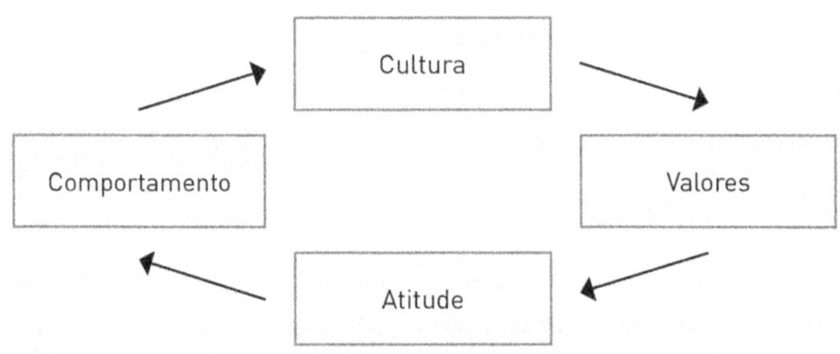

Fonte: adaptada de ADLER, 2002.

28. HALL, E. T. *A dimensão oculta*. São Paulo: Martins Fontes, 2005.
29. ADLER, 2002, p. 25.

Se os códigos determinam os níveis, não é exequível, como hipótese, mudar uma cultura em direção contrária, ou seja, dos artefatos à psique. Uma organização não apresenta uma transformação repentina, simplesmente, ao adquirir equipamentos de alta tecnologia. Por fim, a cultura não é unicamente aquilo que vivemos. Ela também é, em grande medida, aquilo para o que vivemos. Afeto, relacionamento, memória, parentesco, lugar, comunidade, satisfação emocional, prazer intelectual, um sentido de significado último: tudo isso está mais próximo, para a maioria de nós, do que cartas de direitos humanos ou tratados de comércio.[30]

A tradicional formação de uma cultura organizacional fundamentada em pressupostos internos e que tende a minimizar as influências externas está em desconstrução diante da hipervelocidade das informações. Tal qual a história do Cavalo de Troia – narrada por Homero –, a informação do "mundo externo" adentra e desafia a organização, sobretudo quando os valores são fragilmente elaborados.

Vários estudos tentam compreender o impacto das informações instantâneas que permeiam a sociedade, sejam relacionadas às denúncias, como no caso do Greenpeace, sejam as manifestações contra organizações oriundas dos inúmeros grupos étnicos sul-americanos ou dos metalúrgicos da Tata Motors em Dharwad, Kamataka.[31] Cada grupo, com sua especificidade, foi responsável por algum tipo de embate com organizações. Fatos recentes, como a operação denominada "carne fraca",[32] deflagrada pela Polícia Federal no Brasil, desestabilizaram gigantes do setor de frigoríficos. Incorporar os elementos da hipervelocidade informacional se converteu em um dos principais desafios corporativos.

9.4

DINÂMICA DAS EQUIPES CONTEMPORÂNEAS

A cultura permite decodificar a realidade, que, por sua vez, possibilita implementar as técnicas de gestão de pessoas para atingir a performance organizacional. A ação de investir apenas nos equipamentos e esquecer a gestão de

30. EAGLETON, T. *A ideia de cultura*. São Paulo: Unesp, 2011. p. 184, 2011.
31. BUSINESS STANDARD. *Tata Motors' Dharwad unit lockout continues*. Disponível em: <https://www.business-standard.com/article/companies/tata-motors-dharwad-unit-lockout-continues-116020800960_1.html>. Acesso em: 5 nov. 2018.
32. MENDONÇA, H. UE barra um terço de compras de frango do Brasil e Governo promete ir à OMC. *El País*, abr. 2018. Disponível em: <https://brasil.elpais.com/brasil/2018/04/19/politica/1524162350_040433.html>. Acesso em: 5 nov. 2018.

pessoas pode levar uma organização ao fracasso. A tecnologia não deve ser apenas operacionalizada, mas pensada para estar integrada às ações da empresa. Assim, o funcionário – um termo obsoleto – passa a ser um pensador do sistema organizacional, mas depende de uma liderança que estimule suas competências, para que se torne, efetivamente, um colaborador.

Desde os estudos de Elton Mayo sobre a importância das relações humanas no trabalho nos dias atuais, a motivação tem sido um dos principais desafios das organizações. Sem uma equipe motivada, dificilmente uma ideia prosperará. Entretanto, como é possível gerar motivação contínua diante das grandes mudanças contemporâneas? A resposta pode ser encontrada na utilização de estratégias que levam em conta o grande desafio de respeitar as diferenças individuais e incorporá-las aos subsistemas de gestão de pessoas.

Para Dessler,[33] a gestão de pessoas refere-se às práticas e às políticas necessárias para conduzir os aspectos relacionados com as pessoas no trabalho de gerenciamento, especificamente, à contratação, ao treinamento, à avaliação e ao oferecimento de um ambiente bom e seguro.

Entre essas práticas e políticas estão:

- prever as necessidades de trabalho e recrutar candidatos;
- selecionar candidatos;
- treinar e desenvolver;
- gerenciar recompensas;
- avaliar o desempenho;
- construir o comprometimento por diferentes mecanismos como carreira, responsabilidade social organizacional, remuneração variável, qualidade de vida no trabalho, realocação interna e expatriação.

Todos esses fatores devem levar em conta as diferentes concepções individuais e sociais oriundas de culturas distintas e associá-las aos padrões de comportamento manifestos nas distintas gerações. Levando-se em conta a necessidade de um planejamento em longo prazo, também se tornou imprescindível que as organizações estejam preparadas para compreender e absorver a geração nascida no início da década passada que está amplamente integrada ao uso das mais recentes tecnologias.

33. DESSLER, G. *Administração de recursos humanos*. São Paulo: Prentice-Hall, 2003.

Todavia, por que a gestão de pessoas é importante? Dessler afirma que erros como contratar a pessoa errada para o trabalho, ter um alto índice de rotatividade, permitir que a falta de treinamento arruíne o departamento e estabelecer alguma prática de trabalho injusta podem ser evitados com boas práticas de gestão.

Na opinião de Dessler, a área de gestão de pessoas está entrando rapidamente em uma fase em que seu papel de protetor mudou para o de planejador e agente de mudanças. A metamorfose dessa área reflete o fato de que nas organizações atuais, achatadas, competitivas e voltadas para o *downsizing*, são as equipes altamente treinadas e comprometidas, e não as máquinas, que, geralmente, constituem a grande chave para a competitividade da empresa.

Para Dessler, tudo isso significa que é mais importante do que nunca contratar as pessoas certas, treiná-las e motivá-las efetivamente. E isso, por sua vez, demanda um sistema de RH mais efetivo que inclua a contratação altamente seletiva, equipes de trabalho e tomadas de decisão descentralizadas, treinamento, diminuição das diferenças de status e o compartilhamento de informações entre líderes e liderados para alavancar estados motivacionais.

Por outro lado, não há algo que motive todas as pessoas da mesma maneira. Por isso, deve-se levar em conta o repertório intelectual, a história pessoal e não apenas as características de personalidade. Em todo modelo motivacional existe a busca do vínculo e da recompensa. Segundo Mlodinow,[34] a experiência de se sentir conectado surge na infância, e, ao suprir essa necessidade, determinado grupo ficará mais forte ao lidar com ameaças externas. Não é por acaso que empresas com dificuldades de gestão de pessoas apresentam conflitos e consequentes impactos negativos na produtividade e lucratividade. O entendimento dessa complexidade permite identificar os instrumentos para o êxito de todas as ações da gestão de pessoas.

9.4.1 Seleção de pessoal

Considerada a porta de entrada no sistema organizacional, um erro nessa etapa dificilmente será atenuado pelos demais processos de gestão de pessoas. A preocupação em diminuir as margens de erro na seleção de pessoal é comprovada pela condução dos longos processos de seleção que incluem entrevistas, dinâmicas em grupo, apresentação pessoal em painéis que buscam identificar

34. MLODINOW, L. *Subliminar:* como o inconsciente influencia nossas vidas. Rio de Janeiro: Zahar, 2013.

as competências individuais, além dos cases e dos inúmeros testes, como os psicológicos, os de domínio de idiomas e os de conhecimentos sobre a realidade contemporânea nos diversos pontos do planeta. Isso tudo em sintonia com as necessidades do trabalho, com as tecnologias vigentes e também com uma cultura que atenda aos anseios dos indivíduos selecionados – afinal, a empresa, ao exigir novas competências, deve proporcionar um ambiente onde essas características sejam utilizadas, motivadas e intensamente desenvolvidas.

A dinâmica corporativa comprova que um processo seletivo, embora determinante em todos os contextos, não deve seguir um padrão. A cultura e o porte da empresa podem fazer inversões criativas nas etapas de um processo de seleção. Tal qual a inovação em processos, a decisão de começar por entrevistas com os gestores ou dinâmicas de grupo cabe à realidade da organização. Lohr[35] destaca que, nos negócios, as concepções antagônicas e complementares sobre inovação fazem surgir novas ideias e produtos. Google e Apple, duas potências do Vale do Silício, representam ícones da criatividade corporativa. O modelo do Google depende de experimentos e dados, usando-os para aprimorar os serviços, e os clientes são participantes, tornando-se essencialmente parceiros no design de produtos. O modelo da Apple está mais direcionado ao estilo de cima para baixo. Quando perguntado sobre o que a pesquisa de mercado fazia, Steve Jobs tinha uma resposta-padrão: "Não é trabalho dos consumidores saber o que querem". Portanto, não engesse a criatividade de sua empresa.

9.4.2 Treinamento e desenvolvimento de pessoal

A necessidade de rever continuamente o que se aprendeu está diretamente relacionada com a evolução das tecnologias utilizadas no ambiente de trabalho. O lema "conectar conhecimentos" passa a ser uma competência valorizada pelas empresas. É necessário identificar o que a realidade impõe, relacionar com o repertório atual e suprimir as brechas de conhecimentos para ser efetivo na solução dos problemas, de modo ininterrupto e veloz.

Existem opções que devem ser diagnosticadas e aplicadas de acordo com cada indivíduo ou equipe. Algumas opções de treinamento estão sumarizadas no Quadro 9.2.

35. LOHR, S. The Yin and the Yang of Corporate Innovation. *The New York Times*, jan. 2012. Disponível em: <https://www.nytimes.com/2012/01/27/technology/apple-and-google-as-creative-archetypes.html>. Acesso em: 5 nov. 2018.

QUADRO 9.2

Opções de treinamento

Orientação inicial	Ações realizadas quando um funcionário novo é admitido na organização. A intenção é integrá-lo o mais rapidamente possível na cultura "oficial" da empresa, de maneira que possa concretizar os desempenhos esperados em curto prazo.
Treinamento operacional	Geralmente realizado para as pessoas que atuam na linha de frente da empresa, como vendas, atendimento, serviços, promoção ou chão de fábrica.
Treinamento gerencial	Destinado àqueles que exercem, ou vão exercer, alguma função de liderança. Em geral, são inseridos em um plano de carreira gerencial.
Atuação internacional	A globalização fomenta a necessidade de as pessoas trabalharem com colegas, clientes e acionistas de países e culturas bastante diversificadas.

Fonte: MARCONDES. In: HANASHIRO et al., 2008.

9.4.3 Gestão de recompensas

As recompensas corporativas podem ser caracterizadas como **concretas** e **subjetivas.** Na categoria das concretas, podemos elencar o salário, assistências médica e odontológica, o programa de participação nos lucros e resultados (PLR), os planos de previdência privada, entre outros. Já a categoria dos subjetivos inclui desde elogios até as conquistas de espaços que garantam o *status* na organização.

Diante da premissa de que um mecanismo de recompensa não pode ser generalizado, já que as individualidades requerem peculiaridades, o grande desafio das organizações contemporâneas é buscar adaptar diferentes estratégias às competências distintas. Assim, é necessário levar em conta as inter-relações e necessidades do cargo e de seu ocupante. O conceito **talento**, a propósito, deve ser continuamente redefinido diante das mudanças organizacionais. Nesse aspecto, a tríplice interconexão – competência, tecnologia e gestão – também demanda modificações semânticas.

FIGURA 9.6

Termos em mutação semântica

COMPETÊNCIA	TECNOLOGIA	GESTÃO

Fonte: elaborada pelo autor.

Os contextos não são simétricos, apresentam funções distintas e possuem diferentes estágios de evolução tecnológica. O tradicional conceito da divisão de tarefas apresenta um estranhamento diante das novas tecnologias. A separação de cargos em funções estanques, seja na produção ou nos escritórios, exige uma reconexão, isto é, é preciso surgir o operário generalista e multifuncional. Na área administrativa, por exemplo, é possível observar a diminuição do número de pessoas em funções de controle e suporte, visto que os computadores e *softwares*, cada vez mais rápidos, garantem o acesso às informações. Requerer trabalhadores com maior nível de instrução para operação dos equipamentos, assimilação de treinamentos e atendimento das demandas de padronização da qualidade é uma condição *sine qua non* para os novos desafios corporativos.

9.4.4 Avaliação de desempenho

Não há nada que passe despercebido dentro de uma organização. Por isso, até mesmo nas estruturas mais arcaicas a avaliação de desempenho está presente. Afinal, somos avaliados continuamente; ainda no ventre materno, busca-se identificar se o estágio de desenvolvimento está de acordo com os padrões científicos aceitos. Ao nascer, o indivíduo passa por inúmeros testes que visam identificar se está saudável e passa a ser comparado com outros bebês. As avaliações ocorrerão em todos os contextos e em todas as fases da vida.

Da mesma forma que se avalia algo ou alguém, o fator essencial está em como informar ao outro a realidade ou o comportamento observado. Nesse aspecto, uma das grandes apreensões no mundo pode ser encontrada nas expectativas que possuímos em relação aos que convivem conosco. Buscamos nosso melhor desempenho, mas sabemos que isso é uma tarefa compartilhada com outros indivíduos que também tentam equilibrar seus objetivos com suas angústias pessoais. Nas empresas mais competitivas, o alinhamento desses fatores é responsável pela criação de um espaço propício à criatividade. Afinal, o *feedback* que gera melhorias comportamentais não está relacionado às críticas destrutivas, à gestão autoritária ou à soberba de quem está em uma posição de comando.

John Kao,[36] professor de criatividade e desenvolvimento empresarial na Harvard Business School, é enfático ao destacar o papel do *feedback* para a criação do *jamming* como uma maneira de alavancar os processos criativos dentro da organização. Esse termo significa a capacidade de vincular ideias com recursos – recursos humanos, recursos financeiros, recursos de conhecimento, recursos de infraestrutura. É trabalhar com pessoas de diferentes capacidades e, por meio da improvisação com inteligência, conceber algo novo, criativo e harmonioso.[37] Para atingir isso, não basta se apoiar no modelo cartesiano de *feedback*, isto é, na concepção de que a informação de resultados já seria suficiente aos indivíduos.

No ambiente organizacional, a ânsia pela avaliação de desempenho está relacionada com a possibilidade de a empresa usufruir, da melhor maneira, as competências humanas. É imprescindível oferecer recursos motivacionais que permitam ao indivíduo dedicar-se ao máximo no trabalho, e tais recursos devem estar alinhados aos objetivos organizacionais, departamentais, individuais, bem como amparados em políticas de responsabilidade social.

O fato de uma empresa ser justa em seus instrumentos de avaliação é tão importante quanto gerar oportunidades de recompensas e de crescimento. Porém, como ser justo diante da presença de avaliações subjetivas? Embora existam diversos instrumentos de avaliação de desempenho, é essencial que o método seja conhecido e compartilhado por todos os membros da organização.

Também é um requisito essencial o treinamento contínuo de avaliados e avaliadores, uma vez que, além de dominar a técnica utilizada, precisam reconhecer e reduzir as subjetividades para que o método empregado apresente reduzidas margens de erro. Ao analisarmos os recorrentes métodos de avaliação de desempenho, conforme feito no Quadro 9.3, é possível observar a tentativa na redução da subjetividade.

36. KAO, J. *Jamming:* art and discipline of business creativity. New York: Harper Collins, 2009.
37. KAO, 2009.

QUADRO 9.3	
Diferenças entre métodos de avaliação de desempenho	
Escalas gráficas	O método mais antigo e popular. Neste estilo de avaliação de desempenho, a gestão atribui pesos ou notas aos níveis de desempenho de cada membro da equipe.
Avaliação por objetivos	Os gestores e as equipes definem uma lista de objetivos, e o desempenho é medido diante dos resultados alcançados. Este método pode levar ao erro de se preocupar com os resultados alcançados, sem levar em conta a forma como foram atingidos.
Avaliação em 360 graus	Método que utiliza múltiplos avaliadores. A avaliação acontece entre pares, subordinados e superiores hierárquicos.
Avaliação por competências	Neste método, busca-se definir um conjunto de competências profissionais alinhadas às competências organizacionais. Essas competências são aferidas utilizando-se a avaliação do gestor/líder e a autoavaliação individual. Os resultados são comparados e analisados em conjunto, líder/liderado. Esse processo gera valor com o objetivo de prover de informações o plano de desenvolvimento do avaliado.

Fonte: adaptado de NASSIF, 2008; DUTRA et al., 2010; PALACIOS et al., 2013.

No método de escala gráfica, há autonomia para o avaliador, o que pode tornar esse método apenas uma burocratização da subjetividade. Na avaliação por objetivos, a ênfase é dada no cumprimento de uma meta, evidenciando mais a tarefa do que seu executor. Nesse método, podem ocorrer inúmeras diversificações, como a participação dos membros de uma equipe na formulação dos objetivos ou a inclusão de metas relacionadas ao desenvolvimento de competências.

Com a avalição em 360 graus, é possível identificar uma redução da subjetividade, já que leva em conta a análise de múltiplos avaliadores. Contudo, os métodos de avaliação de desempenho são fortemente influenciados pelo clima organizacional. Em ambientes desfavoráveis e repletos de conflitos, a avaliação em 360º não é recomendável, já que intensifica a distorção das percepções.

Um método que demonstra estar um passo adiante é a avaliação por competências, já que busca inter-relacionar as competências individuais com as competências organizacionais, além de requerer uma interação acentuada entre avaliador/avaliado.

Assim, ao estabelecer um modelo de gestão por competências, faz-se necessário adotar os fatores que nortearão as ações gerenciais. No modelo apresentado por Gramigna,[38] são identificadas algumas premissas básicas, sendo elas:

- conscientização de que cada tipo de negócio necessita de pessoas com perfis específicos;
- reconhecimento de que aqueles que ocupam funções gerenciais são responsáveis pela oferta de oportunidades que permitam o desenvolvimento e a aquisição de novas competências;
- crença de que cada posto de trabalho tem características próprias e deve ser ocupado por profissionais que apresentem determinado perfil de competências;
- percepção de que sempre haverá demanda para o desenvolvimento de novas competências e de que o que hoje é essencial para a boa execução de um trabalho poderá ter novas exigências amanhã.

De acordo com Mathis e Jackson,[39] todo sistema de avaliação de desempenho busca identificar se os objetivos foram ou não cumpridos. Nesse aspecto, devem-se incentivar os bons resultados ou corrigir baixas performances. Articular os vínculos entre desempenho, remuneração e promoção, bem como direcionar o treinamento e o desenvolvimento conforme os resultados individuais ou de equipe, possibilita o planejamento de carreira.

Finalmente, para implementar qualquer método, é preciso que as demais políticas de gestão de pessoas funcionem efetivamente. Não é por acaso que o método de avaliação por competências ainda demonstra ser um desafio para as organizações contemporâneas, principalmente diante da demanda por uma evolução em todos os subsistemas de gestão de pessoas.

CONSIDERAÇÕES FINAIS

Tempos de transição requerem flexibilidade para que os objetivos sejam atingidos, o que significa ser capaz de rever os modelos de gestão e direcioná-los às práticas que proporcionem a utilização do potencial criativo de cada indivíduo. Essa não é uma tarefa fácil e, tampouco, está restrita a alguns membros

38. GRAMIGNA, M. R. *Modelo de competências e gestão de talentos*. São Paulo: Pearson Prentice Hall, 2007. p. 25.
39. MATHIS, R. L.; JACKSON, J. H. *Human Resource Management*. Boston: Cengage Learning, 2010.

da organização. Há um trabalho árduo que deve ser direcionado a todos os níveis de uma empresa. As competências devem ser revisadas continuamente, desde os CEOs até a base da pirâmide organizacional, mas, antes de dar o primeiro passo, é preciso decifrar a realidade, identificar as lacunas e, então, implementar estratégias evolutivas que levem em conta todas as variáveis e as pessoas a elas conectadas.

O sonho mecanicista de controlar tudo com regras rígidas ainda demonstra permear as ideias de muitos executivos. Contudo, a dinâmica global inviabiliza o rigor e a estratificação, e a insistência em uma direção inflexível gera indivíduos reativos, ambientes conflituosos e perdas financeiras. Nos modelos organizacionais mais evoluídos, a transformação é gerada pela convicção de que o investimento em práticas inteligentes de gestão de pessoas representa lucro e competitividade.

REFERÊNCIAS

ADLER, N. J. *International dimensions of organizational behavior*. Toronto: South-Western, 2002.

BAPTISTA, R. D. *Technological transition and the new skill required by agribusiness sector*. IFAMA, 2012.

BURNS T.; STALKER G. M. *The management of innovation*. Oxford: Oxford University Press, 1994.

BUSINESS STANDARD. *Tata Motors' Dharwad unit lockout continues*. Disponível em: <https://www.business-standard.com/article/companies/tata-motors-dharwad-unit-lockout-continues-116020800960_1.html>. Acesso em: 5 nov. 2018.

COMISIÓN ECONÓMICA PARA AMÉRICA LATINA Y EL CARIBE (CEPAL). *Políticas públicas para el desarrollo de sociedades de información en América Latina y el Caribe*. Naciones Unidas, feb. 2005.

______. *Reducir la brecha digital y aumentar la igualdad de oportunidades*. Disponível em: <https://www.cepal.org/cgi-bin/getProd.asp?xml=/prensa/noticias/comunicados/6/21546/P21546.xml&xsl=/prensa/tpl/p6f.xsl&base=/tpl/top-bottom.xsl>. Acesso em: 27 ago. 2014.

COREY, D. D. Socratic citizenship: delphic oracle and divine sign. *The Review of Politics*, v. 67, n. 2, p. 201-228, 2005.

DAS, R. The politics of land, consent, and negotiation: revisiting the development-displacement narratives from Singur in West Bengal. *South Asia Multidisciplinary Academic Journal (SAMAJ)*, 2016.

DEAL, T. E.; KENNEDY, A. *Corporate cultures, the rites and rituals of corporate life*. New York: Perseus Books Group, 2000.

DESSLER, G. *Administração de recursos humanos*. São Paulo: Prentice-Hall, 2003.

DUTRA, J. S.; FISCHER, A. L.; AMORIM, W. A. C. *Gestão de pessoas:* práticas modernas e transformação nas organizações. São Paulo: Atlas, 2010.

EAGLETON, T. *A ideia de cultura*. São Paulo: Unesp, 2011.

GIMEIN, M. Walton made us a promise. *Fortune*, New York, p. 121-130, mar. 2002.

GRAMIGNA, M. R. *Modelo de competências e gestão de talentos*. São Paulo: Pearson Prentice Hall, 2007.

HALL, E. T. *A dimensão oculta*. São Paulo: Martins Fontes, 2005.

HOFSTEDE, G. *Culturas e organizações:* compreender a nossa programação mental. Lisboa: Sílabo, 2003.

HOPENHAYN, M. Educación, comunicación y cultura en la sociedad de la información: una perspectiva latinoamericana. *Revista de la CEPAL*, n. 81, dic. 2003.

IMPARATO, N.; HARARI, O. *A grande virada:* inovação e escolha estratégica em uma era de transição. São Paulo: Elsevier, 1997.

KAO, J. *Jamming:* art and discipline of business creativity. New York: Harper Collins, 2009.

KEYTON, J. *Communication and organizational culture:* a key to understanding work experiences. London: Sage, 2005.

KOTTER, J. P.; HESKETT, J. L. *Cultura de empresa*. Rio de Janeiro: Jorge Zahar, 1994.

LEAHY, J. Journey into conflict: why Tata is caught in land dispute. *Financial Times*, sep. 2008. Disponível em: <https://www.ft.com/content/191e6304-8264-11dd-a019-000077b07658>. Acesso em: 5 nov. 2018.

LOHR, S. The Yin and the Yang of Corporate Innovation. *The New York Times*, jan. 2012. Disponível em: <https://www.nytimes.com/2012/01/27/technology/apple-and-google-as-creative-archetypes.html>. Acesso em: 5 nov. 2018.

MARCONDES, R. C. Desenvolvendo pessoas: do treinamento e desenvolvimento à universidade corporativa. In: HANASHIRO, D. M. M. et al. *Gestão do fator humano:* uma visão baseada em stakeholders. 2. ed. São Paulo: Saraiva, 2008.

MATHIS, R. L.; JACKSON, J. H. *Human Resource Management*. Boston: Cengage Learning, 2010.

MENDONÇA, H. UE barra um terço de compras de frango do Brasil e Governo promete ir à OMC. *El País*, abr. 2018. Disponível em: <https://brasil.elpais.com/brasil/2018/04/19/politica/ 1524162350_040433.html>. Acesso em: 5 nov. 2018.

MINISTÉRIO DA AGRICULTURA, PECUÁRIA E ABASTECIMENTO. *Brasil:* projeções do agronegócio 2010/2011 a 2020/2021.

MLODINOW, L. *Subliminar:* como o inconsciente influencia nossas vidas. Rio de Janeiro: Zahar, 2013.

NASSIF, M. J. V. Gerindo o desempenho. In: HANASHIRO, HANASHIRO, D. M. M. et al. *Gestão do fator humano:* uma visão baseada em stakeholders. 2. ed. São Paulo: Saraiva, 2008.

ORGANIZACIÓN DE LAS NACIONES UNIDAS PARA LA AGRICULTURA Y LA ALIMENTACIÓN (FAO). *Los precios medios de los alimentos subirán en la próxima década:* persiste la preocupación sobre la seguridad alimentaria. FAO, Roma, 15. jun. 2010.

ORGANIZACIÓN INTERNACIONAL DEL TRABAJO/CENTRO INTERAMERICANO PARA EL DESARROLLO DEL CONOCIMIENTO EN LA FORMACIÓN PROFESIONAL (OIT/CINTERFOR). ¿Qué es competencia laboral? *OIT/CINTERFOR*, 4 set. 2012. Disponível em: <http://www.oitcinterfor.org/p%C3%A1gina-libro/1-%C2%BFqu%C3%A9-competencia-laboral>. Acesso em: 5 nov. 2018.

PALACIOS, R. C.; CASADO, C. L.; ACOSTA, P. S.; PEÑALVO, F. J. G.; CARO, E. T. Competence gaps in software personnel: a multi-organizational study. *Computers in Human Behavior Review*, Elsevier, v. 29, n. 2, p. 456-461, mar. 2013.

ROBBINS, S.; JUDGE, T. A.; SOBRAL, F. *Comportamento organizacional.* São Paulo: Pearson, 2011.

SCHEIN, E. *The corporate culture survival guide:* sense and nonsense about culture change. San Francisco: Jossey-Bass, 1999.

______. *Organizational culture and leadership.* New York: John Wiley, 2004.

SROUR, R. H. *Poder, cultura e ética nas organizações.* São Paulo: Elsevier, 1998.

UK ESSAYS. Effects of organizational behaviour in Tata Motors. *UK Essays*, nov. 2013. Disponível em: <https://www.ukessays.com/essays/business/effects-of-organizational-behaviour-in-tata-motors-business-essay.php?vref=1>. Acesso em: 5 nov. 2018.

CAPÍTULO 10

Métodos para avaliar o resultado de atividades econômicas

Rubens Nunes

INTRODUÇÃO

Empresários, investidores, agentes financeiros, formuladores de políticas públicas, entre outros atores, têm interesse em avaliar o resultado de determinadas atividades econômicas.

Examinaremos aqui quatro metodologias para determinar o resultado das atividades econômicas: I) metodologia da teoria econômica; II) metodologia de apuração de custos de produção, desenvolvida pelo Instituto de Economia Agrícola (IEA); III) metodologia da contabilidade (desdobrada em contabilidade geral e contabilidade de custos); e IV) metodologia da análise de fluxo de caixa.

O objetivo deste capítulo é apresentar ao leitor os conceitos básicos que sustentam tais metodologias, atentando ao fato de que cada uma das perspectivas tem objetivos e conceitos próprios e alertando sobre o perigo de transpor inadvertidamente conceitos de uma metodologia para o arcabouço conceitual de outra. Em síntese, pretendemos oferecer conceitos que evitem confusões e facilitem a interpretação e a crítica dos indicadores de desempenho econômico.

10.1

O RESULTADO DA PRODUÇÃO NA TEORIA ECONÔMICA

Do ponto de vista social, o resultado da atividade econômica é o valor criado pela utilização dos recursos produtivos da sociedade. Valor criado, ou valor adicionado, corresponde ao valor bruto da produção (somatória das quantidades produzidas dos diversos bens, multiplicadas pelos respectivos preços) menos o valor dos insumos intermediários utilizados no processo produtivo. A produção cria valor, mas também destrói valor. O resultado é a diferença entre o valor criado e o valor destruído.

É do valor adicionado que saem as remunerações dos fatores de produção: os salários que remuneram o trabalho; a renda da terra, que compensa o proprietário pelo direito de uso da terra; os juros, que correspondem ao rendimento do capital investido; e os lucros, que correspondem ao resíduo apropriado pelo empreendedor ou proprietário do negócio.

Quando olhamos o resultado da atividade econômica do ponto de vista agregado (social), a questão da distribuição não se coloca. A massa de valor criada na economia não muda se, por exemplo, os juros diminuírem: a quantia que os capitalistas receberão a menos é exatamente a que os empreendedores receberão a mais. Contudo, quando analisamos o resultado da atividade do ponto de vista privado da empresa, a distribuição do valor criado passa a ser importante.

Os lucros são o resíduo que sobra após o pagamento das remunerações dos fatores produtivos: trabalho, terra e capital. Para a firma, essas remunerações são custos. Além delas, inclui-se nos custos o valor dos insumos intermediários destruídos no processo de produção ou incorporados aos produtos, bem como a depreciação de máquinas, veículos, equipamentos e edificações.

A discussão sobre a natureza do lucro é tão antiga quanto a própria ciência econômica. Em artigo publicado em 1900, Frederick B. Hawley[1] resgatou "[a] concepção popular do termo 'lucro' [que] traz consigo dois sentidos inseparáveis. O primeiro é que o lucro é um resíduo; o segundo, que é uma forma de remuneração distinta e semelhante à renda, ao salário e aos juros". Porém, o que exatamente o lucro remunera? Para Hawley, o lucro é a remuneração do empreendedor, que é a pessoa que tem o direito à recompensa pelo risco do empreendimento que dirige.

A associação entre risco do negócio e lucros se tornaria clássica com o livro de Frank Knight, *Risco, incerteza e lucro*, de 1921. As condições necessárias para o aparecimento de firmas são a incerteza e agentes muito diferentes entre si no que diz respeito às atitudes frente ao risco: alguns são confiantes e arrojados, ao passo que outros são tímidos e indecisos. Mediante o contrato de trabalho, os arrojados-confiantes garantem aos tímidos-indecisos determinada renda em troca de sua contribuição para a obtenção de resultados incertos.

1. HAWLEY, F. B. Enterprise and profit. *The Quarterly Journal of Economics*, v. 15, n. 1, p. 75-105, nov. 1900.

O contrato de trabalho seria praticamente uma apólice de seguro em que o prêmio é pago na prestação de serviços.

Sem incerteza, Knight[2] entende que poderiam existir administradores, supervisores e outros profissionais dessa natureza, com o propósito de coordenar as atividades dos trabalhadores individuais.

É com a incerteza que surge, segundo Knight, um novo tipo de agente econômico – o empreendedor –, cuja decisão de o que fazer e como fazer passa a ter papel preponderante sobre a execução. A decisão (sempre sob incerteza) e o controle tornam-se funções centrais, separadas das funções operacionais.

O lucro econômico é a remuneração específica de um fator de produção (capacidade organizacional e de decisão responsável sob incerteza). Um mesmo agente pode ser, ao mesmo tempo, empreendedor, capitalista e proprietário de terras, como ocorre frequentemente na agropecuária brasileira e no resto do mundo. Isso não muda a natureza das remunerações, mas traz complicações significativas para a operacionalização dos conceitos e para a interpretação dos resultados da atividade produtiva.

QUADRO 10.1

Lucro econômico

Lucro Econômico = Valor da Produção – Salários – Juros – Arrendamento da Terra – – Valor dos Insumos – Depreciação

Fonte: elaborado pelo autor.

10.2

METODOLOGIA DE APURAÇÃO DOS CUSTOS DE PRODUÇÃO DO IEA

A metodologia de apuração dos custos de produção do IEA é uma tentativa de operacionalizar os conceitos da teoria econômica. Contudo, as primeiras tentativas, ao incorporar custos de oportunidade imputados para todos os fatores de produção, geraram custos sistematicamente acima dos preços de mercado.[3]

2. KNIGHT, F. K. *Risk, uncertainty and profit*. New York: Augustus M. Kelley, 1964. p. 267-268.
3. MATSUNAGA, M. et al. Metodologia de custo de produção utilizada pelo IEA. *Agricultura em São Paulo*, v. 23, n. 1, p. 123-139, 1976.

Custo de oportunidade é a remuneração de um fator de produção em seu melhor uso alternativo; ao usar as próprias terras, é o arrendamento que poderia ser recebido. O custo de oportunidade do capital próprio investido no estabelecimento é a remuneração obtida no mercado financeiro, caso os recursos não fossem imobilizados. Na agricultura familiar, a mão de obra dos membros da família não é remunerada diretamente, mas seu custo de oportunidade corresponde aos salários que seriam recebidos, caso as pessoas trabalhassem fora do estabelecimento.

O problema prático reside na determinação dos custos de oportunidade que se referem a transações potenciais – e que não acontecem efetivamente. Imputar o custo de oportunidade do uso da terra pelo valor dos arrendamentos da região superestimará os custos, se a opção de arrendar não for viável. Da mesma forma, a mão de obra familiar só teria um custo de oportunidade positivo se houvesse a oferta de empregos na época do ano em que o estabelecimento familiar demanda o trabalho.

Para contornar essas dificuldades, a metodologia desenvolvida no IEA desdobrou os custos em custos correspondentes a despesas em dinheiro – Custo Operacional Efetivo (COE) – e custos implícitos, como depreciação e mão de obra familiar. O resultado apurado representa um agregado das remunerações da terra, do capital e do empresário.

O Custo Operacional Total (COT) inclui, além do COE, os custos médios da mão de obra familiar, cujo valor é imputado pelo custo de oportunidade, e da depreciação de máquinas, equipamentos e benfeitorias. O custo total inclui ainda os juros sobre o capital investido e a renda da terra, que são custos de oportunidade.

Para apurar o COE, não é preciso muita informação, bastando o registro das entradas e saídas de caixa, tomando-se o cuidado de separar os desembolsos que correspondem a despesas daqueles associados a investimentos.

QUADRO 10.2

Custo total

Custo Operacional Efetivo (COE) = Despesas em dinheiro realizadas na produção

Custo Operacional Total (COT) = COE + Depreciação + Remuneração da mão de obra familiar (imputada)

Custo Total (CT) = COT + Remunerações do capital próprio e da terra (imputadas)

Fonte: elaborado pelo autor.

Ainda que não seja possível determinar o lucro do empreendimento, a diferença entre a receita líquida e o custo operacional efetivo permite avaliar a capacidade de o estabelecimento agropecuário manter-se em atividade no curto prazo.

10.3 APURAÇÃO CONTÁBIL DE RESULTADOS E DE CUSTOS

A contabilidade é um sistema de informações que coleta e organiza os registros de eventos que alteram o patrimônio de uma entidade. Considera-se que a entidade, uma empresa, por exemplo, é distinta de seu proprietário ou de seus sócios, não se confundindo o patrimônio pessoal com o da entidade. As informações sistematizadas pela contabilidade servem para atender a requisitos legais, dar subsídios aos gestores na tomada de decisões, bem como para disponibilizar informações para investidores, credores e para o público em geral.

Demonstrações contábeis são documentos padronizados, com o objetivo de representar adequadamente a composição do patrimônio da entidade em determinada data (balanço patrimonial), apurar o resultado das atividades da entidade em determinado período (demonstração do resultado), bem como identificar as fontes de financiamento e a utilização dos recursos da entidade (demonstração das origens e aplicações de recursos).

10.3.1 Balanço patrimonial

O balanço patrimonial apresenta de forma sintética os valores dos bens e direitos da entidade (ativo), assim como as obrigações frente a terceiros (passivo) e o capital próprio (patrimônio líquido), em determinado ponto no tempo. O balanço registra estoques, isto é, grandezas observadas em determinada data, e não fluxos, que são grandezas associadas a alguma unidade de tempo. O balanço registrará, por exemplo, o valor do dinheiro em caixa no dia 31 de dezembro de 2018 ou, ainda, o valor das contas a pagar nessa mesma data.

Em geral, o balanço patrimonial é apresentado em colunas, ficando à esquerda as contas do ativo, começando pelas contas de maior liquidez (ativo circulante), relacionando-se em seguida os bens e direitos de menor liquidez (ativo não circulante), que abarcam contas referentes a direitos efetivados em prazos longos (realizável a longo prazo) e contas referentes a bens que a empresa não tem a intenção de vender (investimentos e imobilizado). Na coluna à direita, ficam o passivo (acima) e o patrimônio líquido.

As contas do passivo são apresentadas em ordem crescente do prazo de vencimento das exigibilidades. O primeiro grupo é o passivo circulante, que registra obrigações vincendas nos 12 meses seguintes ao da elaboração do balanço. A seguir, vem o passivo não circulante, com as obrigações que se tornarão exigíveis em data posterior.

O patrimônio líquido registra o capital social da empresa, resultante do aporte realizado pelos sócios e dos resultados não distribuídos em exercícios anteriores ao do balanço, assim como os lucros ou prejuízos apurados no exercício corrente.

No dia a dia da empresa, ocorrem fatos (uso de insumos e de serviços de fatores de produção, aquisição de insumos, venda de produtos, investimentos etc.) que alteram a magnitude e/ou a composição do balanço patrimonial.

10.3.2 Escrituração contábil

Escrituração é o conjunto de atividades sistematizadas de coleta e registro de informações em livros próprios (que podem ser arquivos digitais), de acordo com um plano de contas adequado às atividades da entidade.

Um método universalmente aceito para registrar os fatos contábeis é o das partidas dobradas: os fatos são registrados em contas patrimoniais (contas de ativo, passivo ou de patrimônio líquido) e/ou em contas de resultado (receitas, despesas e custos – representativas de variações patrimoniais), utilizando a convenção de débito e crédito. Como exemplo: um produtor rural compra sementes no valor de $ 50.000, para pagar em 120 dias. O registro desse fato se daria por um débito na conta de ativo "Insumos – Sementes" e, ao mesmo tempo, por um crédito na conta de passivo "Fornecedores – a pagar", ambas pelo valor da transação. O produtor, nesse momento, não ficou mais pobre, nem mais rico: antes ele tinha $ 50.000 em dinheiro, agora ele tem o mesmo valor em sementes. O que ocorreu foi uma mutação da composição do patrimônio.

Diferentemente do conceito de custo econômico, que incorpora o custo de oportunidade dos fatores de produção, a escrituração contábil só registra valores relacionados a transações de mercado efetivas, nas quais é possível determinar diretamente o preço dos bens e serviços. A mão de obra não paga no estabelecimento agropecuário familiar não é registrada pela escrituração contábil, assim como os juros sobre o capital próprio imobilizado no negócio.

10.3.3 Demonstração do resultado do exercício

A demonstração do resultado refere-se a um período, em geral o ano calendário ou o ano fiscal. No entanto, é possível modificar o período de acordo com a conveniência da administração.

Em síntese, o resultado de um período é a diferença entre receitas e despesas realizadas no período. A expressão "receitas e despesas realizadas" carrega consigo uma ambiguidade em relação ao momento da realização: quando a transação é efetivada (quando o produto é entregue para o cliente) ou quando é liquidada (quando o cliente paga o valor do produto recebido). A definição do regime contábil desfaz a ambiguidade. No regime de competência, as receitas e as despesas serão contabilizadas no período em que forem geradas, independentemente de seu recebimento ou pagamento; no regime de caixa, as transações são registradas na data em que são liquidadas.

No plano de contas, há um grupo que não aparece diretamente no balanço patrimonial, chamado de **contas de resultado**, destinado a registrar as receitas e as despesas ocorridas no exercício. As receitas são obtidas pela venda de produtos, pela prestação de serviços e pelo recebimento de juros e aluguéis, entre outras atividades em determinado período. As despesas são produzidas pelo consumo (não pela aquisição!) de insumos e serviços produtivos, pela incidência de juros a serem pagos, impostos e taxas, seguros, água, luz, telefone, entre tantos outros itens. A despesa é o sacrifício incorrido em determinado período para a obtenção de receitas.

A rigor, quando enchemos o tanque de combustível de um veículo não realizamos uma despesa, apenas trocamos, digamos, uma cédula de \$ 100 por \$ 100 em gasolina. A despesa será realizada quando o veículo andar e consumir gasolina. Suponha que, após realizar diversas entregas, esse veículo ainda tenha meio tanque de combustível. A despesa gerada foi de \$ 50. No balanço, essa despesa seria registrada como uma diminuição do ativo em \$ 50, na conta "combustíveis".

Para encontrar o resultado do exercício, utiliza-se uma conta de apuração do resultado do exercício. As contas de despesa e receita são encerradas no final do exercício (data a que se refere o balanço) fazendo-se lançamentos pelo método das partidas dobradas, de forma a zerar o saldo das contas de receita e despesa. As contas de despesa são creditadas pelo valor de seu saldo, debitado da conta de apuração do resultado; as contas de receita são debitadas pelo valor do saldo; e a conta de apuração do resultado é creditada pelo mesmo valor. Feito esse procedimento para todas as contas de receita e despesa, obtém-se o saldo da conta de apuração do resultado: se o saldo for credor (positivo), o valor obtido será o lucro do exercício; se devedor (negativo), a empresa terá prejuízo.

O exemplo apresentado na Figura 10.1 é muito simples, e o leitor deve estar se perguntando por que é preciso uma rotina contábil para obter o resultado de uma simples subtração. Contudo, nas operações de uma empresa real, os itens de receita e despesa chegam facilmente à casa das centenas e, frequentemente, dos milhares. Nesses casos, sem um método de contabilização, a probabilidade de erros e omissões se torna muito alta.

FIGURA 10.1

Representação esquemática dos lançamentos referentes à apuração do resultado do exercício

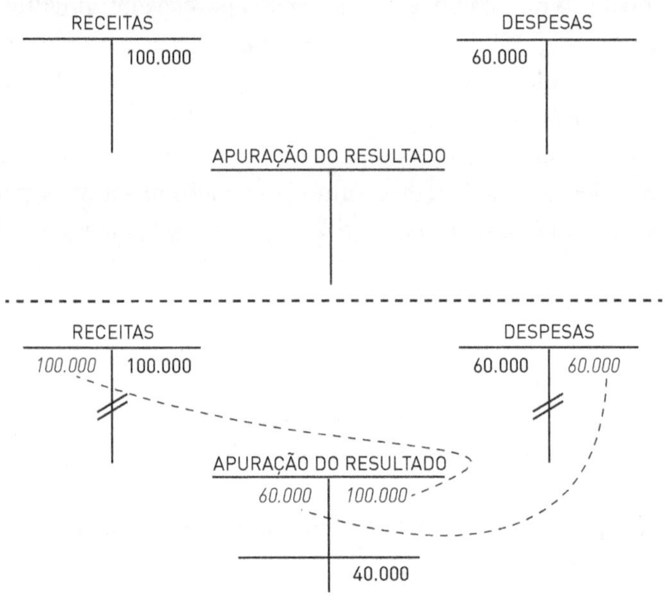

Fonte: elaborada pelo autor.

Desse modo, receitas, despesas e resultados são grandezas relacionadas a um período, a um intervalo de tempo: são fluxos. Ativo, passivo e patrimônio líquido referem-se a uma data, a um ponto no tempo: são estoques. Os fluxos são determinados pela diferença do valor dos estoques em dois momentos distintos no tempo.

10.4

CONTABILIDADE DE CUSTOS

A contabilidade de custos associa as despesas incorridas em um período aos produtos ou serviços produzidos no mesmo período. A despesa refere-se a um período; o custo, aos produtos.

Os custos são classificados em custos variáveis (porque variam com a quantidade produzida) e custos fixos (que não variam com a quantidade produzida e são incorridos mesmo que a firma permaneça inativa).

Os custos variáveis abarcam as despesas com insumos e serviços empregados diretamente na produção. Por exemplo, em um estabelecimento agropecuário que produza milho e soja, cada cultura apropriará as despesas de insumos e serviços utilizados durante todo o ciclo de produção nessa mesma cultura.

Os custos fixos são comuns a todos os produtos. São exemplos de custos fixos as despesas com a administração do estabelecimento, impostos sobre a terra e sobre os veículos automotores, as despesas com sistemas de segurança, entre tantas outras. A contabilidade de custos adota critérios racionais para ratear os custos fixos entre os diversos produtos do estabelecimento. Dentre esses critérios, podem ser incluídos: a área destinada à produção, a duração do ciclo produtivo e a quantidade de trabalho alocado nas diferentes culturas.

Um indicador útil para a gestão do negócio é o custo médio de cada tipo de produto, obtido pela divisão do custo total de um tipo de produto pela quantidade produzida desse mesmo produto.

QUADRO 10.3

Custo de produtos

Os custos referem-se a produtos.

Custo Total = Custo Variável + Custo Fixo

A soma dos custos de todos os produtos produzidos
em determinado período é igual à
soma das despesas incorridas no mesmo período.

Fonte: elaborado pelo autor.

10.5

ANÁLISE DO FLUXO DE CAIXA

A análise do fluxo de caixa é empregada para avaliar projetos, assim como esquemas de amortização de empréstimos e aplicações financeiras. Uma das diferenças relevantes entre a análise econômica de projetos e a análise de amortizações ou aplicações financeiras diz respeito ao fato de que os valores da amortização de empréstimos ou do resgate de títulos são conhecidos com certeza, ou com elevado grau de certeza, ao passo que, na análise de projetos, os valores são estimados ou projetados, com base na informação disponível no momento.

Fluxos de caixa são sequências de valores indexados no tempo, resultantes de transações vinculadas a um projeto ou negócio. Consideram-se as entradas e saídas líquidas de caixa em cada período, sem discriminar se as saídas são despesas ou investimentos, nem se importar com a natureza das receitas.

Para fins didáticos, vamos analisar dois fluxos de caixa muito simples. Para cada período, as saídas de caixa serão representadas por setas para baixo (valores negativos) e as entradas, por setas para cima (valores positivos), em torno de um eixo que representa o tempo. As entradas/saídas de caixa correspondem ao saldo do caixa ao final do período. Se o valor pago foi maior que o recebido, será considerada apenas uma saída de caixa correspondente à diferença entre recebimentos e pagamentos. Assim, por exemplo, uma entrada/saída igual a zero pode significar que não houve movimentação alguma, ou que os recebimentos foram iguais aos pagamentos.

A Figura 10.2 representa dois fluxos de caixa, cuja soma de entradas e saídas é igual a $ 20. Contudo, do ponto de vista econômico-financeiro, esses dois fluxos de caixa seriam equivalentes?

Vimos que, normalmente, os agentes preferem receber certa quantia antes do que receber a mesma quantia depois. Para aceitar receber depois, os agentes requerem um prêmio. Então, a distribuição das entradas e saídas de caixa ao longo do tempo faz diferença.

FIGURA 10.2

Representações de fluxos de caixa (em $)

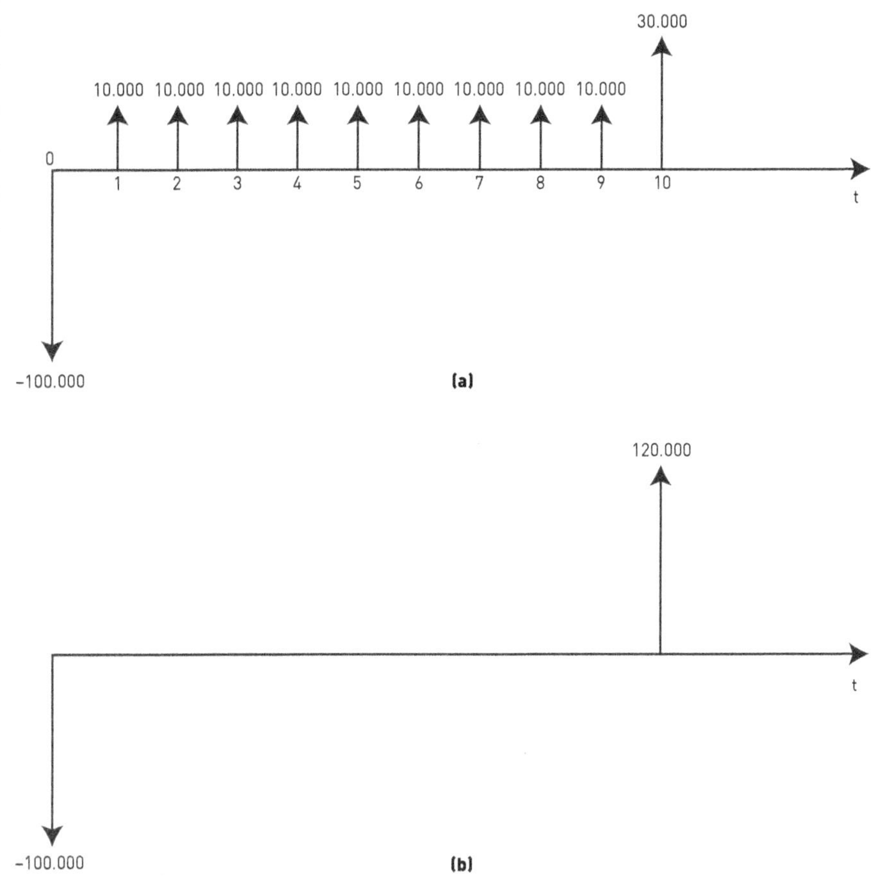

Fonte: elaborada pelo autor.

10.5.1 Valor presente líquido do fluxo de caixa

O valor presente do fluxo de caixa (b), que só tem uma saída e uma entrada de caixa, pode ser calculado facilmente. Por meio da equação (1), desde que tenhamos definido qual é a taxa de juros relevante (vamos supor que seja de 1%

por período), vamos descobrir qual é o valor presente da entrada de caixa que acontecerá ao final do ano 10:

$$VP = \frac{VP_t}{(1+i)^t} \Rightarrow VP = \frac{120.000}{(1+0{,}01)^{10}} = \frac{120.000}{1{,}1046} = \$\ 108.634{,}40 \qquad (1)$$

Isso quer dizer que, para o tomador de decisão em questão, as opções de receber $ 120.000 ao final do período 10, ou receber $ 108.634,40 ao final do período 0, são equivalentes.

Contudo, para receber a quantia equivalente a $ 108.634,40 no final do período 0, foi necessário realizar investimentos, isto é, saídas de caixa, no valor de $ 100.000 no final do período. Assim, o valor líquido do fluxo de caixa (b) referido ao período 0 é o valor presente da entrada de caixa no final do período 10, menos o valor do investimento realizado no final do período 0:

$$VPL\ (b) = 108.634{,}40 - 100.000 = \$\ 8.634{,}40$$

O mesmo raciocínio vale para o fluxo de caixa (a), mas será preciso repetir a operação de trazer a valor presente para cada uma das entradas e saídas de caixa. Vamos chamar de R_t o valor da entrada ou saída líquida de caixa que acontece no período t. O valor presente líquido é a somatória das entradas/saídas de caixa trazidas a valor presente:

$$VPL = \sum_{t=0}^{t} \frac{R_t}{(1+i)^t} \qquad (2)$$

Uma pergunta relevante no cálculo do VPL é: Qual taxa de juros devemos usar? Se você observar o mercado financeiro, verá que, ao mesmo tempo, são praticadas diferentes taxas de juros, dependendo do tipo de operação e do perfil dos agentes envolvidos.

Uma possibilidade é definir a taxa de juros relevante para o tomador de decisão como o custo de oportunidade do dinheiro que ficará indisponível durante a vida útil do projeto de investimento, acrescido de um prêmio de risco. Denomina-se **taxa mínima de atratividade** a menor remuneração aceita pelo investidor para implementar o projeto.

Outra possibilidade é definir a taxa de juros em vista do custo médio do capital para a empresa. A firma conta com diferentes fontes de financiamento que envolvem recursos próprios (emissão primária de ações, capital integralizado pelos sócios) e recursos de terceiros (crédito de fornecedores, crédito bancário, adiantamentos de clientes). As diferentes fontes de financiamento apresentam condições e custos distintos. O custo médio do capital é a média das taxas associadas às diferentes fontes de financiamento, ponderada pela participação de cada fonte no total dos ativos da empresa.

Outra pergunta recorrente é: Quantos períodos devem estar representados no fluxo de caixa? A resposta básica é: depende. Depende das características do projeto e do investidor. Alguns projetos têm vida útil definida, enquanto outros podem operar indefinidamente. Às vezes, a análise do projeto considera o projeto em si, de forma impessoal; outras vezes, é o investidor que analisa a conveniência de realizar o investimento, considerando suas habilidades, suas expectativas, o momento planejado de se retirar do negócio, entre outros fatores. A vida útil de um pomar de laranjas é estimada em 20 anos. A de uma usina de açúcar e álcool, em 10 anos. Então, parece natural construir um fluxo de caixa que represente o ciclo completo do investimento.

Ao final da vida útil, é possível que os ativos depreciados ainda tenham algum valor, como sucata ou no mercado de equipamentos usados, por exemplo. A venda da sucata ou dos equipamentos usados pelo valor residual constitui uma entrada de caixa, talvez a última, do projeto, e deve ser considerada na análise.

Em alguns casos em que a vida útil do projeto é indeterminada, o horizonte temporal pode ser fixado de maneira um tanto arbitrária, levando-se em conta a capacidade de se fazerem previsões sensatas no período-base ou período zero. O futuro próximo é menos incerto que o futuro distante. Então, mesmo que o projeto tenha vida longa, podemos decidir limitar a análise a um período para o qual temos alguma confiança nas previsões, ou considerar o horizonte temporal indeterminado.

A decisão metodológica de limitar a análise a certo número de períodos correspondentes ao horizonte de previsão não compromete os resultados da análise, desde que o período escolhido não seja curto demais, isto é, menor que a maturação do projeto. O impacto das entradas de caixa no VPL é tão menor quanto mais distante a entrada estiver do período zero.

10.5.2 Taxa interna de retorno (TIR) do fluxo de caixa

A Figura 10.3 traz o valor presente líquido (VPL) do fluxo de caixa (a) em função da taxa de juros empregada para trazer a valor presente cada uma das entradas de caixa. Com a taxa de 0%, o VPL é simplesmente a soma dos valores nominais.

À medida que elevamos a taxa de juros, o VPL diminui, chegando a se tornar negativo. Isso significa que as entradas futuras, descontadas a taxas de juros como 4% ou 6% por período, não são suficientes para a recuperação do investimento. Para o tomador de decisão que tenha taxas de preferência intertemporal dessa ordem, as receitas futuras não compensam o sacrifício presente.

FIGURA 10.3

Valor presente líquido do fluxo de caixa (a) em função da taxa de juros

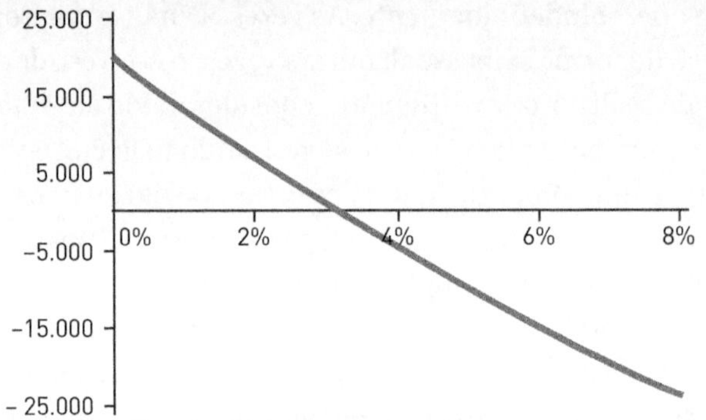

Fonte: elaborada pelo autor.

Observe que existe uma taxa próxima de 3% por período que faz com que o VPL seja zero. Ou seja, a essa taxa de desconto (3,03176% por período), o valor presente (no final do período zero) das entradas é igual ao valor das saídas, de modo que o saldo é nulo.

A Taxa Interna de Retorno (TIR) é a taxa de juros (ou taxa de desconto) para a qual o VPL é igual a zero. Observe que, para calcular o VPL, precisamos imputar uma taxa de desconto. No cálculo da TIR, fixamos o valor do VPL em zero, e aí encontramos a taxa para a qual a afirmação VPL = 0 é verdadeira.

Os indicadores VPL e TIR são auxiliares no processo de decisão, que se dá em um ambiente complexo. O investidor poderá encontrar motivos razoáveis para não investir em projetos que apresentem bons indicadores. Ele poderá, por exemplo, achar que não conhece suficientemente bem o ramo de negócios em questão, preferindo um projeto com indicadores não tão bons, mas em um ramo com o qual está familiarizado. Contudo, dificilmente alguém investirá em um projeto que apresente indicadores econômicos ruins.

TABELA 10.1

Cálculo do VPL utilizando-se a TIR como taxa de desconto

Período	R_t	Fator de desconto $(1 + TIR)^t$	Valor presente $R_t/(1 + TIR)^t$
0	-100.000	1,0000	-100.000
1	10.000	1,0303	9.706
2	10.000	1,0616	9.420
3	10.000	1,0937	9.143
4	10.000	1,1269	8.874
5	10.000	1,1611	8.613
6	10.000	1,1963	8.359
7	10.000	1,2325	8.113
8	10.000	1,2699	7.875
9	10.000	1,3084	7.643
10	30.000	1,3481	22.254
		VPL (Soma)	**0,000**

Fonte: elaborada pelo autor.

Como saber se um indicador é bom ou ruim? Como interpretar os indicadores?

QUADRO 10.5

Indicadores econômicos

VPL(i) > 0[4]	O projeto é **viável** economicamente. Os retornos do projeto, descontados ou trazidos a valor presente à taxa i, excedem o valor investido.
VPL(i) < 0	O projeto é **inviável** à taxa i. O valor do investimento não é recuperado integralmente. Os retornos descontados valem menos que o valor investido.
TIR > i*	O projeto é **viável** economicamente. A taxa i* é o custo de oportunidade do capital investido. O projeto em questão é mais rentável que a melhor utilização alternativa dos recursos.
TIR < i*	O projeto é economicamente **inviável**. O investidor tem à disposição ao menos uma alternativa de investimento mais rentável.

Fonte: elaborado pelo autor.

4. A notação VPL(i) tem como objetivo ressaltar que o VPL é calculado com base em uma taxa de desconto que é imputada (exógena).

10.5.3 Período de recuperação do investimento descontado (*payback period*)

No período de implantação, os projetos demandam recursos. Somente em períodos posteriores à implantação é que são recebidos retornos. O capital investido em projetos que contemplam investimentos vultosos em capital fixo, como usinas hidroelétricas e linhas de metrô, só é recuperado em prazos muito longos. Já em setores que requerem pequenos investimentos em capital fixo, como o pequeno varejo, serviços pessoais e indústrias leves, a recuperação do investimento acontece em períodos mais curtos.

Para encontrar o período de recuperação do investimento, é preciso calcular o valor presente líquido acumulado do projeto, que é a somatória dos valores presentes do período 0 até o período considerado. O valor presente líquido acumulado informa quanto o projeto deve aos investidores ao final de cada período: é o saldo ao final de cada período do fluxo de caixa descontado.

A Tabela 10.2 apresenta um fluxo de caixa, descontado a 2% a.a. Ao final do horizonte temporal do projeto, no último período, o saldo acumulado é, por definição, igual ao VPL. Nos primeiros períodos, o saldo do projeto é negativo: apesar de gerar receitas líquidas, elas não são suficientes para cobrir o valor investido originalmente. Se, por algum motivo, o projeto fosse interrompido em algum desses períodos,[5] os investidores teriam perdas, isto é, teriam retirado do projeto menos do que foi aplicado.

No exemplo, a recuperação do investimento ocorre em algum momento do período 9 (décimo ano do projeto, considerando um ano de implantação e nove anos de operação). Observe que, até o final do período 8, o valor presente líquido acumulado era negativo. No final do período 9, o sinal se inverte e o saldo passou a ser positivo. A valor presente, o projeto teria gerado $ 108.350, suficientes para devolver para os investidores o valor aplicado no projeto, sobrando ainda um excedente de $ 8.350.

Podemos fazer uma interpolação linear para encontrar aproximadamente em que mês do período 9 o saldo do projeto (valor presente líquido acumulado) foi zerado. Em 12 meses, o saldo passou de – $ 1.691 para $ 8.350. Em cada mês, na média, houve um acréscimo de $ 836,76. Assim, para zerar o saldo que estava em – $ 1.691 no final do período 8 (9º ano), foram necessários mais 2 meses. Assim, o período de recuperação do investimento desse fluxo de caixa descontado a 2% ao ano é de 9 anos e dois meses, ou 9,17 anos.

5. Desconsidera-se no argumento a possibilidade de vender o negócio ou receber alguma indenização.

TABELA 10.2

Cálculo do valor presente acumulado e do período de recuperação do investimento (i = 2% a.a.)

Período	Rt	Fator de desconto	Valor presente	Valor presente acumulado
		$(1 + i)^t$	$Rt/(1 + i)^t$	$\sum Rt/(1 + i)^t$
0	-100.000	1,0000	-100.000	-100.000
1	10.000	1,0200	9.804	-90.196
2	11.000	1,0404	10.573	-79.623
3	12.000	1,0612	11.308	-68.315
4	15.000	1,0824	13.858	-54.458
5	15.000	1,1041	13.586	-40.872
6	15.000	1,1262	13.320	-27.552
7	15.000	1,1487	13.058	-14.494
8	15.000	1,1717	12.802	-1.691
9	12.000	1,1951	10.041	8.350
10	10.000	1,2190	8.203	16.553
		VPL (Soma)	**16.553**	

Fonte: elaborada pelo autor.

Valor presente líquido, taxa interna de retorno e período de recuperação do investimento são indicadores muito populares, mas há muitos outros. O que todos têm em comum é o estabelecimento da equivalência de valores em tempos distintos.

CONSIDERAÇÕES FINAIS

Ainda que o conceito econômico que embasa essas avaliações não seja muito complexo (o custo corresponde à remuneração de todos os fatores de produção mobilizados no processo produtivo, exceto a capacidade empresarial ou organizacional, que se apropria do excedente, chamado de lucro econômico), sua operacionalização prática envolve decisões metodológicas que nem sempre são fáceis ou isentas de problemas.

Não é raro vermos até mesmo bons profissionais fazerem confusão entre conceitos provenientes de metodologias e perspectivas teóricas distintas. O resultado contábil de um estabelecimento agropecuário familiar ou de uma pequena empresa familiar não é propriamente o lucro, mas um amálgama das remunerações dos fatores de produção pertencentes à família, que não foram pagos em dinheiro. Na análise do fluxo de caixa, uma entrada líquida não pode ser confundida com o lucro do período, pois por um lado não estão computadas despesas diferidas; por outro lado, uma saída de caixa pode ser um investimento, não uma despesa.

O Quadro 10.6 compara as diferentes abordagens apresentadas neste capítulo.

QUADRO 10.6

Metodologias para avaliar o resultado de atividades econômicas

	Teoria Econômica	Contabilidade	Análise de fluxo de caixa	Metodologia IEA[6]
		🗎 Geral ❐ Custos	⌛	❖
Objetivos	Construir modelos do processo de tomada de decisões da empresa.	Geral – apresentar a situação patrimonial da empresa e apurar o resultado em dado período. Custos – avaliar o custo dos diversos produtos da empresa.	Avaliar a viabilidade econômica e de estruturas de financiamento de um projeto de investimento.	Determinar (I) o custo de produtos agropecuários correspondentes aos dispêndios monetários e (II) o custo desses produtos, incluídas a depreciação e a remuneração da mão de obra familiar.
Principais dificuldades	Especificar e estimar a função de produção. Imputar custos de oportunidade. No curto prazo, definir quais fatores são fixos.	Estimar a depreciação dos ativos. Estabelecer critérios para o rateio das despesas fixas.	Estabelecer o horizonte temporal do projeto. Estimar o valor residual dos ativos ao final do horizonte temporal.	Imputar a remuneração da mão de obra familiar. Estimar a depreciação dos ativos.
Natureza da empresa	A empresa não tem recursos próprios; todos os fatores de produção são obtidos no mercado.	A empresa tem recursos próprios (patrimônio líquido) e usa capital de terceiros (passivo). Com esses recursos a empresa controla meios de produção, produtos e direitos sobre transações (ativos).	A empresa tem direitos/obrigações que se traduzem em entradas e saídas de caixa ao longo do tempo.	A empresa (estabelecimento agropecuário) tem recursos próprios, incluindo a terra e a força de trabalho da família.

⇛

6. MATSUNAGA et al., 1976.

⇛

	Teoria Econômica	Contabilidade	Análise de fluxo de caixa	Metodologia IEA[6]
Horizonte temporal	Ciclo de produção.	Exercício (ano, mês).	Ciclo de vida do projeto.	Ciclo de produção.
Remuneração dos fatores de produção	Todos os fatores de produção são remunerados pelo custo de oportunidade, independentemente de serem pagos em $ ou não.	São contabilizadas as remunerações dos fatores de produção efetivamente pagas ou devidas em $, bem como as variações do patrimônio.	Só são consideradas as remunerações efetivamente pagas, no momento da saída de caixa.	A terra, o capital próprio e o trabalho empresarial são remunerados pelo resíduo não apropriado pelos demais fatores. A mão de obra familiar é remunerada pelo custo de oportunidade.
Valoração do produto	Toda a produção, pelo valor de mercado.	Produto vendido pelo valor de venda (Receita). Produtos em estoque pelo custo de produção.	Pelo valor das vendas, no momento do recebimento (entrada de caixa).	Toda a produção, pelo valor de mercado (inclusive produtos consumidos no estabelecimento agropecuário).
Investimento em capital fixo	Gera o custo da remuneração do capital fixo. O investimento não entra no cálculo do custo de produção.	Contabilizado como ativo permanente.	Corresponde a saídas de caixa.	O custo de oportunidade do investimento não entra no COE, nem no COT. É incorporado ao CT, pelo custo de oportunidade.
Investimento em estoques	Gera o custo da remuneração do capital de giro.	Contabilizado como ativo circulante.	Corresponde a saídas de caixa.	Se proveniente da própria atividade (crescimento do rebanho), é computado como renda da atividade; se não, entra no cálculo do COE.
Depreciação	Embutida na remuneração do capital.	Contabilizada na apuração do resultado do exercício.	Não entra no fluxo de caixa, mas está implícita na diferença entre o investimento e seu valor residual.	Não entra no COE, mas é computada no COT.

⇛

⇛

	Teoria Econômica	Contabilidade	Análise de fluxo de caixa	Metodologia IEA[6]
Despesa (tempo)	Valor dos insumos e remuneração dos serviços produtivos utilizados.	Valor dos produtos consumidos e dos serviços utilizados no processo de produção em determinado período (exercício). Reduz o valor do investimento em estoques.	Corresponde a saídas de caixa.	
Indicadores de resultado	Lucro econômico (zero significa que todos os fatores de produção são remunerados pelo custo de oportunidade).	EBITDA (*Earnings Before Interest, Taxes, Depreciation and Amortization*) Lucro contábil (do exercício).	Valor Presente Líquido (VPL). Taxa Interna de Retorno (TIR). Período de recuperação do investimento.	Resíduo: remuneração da terra, capital e atividade empresarial.
Custo (produto)	Menor dispêndio necessário para cada quantidade que pode ser produzida. O custo é uma função.	Apropriação das despesas pelos produtos obtidos no exercício contábil. A soma dos custos é igual à soma das despesas. O custo é um valor (não uma função) correspondente ao consumo e remunerações efetivamente observados no período. Os custos fixos são rateados entre os produtos de acordo com algum critério (área da planta, tempo de utilização, consumo de matéria-prima etc.)	Não faz parte do objetivo da análise.	Custo da atividade produtiva. 1) Custo Operacional Efetivo (COE) – desembolsos do produtor: mão de obra contratada, concentrados, minerais, fertilizantes, sementes, medicamentos, energia e combustível, inseminação artificial, serviços mecânicos e outros dessa natureza. 2) Custo Operacional Total (COT) – inclui o custo operacional efetivo, a mão de obra familiar (custo de oportunidade) e as depreciações dos investimentos. 3) Custo Total (CT) – inclui o custo operacional total e as remunerações da terra e do capital investido.

Fonte: elaborado pelo autor.

GLOSSÁRIO DE TERMOS EMPREGADOS NA AVALIAÇÃO DO RESULTADO DE ATIVIDADES ECONÔMICAS[7]

🗎 **Ativo**: bens e direitos de propriedade da empresa; seção do balanço patrimonial que registra os valores dos bens e direitos detidos pela empresa. Exemplo: caixa; máquinas e equipamentos, edificações, estoques de produtos acabados.

🗎 **Balanço patrimonial**: documento contábil que registra o patrimônio da empresa em determinada data (ponto no tempo). O patrimônio da empresa é constituído por bens e direitos (ativo) e por obrigações frente a terceiros (passivo) e frente aos sócios (patrimônio líquido). Como todo item do ativo é adquirido com recursos próprios ou de terceiros, Ativo = Passivo + Patrimônio Líquido.

❒ **Custo**: despesas associadas à produção de determinada quantidade de produto. O custo refere-se sempre a quantidades produzidas.

Custo de oportunidade: remuneração do fator de produção alocado no melhor uso alternativo ao efetivamente realizado. Quando o(a) empreendedor(a) utiliza recursos próprios para adquirir bens ou serviços necessários para a constituição da empresa, ele ou ela abre mão dos juros que seriam recebidos, caso o montante permaneça a melhor alternativa oferecida pelo mercado financeiro. Da mesma forma, quem trabalha por conta própria abre mão do salário que receberia no mercado de trabalho. Na teoria econômica, o custo engloba a remuneração de todos os fatores de produção, avaliada pelo custo de oportunidade.

❒ **Custo fixo**: despesas fixas incorridas na produção de determinada quantidade de produto. O custo fixo não depende da quantidade produzida (exemplo: aluguel de instalações, arrendamento de terras, licenças de funcionamento). No caso da planta multiproduto, os custos fixos são rateados entre os diferentes produtos de acordo com um critério objetivo apropriado (área da linha de produção, tempo de utilização, consumo de energia e insumos, volume das instalações etc.).

❖ **Custo operacional efetivo (COE)**: soma das despesas pagas em moeda, necessárias para executar todo o ciclo de produção, dividida pela quantidade produzida no período.[8]

7. Os ícones indicam a metodologia ou perspectiva de análise (caracterizada no Quadro 10.6) com a qual o conceito definido se relaciona diretamente, ainda que não exclusivamente: Contabilidade Geral (🗎); Contabilidade de Custos (❒); Análise do Fluxo de Caixa (⧗); e Metodologia do IEA (❖).

8. MATSUNAGA et al., 1976.

❖ **Custo operacional total (COT)**: COE acrescido dos custos médios da mão de obra familiar, cujo valor é imputado pelo custo de oportunidade e da depreciação de máquinas, equipamentos e benfeitorias.[9]

❒ **Custo variável**: despesas variáveis incorridas na produção de determinada quantidade de produto (exemplo: insumos, mão de obra direta, fretes referentes ao transporte de produtos).

Demonstração do resultado do exercício: documento contábil que apura o resultado (lucro/prejuízo) da empresa em dado período. Nesse documento são registradas as receitas e as despesas do período. O resultado é agregado ao patrimônio líquido – lucros e prejuízos acumulados.

Depreciação: redução do valor dos ativos em consequência de sua utilização e/ou disponibilidade em determinado período. É uma despesa indireta, que reduz o valor do ativo permanente.

❒ ❖ **Despesa**: valor dos bens ou serviços utilizados na produção, bem como a redução do valor dos ativos em consequência de sua utilização e/ou disponibilidade no período. Refere-se a um período (ano, mês). Conceitualmente, a despesa não ocorre quando determinada quantidade de matéria-prima é adquirida, mas quando ela é utilizada na produção, reduzindo o valor dos estoques (ativo circulante). A despesa com salários (utilização dos serviços do trabalho) aumenta o valor de salários a pagar (passivo – exigível no curto prazo). Para a contabilidade, uma despesa é contabilizada nas contas de resultado e representa uma diminuição do ativo e aumento do passivo.

❒ ❖ **Despesa direta**: valor dos bens ou serviços utilizados diretamente na produção em determinado período. Por exemplo, o valor dos insumos incorporados aos bens produzidos no período constitui uma despesa direta.

❒ ❖ **Despesa indireta**: valor dos bens ou serviços que não são utilizados diretamente na produção em determinado período, mas contribuem para a realização do processo produtivo. Exemplo: despesas administrativas, depreciação, juros.

⌛ **Dispêndio**: saída de caixa; pagamento.

9. MATSUNAGA et al., 1976.

EBITDA (***Earnings Before Interest, Taxes, Depreciation and Amortization***): indicador de resultado que não depende da estrutura de capital da empresa, nem do regime tributário. Exprime o valor gerado e apropriado pelas atividades da empresa em si mesmas, sem deduzir a depreciação.

Fluxo de caixa: série de valores correspondentes a entradas e saídas líquidas do caixa da empresa, indexados no tempo.

Investimento: valor dos bens e serviços que concorrem para a produção, seja diretamente (como no caso dos estoques insumos), seja por meio dos serviços gerados por bens de capital (edificações, máquinas, equipamentos, veículos). Em geral, parcela significativa do investimento é realizada antes de a empresa começar a operar.

Investimento em estoques: valor dos estoques de bens destinados a serem consumidos ou incorporados aos produtos no processo de produção, tais como matérias-primas, combustíveis e embalagens. O valor dos estoques é contabilizado no balanço patrimonial como ativo circulante.

Investimento fixo: valor dos bens cujos serviços são utilizados (mas não consumidos) no processo de produção, tais como máquinas, equipamentos e edificações. No balanço patrimonial, o investimento fixo é classificado como ativo permanente (= ativo imobilizado).

Lucro: diferença entre receitas e despesas ocorridas em determinado período.

Lucro bruto: diferença entre receitas e despesas diretas verificadas em determinado período.

Lucro econômico: valor adicionado menos a remuneração de todos os fatores de produção (salários, aluguéis, juros), exceto a remuneração da capacidade empresarial.

Lucro líquido: lucro bruto menos impostos e taxas devidos, menos despesas indiretas incorridas no período.

Passivo: seção do balanço patrimonial que registra os valores das obrigações da empresa em relação a terceiros (credores). Exemplo: contas a pagar, salários a pagar.

Patrimônio líquido: seção do balanço patrimonial que registra o capital próprio da empresa. Inclui os valores aportados pelos sócios e os lucros e prejuízos acumulados desde a criação da empresa até o exercício de referência.

Receita bruta: valor dos bens e serviços vendidos pela empresa. É a soma dos resultados da multiplicação das quantidades de cada produto vendido pelos respectivos preços.

Receita líquida: receita bruta, deduzidos os descontos, devoluções e impostos incidentes sobre as vendas.

Regime de caixa: os fatos contábeis são registrados no momento da liquidação das respectivas transações, por meio de um pagamento ou um recebimento. (ver, por oposição, **regime de competência**).

Regime de competência: os fatos contábeis são registrados no momento em que ocorre o fato gerador, mesmo que o pagamento ou o recebimento correspondente não tenha ocorrido ainda. (ver, por oposição, **regime de caixa**).

Resíduo: receita obtida com a venda de produtos e subprodutos da atividade menos as variações de estoques (investimento ou desinvestimento) e o custo operacional total. O resíduo remunera a terra, o capital e o empresário.[10]

Taxa interna de retorno (TIR): taxa de remuneração do capital investido no projeto que gera o fluxo de caixa analisado. É a taxa de desconto que zera o valor presente líquido do fluxo de caixa.

Taxa mínima de atratividade (TMA): menor taxa de retorno aceita pelo investidor para implementar determinado projeto. Compreende o custo de oportunidade do capital e um prêmio de risco e, eventualmente, a remuneração pela análise das diferentes alternativas de investimento.

Valor adicionado: valor da produção (= receita bruta) menos o valor dos insumos intermediários utilizados.

Valor presente líquido (VPL): somatória das entradas e saídas de caixa trazidas a valor presente (= descontadas) por meio de uma taxa de desconto escolhida pelo analista (em geral, a TMA do investidor).

10. MATSUNAGA et al., 1976.

REFERÊNCIAS

HAWLEY, F. B. Enterprise and profit. *The Quarterly Journal of Economics*, v. 15, n. 1, p. 75-105, 1900.

KNIGHT, F. K. *Risk, uncertainty and profit.* New York: Augustus M. Kelley, 1964.

MATSUNAGA, M. et al. Metodologia de custo de produção utilizado pelo IEA. *Agricultura em São Paulo*, v. 23, n. 1, p. 123-139, 1976.

PARTE III

INOVAÇÃO NOS AGRONEGÓCIOS

CAPÍTULO 11

Inovação social e sustentabilidade

Giuliana Aparecida Santini Pigatto
Leonid Dvortsin
Julio Otávio Jardim Barcellos

INTRODUÇÃO

O setor de agronegócios desempenha papel relevante no desenvolvimento econômico, social e ambiental dos países, com destaque para o Brasil. Por compreender um conjunto amplo de atividades, como produção, processamento, comercialização e distribuição de insumos e produtos agroindustriais, o setor é determinante em termos sistêmicos, proporcionando relações/elos entre diferentes agentes produtivos, direta e indiretamente relacionados às suas cadeias produtivas.

Sua importância também é ilustrada por outros fatores, como a representatividade no Produto Interno Bruto nacional (média de 20,6% do PIB de 2013-2017);[1] do ponto de vista social e de suprimento alimentar, por possibilitar a produção de alimentos para a sociedade, sendo que, sem ela, o crescimento não seria possível; por demandar trabalhadores, permitindo a empregabilidade de aproximadamente 19,1 milhões de pessoas;[2] e por gerar a dinâmica de atividades inovativas que o tornam referência na produção de biocombustível (etanol), sementes, frutas tropicais, entre outros.

Para que o setor do agronegócio continue a crescer, atendendo à expectativa de o Brasil alcançar, nas próximas décadas, o *status* de maior produtor de alimentos, a inovação deverá estar presente – seja nas unidades agropecuárias

1. CENTRO DE ESTUDOS AVANÇADOS EM ECONOMIA APLICADA (CEPEA). *PIB do agronegócio brasileiro*. 2018. Disponível em: <https://www.cepea.esalq.usp.br/br/pib-do-agronegocio-brasileiro.aspx>. Acesso em: 7 nov. 2018.
2. CEPEA. *O mercado de trabalho do agronegócio brasileiro:* resultados preliminares. 2015. Disponível em: <https://www.cepea.esalq.usp.br/br/documentos/texto/mercado-de-trabalho-do-agronegocio-brasileiro-resultados-preliminares.aspx>. Acesso em: 7 nov. 2018.

ou nas organizações, de modo mais particular –, mas, principalmente, de modo sistêmico e sustentável, nas cadeias produtivas e instituições (públicas e privadas) de pesquisa e extensão.

Nesse contexto, este capítulo objetiva discutir a inovação social e a sustentabilidade no escopo do agronegócio, levando o leitor a refletir sobre o caráter sistêmico e sustentável da inovação nesse setor, o que implica pensar: I) outros tipos de inovações, além do padrão de produto e processo; e II) na relação entre inovação e sustentabilidade dos sistemas.

Ao final deste capítulo, o leitor será capaz de compreender as inovações de produto (bens e serviços), processo, marketing e organizacional; refletir sobre a ecoinovação e a inovação social; e visualizar as transformações social, ambiental e cultural que têm nos levado a repensar a inovação enquanto sustentável.

11.1

SUSTENTABILIDADE NO AGRONEGÓCIO

A inovação está presente em todos os setores produtivos e em escala global, com distinções no que tange ao grau de novidade (para o mundo, para o mercado ou para a organização) e seus impactos, a depender do nível de investimento financeiro e produtivo de países desenvolvidos e em desenvolvimento. O Brasil, por exemplo, possui condições favoráveis à produção de alimentos, como a extensão de terras e o clima tropical, mas, quando inserido no contexto de mercado mundial, passa a enfrentar – por parte dos agentes públicos e privados – desafios quanto à forma de produção nas mais diversas cadeias produtivas, levando-se em consideração a escassez dos recursos naturais (otimização, por exemplo, dos recursos energéticos e de água) e os aspectos de natureza social, cultural, ambiental e econômica, em razão da própria evolução do conceito de desenvolvimento sustentável.

Esse conceito, elaborado em 1987, a partir do Relatório Brundtland, intitulado *Nosso futuro comum*,[3] tem como base ideias de que, ao mesmo tempo que o crescimento econômico tem levado a melhorias nos padrões de vida, isso tem sido conjugado, de certo modo, em riscos globais no longo prazo, como aumento no uso de energias, químicos e geração de poluição, devendo o desenvolvimento

3. BRUNDTLAND COMMISSION. *Report of the World Commission on Environment and Development:* our common future. United Nations: Division for Sustainable Development 1987. Disponível em: <http://www.un-documents.net/wced-ocf.htm>. Acesso em: 7 nov. 2018.

sustentável promover a harmonia entre os seres humanos, a humanidade e a natureza. Essa noção também se vincula à ideia de "governança global", a qual reflete o simultâneo aumento da participação e influência de agentes da sociedade civil – principalmente do empresariado e do terceiro setor – nos processos que criam e gerenciam acordos e organizações internacionais.[4]

Uma transição para a sustentabilidade – e, portanto, uma mudança geral de todo o sistema alimentar (da produção ao descarte de resíduos) –, implicaria alterações nas práticas sociais e culturais de produtores e consumidores, assim como ajustes institucionais de políticas governamentais, estruturas regulatórias e novos modelos de governança para o agronegócio.[5]

Apesar de focar o agronegócio industrializado e de larga escala quando se trata de inovação e sustentabilidade na atividade do agronegócio, isso também se faz presente na agricultura e no processamento de alimentos de pequena escala. As pequenas empresas são importantes para o emprego, a economia, a gestão da paisagem e a herança cultural das comunidades locais e se encaixam bem com a tendência de encurtar as cadeias de fornecimento de alimentos.[6] Além disso, há uma conscientização entre os produtores e consumidores inovadores de que uma verdadeira mudança de paradigma é necessária para uma produção e consumo mais sustentável de produtos agrícolas, no âmbito do sistema alimentar existente. No entanto, existem diferenças substanciais nos caminhos de desenvolvimento dessa transição, pois a produção e o consumo sustentáveis são definidos de maneiras muito diferentes pelos diversos atores.

Um dos principais exemplos dessa mudança é o crescente número de produtores e consumidores que estão se organizando em redes de alimentos que tendem a representar uma alternativa sustentável ao sistema alimentar industrializado.[7] Essas redes alimentares alternativas dependem de sua inserção em redes sociais mais amplas, podendo renovar a conexão perdida entre os produtores, a natureza, a terra e os consumidores, porque eles não apenas inovam as cadeias de fornecimento de alimentos, mas também reintroduzem o componente "social dissipado" no agronegócio industrializado. Esses componentes sociais incluem a necessidade de cooperação, resiliência, redução da alienação, relações valiosas e solidariedade, que representam capital social, confiança e

4. VEIGA, J. E. O âmago da sustentabilidade. *Estudos Avançados*, v. 82, n. 28, p. 7-23, 2014.
5. MARKARD, J.; RAVEN, R.; TRUFFER, B. Sustainability transitions: na emerging field of research and its prospects. *Research Policy*, v. 41, p. 955-967, 2012.
6. AGRICULTURAL ECONOMICS RESEARCH INSTITUTE (AERI). *Agricultural Economic Report*, The Hague, 2013.
7. WISKERKE, J. S. C. On places lost and places regained: reflections on the alternative food geography and sustainable regional development. *International Planning Studies*, v. 14, n. 4, p. 369-387, 2009.

aumento da capacidade de adoção. Redes baseadas nesses valores também tendem a abordar os aspectos ambientais e econômicos do sistema alimentar de uma maneira diferente.

Assim, a sustentabilidade no agronegócio, principalmente do ponto de vista social, ambiental e econômico, também requer o contínuo desenvolvimento de inovações por produtores, consumidores e em todos os pontos das cadeias produtivas. É importante destacar que, ao longo do século XXI, a inovação passou a ser debatida em um espectro mais amplo que somente o da inovação tecnológica de produto e processo, sendo também incorporada a noção de inovação de marketing e inovação organizacional. A partir da terceira edição do *Manual de Oslo*, da Organisation for Economic Co-operation and Development (OECD), a inovação pode ser visualizada como:

- introdução de um bem que é novo ou significativamente melhorado em relação a suas características ou usos pretendidos, incluindo alterações em especificações técnicas, componentes e materiais, incorporação de *softwares* ou outras características funcionais;
- introdução de um serviço que é novo ou significativamente melhorado em relação a suas características ou usos pretendidos, o que pode incluir melhorias significativas no modo como são oferecidos (em termos de eficiência ou rapidez), a adição de novas funções ou características aos serviços existentes ou a introdução de novos serviços;
- implementação de um novo processo ou significativas melhorias na produção ou método de entrega, o que inclui alterações em técnicas, equipamentos e/ ou uso de *software*. Vale destacar que as inovações de processo podem ser pensadas tanto para a redução de custos unitários de produção ou de entrega como para o aumento da qualidade na produção e entrega de produtos novos ou significativamente melhorados;
- implementação de um novo método de marketing, o que pode envolver significativas mudanças no desenho do produto (mudanças na forma e na aparência do produto que não alteram suas características funcionais ou de uso), na embalagem (tais como alimentos e bebidas, cuja embalagem é o principal determinante da aparência do produto) ou em fatores como promoção, preço ou praça (local de venda e distribuição) do produto;

- implementação de um novo método organizacional nas práticas de negócio, na forma de organização do trabalho ou nas relações externas das organizações (rotinas e procedimentos para a conduta de trabalho). Essas inovações podem ser articuladas para aumentar o desempenho das organizações, reduzindo-se custos administrativos ou custos de transação, aumentando a satisfação no local de trabalho (incrementando assim, a produtividade do trabalho), reduzindo-se custos de abastecimento etc.[8]

A definição geral de inovação é neutra em relação ao conteúdo da mudança e aberta em todas as direções. Em contraste, a ênfase na inovação para o desenvolvimento sustentável é motivada pela preocupação com a direção e o conteúdo do progresso. Assim, pensar na produtividade voltada à segurança alimentar, à melhor qualidade relacionada à segurança dos alimentos e com menos externalidades negativas ao meio ambiente, carrega em si a noção da:

- ecoinovação, como a criação de novos bens e de preços competitivos, processos, sistemas, serviços e procedimentos que possam satisfazer as necessidades humanas e trazer qualidade de vida para todas as pessoas com um mínimo uso de ciclo de vida dos recursos naturais, por unidade de produção, e liberação mínima de substâncias tóxicas. Engloba análise em três níveis: I) micro (produto, serviço, processo, organizacional); II) meso (do setor, da cadeia de suprimentos, região, sistema do produto ou serviço); e III) macro (em toda a economia).[9]

A Figura 11.1 ilustra a evolução desses conceitos ao longo dos séculos XX e XXI.

Um setor que vem recebendo inovações em âmbito nacional é o de chocolates. O Estudo de caso 11.1 ilustra algumas exemplificações de inovações de produto, processo, marketing, organizacional e de ecoinovação na organização Cacau Show.

8. ORGANISATION FOR ECONOMIC CO-OPERATION AND DEVELOPMENT (OECD). *Oslo Manual:* guidelines for collecting and interpreting innovation data. 3rd ed. 2005. Cf. também OECD. *Oslo Manual:* guidelines for collecting, reporting and using data on innovation. 4th ed. 2018.

9. REID, A.; MIEDZINSKI, M. Eco-innovation: final report for sectoral innovation watch. *Europe Innova*, may, 2008. Sobre a origem do termo, ver: FUSSLER, C.; JAMES, P. *Driving Eco Innovation:* a breakthrough discipline for innovation and sustainability. New Jersey: Pitman Publishing, Pearson Professional Ltd, 1996.

FIGURA 11.1

Linha histórica dos conceitos de inovação e desenvolvimento sustentável

SÉCULO XX

Década 1920/1930

- Contribuições de J. Schumpeter à inovação: desenvolvimento capitalista e processo de evolução das empresas.

Década 1980/1990

- Relatório Brundtland: Noção de Desenvolvimento Sustentável.
- Contribuições OECD: inovação tecnológica de produto e processo.
- Noção de Ecoinovação, por Fussler e James, em 1996.

SÉCULO XXI

Década 2005 em diante

- Contribuições OECD: inovação de produto, serviço, processo, marketing e organizacional.
- Noção de inovação social, por OECD, em 2011, e autores de desenvolvimento territorial.

Fonte: elaborada pelos autores.

ESTUDO DE CASO 11.1

Inovações em organização de produção e vendas de chocolates

A Cacau Show é uma empresa brasileira de sociedade limitada, fundada em 1988, voltada à produção de chocolates finos, que vem inovando em aspectos organizacional, de produto, marketing e de processo. No âmbito organizacional, a empresa inovou ao adotar, em 2002, uma nova prática de negócio com o sistema de franquias. A partir de 2014, novos formatos para as franquias foram lançados, como quiosques, lojas light, *express* e convencional, visando alcançar maior número de consumidores e perfis específicos. Em 2016, tinha 2.052 lojas. Também em 2017 foi inaugurada uma "megaloja" de venda direta ao consumidor (vinculada à unidade de produção de Itapevi/SP), onde o consumidor tem acesso a um amplo portfólio de produtos e ao processo de produção da empresa (por meio de paredes de vidro), além de poder utilizar o serviço de cafeteria e diversão para crianças.

⇛

⇛

As mudanças de marketing também se traduzem em aproximação com o consumidor, quando, por exemplo, em 2013, a organização aprimorou o posicionamento da marca, detectando a necessidade de mudança de linguagem, código de signos e símbolos, com a assinatura da marca, "Carinho em cada pedacinho" (lançada ao consumidor em 2014), sinalizando a sensação que um chocolate pode proporcionar. As inovações de produto também são constantes, com a introdução de produtos com selo IBD Orgânico (tablete de chocolate orgânico), produtos feitos com ingredientes de origens diferenciados (exótico), produção e venda de gelatos tipo italiano, produtos que combinam chocolate com frutas e castanhas brasileiras, entre outros.

Todas essas inovações levam não somente ao melhor desempenho financeiro da organização, dada a ampliação de negócios, mas também ao produtivo, por processos de melhorias realizadas devido ao estreitamento da relação com os consumidores finais e melhor atendimento aos gostos dos consumidores. Melhorias em processos produtivos também são relevantes, podendo-se exemplificar as trufas, por meio da quais implantou-se um cronograma baseado na metodologia *check-analyze-plan-do* (CAPDo), para mapeamento das perdas e trabalho conjunto dos colaboradores; assim, as perdas foram reduzidas e os tempos de produção, otimizados.

Em termos de ecoinovação, pode-se vislumbrar inovação em processos/procedimentos que trazem impacto no uso do recurso água, pois, mesmo não sendo um componente direto da produção dos chocolates, a empresa gera água de reúso para atividades indiretas da fábrica (como lavagem de pisos externos, rega de jardim, vasos sanitários), por meio de sua estação de tratamento de água (fábrica Itapevi/ SP).

Fonte: adaptado de CACAU SHOW. *Relatórios de sustentabilidade*. 2013-2016.
Disponível em: <http://www.cacaushow.com.br/sobreacacaushow>. Acesso em: 8 nov. 2018.

Outro setor de destaque é o de produção de máquinas e implementos ao agronegócio. O Estudo de caso 11.2 ilustra alguns exemplos da organização Máquinas Agrícolas Jacto, por meio de inovações de produto, organizacional e da ecoinovação.

ESTUDO DE CASO 11.2

Inovações em organização de produção e vendas de máquinas e implementos agrícolas

A Máquinas Agrícolas Jacto é uma empresa familiar brasileira fundada em 1948 por um imigrante japonês, com sede cidade de Pompeia/SP, onde possui seu maior parque fabril, com unidades produtivas na Argentina e Tailândia. Produz equipamentos e soluções no segmento de pulverização, colheita de café, adubação e para a linha de agricultura de precisão.

A empresa é inovadora e está na vanguarda em produtos voltados à agricultura, podendo-se citar a colhedora de café, cujo projeto teve início com a criação do Departamento de Engenharia em 1973 (o que mais tarde seria o Centro de Pesquisa e Desenvolvimento), em parceria com o Instituto Brasileiro de Café, sendo apresentada, em 1979, como um produto em grau de novidade mundial.

Outro exemplo pode ser vislumbrado em um produto muito simples utilizado pelos produtores, o pulverizador costal, mas que, a partir da "internet das coisas", pode ser conectado a um celular por rádio bluetooth para conduzir o operador aos lugares mais adequados para aplicação.

Em inovações organizacional e de processo, relacionando-se também à ecoinovação, a empresa conquistou, em 2013, a certificação ISO 14001 sobre o meio ambiente e sustentabilidade, garantindo a produção em padrões de respeito ao meio ambiente. Há, ainda, ênfase ao aproveitamento de todos os materiais utilizados na produção das máquinas e equipamentos, para posterior encaminhamento de resíduos e sobras à reciclagem ou à reutilização; as águas do processo de produção são tratadas na própria empresa com uso eficiente, como a captação de água de chuva para uso em etapas produtivas. Em âmbito organizacional, a empresa inovou pela criação do Centro de Inovação no Agronegócio (CIAg), uma instituição privada sem fins lucrativos mantida pela Fundação Shunji Nishimura de Tecnologia e Máquinas Agrícolas Jacto. O CIAg tem como missão prover um ambiente de experimentação colaborativo que congrega atores do agronegócio e parceiros tecnológicos para o desenvolvimento de soluções com integração de novas tecnologias para coletar dados, compartilhar conhecimentos, circular informações, interconectar sistemas e suportar análises preditivas/prescritivas.

Fonte: adaptado de JACTO. Disponível em: <https://www.jacto.com.br/brasil /company> e <https://www.jacto.com/brasil/products>. Acesso em: 8 nov. 2018.

Além de transformações no âmbito das organizações processadoras e industrializantes, muitas mudanças também vêm ocorrendo nos segmentos agrícola e pecuário, onde a interação de atores se faz presente na geração de processos produtivos e de inovação social, com valoração dos alimentos e da terra. Assim, a noção de inovação social pode ser útil para entender o surgimento de movimentos sociais de alimentos, organizações de base e iniciativas locais de intermediação de alimentos e redes alimentares alternativas ou esquemas de produção de alimentos fora do âmbito do sistema agroalimentar industrializado e globalizado existente.

11.2

A INOVAÇÃO SOCIAL E A AGRICULTURA

A OECD conceitua a inovação social enquanto novas estratégias, conceitos, ideias e organizações que buscam necessidades sociais de todos os tipos, desde as condições de trabalho e educação para desenvolvimento de comunidades e saúde, ampliando e fortalecendo a sociedade civil. Segundo a organização, o diferencial da inovação social está em sua ligação com o desenvolvimento local, no sentido de promover o bem-estar de indivíduos e comunidades.[10] Também para a Comissão Europeia, essa inovação passa pelo desenvolvimento e implementação de novas ideias (seja de produtos, processos ou modelos) que atendam a necessidades sociais e criem novos relacionamentos ou colaborações sociais, objetivando o bem-estar humano.[11]

O termo também está ligado ao conceito de inovação sociotécnica, devido à inseparabilidade dos processos de inovação técnica e social e ao fato de a construção e a introdução de novas tecnologias sempre envolverem mudanças na interação de "coisas", "atores" e "meios de fazer" (instituições), sendo afetado ainda pelo modo como a sociedade é organizada. A inovação social também transcende os limites locais na medida em que requer *networking* e o estabelecimento de relações fora do local ou mesmo da área rural, demandando, assim, uma nova forma abordagem para o desenvolvimento rural.[12]

10. OECD. Fostering innovation to address social challenges. *Workshop proceedings*, 2011. Disponível em: <https://www.oecd.org/sti/inno/47861327.pdf>. Acesso em: 8 nov. 2018.
11. EUROPEAN COMISSION. *Guide to social innovation.* Brussels: European Commission, 2003. Disponível em: <http://s3platform.jrc.ec.europa.eu/documents/20182/84453/Guide_to_Social_Innovation.pdf/88aac14c-bb15-4232-88f1-24b844900a66>. Acesso em: 8 nov. 2018.
12. BOCK, B. B. Social innovation and sustainability: how to disentangle the buzzword and its application in the field of agriculture and rural development. Studies. In: *Agricultural Economics*, n. 114, p. 57-63, 2012; BOCK, B. B. Rural marginalization and the role of social innovation: a turn towards nexogenous development and rural reconnection. *Sociologia Ruralis*, v. 56, n. 4, p. 552-73, 2016.

Nos últimos anos, o nível local, especialmente a cidade, também se tornou cada vez mais importante no combate às questões sociais. A cidade é vista como um verdadeiro laboratório para mudanças e melhorias sociais. Nesse contexto, espera-se muito da capacidade de auto-organização dos cidadãos que criam valor social concreto agregado de forma inovadora e criativa, muitas vezes em parcerias de pequena escala e envolvimento com governos e empresas, por exemplo.

Nessa visão, a cidade é um importante espaço experimental, um campo de testes ou terreno fértil para novas práticas sociais e econômicas.[13] Uma das cidades que tem se destacado bastante quando se trata de formas de inovação agroalimentar em combinação com a inovação social é Roterdã, a segunda maior cidade da Holanda, com o maior porto do continente europeu – o que permite que o país seja o segundo maior exportador de alimentos do mundo depois dos Estados Unidos. A organização RotterZwam é um exemplo de empreendedorismo que traz a economia circular e a inovação para um contexto da cidade de Roterdã, como mostra o Estudo de caso 11.3.

ESTUDO DE CASO 11.3

Inovação social em um contexto de cidade

Em termos de valor, o café é uma das matérias-primas mais comercializadas no mundo. Todavia, apenas 0,2% da biomassa do cafeeiro acaba em uma xícara de café, pois os 99,8% restantes são descartados ou incinerados como resíduos. Na Holanda, cerca de 120 milhões de quilos de borra de café são descartados anualmente.

No entanto, a organização RotterZwam fornece um destino útil a essa biomassa por meio do cultivo de cogumelos-ostra. De acordo com os conceitos de economia circular e inovação social, esses cogumelos são cultivados em um substrato de grãos e cascas de café: as borras de café são coletadas nas empresas locais de alimentação, e, após a criação dos cogumelos, o produto é entregue nas mesmas organizações por bicicletas de carga. Além disso, vários restaurantes, um supermercado local, uma iniciativa de comida local e um confeiteiro também utilizam os produtos da RotterZwam.

⇛

13. KARRÉ, P. M.; RAHIMY, T.; TERAVEST, D.; WALRAVEN, G. *Sociale innovatie in de stad:* perspectieven uit de bestuurskunde, filosofie en stadsgeografie. Rotterdam: University of Applied Sciences Inholland, 2017.

⇛

Desde o início em 2013, a RotterZwam oferece vários produtos e serviços para seus clientes. Além dos cogumelos-ostra, a iniciativa também vende um kit de cultivo que permite aos indivíduos converter seus próprios grãos de café em cogumelos-ostra. Em colaboração com um confeiteiro local, os croquetes de cogumelo-ostra e tradicionais salgadinhos holandeses foram desenvolvidos para substituir a carne, levando vários estabelecimentos a colocar esses produtos em seu menu.

O RotterZwam oferece atividades como palestras, visitas guiadas, um local para workshops e educação. Não há problemas com publicidade e promoção, uma vez que, devido ao caráter inovador do conceito, a iniciativa recebe muita atenção e vários prêmios empresariais. Isso levou ao reconhecimento da marca entre os grupos-alvo da RotterZwam, de pessoas físicas a empresas de varejo de alimentos e hospitalidade na cidade e nos arredores. A principal contribuição social do RotterZwam está no campo das atividades de trabalho e diárias. À medida que a iniciativa cresce, oferece novos empregos, estágios e espaço para voluntários.

RotterZwam também contribui para um desejo social diferente, ou seja, a realização de uma produção local de alimentos na cidade e a economia circular. Os empreendedores sociais do RotterZwam estão trabalhando em vários planos para aumentar ainda mais a iniciativa, como trabalhar no desenvolvimento de uma sala de cultivo móvel em um contêiner. Para tornar esse investimento possível, os empreendedores dialogam com vários investidores que compartilham a crença em uma economia circular: os chamados investidores de impacto.

Fonte: adaptado de ROTTERZWAM, 2018.

No âmbito do desenvolvimento rural e dos territórios, as inovações sociais também têm um importante papel, pois o desenvolvimento é, em grande parte, dependente de estratégias neoendógenas e da habilidade das pessoas em desenvolver estruturas sustentáveis e em estabelecer um balanço que facilite todas as formas de inovação, criatividade, novas ideias e visões em agir, mantendo a estabilidade necessária.[14]

14. NEUMEIR, S. Why do social innovation in rural development matter and should they be considered more seriously in rural development research? Proposal for a stronger focus on social innovations in rural development research. *Sociologia Ruralis*, v. 52, n. 1, p. 48-69, 2012; LEE, J.; ÁRNASON, A.; NIGHTINGALE, A.; SHUCKMITH, M. Networking: social capital and identities in european rural development. *Sociologia Ruralis*, v. 45, n. 4, p. 269-283, 2004.

Alguns autores destacam a noção de capital territorial vinculada à inovação social em áreas rurais como um conjunto de recursos, acessível para a comunidade local, capaz de apoiar atividades econômicas locais, ajudando a reproduzir o capital territorial (dividido nas dimensões humanas, sociais, naturais, culturais e institucionais), ao mesmo tempo que produz valor econômico. A inovação social se dá nesse contexto, nas formas de produção e exploração do capital territorial, cujo conhecimento local e práticas tradicionais se combinam, assim como as novas relações sociais entre atores, dando origem a mudanças.[15] Na atualidade, a maior parte da inovação social acontece por meio do ativismo de movimentos alimentares, organizações não governamentais (ONGs) e consumidores individuais.

Na abordagem territorial, enfatiza-se a importância da estrutura social como um conjunto de restrições para a inovação social em um contexto de território regional, local ou de bairros. A integração de várias dimensões de inovação social é necessária, como ideias criativas associadas a ações inovativas; mudanças organizacionais com iniciativa individual, incluindo o papel de líderes; a necessidade de transformar a dinâmica de governança em vários níveis por meio de empoderamento pessoal e coletivo; e mudanças jurídico-institucionais.[16]

A Figura 11.2 representa a inovação social em um contexto de desenvolvimento rural, a partir de seus elementos constitutivos e resultantes.

Uma exemplificação das características da inovação social na agricultura pode ser visualizada no Estudo de caso 11.4, por meio do envolvimento de diversos atores – públicos e privados na produção de cacau. No sistema agroindustrial do cacau, o Brasil possui condições de competir mundialmente, com sistemas de produção de qualidade e certificação que envolvem práticas de conservação da biodiversidade, levando também ao desenvolvimento sustentável.

15. PETRUZZELLA, D.; BRUNORI, G.; ANTONELLI, A. *Innovazione cosiale nelle aree rural del Mediterraneo:* quadri concettuale, analisi empirica e buone pratiche. Italia: Rosenberg & Sellier, 2017.

16. MOULAERT, F. Social innovation: institutionally embedded, territorially (re)produced. In: MAcCALLUM, D. (Ed.). *Social innovation and territorial development.* Farnham: Ashgate Publishing Ltd., 2009. p. 11-23; MAcCALLUM, D. et al. *Great Britain.* Padstow: TJ International Ltd, 2008. p. 11-23; MOULAERT, F.; MARTINELLI, F.; SWYNGEDOUW, E.; GONZÁLEZ, S. Towards alternative model(s) of local innovation. *Urban Studies*, v. 42, n. 11, p. 1969-1990, 2005.

FIGURA 11.2

Elementos constitutivos e resultantes da inovação social em desenvolvimento rural

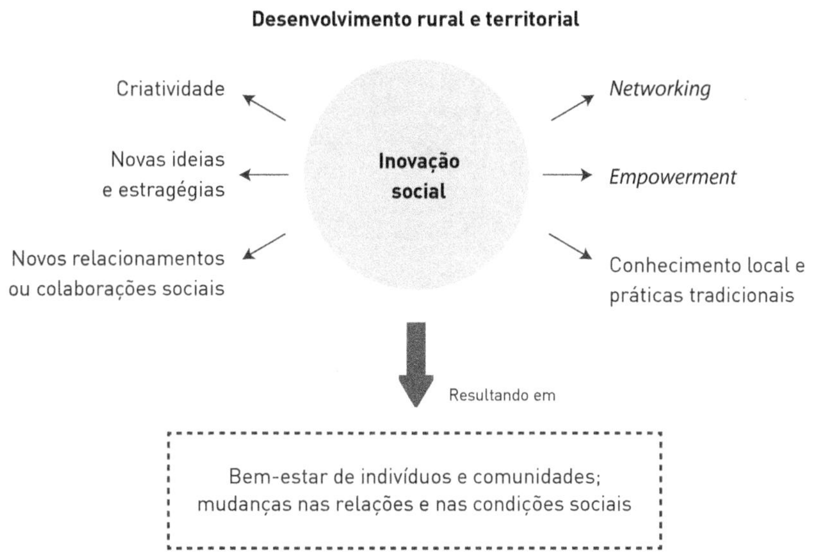

Fonte: elaborada pelos autores.

ESTUDO DE CASO 11.4

Processo de inovação social na região sul da Bahia

Na região sul da Bahia, desde o ano de 2014, tem-se organizado uma rede social em torno da produção de cacau para acesso ao registro de indicação geográfica, melhoria da qualidade do cacau produzido e valorização do território. A indicação geográfica é um sinal de que os produtos têm origem geográfica específica e possuem qualidades, reputação ou características essencialmente atribuíveis à sua origem. Essa rede tem se constituído em um espaço de promoção de inovação social por meio de mudanças produtivas, tecnológicas e, principalmente, de organização social, dado o envolvimento de atores públicos e privados voltados à revalorização do território.

⇛

⇛

O Instituto Nacional da Propriedade Industrial concedeu, em janeiro de 2018, o registro de IG, na espécie de indicação de procedência para o produto amêndoas de cacau do Sul da Bahia, em nome da Associação Cacau Sul Bahia (ACSB), que envolve uma área de cultivo estimada em 600 mil hectares, em 83 municípios que produzem 300 mil toneladas de cacau por ano em seis territórios regionais do estado da Bahia. O estabelecimento da Rede (Governança do Cacau e Chocolates do Sul da Bahia) se deu a partir da formação da ACSB, em abril do ano de 2014, com foco principal em atestar a procedência e a origem do cacau produzido na região, com o estabelecimento e a condução do processo de identificação geográfica.

Trata-se do estabelecimento de um projeto com ampla participação coletiva para a condução do processo de IG. A formação da Rede e seus propósitos possuem características de inovação social, pois, por meio da agregação de esforços e cooperação de diversos atores, tem por finalidade resolver não somente um problema de natureza produtivo e econômico, com a implementação de nível de produção com melhor qualidade e estabelecimento de indicação geográfica, mas também, a revalorização do território, beneficiando os atores ali inseridos.

Dentre os atores envolvidos na formação da Rede, está a ACSB, composta por 14 organizações, sendo associações e cooperativas, com representação de aproximadamente 3.000 produtores do segmento que atuam em mais de 300 mil hectares de cacau – produção que é mantida, em maioria, em área de Mata Atlântica. Trata-se de cooperativas de produtores de médio e pequeno porte, inclusive agricultores familiares, que produzem amêndoas e derivados do cacau, como achocolatados e chocolate. Além deles, participam organizações voltadas ao aprimoramento técnico, organizacional, social e econômico do cacau.

Fonte: elaborado pelos autores a partir de INSTITUTO NACIONAL DA PROPRIEDADE INDUSTRIAL (INPI). *Pedidos de indicação geográfica concedidos e em andamento*. 2018. Disponível em: <www.inpi.gov.br/menu-servicos/indicacao-geografica/pedidos-de-indicacao-geografica-no-brasil>. Acesso em: 8 nov. 2018. WORLD INTELLECTUAL PROPERTY ORGANIZATION (WIPO). *Geographical indications*, 2017. Disponível em: <http://www.wipo.int/geo_indications/en>. Acesso em: fev. 2019. SANTANA, C. Apresentação em evento: Indicação de Procedência Sul Bahia. *Anais da I Jornada dos Saberes do Cacau*, Ilhéus, Bahia, Brasil, 2017. SMITH, R. Cacau do sul da Bahia terá selo de indicação geográfica. *Serviço de Apoio às Micro e Pequenas Empresas (SEBRAE)*, Brasil, 2014.

CONSIDERAÇÕES FINAIS

A inovação está presente em todos os contextos, seja de países desenvolvidos ou em desenvolvimento, e de diversos segmentos de cadeias produtivas. Ao longo do século XX, muitas contribuições ocorreram, possibilitando pensar a inovação no cerne do desenvolvimento dos sistemas econômicos, aplicada à introdução ou a melhorias de produtos, processos e formas organizacionais. Todavia, fatores como a necessidade de reorganizar a utilização dos recursos naturais e os impactos ao meio ambiente mediante a acirrada competição das organizações, levam a repensar a inovação no século XXI em um contexto mais amplo, voltado a questões ambientais (de ecoinovação); de melhor promoção dos produtos (como de marketing); de cunho social; para um contexto de transformação e desenvolvimento; para as cidades; e, principalmente, para a área rural.

Atrelados ao agronegócio, os desafios são muitos, uma vez que as atividades estão diretamente ligadas ao uso da terra, aos fatores energéticos e à mão de obra no campo, que demandam sistemas não somente de maior produtividade, voltados para suprir a demanda alimentar, como também de produção e consumo de maior valoração da terra e do alimento. É nesse contexto que novas práticas sustentáveis, redes e parcerias surgem e renovam o modo de produzir, consumir e se relacionar, onde os atores – privados e públicos – passam a atuar de modo engajado, voltados a uma sociedade de maior desenvolvimento. Ainda que no Brasil haja espaço físico e condições climáticas mais propícias para produções agrícolas e pecuárias, a inserção do país (seus atores produtores e consumidores) em uma lógica de produção e consumo mais sustentável é premente para alçar sua transição a maiores níveis de desenvolvimento.

REFERÊNCIAS

AGRICULTURAL ECONOMICS RESEARCH INSTITUTE. (AERI). *Agricultural Economic Report*, The Hague, 2013.

BOCK, B. B. Social innovation and sustainability: how to disentangle the buzzword and its application in the field of agriculture and rural development. Studies. In: *Agricultural Economics*, n. 114, p. 57-63, 2012;

______. Rural marginalization and the role of social innovation: a turn towards nexogenous development and rural reconnection. *Sociologia Ruralis*, v. 56, n. 4, p. 552-73, 2016.

BRITO, P. Celular controla o manejo da lavoura. *Valor Econômico*, 23 out. 2017.

BRUNDTLAND COMMISSION. *Report of the World Commission on Environment and Development:* Our common future. United Nations: Division for Sustainable Development 1987. Disponível em: <http://www.un-documents.net/wced-ocf.htm>. Acesso em: 7 nov. 2018.

CACAU SHOW. *Relatórios de sustentabilidade.* 2013-2016. Disponível em: <http://www.cacaushow.com.br/sobreacacaushow>. Acesso em: 8 nov. 2018.

CENTRO DE ESTUDOS AVANÇADOS EM ECONOMIA APLICADA (CEPEA). *PIB do agronegócio brasieliro.* 2018. Disponível em: <https://www.cepea.esalq.usp.br/br/pib-do-agronegocio-brasileiro.aspx>. Acesso em: 7 nov. 2018.

______. *O mercado de trabalho do agronegócio brasileiro:* resultados preliminares. 2015. Disponível em: <https://www.cepea.esalq.usp.br/br/documentos/texto/mercado-de-trabalho-do-agronegocio-brasileiro-resultados-preliminares.aspx>. Acesso em: 7 nov. 2018.

CIAG. *Quem somos.* Disponível em: <http://www.ciag.org.br/quemsomos.html>. Acesso em: 8 nov. 2018.

EUROPEAN COMISSION. *Guide to social innovation.* Brussels: European Commission, 2003. Disponível em: <http://s3platform.jrc.ec.europa.eu/documents/20182/84453/Guide_to_Social_Innovation.pdf/88aac14c-bb15-4232-88f1-24b844900a66>. Acesso em: 8 nov. 2018.

FUSSLER, C.; JAMES, P. *Driving Eco Innovation:* a breakthrough discipline for innovation and sustainability. New Jersey: Pitman Publishing, Pearson Professional Ltd., 1996.

INSTITUTO NACIONAL DA PROPRIEDADE INDUSTRIAL (INPI). *Pedidos de indicação geográfica concedidos e em andamento.* 2018. Disponível em: <www.inpi.gov.br/menu-servicos/indicacao-geografica/pedidos-de-indicacao-geografica-no-brasil>. Acesso em: 8 nov. 2018.

JACTO. Disponível em: <https://www.jacto.com.br/brasil/company> e <https://www.jacto.com/brasil/products>. Acesso em: 8 nov. 2018.

KARRÉ, P. M.; RAHIMY, T.; TERAVEST, D.; WALRAVEN, G. *Sociale innovatie in de stad:* perspectieven uit de bestuurskunde, filosofie en stadsgeografie. Rotterdam: University of Applied Sciences Inholland, 2017.

LEE, J.; ÁRNASON, A.; NIGHTINGALE, A.; SHUCKMITH, M. Networking: social capital and identities in European rural development. *Sociologia Ruralis*, v. 45, n. 4, p. 269-283, 2004.

MAcCALLUM, D. et al. *Great Britain.* Padstow: TJ International Ltd., 2008.

MARKARD, J.; RAVEN, R.; TRUFFER, B. Sustainability transitions: na emerging field of research and its prospects. *Research Policy*, v. 41, p. 955-967, 2012.

MOULAERT, F. Social innovation: institutionally embedded, territorially (re)produced. In: MACCALLUM, D. (Ed.). *Social innovation and territorial development.* Farnham: Ashgate Publishing Ltd., 2009.

MOULAERT, F.; MARTINELLI, F.; SWYNGEDOUW, E.; GONZÁLEZ, S. Towards alternative model(s) of local innovation. *Urban Studies*, v. 42, n. 11, p. 1969-1990, 2005.

NEUMEIR, S. Why do social innovation in rural development matter and should they be considered more seriously in rural development research? Proposal for a stronger focus on social innovations in rural development research. *Sociologia Ruralis*, v. 52, n. 1, p. 48-69, 2012.

ORGANISATION FOR ECONOMIC CO-OPERATION AND DEVELOPMENT (OECD). Fostering innovation to address social challenges. *Workshop proceedings*, 2011. Disponível em: <https://www.oecd.org/sti/inno/47861327.pdf>. Acesso em: 8 nov. 2018.

______. *Oslo Manual:* guidelines for collecting and interpreting innovation data. 3rd ed. 2005. Disponível em: <http://www.oecd.org/innovation/inno/oslomanualguidelinesforcollectingandinterpretinginnovationdata3rdedition.htm>. Acesso em: 8 nov. 2018.

PETRUZZELLA, D.; BRUNORI, G.; ANTONELLI, A. *Innovazione cosiale nelle aree rural del Mediterraneo:* quadri concettuale, analisi empirica e buone pratiche. Italia: Rosenberg & Sellier, 2017.

REID, A.; MIEDZINSKI, M. Eco-innovation: final report for sectoral innovation watch. *Europe Innova*, may 2008.

ROTTERZWAM. Disponível em: <http://www.rotterzwam.nl/en_US>. Acesso em: 8 nov. 2018.

SANTANA, C. Apresentação em evento: Indicação de Procedência Sul Bahia. In: *Anais da I Jornada dos Saberes do Cacau*, Ilhéus, Bahia, Brasil, 2017.

SCHUMPETER, J. A. *A teoria do desenvolvimento econômico*. 3. ed. São Paulo: Nova Cultural, 1988.

______. O processo de destruição criadora. In: SCHUMPETER, J. A. *Capitalismo, socialismo e democracia*. Rio de Janeiro: Zahar, 1984.

SMITH, R. Cacau do sul da Bahia terá selo de indicação geográfica. *Serviço de Apoio às Micro e Pequenas Empresas* (SEBRAE), Brasil, 2014.

VEIGA, J. E. O âmago da sustentabilidade. *Estudos Avançados*, v. 82, n. 28, p. 7-23, 2014.

WISKERKE, J. S. C. On places lost and places regained: reflections on the alternative food geography and sustainable regional development. *International Planning Studies*, v. 14, n. 4, p. 369-387, 2009.

WORLD INTELLECTUAL PROPERTY ORGANIZATION (WIPO). *Geographical indications*, 2017. Disponível em: <http://www.wipo.int/geo_indications/en>. Acesso em: fev. 2019.

CAPÍTULO 12

Inovação em serviços de alimentação

Gessuir Pigatto

João Guilherme de Camargo Ferraz Machado

INTRODUÇÃO

Até meados da década de 1990, as opções de alimentação da população eram reduzidas a cozinhar em casa – processo que, muitas vezes, exigia tempo – ou optar pelo serviço de alimentação oferecido por restaurantes, com serviço *à la carte* – o que também demandava tempo, além de ser mais oneroso. De forma similar, o acesso a produtos alimentícios se resumia a idas ao supermercado, padaria e varejões.

Com a evolução do setor de serviços, da tecnologia e de mudanças no comportamento dos consumidores, com uma maior parcela da população trabalhando fora, com tempo reduzido para cozinhar ou mesmo para esperar por um prato em um restaurante, além da estabilidade econômica, cada vez surgem mais mudanças na forma como nos relacionamos com a comida e com o processo de aquisição de produtos e serviços, permitindo um rápido crescimento das redes de *fast-food,* dos serviços de *delivery* e de empresas que procuram facilitar o processo de aquisição de alimentos, como *sites* de compra em supermercados ou de mentoria gastronômica, isto é, aconselhamento na escolha de ingredientes ou de pratos.

Segundo Cobra e Brezzo,[1] mudanças importantes no comportamento dos consumidores e no funcionamento das empresas, resultantes do processo de globalização, refletem na maneira como consumidores e empresas pensam e atuam como parte de um mercado global, destacando o alto grau de informação dos

1. COBRA, M.; BREZZO, R. *O novo marketing.* Rio de Janeiro: Elsevier, 2010.

consumidores e a necessidade das empresas de gerenciar muita informação e de se adaptarem ao uso das novas ferramentas advindas das tecnologias da informação e comunicação.

Para os autores, essas mudanças no comportamento do consumidor influenciaram o desenvolvimento de novos paradigmas no marketing, com destaque para a exigência de maior rapidez e menor tempo no atendimento de seus pedidos, redução da exposição à publicidade massiva, maior nível de informação individual, participação na construção dos produtos, proatividade e realização de compras a distância com maior frequência.

As transformações no comportamento de consumo vêm favorecendo o crescimento do mercado da alimentação fora de casa e de novas soluções para a alimentação no lar, exigindo inovações das empresas desse segmento. Praticidade, produtos saudáveis e qualidade são alguns princípios que o setor deve priorizar para atender às demandas crescentes do consumidor, caracterizado por estar mais capitalizado, com menos tempo e melhor informado.[2]

O maior acesso à internet e o crescimento do comércio eletrônico têm levado as empresas a considerar a *web* em suas estratégias de vendas, priorizada pela possibilidade de o consumidor fazer o pedido pela internet (utilizando aplicativos de restaurantes, lanchonetes e compras em supermercados) ou que alguém realize as compras dos alimentos para ele (empresas de entrega de compras de supermercado), oferecendo pacotes prontos (clubes de assinatura de *kits* com ingredientes para o preparo do prato) ou ensinando o consumidor a preparar o produto comercializado pela empresa (por meio de sites/canais com videoaulas).

Aproveitando a ascensão econômica da classe C, o aumento da participação da mulher no mercado de trabalho formal e a expansão das franquias de alimentos, algumas empresas desenvolvem inovações tecnológicas para a plataforma *mobile* (telefonia móvel) que, aliadas ao serviço de localização geográfica, têm permitido às empresas atender a um perfil de consumidor com pouco tempo disponível, atento às tecnologias e cada vez mais conectado à internet.

Esse tipo de empresa, que surge já conectada ao mundo virtual, ou que se insere nesse mercado a partir de investimentos em novas tecnologias ou aquisição de empresas iniciantes, tem criado um novo movimento, com diferentes denominações, como FoodTech, Food Startups ou AgTechs. Segundo o site

2. ASSOCIAÇÃO BRASILEIRA DE BARES E RESTAURANTES (ABRASEL). Mudanças no comportamento de consumo fomentam o setor de alimentação fora de casa. *Abrasel*, 30 abr. 2013. Disponível em: <http://www.abrasel.com.br/index.php/component/content/article/7-noticias/2090-300413-mudancas-no-comportamento-de-consumo-fomentam-setor-de-alimentacao-fora-de-casa.html>. Acesso em: 8 nov. 2018.

FoodTech Mag,[3] trata-se de uma aliança entre a alimentação e a tecnologia, visando à aplicação da tecnologia para melhorar a agricultura, a produção de alimentos, a cadeia de suprimentos e o canal de distribuição. Especificamente na prestação de serviços de alimentação, essas *startups* formam um campo diversificado de empresas, que incluem oferta de alimentos orgânicos e/ou locais, entrega de refeições embaladas e supermercados *on-line*.

A crescente quantidade de empresas como essas tem provocado uma revolução na forma como o alimento é produzido, distribuído, vendido e consumido. A inovação pode surgir em qualquer setor da economia e, em especial, no setor de alimentação, por ser um dos mercados mais lucrativos, pouco explorado, propício a rupturas (disrupção) e familiar a todos nós (uma vez que necessitamos de alimentos pelo menos três vezes ao dia). Nesse sentido, é possível observar movimentos disruptivos no mercado de preparo de refeições, a partir de empresas que entregam pratos prontos com características individuais do consumidor, *chefs* se deslocando até a residência das pessoas para cozinhar e servir pequenos grupos, diferentes modalidades de *delivery* (suprimentos, comida, ingredientes) e até o uso de *big data*, permitindo ao consumidor fazer suas escolhas de maneira mais consciente.

Diante disso, este capítulo apresenta diferentes aplicações de inovação no setor de serviços de alimentação, destacando a importância de conhecer o comportamento do consumidor como ferramenta para a inovação.

12.1

INOVAÇÃO EM SERVIÇOS E MARKETING

A inovação é cada vez mais reconhecida como importante contribuição para o sucesso, desempenho, competitividade e sobrevivência organizacional.[4] Para Damanpour,[5] a inovação é, muitas vezes, impulsionada pela pressão do ambiente externo, incluindo fatores como concorrência, desregulamentação, escassez de recursos e demanda do cliente, e está associada ao comportamento adaptativo que muda a organização a fim de manter ou melhorar seu desempenho.

3. REBECCA. Qu'est ce que la FoodTech? *FoodTech Mag*, 4 mar. 2016. Disponível em: <http://foodtech-mag.com/quest-ce-que-la-foodtech>. Acesso em: 18 nov. 2018.
4. BAREGHEH, A.; ROWLEY, J.; SAMBROOK, S.; DAVIES, D. Innovation in food sector SMEs. *Journal of Small Business and Enterprise Development*, v. 19, n. 2, p. 300-321, 2012. Disponível em: <http://dx.doi.org/10.1108/14626001211223919>. Acesso em: 8 nov. 2018; MILES, I. Service innovation. In: MAGLIO, P. P.; KIELISZEWSKI, C. A.; SPOHRER, J. C. (Ed.). *Handbook of service science*. New York: Springer, 2010.
5. DAMANPOUR, F. Combinative effects of innovation types and organizational performance: a longitudinal study of service organizations. *Journal of Management Studies*, v. 46, n. 4, p. 650-75, 2009.

Segundo Ferreira,[6] a inovação explora oportunidades, obrigando a empresa a adaptar-se a novas situações e exigências do mercado em que compete.

Atuahene-Gima[7] enfatizou que, assim como nos produtos, algumas inovações nos serviços, como os serviços *on-line*, *mobile* e serviços aos clientes, podem envolver patentes de *design* e/ou investimentos iniciais significativos. No entanto, a intangibilidade, enquanto importante característica dos serviços, sugere que inovações nessa área podem ser desenvolvidas de maneira mais fácil e rápida quando comparada às inovações de produto, envolvendo a utilização menos efetiva de patentes.

Segundo Hipp e Grupp,[8] o caráter das atividades de inovação e sua organização e implementação no setor de serviços diferem substancialmente do setor industrial quanto ao desenvolvimento (incremental *versus* radical, produto *versus* processo), em função de algumas características do setor de serviços: orientação ao processo e intangibilidade; integração do cliente e respectivos processos de provisionamento; e aspectos organizacionais e coordenação de atividades para desenvolver novos serviços.

Diversos autores identificaram quatro atributos principais que distinguem produtos e serviços:[9]

- **Simultaneidade e/ou inseparabilidade**: aponta para o fato de que os serviços são criados e consumidos simultaneamente, muitas vezes na presença do consumidor. Influencia diretamente as estratégias dos estabelecimentos comerciais, diante da necessidade de trabalhar com as flutuações de demanda pelo serviço, como a queda na demanda de um restaurante ou lanchonete em função de um dia de chuva.
- **Heterogeneidade e/ou variabilidade**: surge porque o serviço depende, muitas vezes, do trabalho humano, dificultando a homogeneidade da produção. Isso explica por que mesmo o mais renomado *chef* de cozinha terá dificuldade de reproduzir um prato, nas mesmas condições, por duas vezes seguidas.

6. FERREIRA, U. R. Gestão da Inovação. In: MUNIZ JUNIOR, J. et al. *Administração da produção.* 2 ed. Curitiba: IESDE Brasil S.A., 2012.
7. ATUAHENE-GIMA, K. Market orientation and innovation. *Journal of Business Research*, v. 35, n. 2, p. 93-103, 1996. Disponível em: <http://dx.doi.org/10.1016/0148-2963(95)00051-8>. Acesso em: 8 nov. 2018.
8. HIPP, C.; GRUPP, H. Innovation in the service sector: the demand for service-specific innovation measurement concepts and typologies. *Research Policy*, v. 34, n. 4, p. 517-535, 2005.
9. ZEITHAML, V. A.; PARASURAMAN, A.; BERRY, L. L. Problems and strategies in services marketing. *Journal of Marketing*, v. 49, n. 2, p. 33-46, 1985; RUST, R. T.; CHUNG, T. S. Marketing models of service and relationships. *Marketing Science*, v. 25, n. 6, p. 560-580, 2006; MOELLER, S. Characteristics of services: a new approach uncovers their value. *Journal of Services Marketing*, v. 24, n. 5, p. 359-368, 2010; FITZSIMMONS, J. A.; FITZSIMMONS, M. J. *Administração de serviços:* operações, estratégias e tecnologia da informação. Porto Alegre: Bookman, 2011.

- **Intangibilidade**: implica que o serviço não pode ser facilmente visualizado, sentido, testado ou tocado pelo cliente. Diante dessa característica, o consumidor não tem garantia de que a experiência em um restaurante será igual ao descrito pelo amigo que indicou o local.
- **Perecibilidade e/ou inestocabilidade**: relacionada à dificuldade ou à impossibilidade de armazenamento, uma vez que seu consumo é imediato – a partir da demanda do consumidor. Assim, o espaço vazio de uma mesa no restaurante em determinada noite não poderá ser somado à capacidade total do local na noite seguinte.

Grönroos,[10] Fitzsimmons e Fitzsimmons[11] acrescentam que a característica diferenciadora dos serviços consiste no fato de o valor principal ser resultado da interação entre comprador e vendedor, sendo imprescindível a participação do cliente, ou de um bem desse cliente, no processo de prestação do serviço. A mesma relação é apresentada por Kon,[12] Christopher e Wright,[13] ao relatarem que as etapas de fornecimento do serviço e de consumo estão contidas em espaços de tempo coincidentes, cujo produto desses serviços não se reveste de caráter aparentemente durável. Embora o processo possa estar ligado a um produto físico, o desempenho é, essencialmente, intangível e normalmente não resulta em propriedade de algum dos fatores de produção.

Assim, as formas tradicionais de conceituação e classificação dos serviços não são mais suficientes para explicar as novas formas de serviços provenientes das transformações na própria natureza da prestação de serviços, ocasionadas pela crescente introdução das tecnologias.[14] Segundo Kon, as tecnologias da informação (TI) e da comunicação têm levado à industrialização dos serviços, à inovação organizacional e a novas formas de comercialização, principalmente no que se refere ao relacionamento entre produtor e consumidor, conduzindo a novas modalidades ou formas modificadas de serviços.

Serviços oferecidos por grandes redes varejistas, como o Pão de Açúcar, que permite ao consumidor receber ofertas com descontos personalizadas no celular, por meio de um aplicativo próprio, de acordo com o histórico de compras, são um bom exemplo da nova relação entre empresas e consumidores. Com o uso de informações (*big data*) coletadas dos consumidores pertencentes

10. GRÖNROOS, C. *Marketing:* gerenciamento e serviços – a competição por serviços na hora da verdade. 5. ed. Rio de Janeiro: Campus, 1993.
11. FITZSIMMONS, 2011.
12. KON, A. *Economia de serviços:* teoria e evolução no Brasil. Rio de Janeiro: Elsevier, 2004.
13. CHRISTOPHER, L.; WRIGHT, L. *Serviços:* marketing e gestão. São Paulo: Saraiva, 2001.
14. KON, 2004.

ao seu programa de fidelidade (Pão de Açúcar Mais), a empresa deixa de realizar ações promocionais para todos os clientes, uma vez que, possivelmente, poucos concretizarão a compra, e opta por construir ações individuais em que a possibilidade de conversão é bem maior.

Para Chesbrought, Davies[15] e Miles,[16] a inovação é importante para a empresa de serviços, pois, se não alterar suas ofertas ou mudar a forma como cria e oferece serviços, sua sobrevivência e seu crescimento ficam ameaçados. Com a ajuda da tecnologia, a inovação permite, em muitos casos, que os clientes substituam os funcionários e demandem seus próprios serviços, como no caso da Amazon, com o projeto Amazon Go,[17] ou a myTapp,[18] que oferece cartões pré-pagos para os clientes se servirem em choperias parceiras. Muitas vezes, o objetivo de investir em inovações tecnológicas que transferem o serviço para o consumidor é aumentar a produtividade e diminuir os custos da empresa.

Segundo Kon,[19] produtos adaptados às solicitações do consumidor passam a se utilizar de meios de comunicação eletrônica (troca de dados) para arquivar remotamente os detalhes sobre as demandas dos clientes. Da mesma forma, serviços que apresentam dificuldades na separação da produção do consumo passam a utilizar de maneira crescente o autosserviço por meio da tecnologia (telefones, computadores e *softwares*).

Alguns restaurantes já utilizam sistemas onde o próprio cliente faz o pedido, por meio de aplicativos próprios, totens localizados dentro das lojas ou, ainda, aplicativos que fazem a intermediação entre o consumidor e o estabelecimento comercial, como mostra o Estudo de caso 12.1.

ESTUDO DE CASO 12.1

Peça sua refeição sem auxílios

A ampliação do uso de smartphones e a melhoria da tecnologia têm permitido às empresas substituir atendentes, transferindo para os consumidores funções como escolher os pratos e bebidas que consumirão, fazer o pagamento e acompanhar o andamento do processo.

⇛

15. CHESBROUGHT, H.; DAVIES, A. Advancing services innovation. In: MAGLIO, P. P.; KIELISZEWSKI, C. A.; SPOHRER, J. C. (Ed.). *Handbook of service science*. New York: Springer, 2010. p. 580-601.
16. MILES, 2010.
17. AMAZON GO. Disponível em: <https://www.amazon.com/b?node=16008589011>. Acesso em: 8 nov. 2018.
18. MYTAPP. *Draft beer system*. Disponível em: <http://mytapp.com.br>. Acesso em: 8 nov. 2018.
19. KON, 2004.

Na rede Bob's, estão sendo implantadas lojas de atendimento totalmente digital. O cliente faz o pedido podendo selecionar os lanches desejados (customizados), por meio do aplicativo da rede ou por computadores na própria loja (totem); realiza o pagamento (cartão de crédito, débito ou cartão vale-refeição); a senha do pedido aparece para o cliente e a comanda é impressa na cozinha do restaurante; e, finalmente, quando a senha aparece no mostrador, o consumidor retira sua bandeja no balcão. Em algumas lojas é possível receber o pedido em casa ou no trabalho, após ter feito o pedido e o pagamento pelo aplicativo.

A rede norte-americana Burger King também possui um sistema em que o cliente pode fazer o pedido e retirar seu prato por meio do aplicativo de celular. Ao chegar à loja, após já ter feito o pedido e o pagamento, o cliente deve escanear um *QR code* dentro do aplicativo Burger King, o que vai garantir que seu produto é fresco e está sendo feito na hora.

Para redes menores ou estabelecimentos com loja única, sem recursos para o investimento em aplicativos para antecipar o pedido, é possível optar por aplicativos "terceirizados", como é o caso do "VocêQpad". Nesse tipo de autoatendimento, o cliente escolhe um dos estabelecimentos parceiros do app, decide a partir do cardápio digital qual é o prato de sua preferência e, com o pagamento feito, recebe uma senha que indicará o momento em que o prato estiver pronto. O aplicativo permite, assim como os desenvolvidos pelo Bob's e pelo Burguer King, que o usuário peça e pague por refeições pelo smartphone antes mesmo de chegar ao restaurante.

Fontes: FONSECA, M. Bob's aposta em atendimento feito só por máquinas. *Exame*, 23 de junho de 2017. Disponível em: <http://exame.abril.com.br/pme/bobs-tera-mais-franquias-com-atendimento-feito-so-por-maquinas>. Acesso em: 8 nov. 2018. SALOMÃO, K. Burger King quer acabar com as filas no Brasil. *Exame*, 13 de abril de 2018. Disponível em: <https://exame.abril.com.br/negocios/burger-king-quer-acabar-com-as-filas-no-brasil>. Acesso em: 8 nov. 2018. SOARES, V. Lojas tendem a ser mais interativas. *Valor Econômico*, 27 de março de 2017. Disponível em: <http://www.valor.com.br/empresas/4914452/lojas-tendem-ser-mais-interativas>. Acesso em: 8 nov. 2018. WEY, N. Aplicativo promete melhorar serviço de atendimento de restaurantes. *Pequenas Empresas & Grandes Negócios*, 2 dez. 2016. Disponível em: <https://revistapegn.globo.com/Empreendedorismo/noticia/2016/12/aplicativo-promete-melhorar-servico-de-atendimento-de-restaurantes.html>. Acesso em: 8 nov. 2018.

Segundo Hauknes,[20] uma parte significativa dos padrões de inovação em serviços pode ser considerada "*soft* ou não tecnológica", mesmo quando restrita às inovações de produto ou processo. No entanto, para algumas categorias de

20. HAUKNES, J. *Services in Innovation:* innovation in services. SI4S Final Report, Oslo, aug. 1998.

serviços, principalmente aquelas vinculadas à informação, as tecnologias desempenham papel importante na estruturação dos serviços.

Para Miles,[21] as inovações baseadas em TI podem ser aplicadas aos elementos informativos da prestação dos serviços, como marketing, pedidos, transações etc., sendo a TI um complemento importante para outros tipos de inovação, mas não o único vetor. Outros tipos de interação também estão envolvidos em serviços, incluindo os elementos físicos, e podem beneficiar-se de inovações não baseadas em TI.

A falta de tempo dos consumidores para a realização de determinadas tarefas, associada ao uso da tecnologia, permitiu o surgimento de empresas que executam o serviço de compra no lugar do consumidor. Empresas como Supermercado Now, Mercado Fresh e Rappi (todos em São Paulo), e a Glovo, empresa espanhola com atuação, desde 2018, nas regiões Sul (Curitiba, Porto Alegre), Sudeste (Belo Horizonte, São Paulo, Rio de Janeiro) e Nordeste (Fortaleza, Recife e Salvador), surgiram aproveitando-se da mudança de comportamento do consumidor e do uso de tecnologias como *big data*, pagamentos eletrônicos, nuvem, entre outras.

Segundo Ferreira,[22] o principal fator que diferencia as inovações de serviços das inovações de marketing é o envolvimento, por parte da inovação, em um método de marketing ou um serviço – distinção que pode depender da natureza dos negócios da empresa. As inovações de processo e de marketing podem envolver novos métodos de transportar bens ou transmitir informações, mas seus propósitos são diferentes: enquanto as inovações de processo referem-se a métodos de produção, distribuição e outras atividades auxiliares de suporte, visando à redução dos custos unitários ou ao aumento da qualidade do produto, as inovações de marketing objetivam o aumento do volume das vendas ou da fatia de mercado, por meio de mudanças no posicionamento do produto e em sua reputação.

Como visto neste capítulo, a terceira edição do Manual de Oslo[23] destacou quatro tipos de inovação: produto, processo, organizacional e marketing – sendo esta última referente à implementação de um novo método de marketing com mudanças significativas na concepção do produto ou em sua embalagem, no posicionamento do produto (especificamente canais de venda), em sua promoção

21. MILES, I. Innovation in services. In: FAGERBERG, J.; MOWERY, D. C.; NELSON, R. R. (Ed.). *The Oxford Handbook of Innovation*. New York: Oxford University Press, 2005. p. 433-458.
22. FERREIRA, 2012.
23. ORGANISATION FOR ECONOMIC CO-OPERATION AND DEVELOPMENT (OECD). *Manual de Oslo:* diretrizes para coleta e interpretação de dados sobre inovação. 3. ed. Brasília: FINEP, 2005.

ou na fixação de preço. Em outras palavras, refere-se à adoção de um novo conceito ou estratégia de marketing, desenvolvido pela empresa inovadora ou adotado de outras empresas ou organizações, que podem ser implementados para produtos novos ou já existentes.

Para Cobra e Brezzo,[24] da mesma forma como ocorre com as inovações no produto, a inovação no marketing pode influenciar a estrutura da indústria diretamente com o aumento da demanda. Inovações tecnológicas, ou mesmo alterações no *design* do produto apenas (por influência de tendências da moda, por exemplo), podem ensejar o uso de meios de comunicação ou de novos canais de marketing, permitindo que novos clientes sejam atingidos. A inovação no marketing e na distribuição tem, segundo Porter,[25] consequências na estrutura da indústria.

Segundo Christensen,[26] tecnologias disruptivas trazem para o mercado uma proposta de valor muito diferente da que estava disponível anteriormente, apresentando recursos valorizados pelos clientes, como simplicidade, preços menores, tamanhos reduzidos e, principalmente, maior conveniência no uso. Dessa maneira, Bower, Christensen,[27] Lindsay e Hopkins[28] apontaram que, frequentemente, tecnologias disruptivas sinalizam o surgimento de novos mercados ou segmentos de mercado, geralmente provenientes de empresas que começam pequenas e raramente ganham a atenção dos concorrentes estabelecidos até que comecem a crescer e ganhar espaço de mercado.

Ao encontrar novas soluções para os problemas, a inovação destrói mercados existentes, transforma os antigos ou cria novos, podendo derrubar operadores históricos de grande porte, enquanto impulsiona pequenos desconhecidos para posições dominantes.[29] A aquisição da rede norte-americana de supermercados Whole Foods pela Amazon, em 2017, é um bom exemplo das mudanças provocadas por empresas que optam pela inovação.[30]

24. COBRA, BREZZO, 2010.
25. PORTER, M. E. *Estratégia competitiva*. Rio de Janeiro: Campus, 2004.
26. CHRISTENSEN, C. M. *The innovator's dilemma:* when new technologies cause great firms to fail. Massachusetts: Harvard Business School Press, 1997.
27. BOWER, J. L.; CHRISTENSEN, C. M. Disruptive technologies: catching the wave. *Harvard Business Review*, p. 43-55, jan.-feb., 1995.
28. LINDSAY, J.; HOPKINS, M. From experience: disruptive innovation and the need for disruptive intellectual asset strategy. *Journal of Product Innovation Management*, v. 27, n. 2, p. 283-290, 2010.
29. HAUSER, J.; TELLIS, G. J.; GRIFFIN, A. Research on innovation: a review and agenda for marketing science. *Marketing Science*, v. 25, n. 6, p. 687-717, 2006. Disponível em: <http://mktsci.journal.informs.org/content/25/6/687.full.pdf+html>. Acesso em: 8 nov. 2018.
30. BHATTARAI, A. Amazon to buy Whole Foods Market in deal valued at $13.7 billion. *The Washington Post*, jun. 2017. Disponível em: <https://www.washingtonpost.com/news/business/wp/2017/06/16/amazon-to-buy-whole-foods-market-in-deal-valued-at-13-7-billion-2/?noredirect=on&utm_term=.e26affb2ea8b>. Acesso em: 8 nov. 2018.

Cobra e Brezzo[31] destacaram dois conceitos importantes para o entendimento da inovação em marketing: o **marketing de valor** e o **marketing lateral**. O primeiro está relacionado ao enfoque do marketing, no qual a empresa foca suas ações em satisfazer as necessidades do consumidor, enquanto o segundo conceito aplica ao marketing o enfoque da criatividade e da inovação, cujo objetivo é pensar em novos caminhos, diferentes do pensamento vertical ou tradicional (que é dedutivo e se apoia na experiência).

O marketing lateral não busca apenas maior participação no mercado atual, fortemente competitivo, mas também procura criar um novo mercado a partir do atendimento de novas necessidades ou atendendo as mesmas, porém, de forma diferente. Nesse caso, o que define o marketing lateral é, precisamente, a necessidade de realizar inovações que criem uma nova categoria.[32]

Inovações de marketing são voltadas para melhor atender às necessidades dos consumidores, abrindo novos mercados ou reposicionando o produto de uma empresa no mercado, com o objetivo de aumentar as vendas. Dessa forma, são orientadas aos consumidores e mercados com o objetivo de incrementar as vendas e a fatia de mercado e, com isso, permitindo às empresas alocar grandes quantidades de recursos para pesquisas de mercado e para o desenvolvimento de novas práticas de marketing, objetivando novos mercados ou segmentos de mercado e desenvolvendo novos meios de promover seus produtos. Essas novas práticas de marketing podem exercer um papel central no desempenho das empresas e são importantes para o sucesso de novos produtos.[33]

Para Hauser, Tellis e Griffin,[34] o sucesso das inovações depende, em última instância, da aceitação dos consumidores. Em primeiro lugar, depende do entendimento das necessidades do cliente e, então, do desenvolvimento de produtos que atendam a tais necessidades.

Por isso, o próximo tópico aborda aspectos do comportamento do consumidor, os fatores que o influenciam e, especificamente, os elementos que afetam o consumo de alimentos.

31. COBRA, BREZZO, 2010.
32. COBRA, BREZZO, 2010.
33. OECD, 2005.
34. HAUSER at al., 2006.

12.2

COMPORTAMENTO DO CONSUMIDOR

O estudo do comportamento do consumidor compreende o processo de tomada de decisões por parte dos indivíduos em gastar seus recursos (tempo, dinheiro e esforço) em itens relacionados ao consumo, englobando questões acerca do quê, por quê, quando, onde e com que frequência compram e usam o que compram.[35]

Nesse sentido, o interesse das pesquisas no comportamento do consumidor de alimentos recai, principalmente, sobre a análise empírica de como ocorre o processo de compra e quais são os fatores que afetam os consumidores. A partir de tal estudo, pesquisadores, organizações e empresários buscam conhecer os gostos, preferências, hábitos e atitudes dos consumidores para que possam apontar tendências e perspectivas em relação ao comportamento de consumo.[36]

No decorrer do tempo, verificam-se mudanças profundas nas formas de alimentação da população, com destaque para os segmentos das populações urbanas que se alimentam fora do domicílio, em *fast-foods*, *self-services*, comércio de alimentos de rua, entre outros. Segundo Maia e Santos,[37] a opção por facilidades que poupam tempo de preparo e diminuem a frequência das compras é característica do comensal urbano contemporâneo.

Para Souza,[38] as mudanças em relação ao estilo de vida, cultura e hábito alimentar das pessoas são resultado da globalização e do surgimento de novas tecnologias, das questões políticas e de mudanças culturais dos indivíduos, modificando rotinas diárias e aumentando a escassez de tempo, refletindo, sobretudo, em mudanças nos hábitos alimentares. Um dos reflexos dessas mudanças vem sendo verificado pelo crescente número de pessoas, 75%, que deixaram de consumir carnes no Brasil desde 2012, segundo pesquisa do IBOPE Inteligência, publicada em abril de 2018,[39] oferecendo oportunidades para novos negócios, conforme Estudo de caso 12.2.

35. ENGEL, J. F.; BLACKWELL, R. D.; MINIARD, P. W. *Comportamento do consumidor*. 8. ed. Rio de Janeiro: LTC, 2005.
36. CLARO, R. M.; LEVY, R. B.; BANDONI, B. H. Influência da renda sobre as despesas com alimentação fora do domicílio no Brasil, 2002-2003. *Cadernos de Saúde Pública*, v. 25, n. 11, p. 2489-2496, nov. 2009.
37. MAIA, F. S.; SANTOS, J. B. S. Contexto, produto e consumidores: como se caracteriza os hábitos alimentares dos idosos. In: CONVIBRA – VI CONGRESSO VIRTUAL BRASILEIRO DE ADMINISTRAÇÃO, 2009, *Anais*..., p. 17. Disponível em: <http://www.convibra.com.br/2009/artigos/208_0.pdf>. Acesso em: 8 nov. 2018.
38. SOUZA, R. A. M. *Mudanças no consumo e na distribuição de alimentos: o caso da distribuição de hortaliças de folhas na cidade de São Paulo*. 2005. 150 f. Dissertação (Mestrado em Economia) – Instituto de Economia, Universidade Estadual de Campinas (Unicamp), Campinas, 2005.
39. CARNEIRO, J. Mercado brasileiro se rende aos 5 milhões de clientes veganos e oferece opções para este público. *Estadão*, 26 fev. 2018. Disponível em: <http://emais.estadao.com.br/blogs/comida-de-verdade/mercado-brasileiro-se-rende-a-os-5-milhoes-de-clientes-veganos-e-oferece-opcoes-para-este-publico>. Acesso em: 8 nov. 2018.

ESTUDO DE CASO 12.2

O futuro é vegano?

Segundo uma pesquisa do IBOPE Inteligência, publicada em abril de 2018, o Brasil está comendo cada vez menos carne. Atualmente, 14% da população se declara vegetariana, alcançando 16% nas regiões metropolitanas de São Paulo, Curitiba, Recife e Rio de Janeiro. Essa pesquisa, encomendada pela Sociedade Vegetariana Brasileira (SVB), registrou um crescente interesse da população em geral por produtos veganos, livres de qualquer ingrediente de origem animal, sendo que mais da metade dos entrevistados declarou que consumiria mais produtos veganos se houvesse mais indicações nas embalagens (55%) ou se os preços fossem similares aos produtos que estão acostumados a consumir (60%).

Esse resultado reflete tendências mundiais consolidadas de busca por uma alimentação mais saudável, sustentável e ética, em que, por um lado, encontra o reconhecimento dos benefícios para a saúde e, por outro, o crescimento no número de pessoas que deixam de consumir carnes e derivados devido a uma preocupação crescente com o impacto ambiental negativo da pecuária e com as condições de vida impostas aos animais nos diferentes processos de produção. Com isso, verificam-se em todo o mundo cada vez mais empresas investindo no setor de proteínas vegetais em substituição de carnes, leite e ovos.

Ter boas opções veganas no cardápio não é mais apenas uma questão de consciência e sustentabilidade, mas é também uma questão de sobrevivência para o mercado de *food service* no médio e longo prazo. No Brasil, há exemplos de inovação de marketing, criadas no final de 2016 e início de 2017: os açougues No Bones, em São Paulo, e o Açougue Vegano, no Rio de Janeiro, ambos vendendo produtos que imitam carne, como costelinha com molho *barbecue*, linguiça de feijão, salsicha de batata com tomate seco, hambúrguer de quinoa ou grão de bico e bacon de coco, com foco no público vegano que não consome alimentos de origem animal. A maioria dos produtos é vendida para consumo em casa, sendo possível consumir no local apenas a coxinha de jaca e a empada de shimeji, em São Paulo, e os espetinhos de soja e as kaftas de shimeji e shitake, no Rio de Janeiro.

⇛

⇛

Para atender à demanda crescente, além das lojas físicas, o No Bones passou a comercializar seus produtos por *delivery on-line*, acessado pela *web* ou por um aplicativo para smartphones, enquanto a marca carioca Açougue Vegano inaugurou, em abril de 2018, a primeira franquia do país, em Florianópolis, depois de ter aberto uma filial em São Paulo.

Fontes: GOMES, J. Loja carioca Açougue Vegano chega ao Sul do Brasil. *Gazeta do Povo*, 22 mar. 2018. Disponível em: <http://www.gazetadopovo.com.br/bomgourmet/acougue-vegano-inaugura-franquia-em-floripa>. Acesso em: 8 nov. 2018. JUNQUEIRA, C.; MONTEIRO, L. Pesquisa aponta crescimento histórico no número de vegetarianos no Brasil. *Boa Forma*, 29 maio 2018. Disponível em: <https://boaforma.abril.com.br/nutricao/pesquisa-aponta-crescimento-historico-do-numero-de-vegetarianos-no-brasil>. Acesso em: 8 nov. 2018. RODRIGUES, M. Açougue sem carne para vegano tem bacon de coco e linguiça e bife de feijão. *UOL Economia*, 6 fev. 2017. Disponível em: <https://economia.uol.com.br/empreendedorismo/noticias/redacao/2017/02/06/acougue-sem-carne-para-vegano-tem-bacon-de-coco-e-linguica-e-bife-de-feijao.htm>. Acesso em: 8 nov. 2018. SOCIEDADE VEGETARIANA BRASILEIRA (SVB). Pesquisa do IBOPE aponta crescimento histórico no número de vegetarianos no Brasil. *SVB*, 20 maio 2018. Disponível em: <https://www.svb.org.br/2469-pesquisa-do-ibope-aponta-crescimento-historico-no-numero-de-vegetarianos-no-brasil>. Acesso em: 8 nov. 2018.

Bretzke[40] destacou que as mudanças nos cenários demográfico e tecnológico resultaram em alterações substanciais no comportamento dos clientes, principalmente em seus desejos, necessidades e, consequentemente, no estilo de vida, que passaram a demandar produtos e serviços com mais qualidade e valor extra. Nesse sentido, Chetthamrongchai e Davies[41] sugeriram que, com a concorrência maior no mercado, a necessidade de segmentação precisa torna-se maior, atendendo cada vez mais às necessidades do consumidor.

12.2.1 Fatores que influenciam o comportamento do consumidor

A informação ilustrada no Estudo de caso 12.2 exemplifica a possibilidade de identificar diferentes perfis de consumidores de alimentos e resume a diversidade de segmentos de mercado que podem ser organizados, ou mesmo criados, pelas organizações, a partir de ações inovativas. Produtos veganos feitos para consumidores com intolerância ao consumo de alimentos (lácteos, nozes, farinhas etc.) e para atender a questões culturais e religiosas (como o Halal,

40. BRETZKE, M. Comportamento do cliente. In: DIAS, S. R. (Coord.). *Gestão de marketing*. 2. ed. São Paulo: Saraiva, 2010.
41. CHETTAMRONGCHAI, P.; DAVIES, G. Segmenting the market for food shoppers. *British Food Journal*, v. 102, n. 2, p. 81-101, 2000.

alimento permitido no Islã segundo as regras do Alcorão) são exemplos de segmentos de mercados que crescem significativamente e vêm, cada vez mais, sendo explorados pelas organizações, a partir da identificação dos fatores que influenciam a compra do consumidor de alimentos.

A compreensão dos fatores que influenciam o comportamento do consumidor permite uma visão profunda da dinâmica da compra, além de possibilitar interferências com o uso de estímulos mercadológicos, visando criar valor para o cliente e gerar bons resultados no comportamento de compra, produzindo satisfação com o produto e o consequente envolvimento do consumidor com a compra.[42]

Grande parte das pesquisas sobre comportamento do consumidor concentra-se nos fatores que influenciam as escolhas quanto a produtos e serviços. Estudiosos na área, como Engel, Blackwell, Miniard,[43] Pride, Ferrell,[44] Bretzke,[45] Kotler e Keller,[46] classificaram as variáveis que influenciam o processo de decisão do consumo em quatro categorias – culturais, sociais, pessoais e psicológicos –, sendo os fatores culturais os que exercem maior e mais profunda influência.

A cultura é um centro complexo de valores e crenças criados pela sociedade, passada de geração em geração no ambiente familiar e reforçada por instituições, como escolas e igrejas; é a determinante mais básica das necessidades e do comportamento de uma pessoa.[47] Nesse sentido, Fischer [48] apontou que o mercado de alimentos desenvolve produtos e serviços para atender consumidores a partir de seus hábitos religiosos, como a implantação, em 1995, do primeiro McDonald's *kosher*, em Israel.

As decisões do comprador também são influenciadas por: I) características pessoais, como idade e estágio do ciclo de vida, ocupação, circunstâncias econômicas, personalidade, autoimagem, estilo de vida e valores, levando as pessoas a comprarem diferentes artigos e serviços durante a vida.[49]; II) fatores sociais, sendo os mais importantes, conforme Bretzke,[50] os grupos de referência que, desde muito cedo, moldam a pessoa e influenciam seu comportamento de

42. PINHEIRO, R. M. et al. *Comportamento do consumidor e pesquisa de marketing*. Rio de Janeiro: FGV, 2004.
43. ENGEL et al., 2005.
44. PRIDE, W. M.; FERRELL, O. C. *Marketing:* conceitos e estratégias. 11. ed. Rio de Janeiro: LTC, 2000.
45. BRETZKE, 2006.
46. KOTLER, P.; KELLER, K. L. *Administração de marketing*. 12. ed. São Paulo: Pearson Prentice Hall, 2006.
47. BRETZKE, 2006.
48. FISCHER, J. Markets, religion, regulation: Kosher, halal and Hindu vegetarianism in global perspective. *Journal Geoforum*, v. 69, n. 1, p. 67-70, 2016.
49. KOTLER, KELLER, 2006.
50. BRETZKE, 2006.

compra; e III) fatores psicológicos, que, conforme Kotler e Keller,[51] são quatro a influenciar a reação do consumidor aos vários estímulos de marketing: motivação, percepção, aprendizagem e memória.

12.3

SERVIÇO DE ALIMENTAÇÃO

A escala que identifica os setores da economia vinculados a produtos ou serviços coloca o setor de alimentação no ponto intermediário entre o setor de serviços e o setor de bens de consumo.[52] Essa identificação permite entender o setor como um mercado baseado em produto, em função da tangibilidade do resultado do processo (prato pode ser tocado e transportado), ou baseado em serviço (impossibilidade de estocar o resultado do processo).

Diante disso, optou-se por focar, neste capítulo, o setor de alimentação como um serviço, por entender que cada vez mais a inseparabilidade entre o resultado final e o processo de obtenção ganha destaque no mercado de alimentação. Essa característica pode ser observada quando os consumidores escolhem o local de alimentação ou a comida em função da localização do estabelecimento, do reconhecimento do *chef* ou pela facilidade em solicitar o prato, como mostra o Estudo de caso 12.3.

ESTUDO DE CASO 12.3

Comer ou admirar

Ao optar pelo local onde fará sua refeição, o consumidor escolhe o tipo de comida que gostaria de saborear (italiana, japonesa, brasileira, entre outras), mas pode selecionar também o restaurante em função do chef da cozinha. Nomes como Alex Atala (Dom e Dalva e Dito, em São Paulo), Roberta Sudbrack (Arpoador, no Rio de Janeiro) e Marcelo Schambeck (Del Barbiere, em Porto Alegre) atraem os consumidores interessados em apreciar as obras de arte culinárias preparadas em suas cozinhas.

⇛

51. KOTLER, KELLER, 2006.
52. LOVELOCK, C.; WIRTZ, J.; HEMZO, M. A. *Marketing de serviços:* pessoas, tecnologia e estratégia. São Paulo: Pearson Prentice Hall, 2011; HOFFMAN, K. D.; BATESON, J. E. G.; IKEDA, A. A.; CAMPOMAR, M. C. *Princípios de marketing de serviços*: conceitos, estratégias e casos. São Paulo: Cengage Learnig, 2012.

Outra opção é escolher o restaurante em função da experiência que o ambiente pode proporcionar. Nas Ilhas Maldivas, é possível fazer suas refeições seis metros abaixo da superfície do mar, no restaurante Subsix. Localizado dentro do Resort Per Aquum Niyama, o restaurante tem paredes de vidro que permitem uma visão única da vida marinha no Oceano Índico. Os comensais podem observar recifes de corais, peixes e animais marinhos que habitam a região, em uma decoração inspirada nas formas e cores do oceano. Caso opte por uma bebida no bar do restaurante, encontrará um ambiente inspirado em moluscos, acomodado em cadeiras que lembram anêmonas-do-mar, sob as ondas suaves das peças que lembram conchas e estrelas-do-mar, formando a iluminação do local.

Também é possível fazer refeições apreciando lindas vistas de algumas das principais cidades do mundo. Essa é a proposta do "dinnerinthesky", onde mesas são montadas em guindastes a aproximadamente 50 metros de altura. Criado na Bélgica em 2004 como um evento para ações promocionais, a proposta já esteve em 45 países (chegou ao Brasil em 2009) e hoje atende ao público em geral, com um formato que compreende uma experiência gastronômica para 22 clientes por vez, acompanhados de um *chef* renomado e de uma equipe de garçons. A oportunidade de vivenciar uma situação exclusiva e única, associada à experiência extraordinária de estar a mais de 50 metros de altura, sentado a uma mesa, sendo servido por um renomado *chef*, faz dessa refeição um momento inesquecível.

Fontes: A BELGIAN success story in the skies of more than 40 countries. *Dinner in the sky*. Disponível em: <http://dinnerinthesky.com/#concept>. Acesso em: 8 nov. 2018. RESTAURANTE que fica embaixo d'água é atração nas Ilhas Maldivas. *Gazeta do Povo*, 6 abr. 2016. Disponível em: <http://www.gazetadopovo.com.br/haus/estilo-cultura/restaurante-debaixo-dagua-e-atracao-nas-ilhas-maldivas>. Acesso em: 8 nov. 2018.

É crescente o destaque das atividades de serviço na economia dos países mais desenvolvidos ou mesmo naquelas que buscam consolidar estratégias de crescimento. Segundo dados da Pesquisa Anual de Serviços (PAS), em 2015, estimava-se a existência de 1,2 milhão de empresas exercendo atividades de serviços no Brasil (excluindo as organizações de caráter financeiro), gerando R$ 1,4 trilhão de receita operacional líquida e empregando 12,7 milhões de pessoas.[53] As atividades de serviços cobertas pela PAS compreendem setores heterogêneos em relação ao desempenho das empresas, perfil da mão de obra ocupada, utilização de tecnologia e integração ao processo de inovação.[54]

Na pesquisa do IBGE, a atividade de serviços é subdividida em sete segmentos, dentre os quais estão os serviços prestados às famílias - que incluem alojamento, alimentação, atividades recreativas e culturais, serviços pessoais e atividades de ensino continuado –, com predomínio das empresas de pequeno e médio porte, que atuam em atividades destinadas ao consumidor final. Sua dinâmica está relacionada, principalmente, à evolução demográfica, ao grau de urbanização e às mudanças nos hábitos de consumo.[55]

Os serviços de alimentação foram responsáveis pela maior parcela da receita, pessoal empregado e número de empresas que prestam serviços às famílias. Em 2015, as 231,3 mil empresas dessa atividade (59% do total) geraram R$ 110,3 bilhões em receita operacional líquida (66%) e empregaram 1,7 milhão de pessoas (62%).[56] Apesar disso, esses serviços fazem parte de uma indústria importante por si só, inclusive em termos de volume financeiro, que - embora contribua em parte para a hotelaria e o turismo - tem características próprias distintas, pois restaurantes (incluindo as redes e os que pertencem à hotéis), comida pronta para viagem e até mesmo contratos de fornecimento de comida e bebidas para um grande número de pessoas são mais voláteis, inconstantes e propensos à moda, quando comparados aos hotéis e atrações turísticas.

Segundo dados da Pesquisa de Orçamento Familiar (POF/IBGE) de 2009, a despesa média mensal dos consumidores brasileiros com alimentação era de R$ 421,72, sendo que R$ 131,33, ou 31,1%, foram gastos fora do domicílio, com destaque para o almoço e o jantar, responsáveis por 62,7% desse valor. Os dados da POF 2009 apresentam um incremento significativo em relação à POF

53. INSTITUTO BRASILEIRO DE GEOGRAFIA E ESTATÍSTICA (IBGE). *Pesquisa Anual de Serviços:* informativo 2015. Rio de Janeiro, v. 17, p. 4, 2015. Disponível em: <https://biblioteca.ibge.gov.br/index.php/biblioteca-catalogo?view=detalhes&id=7150>. Acesso em: 8 nov. 2018.

54. FREIRE, C. T. Um estudo sobre os serviços intensivos em conhecimento no Brasil. In: NEGRI, J. A.; KUBOTA, L. C. (Org.). *Estrutura e dinâmica do setor de serviços no Brasil.* Cap. 4. Brasília, DF: Instituto de Pesquisa Econômica Aplicada, 2006.

55. MEIRELLES, D. S. Características das firmas e dos setores de serviço, segundo o processo de trabalho. In: NEGRI, J. A.; KUBOTA, L. C. (Org.). *Estrutura e dinâmica do setor de serviços no Brasil.* Cap. 10. Brasília, DF: Instituto de Pesquisa Econômica Aplicada, 2006.

56. INSTITUTO BRASILEIRO DE GEOGRAFIA E ESTATÍSTICA (IBGE). *Pesquisa Anual de Serviços:* tabelas completas 2015. Rio de Janeiro, v. 17, p. 4, 2015. Disponível em: <https://www.ibge.gov.br/estatisticas-novoportal/economicas/servicos/9028-pesquisa-anual-de-servicos.html?=&t=resultados>. Acesso em: 8 nov. 2018.

2002-2003, quando os gastos com alimentação fora do domicílio representavam 24,05% dos gastos dos brasileiros com alimentação.[57]

Segundo Correa, Campos[58] e Meirelles,[59] a refeição fora do lar deixou de ser uma alternativa de lazer e tornou-se de grande necessidade dentro do modelo de terceirização dos serviços familiares, estando sua dinâmica relacionada, principalmente, à evolução demográfica, ao grau de urbanização e às mudanças nos hábitos de consumo.

Outros fatores que ajudam a entender o crescimento do segmento de alimentação fora de casa são:

- mudanças da economia e da sociedade levam o setor de serviços de alimentação a constantes alterações, conduzindo, assim, ao surgimento de novos formatos de negócios que se adaptam às necessidades e demandas do mercado consumidor;
- valorização de ações que geram praticidade, redução do tempo para o preparo dos alimentos e facilidade de consumo, promovendo o crescimento do segmento de alimentação;
- crescimento da população da terceira idade, que demanda alimentos de qualidade e, muitas vezes, não está disposta a fazer comida em casa;
- aumento do número de pessoas que moram sozinhas (custo da alimentação é menor fora de casa);
- ascensão econômica da classe C brasileira, que introduziu no mercado um novo consumidor que passa a comer fora de casa;
- crescimento da renda *per capita*, que permite às pessoas comer com maior frequência fora de casa e com um tíquete médio maior;
- entretenimento, quando famílias procuram os restaurantes para refeições de final de semana ou em datas comemorativas;
- exigências do mercado de trabalho (horários e distância das residências, aumento da ocupação feminina e do jovem no mercado de trabalho).

Assim, entendido como um mercado que envolve toda a cadeia de produção e distribuição de alimentos, insumos, equipamentos e serviços orientados

57. INSTITUTO BRASILEIRO DE GEOGRAFIA E ESTATÍSTICA (IBGE). *Pesquisa de Orçamentos Familiares 2002-2003:* primeiros resultados: Brasil e Grandes Regiões. Rio de Janeiro, 2004; IBGE. *Pesquisa de Orçamentos Familiares 2008-2009:* despesas, rendimentos e condições de vida. Rio de Janeiro, 2010b.

58. CORREA, G. F.; CAMPOS, B. M. Comportamento empreendedor e competitividade: um estudo exploratório em restaurantes self-service (RSS). In: EnANPAD, 2006. 30. Salvador. *Anais..., EnANPAD*, 2006.

59. MEIRELLES, 2006.

a atender aos estabelecimentos que preparam e fornecem refeições efetuadas, principalmente fora do lar, o *food service* pode ser definido como a prestação de serviços de alimentação e bebidas fora de casa.[60]

A importância dos serviços de alimentação pode ser mensurada quando se observa que, em 2012, o segmento de *food service* registrou vendas superiores a R$ 100 bilhões pela primeira vez na história, tendo como principais canais de venda os restaurantes comerciais (R$ 17,4 bilhões ou 23,1%), padarias (R$ 11,2 bilhões ou 14,9%) e bares (R$ 9,6 bilhões ou 12,8%).[61]

Devido à amplitude de estabelecimentos de *food service*, suas características e necessidades, desenvolver ações inovadoras traz novos desafios para os gestores. A importância da inovação no setor de serviços e sua contribuição para o crescimento econômico são crescentemente reconhecidas, o que vem orientando vários estudos sobre inovação em serviços.[62]

Um exemplo nesse sentido é o sistema criado por uma *startup* de Florianópolis, em 2016, que vem mudando a forma como o consumidor consome o chope, ao mesmo tempo que fornece uma valiosa ferramenta para a gestão dos estabelecimentos de *food service*, o myTapp, como mostra o Estudo de caso 12.4.

ESTUDO DE CASO 12.4

Inovação para o consumidor e o gestor

O jeito de beber chope e de gerenciar o bar está mudando, graças ao myTapp (cujo nome deriva das palavras inglesas *aplicativo* e *torneira*), sistema *self-service* de chope que permite ao cliente controlar e ter autonomia do que bebe e de quanto consome. O myTapp foi inspirado em uma chopeira *self-service* descoberta por um dos sócios em San Diego, na Califórnia, em 2014. Desde seu lançamento, o sistema, disponível em mais de 70 endereços de 11 estados brasileiros e do Distrito Federal, já serviu 1,11 milhão de litros de chope para mais de 241 mil pessoas.

⇒

60. DAVIS, B.; LOCKWOOD, A.; STONE S. *Food and beverage management*. 3. ed. Butterworth-Heinemann: Oxford, 1998.
61. ANUÁRIO BRASILEIRO DA ALIMENTAÇÃO. *Os números da alimentação fora do lar*. p. 10-19, 2012. Disponível em: <http://www.alimentacaoforadolar.com.br>. Acesso em: 8 nov. 2018.
62. MILES, 2005.

⇛

Esse sistema vem agradando os consumidores, primeiro por ser um facilitador do consumo de cerveja, já que o cliente chega ao local, abastece um cartão pré-pago com créditos e escolhe o tipo e a quantidade de chope que deseja, sem precisar esperar por um garçom. Agrada também porque favorece aquele consumidor que busca variedade no consumo da bebida, uma vez que é possível visualizar informações sobre o produto em uma tela eletrônica, isto é, nome e tipo da bebida, procedência, teor alcoólico e um breve descritivo, enquanto o copo é abastecido, beneficiando quem gosta de provar diferentes tipos de chope antes de escolher qual beber. Outras facilidades que o sistema disponibiliza ao consumidor são a possibilidade de acompanhar o que foi gasto e o saldo restante, além de poder adicionar créditos.

Do outro lado da torneira, o dono do estabelecimento também é beneficiado por um sistema de inteligência que, além de disponibilizar uma experiência diferente aos clientes, auxilia na gestão do estabelecimento e na definição de estratégias. Com a implantação desse sistema, torna-se possível monitorar o consumo dos clientes em tempo real, permitindo conhecer o histórico completo de consumo individual, favorecendo, assim, ações de fidelização. Além disso, é possível acompanhar o desempenho de cada barril e reduzir o desperdício de chope, entre outras facilidades.

Fontes: MYTAPP. *Draft beer system*. Disponível em: <http://mytapp.com.br>. Acesso em: 8 nov. 2018; VENDRAME, F. Self-service de chope. *Azul Magazine*, edição 51, jul. 2017. Disponível em: <http://www.azulmagazinedigital.com.br/executiva-made-in-brazil-edicao-51>. Acesso em: 8 nov. 2018.

Outra inovação no setor de serviços se refere às plataformas de *delivery on-line*, surgidas recentemente, a partir de 2010, como agregadores de serviço de entrega para alimentação em diversas cidades do Brasil e do mundo, oferecendo uma nova forma de pedir comida, em substituição ao tradicional pedido por telefone. A partir delas, alguns desdobramentos surgiram, agregando mais serviços a esse setor, como o SpoonRocket e o UberEats, ambos focados na melhoria da entrega dos pedidos.

CONSIDERAÇÕES FINAIS

Este capítulo relatou algumas mudanças na economia e na sociedade que contribuíram e vêm contribuindo para o surgimento de novos formatos de negócios no setor de alimentação, ajustados às necessidades e demandas de um mercado consumidor que busca cada vez mais praticidade e facilidade no consumo do alimento e em seu processo de aquisição – o que inclui as decisões de compra e a influência de diversos fatores já abordados.

Esses novos formatos de negócio aproveitam as oportunidades decorrentes das mudanças no comportamento de compra dos consumidores em relação à alimentação e ao uso de tecnologia; do crescimento significativo do uso de *smartphones* pela população brasileira; e da melhoria e ampliação do acesso à internet móvel de banda larga, dentre outras, oferecendo experiências inovadoras quando comparadas aos serviços de alimentação tradicionais. Com isso, as *foodtechs* têm surgido, cada vez mais, com inovações que trazem as mais diversas experiências de compra aos consumidores.

O crescente potencial de consumo e a atratividade do mercado de alimentação têm levado ao surgimento de inúmeras *startups* que identificam novas oportunidades de aplicação de tecnologias, enquanto as grandes empresas do setor têm investido verdadeiras fortunas no desenvolvimento e na aplicação do uso de tecnologias nas atividades cotidianas referentes aos serviços de alimentação.

Apesar do aparente sucesso dessas inovações nos serviços de alimentação, não é possível afirmar que esses novos formatos de negócio se consolidarão, principalmente se considerarmos que as transformações tecnológicas mudam em uma velocidade surpreendente – a exemplo do histórico de novidades no âmbito dos serviços de base tecnológica e de outros serviços vinculados à internet, surgidos nos últimos anos com o objetivo de facilitar a vida do consumidor final – e que o sucesso dessas inovações depende fortemente da aceitação do consumidor final.

REFERÊNCIAS

A BELGIAN success story in the skies of more than 40 countries. *Dinner in the sky*. Disponível em: <http://dinnerinthesky.com/#concept>. Acesso em: 8 nov. 2018.

ASSOCIAÇÃO BRASILEIRA DE BARES E RESTAURANTES (ABRASEL). Mudanças no comportamento de consumo fomentam setor de alimentação fora de casa. *Abrasel*, 30 abr. 2013. Disponível em: <http://www.abrasel.com.br/index.php/component/content/article/7-noticias/2090-300413-mudancas-no-comportamento-de-consumo-fomentam-setor-de-alimentacao- fora-de-casa.html>. Acesso em: 8 nov. 2018.

AMAZON GO. Disponível em: <https://www.amazon.com/b?node=16008589011>. Acesso em: 8 nov. 2018.

ANUÁRIO Brasileiro da Alimentação. *Os números da alimentação fora do lar*. p. 10-19, 2012. Disponível em: <http://www.alimentacaoforadolar.com.br>. Acesso em: 8 nov. 2018.

ATUAHENE-GIMA, K. Market orientation and innovation. *Journal of Business Research*, v. 35, n. 2, p. 93-103, 1996. Disponível em: <http://dx.doi.org/10.1016/0148-2963(95)00051-8>. Acesso em: 8 nov. 2018.

BAREGHEH, A.; ROWLEY, J.; SAMBROOK, S.; DAVIES, D. Innovation in food sector SMEs. *Journal of Small Business and Enterprise Development*, v. 19, n. 2, p. 300-321, 2012. Disponível em: <http://dx.doi.org/10.1108/14626001211223919>. Acesso em: 8 nov. 2018.

BEZERRA, A. C. D. *O sanduíche baguncinha nas ruas de Cuiabá-MT: avaliação e intervenção educativa*. 2007. 278 f. Tese (Doutorado em Saúde Pública) – Faculdade de Saúde Pública, Universidade de São Paulo (USP), São Paulo, 2007.

BHATTARAI, A. Amazon to buy Whole Foods Market in deal valued at $13.7 billion. *The Washington Post*, jun. 2017. Disponível em: <https://www.washingtonpost.com/news/business/wp/2017/06/16/amazon-to-buy-whole-foods-market-in-deal-valued-at-13-7-billion-2/?noredirect=on&utm_term=.e26affb2ea8b>. Acesso em: 8 nov. 2018.

BOWER, J. L.; CHRISTENSEN, C. M. Disruptive technologies: catching the wave. *Harvard Business Review*, p. 43-55, jan.-feb. 1995.

BRETZKE, M. Comportamento do cliente. In: DIAS, S. R. (Coord.). *Gestão de marketing*. 2. ed. São Paulo: Saraiva, 2010.

CARNEIRO, J. Mercado brasileiro se rende aos 5 milhões de clientes veganos e oferece opções para este público. *Estadão*, 26 fev. 2018. Disponível em: <http://emais.estadao.com.br/blogs/comida-de-verdade/mercado-brasileiro-se-rende-aos-5-milhoes-de-clientes-veganos-e-oferece-opcoes-para-este-publico>. Acesso em: 8 nov. 2018.

CHESBROUGHT, H.; DAVIES, A. Advancing services innovation. In: MAGLIO, P. P.; KIELISZEWSKI, C. A.; SPOHRER, J. C. (Ed.). *Handbook of service science*. New York: Springer, 2010.

CHETTAMRONGCHAI, P.; DAVIES, G. Segmenting the market for food shoppers. *British Food Journal*, v. 102, n. 2, p. 81-101, 2000.

CHRISTENSEN, C. M. *The innovator's dilemma:* when new technologies cause great firms to fail. Massachusetts: Harvard Business School Press, 1997.

CHRISTOPHER, L.; WRIGHT, L. *Serviços:* marketing e gestão. São Paulo: Saraiva, 2001.

CLARO, R. M.; LEVY, R. B.; BANDONI, B. H. Influência da renda sobre as despesas com alimentação fora do domicílio no Brasil, 2002-2003. *Cadernos de Saúde Pública*, v. 25, n. 11, p. 2489-2496, nov. 2009.

COBRA, M.; BREZZO, R. *O novo marketing*. Rio de Janeiro: Elsevier, 2010.

CORREA, G. F.; CAMPOS, B. M. Comportamento empreendedor e competitividade: um estudo exploratório em restaurantes self-service (RSS). In: EnANPAD, 2006. 30. Salvador. *Anais..., EnANPAD*, 2006.

DAMANPOUR, F. Combinative effects of innovation types and organizational performance: a longitudinal study of service organizations. *Journal of Management Studies*, v. 46, n. 4, p. 650-75, 2009.

DAVIS, B.; LOCKWOOD, A.; STONE S. *Food and beverage management.* 3. ed. Butterworth-Heinemann: Oxford, 1998.

ENGEL, J. F.; BLACKWELL, R. D.; MINIARD, P. W. *Comportamento do consumidor.* 8. ed. Rio de Janeiro: LTC, 2005.

FERREIRA, R. M. C. Bases do estudo do comportamento do consumidor em um contexto global. *Observatório (OBS*)*, v. 3, n. 3, p. 102-120, 2009.

FERREIRA, U. R. Gestão da Inovação. In: MUNIZ JUNIOR, J. et al. *Administração da produção.* 2. ed. Curitiba: IESDE Brasil S.A., 2012.

FISCHER, J. Markets, religion, regulation: Kosher, halal and Hindu vegetarianism in global perspective. *Journal Geoforum*, v. 69, n. 1, p. 67-70, 2016.

FITZSIMMONS, J. A.; FITZSIMMONS, M. J. *Administração de serviços:* operações, estratégias e tecnologia da informação. Porto Alegre: Bookman, 2011.

FONSECA, M. Bob's aposta em atendimento feito só por máquinas. *Exame*, 23 jun. 2017. Disponível em: <http://exame.abril.com.br/pme/bobs-tera-mais-franquias-com-atendimento-feito-so-por-maquinas>. Acesso em: 8 nov. 2017.

FREIRE, C. T. Um estudo sobre os serviços intensivos em conhecimento no Brasil. In: NEGRI, J. A.; KUBOTA, L. C. (Org.). *Estrutura e dinâmica do setor de serviços no Brasil.* Cap. 4. Brasília, DF: Instituto de Pesquisa Econômica Aplicada, 2006.

GAINS, N. The repertory grid approach. In: MACFIE, H. J. H.; THOMSON, D. M. H. (Eds.). *Measurement of food preferences.* New York: Springer Publishing Company, 1994.

GOMES, J. Loja carioca Açougue Vegano chega ao Sul do Brasil. *Gazeta do Povo*, 22 mar. 2018. Disponível em: <http://www.gazetadopovo.com.br/bomgourmet/acougue-vegano-inaugura-franquia-em-floripa>. Acesso em: 8 nov. 2018.

GRÖNROOS, C. *Marketing:* gerenciamento e serviços – a competição por serviços na hora da verdade. 5. ed. Rio de Janeiro: Campus, 1993.

HAUKNES, J. *Services in innovation:* innovation in services. SI4S Final Report, STEP, Oslo, aug. 1998.

HAUSER, J.; TELLIS, G. J.; GRIFFIN, A. Research on innovation: a review and agenda for marketing science. *Marketing Science*, v. 25, n. 6, p. 687-717, 2006. Disponível em: <http://mktsci.journal.informs.org/content/25/6/687.full.pdf+html>. Acesso em: 8 nov. 2018.

HERBERT, G. Changes in eating habits. *British Library*, [s.d]. Disponível em: <http://www.bl.uk/learning/resources/pdf/foodstories/herbertgodeeper.pdf>. Acesso em: 8 nov. 2018.

HIPP, C.; GRUPP, H. Innovation in the service sector: the demand for service-specific innovation measurement concepts and typologies. *Research Policy*, v. 34, n. 4, p. 517-535, 2005.

HOFFMAN, K. D.; BATESON, J. E. G.; IKEDA, A. A.; CAMPOMAR, M. C. *Princípios de marketing de serviços*: conceitos, estratégias e casos. São Paulo: Cengage Learnig, 2012.

INSTITUTO BRASILEIRO DE GEOGRAFIA E ESTATÍSTICA (IBGE). *Pesquisa Anual de Serviços:* informativo 2015. Rio de Janeiro, v. 17, p. 4, 2015. Disponível em: <https://biblioteca.ibge.gov.br/index.php/biblioteca-catalogo?view=detalhes&id=7150>. Acesso em: 8 nov. 2018.

______. *Pesquisa Anual de Serviços:* tabelas completas 2015. Rio de Janeiro, v. 17, p. 4, 2015. Disponível em: <https://www.ibge.gov.br/estatisticas-novoportal/economicas/servicos/9028-pesquisa-anual-de-servicos.html?=&t=resultados>. Acesso em: 8 nov. 2018.

______. *Pesquisa de Orçamentos Familiares 2002-2003:* primeiros resultados: Brasil e Grandes Regiões. Rio de Janeiro, 2004.

______. *Pesquisa de Orçamentos Familiares 2008-2009:* despesas, rendimentos e condições de vida. Rio de Janeiro, 2010b.

JUNQUEIRA, C.; MONTEIRO, L. Pesquisa aponta crescimento histórico no número de vegetarianos no Brasil. *Boa Forma,* 29 maio 2018. Disponível em: <https://boaforma.abril.com.br/nutricao/pesquisa-aponta-crescimento-historico-do-numero-de-vegetarianos-no-brasil>. Acesso em: 8 nov. 2018.

KON, A. *Economia de serviços:* teoria e evolução no Brasil. Rio de Janeiro: Elsevier, 2004.

KOTLER, P.; KELLER, K. L. *Administração de marketing.* 12. ed. São Paulo: Pearson Prentice Hall, 2006.

LINDSAY, J.; HOPKINS, M. From experience: disruptive innovation and the need for disruptive intellectual asset strategy. *Journal of Product Innovation Management*, v. 27, n. 2, p. 283-290, 2010.

LOVELOCK, C.; WIRTZ, J.; HEMZO, M. A. *Marketing de serviços:* pessoas, tecnologia e estratégia. São Paulo: Pearson Prentice Hall, 2011.

MAIA, F. S.; SANTOS, J. B. S. Contexto, produto e consumidores: como se caracteriza os hábitos alimentares dos idosos. In: CONVIBRA – VI Congresso Virtual Brasileiro de Administração, 2009, *Anais...*, 17 f. Disponível em: <http://www.convibra.com.br/2009/artigos/208_0.pdf>. Acesso em: 8 nov. 2018.

MEIRELLES, D. S. Características das firmas e dos setores de serviço, segundo o processo de trabalho. In: NEGRI, J. A.; KUBOTA, L. C. (Org.). *Estrutura e dinâmica do setor de serviços no Brasil.* Cap. 10. Brasília, DF: Instituto de Pesquisa Econômica Aplicada, 2006.

MILES, I. Innovation in services. In: FAGERBERG, J.; MOWERY, D. C.; NELSON, R. R. (Ed.). *The Oxford handbook of innovation.* New York: Oxford University Press, 2005.

MILES, I. Service innovation. In: MAGLIO, P. P.; KIELISZEWSKI, C. A.; SPOHRER, J. C. (Ed.). *Handbook of service science*. New York: Springer, 2010.

MOELLER, S. Characteristics of services: a new approach uncovers their value. *Journal of Services Marketing*, v. 24, n. 5, p. 359-368, 2010.

MYTAPP. *Draft beer system*. Disponível em: <http://mytapp.com.br>. Acesso em: 8 nov. 2018.

ORGANISATION FOR ECONOMIC CO-OPERATION AND DEVELOPMENT (OECD). *Manual de Oslo:* diretrizes para coleta e interpretação de dados sobre inovação. 3. ed. Brasília: FINEP, 2005.

PINHEIRO, R. M. et al. *Comportamento do consumidor e pesquisa de marketing*. Rio de Janeiro: FGV, 2004.

PORTER, M. E. *Estratégia competitiva*. Rio de Janeiro: Campus, 2004.

PRIDE, W. M.; FERRELL, O. C. *Marketing:* conceitos e estratégias. 11. ed. Rio de Janeiro: LTC, 2000.

REBECCA. Qu'est ce que la foodtech? *FoodTech Mag*, 4 mar. 2016. Disponível em: <http://foodtech-mag.com/quest-ce-que-la-foodtech>. Acesso em: 18 nov. 2018.

RECINE, P.; RADAELLI, E. G. I. G. Comportamento alimentar e promoção da saúde. *Universitas Ciências da Saúde*, v. 2, n. 2, 2004.

RESTAURANTE que fica embaixo d'água é atração nas Ilhas Maldivas. *Gazeta do Povo*, 6 abr. 2016. Disponível em: <http://www.gazetadopovo.com.br/haus/estilo-cultura/restaurante-debaixo-dagua-e-atracao-nas-ilhas-maldivas/>. Acesso em: 8 nov. 2018.

RODRIGUES, M. Açougue sem carne para vegano tem bacon de coco e linguiça e bife de feijão. *UOL Economia*, 6 fev. 2017. Disponível em: <https://economia.uol.com.br/empreendedorismo/noticias/redacao/2017/02/06/acougue-sem-carne-para-vegano-tem-bacon-de-coco-e-linguica-e-bife-de-feijao.htm>. Acesso em: 8 nov. 2018.

RUST, R. T.; CHUNG, T. S. Marketing models of service and relationships. *Marketing Science*, v. 25, n. 6, p. 560-580, 2006.

RUTERI, J. M.; QI XU, Q. Consumers' perceptions of advanced booking discount program applied on processed food products. *Global Journal of Logistics and Business Management*, v. 1, p. 20-27, 2013. Disponível em: <http://www.gjobm.com/uploads/news/1362488774.pdf>. Acesso em: 8 nov. 2018.

SALOMÃO, K. Burger King quer acabar com as filas no Brasil. *Exame*, 13 abr. 2018. Disponível em: <https://exame.abril.com.br/negocios/burger-king-quer-acabar-com-as-filas-no-brasil>. Acesso em: 8 nov. 2018.

SOARES, V. Lojas tendem a ser mais interativas. *Valor Econômico*, 27 mar. 2017. Disponível em: <http://www.valor.com.br/empresas/4914452/lojas-tendem-ser-mais-interativas>. Acesso em: 8 nov. 2018.

SOUZA, R. A. M. *Mudanças no consumo e na distribuição de alimentos: o caso da distribuição de hortaliças de folhas na cidade de São Paulo.* 2005. 150 f. Dissertação (Mestrado em Economia) – Instituto de Economia, Universidade Estadual de Campinas (Unicamp), Campinas, 2005.

SOCIEDADE VEGETARIANA BRASILEIRA (SVB). Pesquisa do IBOPE aponta crescimento histórico no número de vegetarianos no Brasil. *SVB*, 20 maio 2018. Disponível em: <https://www.svb.org.br/2469-pesquisa-do-ibope-aponta-crescimento-historico-no-numero-de-vegetarianos-no- brasil>. Acesso em: 30 maio 2018.

VENDRAME, F. Self-service de chope. *Azul Magazine*, edição 51, jul. 2017. Disponível em: <http://www.azulmagazinedigital.com.br/executiva-made-in-brazil-edicao-51>. Acesso em: 8 nov. 2018.

WEY, N. Aplicativo promete melhorar serviço de atendimento de restaurantes. *Pequenas Empresas & Grandes Negócios*, 2 dez. 2016. Disponível em: <https://revistapegn.globo.com/Empreendedorismo/noticia/2016/12/aplicativo-promete-melhorar-servico-de-atendimento-de-restaurantes.html>. Acesso em: 8 nov. 2018.

ZEITHAML, V. A.; PARASURAMAN, A.; BERRY, L. L. Problems and strategies in services marketing. *Journal of Marketing*, v. 49, n. 2, p. 33-46, 1985.

CAPÍTULO 13

Gestão da inovação para criação e transformação de negócios, mercados e produtos

Luiz Antonio Castanheira Polignano

INTRODUÇÃO

Gestão, inovação e sustentabilidade são palavras fortes, com significados isolados e diferentes sentidos quando utilizadas em conjunto. Todas, isoladamente ou combinadas, são essenciais para a (re)evolução de produtos agroalimentares.

A gestão é o sistema que diferencia empreendimentos informais de organizações estruturadas que fazem uso da racionalidade e da ciência para a tomada de decisões. Sem gestão, as empresas agroalimentares não teriam as condições necessárias para crescer e se transformar em empreendimentos lucrativos. Por outro lado, empresas bem gerenciadas que não inovam e desconsideram os princípios da sustentabilidade estão fadadas a elaborar produtos comuns, com ciclos de vida e insumos esgotáveis.

A inovação é o mecanismo de ruptura que diferencia a empresa que copia daquela que cria a própria trajetória. Sem inovação, não haveria alta na produtividade no campo e diversificação de produtos agroindustriais. Em contraposição, empresas inovadoras, que negligenciam gestão e sustentabilidade, criarão entregas diferenciadas, porém descompromissadas com o êxito financeiro e com o impacto socioambiental.

A sustentabilidade é o objetivo que direciona a transformação. Não há negócio agroalimentar que se sustente sem os insumos estratégicos (água, solo e pessoa), sem priorizar a saudabilidade dos produtos e das operações e sem respeitar a dicotomia entre cultura regional e dinâmica global do mercado. No outro extremo, sustentabilidade sem gestão e inovação é um pensamento filosófico, e não um modelo de negócio.

É evidente a importância desses temas para o agronegócio, bem como a relação causa-efeito entre eles, ilustrada pela Figura 13.1. Este capítulo abordará a gestão da inovação para a sustentabilidade do agronegócio, apresentando os seguintes temas: inovação 360º; gestão da inovação 360º; matriz Ansoff; sistema GDNi portfólio; e sistema GDNi projeto.[1]

FIGURA 13.1

Desenvolvimento de mercado e produto diante da relação entre gestão, inovação e sustentabilidade

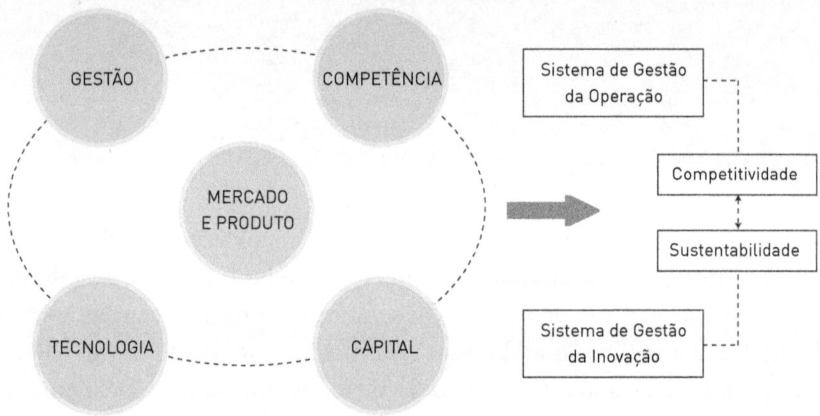

A gestão, ao lado dos pilares Tecnologia, Capital e Competência, irriga o desenvolvimento de mercado e produto, tornando o terreno fértil para o florescimento de produtos agroalimentares competitivos e sustentáveis.

Fonte: adaptada de POLIGNANO, L. A. C.; DESENVOLVIMENTO DE MERCADO E PRODUTO (DMEP). Empreendimentos inovadores, impactantes e exitosos (Parte I): os cinco pilares para criação e transformação. *Jornal Diário do Comércio*, Belo Horizonte, p. 10, 27 out. 2016.

13.1

INOVAÇÃO 360º: MUDANÇA EM DIFERENTES INTENSIDADES E DIREÇÕES

Somos atores e espectadores de um mundo em transformação. Economia, tecnologia, educação, comunicação e consumo, para citar algumas dimensões, são causa e efeito do movimento em curso – o que, claramente, também afeta o ambiente de negócios.

1. Inovação 360º e GDNi são produtos da Desenvolvimento, Mercado e Produto (DMEP), empresa especializada em inovação via estudos estratégicos, butique de negócios e investimentos *ventures*.

Não são poucas as empresas criadas a partir de novos conhecimentos e de tecnologias emergentes, mas também é possível observar a inquietude de empresas tradicionais na corrida pela transformação de negócios, dada a pressão tecnológica, a mudança do perfil do cliente e a restrição da demanda - essa última, impulsionada pela crise financeira, provoca reflexões sobre o modelo de desenvolvimento, afinal, vivenciamos a transição da era da globalização para a racionalização de recursos, quando o ambiente empresarial passa a incorporar a sustentabilidade em sua estratégia.

Para abraçar as oportunidades de negócio, as empresas precisam ir além do tradicional e lançar um novo olhar para o empreendedorismo inovativo. Tendo a inovação como ferramenta e a sustentabilidade como objeto, o agronegócio brasileiro pode ser protagonista do novo ciclo de crescimento do país. Essa visão corrobora a do economista e cientista político austríaco Joseph Alois Shumpeter.

A inovação, na visão de Schumpeter,[2] é motor das mudanças mundiais, sendo a principal força propulsora do desenvolvimento econômico. Para ele, a melhor forma de uma empresa se destacar no ambiente competitivo é construindo produtos e serviços com diferenciais, de maneira a se tornar um bem raro no mercado.

O olhar original de Shumpeter é abrangente e atual. Confere destaque às inovações tecnológicas (resultado da invenção, aplicação e difusão) e não exclui as demais manifestações. Muitos autores têm definido o tema com olhares próprios. O Quadro 13.1 agrupa conceitos, com cinco ênfases: efeito, escopo, estilo, estratégia e etapa.

Os conceitos inspiram a inovação 360°, que consiste em uma inovação em sentido amplo, manifestada em dimensões alargadas, isto é, em todas as direções. A inovação 360° amplia o escopo para além da inovação tecnológica e abraça todos os movimentos de mudança, tanto em termos de intensidade como de direção. A Figura 13.2 sintetiza esse conceito.

2. SCHUMPETER, J. A. *Teoria do desenvolvimento econômico:* uma investigação sobre lucros, capital, crédito, juros e ciclo econômico. São Paulo: Nova Cultural, 1985.

QUADRO 13.1

As cinco ênfases para a conceituação da inovação

ÊNFASE		CONCEITO	AUTORES
Efeito	Enfatiza o efeito que a inovação provoca.	As empresas inovadoras são capazes de usar a inovação, melhorar seus processos ou diferenciar seus produtos e serviços e superar suas concorrentes em termos de participação de mercado, lucratividade, crescimento e valor de mercado.	TIDD et al., 2001.
Escopo	Delimita o escopo da inovação.	"... processo de busca, descoberta, experimentação, desenvolvimento, imitação e adoção de novos produtos, processos de produção e arranjos organizacionais".	SCHUMPETER, 1985.
Estilo	Classifica a inovação conforme estilos.	Categorização de projetos: I) novo para o mundo; II) novo para a empresa; III) adição em linhas existentes; IV) melhoramento; V) reposicionamento; VI) redução de custo.	GRIFFIN, PAGE, 1996.
		Classificação baseada em três níveis: I) *radical innovation*; II) *really new innovation*; III) *incremental innovation*.	GARCIA, CANTALONE, 2002.
Estratégia	Diferencia a inovação pela estratégia adotada.	Posicionamento da empresa a partir da estratégia de produtos: I) ofensivas; II) defensivas; III) tradicionais; IV) dependentes.	BAXTER, 1998.
		Posicionamento da empresa a partir da estratégia de mercado: I) prioneiras; II) analisadoras; III) defensoras; IV) reativas.	GRIFFIN, PAGE, 1996.
Etapa	Diferencia a inovação pelas etapas.	A inovação como introdução comercial de um novo produto ou "uma nova combinação" criados a partir de uma invenção originada na ciência e tecnologia.	SCHUMPETER, 1985.

Fonte: elaborado pelo autor a partir das referências citadas.

Essa forma de organização conceitual faz com que empresas e organizações visualizem a inovação de maneira ampla, permitindo enfatizar a mudança em várias direções e intensidades. O Estudo de caso 13.1 vai ao encontro desse olhar.

FIGURA 13.2

Matriz da inovação 360°

DIREÇÃO DA MUDANÇA	INTENSIDADE DA MUDANÇA: CONHECIDO PELA ORGANIZAÇÃO	NOVO PARA A ORGANIZAÇÃO	NOVO PARA A CADEIA DE VALOR
Negócio | Modelo de --->; Mercado | Rota de --->; Serviço acessório --->	MELHORIA DE POSICIONAMENTO	TRANSFORMAÇÃO DE POSICIONAMENTO	INOVAÇÃO DE POSICIONAMENTO
Serviço Fim --->; Produto Fim --->; Processo Fim --->	MELHORIA TECNOLÓGICA	TRANSFORMAÇÃO TECNOLÓGICA	INOVAÇÃO TECNOLÓGICA
Proceso acessório --->; Sistema Gerencial --->; Mecanismos de *funding* --->	MELHORIA ORGANIZACIONAL	TRANSFORMAÇÃO ORGANIZACIONAL	INOVAÇÃO ORGANIZACIONAL

Fonte: adaptada de POLIGNANO, L. A. C.; DESENVOLVIMENTO DE MERCADO E PRODUTO (DMEP). Inovação 360°. *Revista Intersecta*, ano 1, n. 1, out. 2010; POLIGNANO, L. A. C.; DESENVOLVIMENTO DE MERCADO E PRODUTO (DMEP). Inovação 360° (Parte II): a transformação não acontece por acaso. *Jornal Diário do Comércio*, Belo Horizonte, p. 12, 4 ago. 2015.

ESTUDO DE CASO 13.1

A instituição tecnológica que dificultava a inovação

Recebemos um convite para realizar um diagnóstico de uma Instituição de Ciência, Tecnologia e Inovação (ICT) especializada em produtos agroalimentares. Reconhecida pelo grande número de profissionais especialistas, um fato nos chamou a atenção: apenas 5% da receita da instituição era proveniente da comercialização de produtos autorais.

Para compreender a saúde do portfólio de inovação da instituição, foi solicitada aos dirigentes das diversas áreas uma lista com os principais projetos de inovação que estavam sendo conduzidos pela ICT. A grande questão era avaliar se o portfólio de projetos de inovação da ICT estava equilibrado ou concentrado em cestas específicas.

Os dirigentes enumeraram 80 projetos, que foram classificados em relação à direção e intensidade da mudança.

⇛

⇛

Verificamos que as apostas da ICT eram de melhoria, transformação e inovação tecnológica. Recomendamos dar mais destaque a projetos relacionados a mudanças organizacionais e de posicionamento, dada a necessidade de revisar, respectivamente, a estrutura conservadora da empresa e o modelo de negócio deficitário.

A estrutura e o modelo de negócio adotados pela ICT dificultavam que as inovações tecnológicas gerassem resultados sustentáveis.

DIREÇÃO DA MUDANÇA	INTENSIDADE DA MUDANÇA		
	MELHORIA DE POSICIONAMENTO 00	TRANSFORMAÇÃO DE POSICIONAMENTO 00	INOVAÇÃO DE POSICIONAMENTO 00
	MELHORIA TECNOLÓGICA 30	TRANSFORMAÇÃO TECNOLÓGICA 20	INOVAÇÃO TECNOLÓGICA 25
	MELHORIA ORGANIZACIONAL 05	TRANSFORMAÇÃO ORGANIZACIONAL 00	INOVAÇÃO ORGANIZACIONAL 00

Fonte: este caso foi vivenciado pelo autor e adaptado para preservar a confidencialidade da organização.

A inovação 360º demanda equilíbrio no portfólio em cada quadrante destacado. Uma empresa é considerada mais ou menos rompedora em função de suas apostas em inovação. Não é incomum uma organização ser rompedora sob o aspecto tecnológico e conservadora nas questões organizacionais, o que pode indicar que a cultura da inovação está localizada em departamentos, e não disseminada por toda a organização.

A inovação tecnológica é mais tangível, com valor facilmente percebido. Em adição, as mudanças organizacionais e de posicionamento são, respectivamente, responsáveis por estruturar competências e gerar valor de longo prazo, permitindo que o processo de inovação seja estratégico e não meramente oportunista. Por isso, é necessário trabalhar um portfólio de inovação 360° que contemple todas as mudanças de direção e intensidade.

13.2

GESTÃO DA INOVAÇÃO 360°: FATORES QUE REGEM A INOVAÇÃO

Compreendido o conceito ampliado de inovação, resta debatermos como implantá-la. Existem dois caminhos a serem trilhados para fazer a inovação acontecer em uma organização: (I) geração de valor e (II) estruturação do ambiente.

- **I.** A primeira rota é pragmática, focada na condução de projetos que vão gerar valor, com prioridade para a condução de projetos frente à estruturação de ambiente. É um atalho que se busca para ter resultados mais rápidos, porém vai de encontro a obstáculos presentes no ambiente corporativo de empresas não preparadas para inovar. Essa trilha de inovação será discutida nas próximas seções deste capítulo.
- **II.** O segundo caminho é sistêmico, enfatiza a estruturação do ambiente de inovação para preparar a empresa para inovar, indo ao encontro da eliminação dos obstáculos corporativos, mas pode demandar maior tempo para a condução de um primeiro projeto. Essa rota será explorada nesta seção, a partir dos fatores determinantes.

Para robustecer o ambiente de inovação dentro da corporação, elencamos itens causais, aqui denominados fatores determinantes estruturais e processuais:

- Os fatores estruturais estão relacionados ao ambiente corporativo. Caso não sejam organizados, podem se tornar obstáculos para a sustentabilidade da inovação 360°.
- Os fatores processuais estão relacionados à gestão de projetos inovativos. Caso não sejam estruturados, podem se tornar obstáculos imediatos para o sucesso dos projetos.

A Figura 13.3 apresenta tais fatores, enquanto o Quadro 13.2 define os 10 fatores determinantes para o sucesso da inovação 360°.

FIGURA 13.3

Dez fatores determinantes da inovação 360°

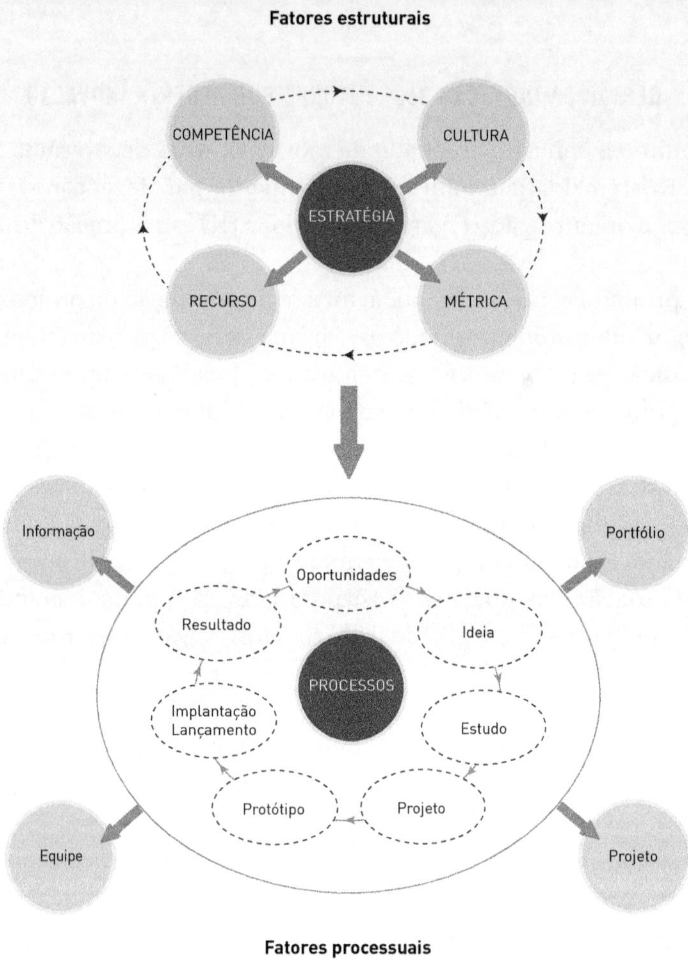

Fonte: adaptada de POLIGNANO, DMEP, 2010.

QUADRO 13.2

Definição dos 10 fatores determinantes para o sucesso da inovação 360°

Fator	Definição	Fator	Definição
ESTRATÉGIA	A sustentabilidade da empresa, no curto e no longo prazo, está associada ao alinhamento de sua estratégia de inovação à sua estratégia global.	PROCESSO	Independentemente do tipo, deve-se utilizar um método gerencial que guie o processo de inovação e, além disso, ferramentas adequadas de suporte a cada uma das etapas.
COMPETÊNCIA	É fundamental termos as pessoas corretas com as atribuições corretas, dentro de uma estrutura que premia a inovação e o desenvolvimento.	INFORMAÇÃO	A inovação deve ser enxergada a partir de três fontes principais de informação: da ciência e tecnologia, dos clientes e do mercado e da organização.
CULTURA	É essencial que as pessoas tenham atitudes pautadas no aprendizado, na criatividade e no empreendedorismo, com olhares especiais para inovação e sustentabilidade.	PORTFÓLIO	A inovação eficaz está intimamente relacionada com a capacidade de balancear os tipos de projetos em desenvolvimento.
MÉTRICA	Quem não mede não gerencia; processos de inovação eficientes devem ter indicadores bem definidos e próprios à realidade de cada organização.	PROJETO	É fundamental gerenciar as dimensões essenciais dos projetos de inovação. Estar atento a prazos, custos, qualidade e resultados e impactos gerados.
RECURSO	Recursos, incluindo estratégia de *funding*, são a base para a obtenção de condições necessárias ao sucesso de sustentabilidade dos projetos de inovação.	EQUIPE	O sucesso de projetos é dependente das habilidades do líder em guiar e da equipe em executar atividades-chave para o alcance de resultados e convencimento de *stakeholders*.

Fonte: adaptado de POLIGNANO, DMEP, 2010.

A análise dos fatores determinantes orienta os esforços para a inovação. Não são raros os projetos que fracassaram pela inexistência de ambiente adequado para sua maturação. Vivenciamos um episódio recente em uma empresa química que estava desenvolvendo um produto inovador para o agronegócio, conforme relatado no Estudo de caso 13.2.

ESTUDO DE CASO 13.2

A inovação bilionária que não saiu do papel

Tivemos a oportunidade de trabalhar para uma multinacional do setor químico. Essa empresa possuía uma série de resíduos industriais em suas diversas unidades fabris. Realizamos estudos de mercado, tecnológico e financeiro. A partir dos estudos, descobrimos um portfólio de produtos para o setor agrícola com faturamento potencial bilionário. Os executivos da empresa ficaram empolgados. O projeto foi enviado para avaliação da matriz norte-americana, que emitiu parecer favorável ao estudo, ratificando as projeções.

Apesar dos elementos favoráveis, o projeto não foi conduzido. Qual o motivo?

A análise dos fatores determinantes ajudou a explicar os obstáculos que impediram seu desenvolvimento:

- Em termos estruturais, não apresentava **competência** para condução de projetos de inovação para o agronegócio. Também não existia estratégia de **recursos** para projetos não alinhados ao *core business*.
- Em termos operacionais, a ausência de um **processo** de desenvolvimento de produtos e negócio prejudicou a continuidade do projeto.

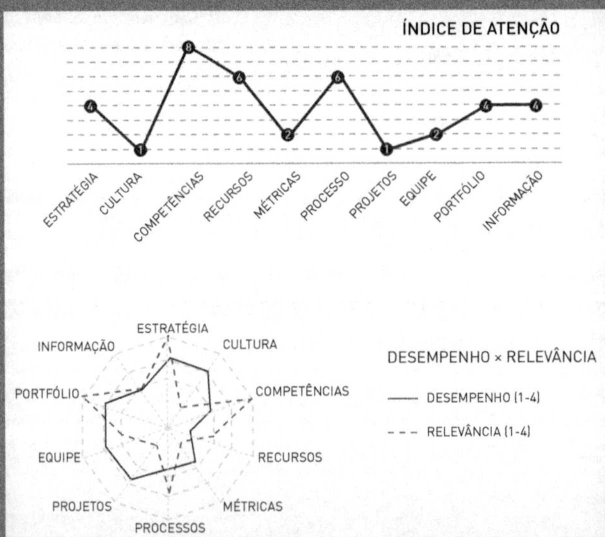

Fonte: este caso foi vivenciado pelo autor e adaptado para preservar a confidencialidade da organização.

Se a empresa possui ambiente deficitário, dificilmente o projeto sobreviverá; caso sobreviva, terá seus ganhos limitados. Se é objetivo da empresa ter a inovação em sua estratégia, é imprescindível construir um ambiente fértil para o cultivo de projetos inovativos. Para preparar o "solo", é importante considerar os 10 fatores determinantes.

13.3

MATRIZ ANSOFF: DEFINIÇÃO DA ESTRATÉGIA DE INOVAÇÃO

Investigar o êxito de empreendimentos especiais e definir modelos que explicam seu sucesso são desafios enfrentados por empreendedores e cientistas organizacionais. Essa busca vem construindo teorias e ferramentas de formulação estratégica, com destaque para a estratégia guiada por produto e mercado. Afinal, o que melhor descreve uma empresa senão o mercado em que atua e seu portfólio de produtos? Descrever o binômio mercado-produto é o mesmo que decodificar o DNA de uma empresa.

Pensando de maneira similar e original, o pesquisador russo-americano Igor Ansoff, ancorado por estudos realizados junto a empresas americanas em meados do século XX, acreditava que aquelas que buscassem o encaixe perfeito dos vetores produto e mercado alcançariam a sinergia empresarial. Em outras palavras, uma estratégia de mercado e produto levaria a organização a alcançar resultados superiores aos de seus concorrentes.

Muitas foram suas contribuições para o ambiente de negócios, recebendo a alcunha de "pai do gerenciamento estratégico". A matriz Ansoff sistematiza esse pensamento e é um importante instrumento para a definição do posicionamento empresarial guiado pelos vetores mercado e produto, representando quatro estratégias de crescimento e inovação que um negócio pode adotar. A Figura 13.4 ilustra a matriz com suas quatro estratégias.

Uma empresa pode crescer de diferentes formas, desde que arque com o investimento necessário e mitigue os riscos respectivos. Isso remete a um caso vivenciado há alguns anos em uma empresa de equipamentos agroindustriais, como ilustrado no Estudo de caso 13.3.

FIGURA 13.4

Matriz Ansoff e opções estratégicas de crescimento e inovação pautado nos vetores mercado e produto

São quatro as estratégias de mercado e produto a serem escolhidas pelas empresas durante o caminho de inovação:

- **Melhoria do negócio atual:** deve se esforçar para melhorar o desempenho do negócio atual, incluindo efetividade operacional e penetração de mercado.
- **Desenvolvimento de novos mercados:** utiliza competências para ampliar sua atuação em mercados não explorados, conquistar clientes de concorrentes, converter não usuários, lançar marcas, aperfeiçoar produtos e criar rotas para o mercado.
- **Desenvolvimento de novos produtos:** deve buscar na inovação (tecnológica ou não) e na experiência com usuário, alternativas para manter e ampliar rede de clientes regulares, consumidores fiéis e usuários intensivos.
- **Desenvolvimento de novos negócios:** a diversificação ocorre quando a empresa desenvolve novos negócios, combinação de novos produtos com novos mercados, incluindo *spin offs* e *startups*.

VETOR PRODUTO \ VETOR MERCADO	ATUAL	NOVO
ATUAL	MELHORIA DO NEGÓCIO ATUAL	DESENVOLVIMENTO DE NOVOS MERCADOS
NOVO	DESENVOLVIMENTO DE NOVOS PRODUTOS	DESENVOLVIMENTO DE NOVOS NEGÓCIOS

Fonte: adaptada de ANSOFF, I. *Corporate strategy*. New York: McGrawHill, 1965.

ESTUDO DE CASO 13.3

O crescimento do negócio não ocorre apenas pelo caminho principal

Há alguns anos, visitamos uma empresa de médio porte do setor de equipamentos agroindustriais que crescia a taxas superiores a 10% ao ano. O fundador da indústria nos convidou para conhecê-la e avaliar como incrementar o debate acerta dos vetores mercado e produto. O plano de crescimento da empresa era ambicioso: em cinco anos dobrar o tamanho do negócio, melhorando o desempenho do negócio atual, aperfeiçoando produtos e serviços para os mercados onde atuavam.

⇛

Alguns questionamentos foram feitos: o tamanho de mercado comportava esse crescimento de maneira sustentável? Existiam oportunidades de novos produtos para os clientes? Existiam mercados não explorados? Era possível direcionar novos produtos para um negócio novo, expandindo a tecnologia além do mercado atual? As perguntas propostas não geraram respostas firmes, havia necessidade iminente de aprofundar essa reflexão.

A estratégia de enfatizar o primeiro quadrante geraria resultados suficientes para atingir as metas?

Alguns anos depois, pudemos avaliar que 30% do crescimento da empresa foi proveniente do negócio original, e o restante da adoção de novos produtos e da construção de novos negócios. A estratégia de apostar 100% das fichas no primeiro quadrante não foi suficiente para atingir as metas. O crescimento do negócio não ocorre apenas pelo caminho principal.

HIPÓTESE INICIAL		VETOR MERCADO	
		ATUAL	NOVO
VETOR PRODUTO	ATUAL	100%	0%
	NOVO	0%	0%

RESULTADO APURADO		VETOR MERCADO	
		ATUAL	NOVO
VETOR PRODUTO	ATUAL	30%	0%
	NOVO	30%	40%

Fonte: este caso foi vivenciado pelo autor e adaptado para preservar a confidencialidade da organização.

Definir o caminho de crescimento das empresas é, entre as entregas estratégicas, a mais importante. Encontrar o ajuste perfeito entre os vetores mercado e produto é fato raro. Para essa difícil e importante missão, é valioso considerar a matriz Ansoff.

13.4

SISTEMA GDNi PORTFÓLIO: DEFINIÇÃO DA CARTEIRA DE INOVAÇÃO

Se a matriz Ansoff é ferramenta indispensável para a definição da estratégia de mercado e produto, o sistema GDNi (Gestão do desenvolvimento de negócios inovadores) apresenta-se como um sistema para criação e desenvolvimento dessas oportunidades.

O GDNi é uma solução idealizada para orientar a condução de projetos de inovação e geração de riqueza, fazendo uso de reconhecidas práticas do *management:* Product Development (PDPS),[3] Portfolio Management,[4] Development Strategy Framework,[5] Project Management,[6] QFD[7] e Six Sigma.[8]

Esse método é caracterizado por um funil composto por quatro fases centrais: I) selecionar ideias; II) planejar oportunidade; III) desenvolver projeto; e IV) implementar operação. As fases centrais são precedidas pelas fases de monitoramento e definição de metas e objetivos (matriz Ansoff) e sucedidas pela fase de aprendizagem e melhoria do processo de inovação. A Figura 13.5 e o Quadro 13.3 descrevem, respectivamente, o funil de seleção e criação de oportunidades e o encaixe do sistema GDNi portfólio.

FIGURA 13.5

GNDi: seleção e criação de oportunidades para inovação

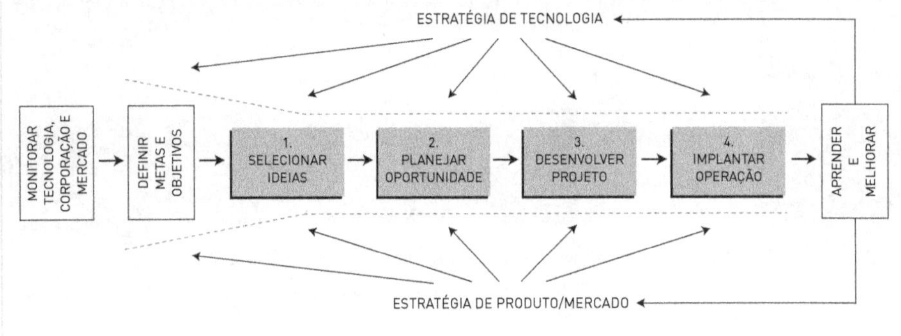

Fonte: adaptada de WHEELWRIGHT, CLARK, 1992; POLIGNANO, L. A. C.; DESENVOLVIMENTO DE MERCADO E PRODUTO (DMEP). Sistema GDNi: seleção de ideias de projetos de negócio, mercado e produto. *Jornal Diário do Comércio*, Belo Horizonte, p. 12, 28 fev. 2018a.

3. ROSENFELD, H. et al. *Gestão do desenvolvimento de produtos:* uma referência para melhoria dos processos. São Paulo: Saraiva, 2006; ZUIN, L. F. S.; ZUIN, P. B. Desenvolvimento de produtos agroalimentares sustentáveis. In: ZUIN, L. F. S.; QUEIROZ, T. R. (Orgs.). *Agronegócios:* gestão, inovação e sustentabilidade. São Paulo: Saraiva, 2015. p. 185-198; GRIFFIN, A.; PAGE, A. L. PDMA success measurement project: recommended measures for product development success and failure. *Journal of Product Innovation Management*, v. 13, n. 6, p. 478-496, 1996.
4. COOPER, R. G.; EDGETT, S. J.; KLEINSHIMIDT, E. J. *Portfolio management for new products*. Massachusetts: Addison-Wesley, 1998.
5. WHEELWRIGHT, S. C.; CLARK, K. B. *Revolutionizing product development:* quantum leaps in speed, efficiency, and quality. New York: Simon and Schuster, 1992.
6. PROJECT MANAGEMENT INSTITUTE (PMI). *Um guia de conhecimento em gerenciamento de projetos* (Guia PMBOK). 6. ed. Pensilvânia: PMI Publications, 2017.
7. CHENG, L. C.; MELO FILHO, L. D. R. *QFD:* desdobramento da função qualidade na gestão do desenvolvimento de produtos. São Paulo: Blücher, 2007.
8. PYZDEK, T. *The six sigma handbook revised and expanded:* a complete guide for green belts, black belts, and managers at all levels. New York: McGraw-Hill, 2003.

QUADRO 13.3

Sistema GNDi portfólio: etapas e fases de seleção e gestão do conjunto de oportunidades de inovação

Ênfase	1. Selecionar ideiais	2. Planejar oportunidade	3. Desenvolver projeto	4. Implantar operação
Escritório de projetos	• Gerar ideiais • Realizar estudos preliminares • Realizar estudos detalhados	• Definir *project charter*	• Iniciar projeto • Executar projeto • Controlar projeto	• Finalizar projeto
Gestão de *funding*	• Levantar alternativas de *funding* (financiamento, equity, subvenção)	• Definir estratégia de *funding*	• Desenvolver estratégia de *funding*	• Gerenciar operação de *funding*

Fonte: adaptado de POLIGNANO, DMEP, 2018a.

O sistema GDNi portfólio seleciona e conduz uma carteira saudável de oportunidades, minimizando riscos de investimento e potencializando a geração de valor, além de materializar a estratégia de mercado-produto, e, independentemente da opção escolhida, exige que práticas de gerenciamento sejam seguidas, conforme a descrição das fases a seguir:

1. **Selecionar ideias**: a condução dessa fase permite escolher projetos alinhados à estratégia (apontar as prioridades estratégicas de mercado e produto), priorizar ideias que geram maior valor (diferentes critérios podem ser utilizados para compará-las – atratividade do mercado, maturidade tecnológica, sinergia estratégica, tamanho do investimento e risco envolvido), balancear o portfólio para reduzir risco (considerar oportunidades com maiores e menores ganhos, com investimentos e riscos diferentes). Algumas etapas dessa fase devem ser consideradas:
   a) Gerar ideias de oportunidades de produto, mercado e negócios por diferentes técnicas de ideação, sempre ancoradas pelas informações do ambiente de monitoramento do mercado, da corporação e da tecnologia.
   b) Realizar estudos preliminares acerca do potencial de mercado, concorrência, cadeia de valor e tecnologia, permitindo analisar se vale aprofundar os estudos.

c) Realizar estudos detalhados das ideias mais promissoras para incorporar visão financeira (faturamento, rentabilidade e avaliação de investimento).
d) Levantar alternativas de *funding* considerando as rotas de busca por financiamento, captação de recursos subsidiados ou captação de investidor.

2. **Planejar oportunidade**: essa fase mobiliza os recursos necessários para sua execução, diante da expectativa de geração de valor. Vale considerar as seguintes etapas:
   a) Definir o *project charter* torna-se essencial planejar projetos complexos, multidisciplinares e que demandam altos investimentos.
   b) Definir a estratégia de *funding* do portfólio para avaliar fontes de recursos (capital próprio, financiado, subsidiado por programas ou captado junto a investidores).
3. **Desenvolver projeto**: objetiva organizar a condução dos projetos, controlando a execução diante das expectativas e das restrições impostas. Contempla as etapas:
   a) Iniciar, executar e controlar o projeto visando garantir, ao menos, a integridade do escopo, o cumprimento dos prazos, a qualidade da execução e a otimização orçamentária.
   b) Desenvolver a estratégia de *funding*, buscando financiamentos ou prospectando investidores. Documentos específicos são necessários dependo da estratégia adotada.
4. **Implantar operação**: organiza o encerramento do projeto, transfere o aprendizado para a operação e presta contas do seu desenvolvimento. Considera as seguintes etapas:
   a) Finalizar projeto é uma etapa normalmente negligenciada, mas essencial para a prestação de contas, transferência do conhecimento gerado e aprendizado organizacional contínuo.
   b) Gerenciar a operação de *funding* é ainda mais importante caso haja entrada de recursos de terceiros. Governança e *compliance* corporativos são pré-requisitos.

Uma das falhas cometidas por empreendedores é se apaixonar pela primeira ideia de inovação. Vivenciamos uma experiência marcante ao idealizarmos um novo negócio de bebidas. Esse projeto poderia seguir diferentes estratégias de produtos e mercados, mas a seleção de ideias apontou a melhor opção, como ilustrado no Estudo de caso 13.4.

ESTUDO DE CASO 13.4

A escolha do produto certo que impulsionou o negócio

Começamos a idealizar essa agroindústria no descortinar dos anos 2000. O grupo de investidores, formado por empresários dos segmentos agrícola e do varejo, apostou no desenvolvimento de negócio agroalimentar, especificamente bebidas para o mercado de consumo, como estratégia de crescimento e inovação.

Nessa aposta, qualquer categoria de bebida caberia, mas qual delas seria a mais atrativa?

Estudos de mercado, de tecnologia e de investimentos foram realizados, levando à seleção de três categorias, mapeadas em termos de:

- taxa de crescimento;
- tamanho do mercado;
- número de concorrentes.

O produto escolhido foi suco pronto para beber, por apresentar boa atratividade.

O negócio foi implementado no final de 2002. A empresa assumiu a vice-liderança nacional da categoria em 2004 e foi vendida por mais de R$ 100 milhões em 2005. A escolha do produto certo impulsionou o negócio.

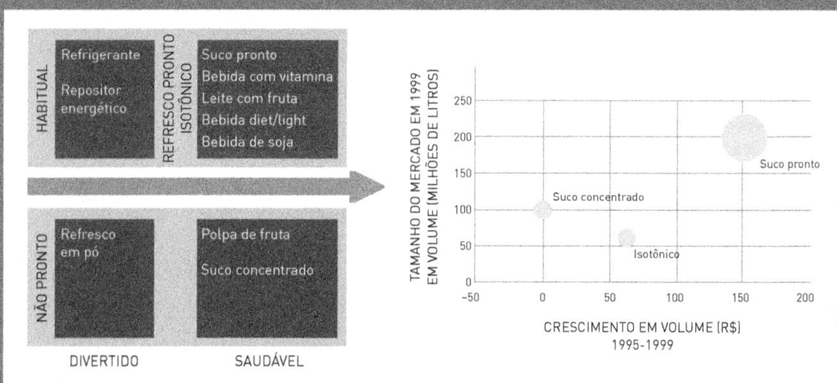

Fonte: este caso foi vivenciado pelo autor e adaptado para preservar a confidencialidade da organização.

Traduzir a estratégia de mercado e produto em um portfólio saudável e atrativo de projetos é uma atividade estratégica de difícil execução. Os efeitos de uma definição errônea surgem no médio prazo, podendo ser irreparáveis. Para facilitar a tarefa, torna-se importante compreender os princípios do sistema GDNi portfólio.

13.5

SISTEMA GDNi PROJETO: CONDUÇÃO DE PROJETOS DE INOVAÇÃO

O GDNi portfólio dá sustentação à escolha e gestão da carteira de projetos. O Quadro 13.4 ilustra as fases e etapas, conforme as estratégias Ansoff.

QUADRO 13.4

Sistema GNDi projeto: planejamento, desenvolvimento e implantação de oportunidades

Ansoff	1. Planejar oportunidade	2. Desenvolver projeto	3. Implantar operação
Negócio atual	• Elaborar plano de melhoria do negócio atual • Definir conceito das oportunidades de melhoria produto-mercado • Elaborar *valuation* do negócio atual	• Desenvolver as oportunidades de melhoria produto--mercado • Validar as melhorias produto-mercado	• (Re)lançar produtos e serviços • Ajustar processos, modelos de negócios e rotas de mercado • Monitorar operações melhoradas
Novos mercados	• Elaborar plano de desenvolvimento de mercado • Definir conceito das oportunidades de mercado • Elaborar *valuation* da oportunidade	• Desenvolver as oportunidades de mercado • Validar as oportunidades de mercado desenvolvidas	• (Re)lançar produtos e serviços • Implantar processos, modelos de negócio e rotas de mercado • Monitorar operações implantadas
Novos produtos	• Elaborar plano de desenvolvimento de produto • Definir conceito multidimensional dos produtos • Elaborar *valuation* da oportunidade	• Desenvolver produtos, serviços e processos • Validar produtos, serviços e processos desenvolvidos	• Lançar produtos e serviços • Implantar processos, modelos de negócio e rotas de mercado • Monitorar operações implantadas
Novos negócios	• Elaborar plano do novo negócio • Definir conceito de cada nova oportunidade produto-mercado • Elaborar *valuation* da oportunidade	• Desenvolver frentes do projeto • Validar frentes de projeto de negócio desenvolvidas	• Lançar produtos e serviços • Implantar operação produtiva • Implantar operação comercial • Monitorar negócio implantado

Fonte: adaptado de POLIGNANO, DMEP, 2018b.

Para conduzir cada desenvolvimento de negócio, produto e mercado, deve-se adotar o sistema GDNi projeto, essencial para planejar a oportunidade, desenvolver a inovação e implantar a operação. As fases do sistema GDNi projeto são descritas a seguir:

1. **Planejar oportunidade**: planeja a direção e a integração das atividades de desenvolvimento. Contempla as seguintes etapas:
   a) Elaborar plano da oportunidade para nortear o desenvolvimento, incluindo tamanho da oportunidade, resultados e impactos esperados, atividades e recursos necessários.
   b) Definir conceito da oportunidade é uma etapa decisiva para orientar as próximas atividades. Melhorias, transformações e inovações devem nascer de um conceito claro (não deixar dúvidas), distintivo (demonstrando diferenciais) e abrangente (multidimensional).
   c) Elaborar *valuation* é essencial para atrair investidores e parceiros. É usual realizar avaliação de negócios, mas produto e mercado também podem ser valorados, incluindo avaliações de impactos socioambientais.
2. **Desenvolver projeto**: fase mais técnica da inovação, uma vez que operacionaliza o conjunto de atividades de pesquisa, desenvolvimento e inovação (PDI). Deve considerar:
   a) Desenvolver oportunidades conduzindo projetos de engenharia, comunicação, serviços e rotas digitais, protótipos funcionais, marketing e operação-piloto. Durante o desenvolvimento de produtos, é usual adotar ciclos de prototipagem rápida. Em projetos de negócio, torna-se necessário dividir o esforço em frentes específicas de projetos.
   b) Validar a oportunidade orienta possíveis melhoria dos projetos, devendo ser o portão de decisão antes do lançamento e implantação. Necessário adotar critérios de avaliação de qualidade, aceitação, custo, confiabilidade, produtividade e sustentabilidade.
3. **Implantar operação**: fase final de transição entre os sistemas de gestão da inovação e gestão da operação. Deve contemplar as seguintes etapas:
   a) Lançar produto e serviço é a etapa de maior visibilidade. É crucial adotar mecanismos de comunicação e promoção que destaquem os atributos distintivos e ajustar os mecanismos de marketing (os tradicionais 4Ps e/ou os novos 4Cs de marketing).
   b) Implantar processo, modelo de negócio e rota de mercado é uma fase que inicia anteriormente e finaliza simultaneamente ao lançamento.

Para a operação, recomenda-se criar o padrão técnico de processos e testar as operações fabril (*scale up*) e comercial.

c) Monitorar operação de produto, mercado e negócio é uma atividade em que ajustes de produto, serviços, modelos de negócio, processos e comunicação são realizados, e os resultados da inovação são acompanhados. O monitoramento avalia o resultado comercial e financeiro, o impacto social e ambiental, o desempenho operacional e a qualidade percebida.

O desenvolvimento de novos negócios, produtos e mercados é uma atividade sedutora. Empreendedores embebidos por um novo projeto usam todo poder de persuasão e pragmatismo para transformar com rapidez uma ideia promissora em uma operação de negócio. É evidente que rapidez é uma arma potente do empreendedorismo, mas ela não deve minar outras também importantes: a capacidade de criar inovações atrativas, diferenciadas, dificilmente copiadas e essencialmente sustentáveis.

Muitos executivos e empreendedores brasileiros cometem erros ao subestimar o planejamento. Diferentemente da cultura oriental, que investe boa parcela do tempo em estudar o novo, a cultura brasileira perde, e muito, por planejar rápido para replanejar sempre. A conta dessa negligência estratégica sempre chega, mais cedo ou mais tarde, e nem sempre é percebida. O Estudo de caso 13.5 aborda o custo do não planejamento.

ESTUDO DE CASO 13.5

O custo do não planejamento de um novo negócio

Há alguns anos, conhecemos uma empresa especializada na distribuição de produtos não perecíveis para o agronegócio, que também possuía marcas próprias com produção terceirizada, presente no mercado há mais de uma década, obtendo crescimento expressivo e boa rentabilidade. Empolgados com uma das linhas de seus produtos, seus empreendedores resolveram adquirir uma planta industrial com objetivos de reduzir custo, eliminar dependência e fortalecer sua estratégia de verticalização.

⇛

⇛

Fomos convidados a avaliar a empresa que seria adquirida. Naquele momento, a decisão de aquisição já estava tomada, e era necessário encontrar um valor justo, firmar condições comerciais favoráveis e finalizar a negociação.

Questionamentos sobre potencial de mercado, diferenciação, possível ociosidade e *funding* não repercutiam, mas ainda assim ficamos com uma grande dúvida: Era o momento de migrar de distribuidor para industrial?

Após cinco anos, tivemos a informação de que a unidade industrial foi colocada à venda. A empresa estava enfrentando dificuldades financeiras e decidiu revisar a estratégia anterior e retornar à posição original de distribuidora, abandonando o antigo sonho de industrialização.

Houve grande equívoco quando os empreendedores decidiram investir e avaliaram que a rapidez da ação deveria se sobrepor à morosidade do planejamento. Se a decisão estava tomada, e sendo as premissas conhecidas, para que serviria o planejamento?

A euforia do momento impediu os líderes de terem uma visão estratégica. Caso optassem por conduzir essa fase, teriam desembolsado menos que 5% do investimento realizado nesse empreendimento e adiado em três meses a decisão de empreender o novo. O planejamento do negócio teria evitado a realização de investimentos inviáveis, que geraram prejuízos acumulados de dezenas de milhões de reais.

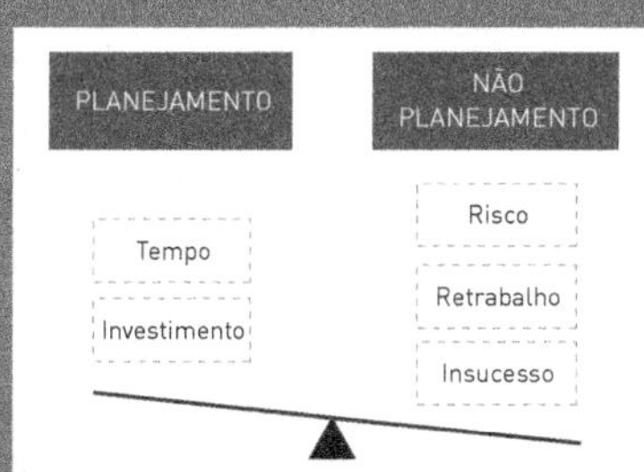

Fonte: este caso foi vivenciado pelo autor e adaptado para preservar a confidencialidade da organização.

Projetos de negócio, mercado e produto sempre estarão sujeitos ao imponderável do ambiente externo e aos fatores impossíveis de controlar. Planejar a oportunidade não significa brincar de adivinhação, muito menos querer controlar o futuro. O planejamento é ferramenta essencial para construir cenários e se preparar para uma possível ocorrência, fazendo escolhas, mitigando riscos e mensurando ganhos.

CONSIDERAÇÕES FINAIS

O Brasil possui grande potencial para a propagação da inovação agroalimentar sustentável. Temos boas universidades e centros de pesquisa renomados, que nos credenciam na trilha tecnológica. Somos um país com riqueza e diversidade cultural, com mercado consumidor demandante e com rota de mercado externo pavimentada. Possuímos recursos naturais escassos e valiosos, que tornam a produção mais competitiva.

O agronegócio preenche muito dos requisitos para se tornar protagonista do crescimento e da transformação da economia brasileira, sendo também capaz de posicionar o país em debates globais relevantes, tais como demanda por alimentos, segurança alimentar, mudanças climáticas, energia limpa, uso racional da água, agricultura tropical e exploração sustentável da biodiversidade.

O Brasil é ator estratégico do agronegócio global, setor essencial da economia brasileira. Não podemos dissociar o desenvolvimento de nosso país da evolução do agronegócio. O *agribusiness* depende do agrobrasileiro para superar seus desafios, da mesma forma que o Brasil depende do agronegócio para sobreviver e catalisar seu crescimento.

O agronegócio brasileiro cresceu e modernizou-se. Se analisarmos a evolução do segmento por meio de indicadores de produção agrícola, PIB, saldo da balança comercial e/ou produtividade por hectare, veremos que houve grande evolução nos últimos anos. Apesar do crescimento e da modernização, o segmento não se transformou, especialmente quando analisarmos a importância de produtos manufaturados, transformados e tecnológicos frente ao conjunto de produtos agropecuários exportados.

O agronegócio brasileiro precisa ser reinventado na direção da criação de negócios, mercados e produtos. Como pré-requisito, é urgente recuperar o ambiente de negócios e dar condições e segurança para o empreendedor crescer, modernizar e inovar. O empreendedor que convive com riscos climáticos, mercadológicos e tecnológicos não pode arcar com os riscos de um ambiente de negócios confuso e degenerativo.

Como ponto de partida, é imprescindível redefinir a estratégia do setor, isto é, avaliar onde estamos, para onde iremos e como cada cadeia agroalimentar se posicionará frente ao tema sustentabilidade, fomentando o desenvolvimento de produtos e negócios tecnológicos e de maior valor agregado, além de criar condições para o fortalecimento de empresas e transformar a pauta de exportação.

Como instrumento de alavancagem, é determinante fortalecer os pilares da inovação. Reorganizar papéis de atores-chave (universidade, empresa e governo); reorientar ensino e criar agenda de pesquisa guiada pelas oportunidades estratégicas; incrementar as competências empresariais para transformar empresas tradicionais em empresas inovadoras; estimular criação de centros de pesquisa, desenvolvimento e inovação; e realinhar políticas à luz de progressos e gargalos da ciência e do mercado.

Se o empreendedor agro visualizar o caminho do crescimento sustentável, sentir que o ambiente de negócios é seguro, e for impulsionado pela inovação, certamente vai encarar os riscos do empreendedorismo para desenvolver as oportunidades que surgirão. Nesse cenário, esse empreendedor deverá se apoiar no conceito ampliado da inovação 360°, agir sobre os fatores determinantes da inovação, planejar a estratégia de crescimento orientada pela matriz Ansoff, definir a carteira de projetos de inovação tendo como referência o sistema GDNi portfólio e fazer uso correto do sistema GDNi projeto para transformar uma oportunidade em operação efetiva de negócio, mercado e produto.

REFERÊNCIAS

ANSOFF, I. *Corporate strategy*. New York: McGrawHill, 1965.

BAXTER, M. *Projeto do produto:* guia prático para o desenvolvimento de produtos. São Paulo: Blücher, 1998.

BOZEMAN, B.; LINK, A. N. Tax incentives for R&D: a critical evaluation. *Research Policy*, v. 13, n. 1, p. 21-31, 1984.

CHENG, L. C.; MELO FILHO, L. D. R. *QFD:* desdobramento da função qualidade na gestão do desenvolvimento de produtos. São Paulo: Blücher, 2007.

COOPER, R. G.; EDGETT, S. J.; KLEINSHIMIDT, E. J. *Portfolio management for new products*. Massachusetts: Addison-Wesley, 1998.

GARCIA R.; CALANTONE, R. A critical look at technological innovation typology and innovativeness terminology: a literature review. *Journal of Product Innovation Management*, v. 19, n. 2, p. 110-132, 2002.

GRIFFIN, A.; PAGE, A. L. PDMA success measurement project: recommended measures for product development success and failure. *Journal of Product Innovation Management*, v. 13, n. 6, p. 478-496, 1996.

POLIGNANO, L. A. C. *Desenvolvimento de produtos alimentícios: implementação da ferramenta mapa de preferência e estudo de sua articulação com a matriz da qualidade*. 2000. 268 f. Dissertação (Mestrado em Engenharia de Produção) – Departamento de Escola de Engenharia, Universidade Federal de Minas Gerais (UFMG), Belo Horizonte, 2000.

POLIGNANO, L. A. C.; CASTANHEIRA, J. L. M. *Desenvolvimento da família de produtos suco pronto:* da definição do portfólio ao produto. In: 4º CONGRESSO BRASILEIRO DE GESTÃO DE DESENVOLVIMENTO DE PRODUTOS, Gramado. *Anais*..., UFSC, 2003.

POLIGNANO, L. A. C.; DESENVOLVIMENTO DE MERCADO E PRODUTO (DMEP). Inovação 360º. *Revista Intersecta*, ano 1, n. 1, out. 2010.

______. Inovação no agronegócio: caminho para transformar o Brasil. *O Estado de Minas*, Minas Gerais, 8 set. 2014.

______. Inovação 360º (Parte II): a transformação não acontece por acaso. *Jornal Diário do Comércio*, Belo Horizonte, p. 12, 4 ago. 2015.

______. Empreendimentos inovadores, impactantes e exitosos (Parte I): os cinco pilares para criação e transformação. *Jornal Diário do Comércio*, Belo Horizonte, p. 10, 27 out. 2016.

______. Sistema GDNi: seleção de ideias de projetos de negócio, mercado e produto. *Jornal Diário do Comércio*, Belo Horizonte, p. 12, 28 fev. 2018a.

______. O custo do não planejamento de oportunidades de mercado, produto e negócio. *Jornal Diário do Comércio*, Belo Horizonte, p. 14, 18 abr. 2018b.

POLIGNANO, L. A. C.; DRUMOND, F. B. O papel da pesquisa de mercado durante o desenvolvimento de produtos. In: 3º CONGRESSO BRASILEIRO DE GESTÃO DE DESENVOLVIMENTO DE PRODUTOS, Florianópolis. *Anais*..., UFSC, 2001. p. 121-130.

PYZDEK, T. *The six sigma handbook revised and expanded:* a complete guide for green belts, black belts, and managers at all levels. New York: McGraw-Hill, 2003.

PROJECT MANAGEMENT INSTITUTE (PMI). *Um guia de conhecimento em gerenciamento de projetos* (Guia PMBOK). 6. ed. Pensilvânia: PMI Publications, 2017.

ROSENFELD, H. et al. *Gestão do desenvolvimento de produtos:* uma referência para melhoria dos processos. São Paulo: Saraiva, 2006.

SECRETARIA DE ESTADO DA AGRICULTURA, ABASTECIMENTO, AQUICULTURA E PESCA DO ESPÍRITO SANTO (SEAG); DMEP; FUTURA. *PEDEAG 3 2015-2030*. Disponível em: <https://seag.es.gov.br/Media/seag/Documentos/PEDEAG_Completo_sem%20ficha%20t%C3%A9cnica%20(1).pdf.>. Acesso em: 9 nov. 2018.

SCHUMPETER, J. A. *Teoria do desenvolvimento econômico:* uma investigação sobre lucros, capital, crédito, juros e ciclo econômico. São Paulo: Nova Cultural, 1985.

TIDD, J.; PAVITT, K.; BESSANT, J. *Managing innovation.* Chicester: Wiley 2001.

WHEELWRIGHT, S. C.; CLARK, K. B. *Revolutionizing product development:* quantum leaps in speed, efficiency, and quality. New York: Simon and Schuster, 1992.

ZUIN, L. F. S.; ZUIN, P. B. Desenvolvimento de produtos agroalimentares sustentáveis. In: ZUIN, L. F. S.; QUEIROZ, T. R. (Orgs.). *Agronegócios:* gestão, inovação e sustentabilidade. São Paulo: Saraiva, 2015.

CAPÍTULO 14

Estratégias de diferenciação e sistemas agroalimentares localizados

Fausto Makishi
Vivian Lara Santos Silva
Roberta de Castro Souza
Rubens Nunes

INTRODUÇÃO

A crescente demanda por produtos naturais, orgânicos ou de baixo impacto ambiental marca novas formas de diferenciação de alimentos e reflete novas formas de organização dos sistemas agroalimentares. Essas tendências estão diretamente relacionadas ao surgimento de consumidores que buscam produtos mais autênticos, seguros, frescos, saudáveis e com uma relação cada vez mais forte com a produção rural de pequena escala. Apelos como "direto da fazenda" e "100% natural" somam-se a movimentos de hortas urbanas, cadeias curtas, denominação de origem, *terroir* e comunidade que sustenta a agricultura (CSA), trazendo evidências das mudanças em curso.

Esse fenômeno, visto aqui como a **ruralização** do consumo alimentar, abre espaço para estratégias de diferenciação[1] e sofisticação, ou seja, ofertas de um produto ou um serviço considerados únicos e valiosos aos olhos dos consumidores. Frente a essas novas tendências de mercado, a agricultura familiar tem encontrado oportunidades importantes em que o ganho em escala e produtividade não representa fator determinante no jogo competitivo.

Mais do que um fenômeno ligado estritamente ao consumo, o crescente interesse pelo rural é parte de um movimento maior que vem se estabelecendo nos meios sociais, políticos e acadêmicos e se insere no debate envolvendo o

1. Conforme Porter (PORTER, M. E. *The competitive advantage:* creating and sustaining superior performance. New York: Free Press, 1985.), a diferenciação permite à empresa cobrar um preço prêmio, levando-a a obter uma margem maior que a de seus concorrentes.

pensar global e o agir local. No centro dessa discussão, encontra-se a agricultura familiar em suas múltiplas funções sociais, produtivas e ambientais. Vale notar que a inserção sustentável da produção rural familiar em sistemas agroindustriais alinha-se a uma agenda maior de preocupações, que desafia o poder público e privado em diferentes aspectos e vai ao encontro de tópicos de grande repercussão como segurança alimentar e nutricional, alterações ambientais provocadas pela ação humana, fixação do homem no campo, diminuição da pobreza e do inchamento das periferias urbanas, sobrecarga dos gastos públicos decorrentes de políticas de subsídios, busca pelo desenvolvimento de relações econômicas mais justas e preservação da biodiversidade e da cultura tradicional.

A abordagem de sistemas agroalimentares localizados (SIAL) é apresentada como alternativa ao modelo de produção rural de larga escala difundido pela chamada **revolução verde**, típico da produção das grandes *commodities* agrícolas. O objetivo é oferecer um referencial analítico complementar à discussão envolvendo a organização da produção, estratégias de diferenciação e desenvolvimento territorial no contexto da agricultura familiar. Grosso modo, o conceito de SIAL pode ser visto como a incorporação da noção geográfica de território aos estudos de sistemas agroalimentares e aglomerados empresariais.

O referencial de SIAL ajuda a entender, por exemplo, como recursos, conhecimento, tradições e culturas locais tornam-se valorizados e, por meio da articulação entre produtores, dão origem a ativos territoriais específicos, difíceis de serem copiados por outros concorrentes. É o caso dos queijos de leite cru da Serra da Canastra e da região do Serro e do café na Região do Cerrado em Minas Gerais, dos vinhos do Vale dos Vinhedos no Rio Grande do Sul e da cachaça de Paraty no Rio de Janeiro.

Três conceitos são importantes para o entendimento de SIAL e servem para nortear o presente capítulo: multifuncionalidade da agricultura, redes de cooperação e território.

14.1

AGRICULTURA MULTIFUNCIONAL

Nos últimos anos, vem crescendo no mundo, sobretudo na Europa, a ideia de que o modelo de desenvolvimento agrícola e alimentar, alicerceado na produção de larga escala e no uso intensivo de defensivos agrícolas, não conseguiu oferecer resultados realmente sustentáveis, em especial junto às populações mais pobres em países em desenvolvimento. Para se ter uma ideia, segundo relatório da FAO,[2] cerca de 815 milhões de pessoas no mundo ainda passam fome e outros 1,9 bilhões apresentam sobrepeso.[3]

A ideia de multifuncionalidade da agricultura emerge como alternativa ao modelo agroalimentar baseado na especialização e na produção em escala. Sua atenção é voltada especialmente para a produção rural de base familiar, mas não está restrita a ela. O debate teria suas raízes na França e passou a despertar interesse de cientistas e políticos após a Rio 92.[4] A grande novidade no conceito em questão é a relevância dada a outras atividades desenvolvidas pelos atores rurais, além da produção de alimentos, fibra e energia. Sob esse prisma analítico, a unidade rural é vista como nexo de atividades produtivas e não produtivas, cada qual cuidando da manutenção do tecido social e cultural, preservação do meio ambiente e dos recursos naturais e reprodução da unidade familiar.[5]

Nesse sentido, a inovação na abordagem de multifuncionalidade está na unidade de análise, que considera o agregado familiar rural em vez da unidade de produção, saindo de uma lógica econômico-racional para uma perspectiva mais multidisciplinar, envolvendo aspectos culturais e sociais.[6] A noção de multifuncionalidade procura iluminar a complexidade que envolve as decisões de alocação de recursos, a divisão do trabalho no meio rural, sua lógica baseada em relações sociais e afetivas, as regras informais, as tradições e as trajetórias históricas.

O caso da produção de queijo que ocorre em diversos locais do Brasil ajuda a entender um pouco as questões envolvidas na abordagem de multifuncionalidade. Tradicionalmente, junto às populações rurais, cabem às mulheres as atividades de produção de queijo e outros produtos derivados do leite. A divisão de atividades por gênero é uma característica comum nas sociedades rurais, ficando os homens responsáveis pelas atividades ditas "pesadas", como a lida

2. FOOD AND AGRICULTURE ORGANIZATION OF THE UNITED NATIONS (FAO). The state of food security and nutrition in the world 2017: building resilience for peace and food security. *FAO*, 2017. Disponível em: <http://www.fao.org/3/a-I7695e.pdf>. Acesso em: 12 mar. 2019.

3. Parte dos problemas relacionados ao sobrepeso e à obesidade está relacionada ao consumo de alimentos de alto valor calórico e baixo custo, estratégia comum entre populações mais pobres em países em desenvolvimento.

4. UNITED NATIONS CONFERENCE ON ENVIRONMENT AND DEVELOPMENT (UNCED). Agenda 21 an action plan for the next century. New York, 1992.

5. RENTING, H. et al. Exploring multifunctional agriculture. A review of conceptual approaches and prospects for an integrative transitional framework. *Journal of Environmental Management*, v. 90, p. S112-S123, 2009; BRESCIANI, F.; DEVE, F.; STRINGER, R. The multiple roles of agriculture in developing countries. In: BROUWER, F. (Ed.). *Sustaining agriculture and the rural environment governance, policy and multifunctionality*. Cheltenham: Edward Elgar, 2004. p. 286-306.

6. VAN HUYLENBROECK, G.; DURAND, G. *Multifunctional agriculture:* a new paradigm for European agriculture and rural development. Farnham: Ashgate Publishing, 2003; CAZELLA, A. A.; BONNAL, P.; MALUF, R. S. Multifuncionalidade da agricultura familiar no Brasil e o enfoque da pesquisa. In: CAZELLA, A. A.; BONNAL, P.; MALUF, R. S. (Orgs.). *Agricultura familiar: multifuncionalidade e desenvolvimento territorial no Brasil.* Rio de Janeiro: Mauad X, 2009. p. 47-70; RENTING et al., 2009.

com o gado e a lavoura. As mulheres ocupam-se das atividades domésticas, dos cuidados com a família, da fabricação de alguns produtos, da criação de animais menores e do cultivo nos quintais. Ocorre que a fabricação de queijo pode ser considerada uma atividade agregadora de valor ao leite e pode representar uma estratégia de incremento de renda familiar importante. Então, por que a família não direciona, dentro de uma lógica racional maximizadora, todos os seus esforços para a produção de queijo? A resposta é que outras atividades, como os cuidados da casa e dos filhos, aos olhos da família e seus indivíduos, são tão importantes quanto a fabricação de queijos ou a renda. Ou seja, a lógica de divisão do trabalho junto ao agregado familiar está longe de ser uma lógica unicamente racional e econômica baseada na atividade mais lucrativa.

A noção de multifuncionalidade procura considerar o equilíbrio entre diferentes funções da agricultura. Em resumo, consideram-se quatro funções:

1. **Promover a soberania e a segurança alimentar e nutricional:** garantindo a realização do direito humano a uma alimentação saudável, acessível, diversificada, em quantidade suficiente e de modo permanente, sem comprometer o acesso a outras necessidades essenciais, com atenção à subsistência da população rural.
2. **Permitir a geração de trabalho e renda junto à população rural:** assegurando sua reprodução socioeconômica, bem-estar social e possibilidade de permanecer no campo de forma digna.
3. **Manutenção do tecido social e cultural:** contribuindo para preservação junto à população rural dos seus modos de vida, tradições, aspectos culturais, antropológicos e de identidade.
4. **Preservação ambiental e uso sustentável da biodiversidade:** viabilizando sistemas de produção agroecológicos, exploração racional dos recursos florestais não madeireiros, gestão dos recursos naturais renováveis, valorização dos biomas "em pé" e recuperação e manutenção das paisagens.

14.2

REDES, DISTRITOS INDUSTRIAIS E OUTRAS AGLOMERAÇÕES

A parábola da caça ao cervo de Jean-Jacques Rousseau ajuda a ilustrar a necessidade de cooperação e coordenação entre atores em um sistema produtivo. Rousseau utiliza a caça ao cervo como exemplo de ação cooperativa e coordenada entre dois caçadores que podem obter diferentes combinações ao agirem conjuntamente para caçar um animal maior, no caso, um cervo, ou agirem independentemente, obtendo resultados de menor importância, por exemplo, uma lebre. Sabendo que um ótimo resultado não pode ser obtido individualmente, haveria a necessidade de criar incentivos para que os dois caçadores busquem a melhor opção. A questão que surge é: Como criar tais incentivos?

Estratégias empresariais voltadas à criação de valor estão condicionadas à articulação de ações de coordenação e cooperação horizontais e verticais entre atores. A exploração de potencialidades locais da agricultura familiar implica sua organização para superar as barreiras de restrição de escala impostas pelo tamanho da propriedade, bem como para aumentar sua capacidade de barganha. A formação de redes e concentrações geográficas visa estabelecer mecanismos de incentivo, certificação, rastreabilidade, monitoramento e punição para aqueles que desrespeitem as regras definidas pelo grupo.

O adensamento de relações econômicas e sociais no espaço geográfico pode ser encontrado na literatura sobre distritos industriais de Alfred Marshall. Marshall[7] descreve que as concentrações geográficas industriais estão, na maior parte das vezes, relacionadas a economias externas, decorrentes da proximidade de mercados de fatores – matéria-prima, equipamentos e mão de obra – e mercados consumidores. Para o autor, haveria fatores relacionados ao arranjo de atores (coletivo) que influenciariam o ganho de produtividade e escala, além do processo de divisão e especialização do trabalho ocorridos no interior das firmas individuais. Uma empresa poderia se beneficiar do crescimento de um setor aproveitando-se de externalidades[8] como a codificação e a transferência de conhecimento, os sistemas de transporte e a infraestrutura produtiva e os fornecedores e os serviços intermediários. Nesse sentido, a aglutinação local contribui ainda para a redução de custos logísticos e de coordenação entre os atores.

Segundo Gaffard,[9] as economias externas são resultado do intercâmbio de informações, contratos baseados na confiança e formação e acumulação de competências específicas ao espaço-lugar. A transmissão de conhecimentos tácitos e específicos e a realização de projetos em conjunto proporcionam uma espécie de transbordamento de competências atribuído não às firmas individuais, mas ao aglomerado. Esse fenômeno tende a favorecer a inovação não incremental, reduzindo,

7. MARSHALL, A. *Principles of economic*. 8. ed. London: Macmillan, 1920.
8. Externalidade ocorre quando ações de um agente tornam a situação de outros agentes pior ou melhor, sem, contudo, que o agente arque com os custos ou seja compensado pelos benefícios que gera.
9. GAFFARD, JL. *Economie industrielle et de l'innovation*. Paris: Dalloz, 1990.

por exemplo, problemas de aprisionamento tecnológico.[10] Nessa mesma linha de pensamento, Zeitlin[11] destaca a importância das competências criadas entre atores geograficamente aglomerados como forma de especialização flexível.

Conforme observa Muls,[12] a mobilização dos atores em redes de cooperação entre empresas situadas em um mesmo local tem viabilizado novas formas de inserção produtiva, atenuando as desigualdades sociais existentes e, ao mesmo tempo, fomentando o desenvolvimento local.

Nesse contexto, os SIAL podem ser vistos como redes complexas que se desenvolvem em determinado espaço geográfico, a exemplo dos distritos industriais *marshallianos.*[13] Tais redes são afetadas por investimentos específicos, mas não limitados a uma única tecnologia, a estruturas distributivas e a aspectos dinâmicos baseados em laços fracos e fortes, onde a confiança e a reputação tornam-se elementos relevantes.

Em síntese, as redes locais denominadas SIAL caracterizam-se por proximidade geográfica, estreita colaboração entre atores, troca de conhecimento e inovação, confiança, participação de organizações de apoio para prestação de serviços comuns e atividades financeiras e predominância de pequenas e médias empresas. Em complemento, observa-se que essas redes são fruto de uma construção coletiva com forte influência de aspectos socioculturais e da trajetória histórica, pertencentes à noção de território.

14.3

TERRITÓRIO E ATIVOS TERRITORIAIS

A noção mais primitiva de território vem do latim, *territorium.* Incorporado às ciências geográficas, define-o como produto da intervenção e do trabalho de um ou mais atores sobre determinado espaço geográfico. A aproximação da geografia com as ciências sociais e sociais aplicadas – sociologia, antropologia e economia – permitiu a incorporação de elementos importantes ao conceito de território, tornando-o uma noção mais complexa.

10. O aprisionamento tecnológico (*lock-in*) ocorre quando organizações adotam determinada tecnologia e sua troca torna-se muito difícil dada a elevação de custos de mudança. Nesse caso, as organizações tornam-se reféns da tecnologia escolhida no passado.
11. ZEITLIN, J. Local industrial strategies: introduction. *Economy and Society*, v. 18, n. 4, p. 367-373, 1989.
12. MULS, L. M. Desenvolvimento local, espaço e território: o conceito de capital social e a importância da formação de redes entre organismos e instituições locais. *Revista Economia*, Brasília, v. 9, n. 1, p. 1-21, 2008.
13. FOURNIER, E.; REQUIER-DESJARDINS, D. *Les relations horizontales au sein des systèmes agroalimentaires localisés:* un état de la question – etudes de cas au Bénin. In: Iº COLLOQUE INTERNACIONAL SIAL, Montpellier, France, 2002; MUCHNIK, J. Identidad territorial y calidad de los alimentos: procesos de calificación y competencias de los consumidores. *Agroalimentaria*, v. 11, n. 22, p. 89-98, 2006.

Friedrich Ratzel, um dos primeiros a recuperar a utilização do termo, definia território como "parcela de superfície terrestre apropriada por um grupo humano contendo recursos naturais suficientes à utilização dessa população a partir de capacidades tecnológicas existentes".[14]

Crítico a Ratzel, Raffestin[15] procura contextualizar o território como manifestação espacial de poder, fundamentada em relações sociais determinadas em diferentes graus pela presença de ações e estruturas concretas e simbólicas. O território passa a ser entendido como espaço delimitado por fronteiras, nem sempre claras, onde é possível distinguir aspectos entre o que está dentro e o que está fora desse conjunto. Os esforços voltam-se ao entendimento de como ou quais características definem tais fronteiras e suas paisagens. Nesse sentido, a noção de território vai além da dimensão material de espaço ocupado e passa a incluir arquitetura social, política, cultural e econômica projetadas nesse espaço.

Para Sack,[16] o território representa uma estratégia coletiva para atingir, influenciar ou controlar recursos e pessoas por meio da delimitação e do controle de áreas específicas. Sendo assim, a manutenção do território como construção demanda esforços constantes para influenciar e controlar seus limites ao longo do tempo. Partindo desse entendimento, a ideia de território encontra subsídios na vertente econômica institucionalista, mais especificamente na abordagem de arranjo institucional.

A ideia de arranjo institucional tem origem no trabalho de Davis e North[17] e pode ser entendida como "conjunto de regras que governam a forma pela qual agentes econômicos e sociais podem cooperar e/ou competir". North[18] define como instituições as "regras do jogo", cujas restrições (normas) são construídas pelos próprios seres humanos e têm enquanto estruturas a interação social, econômica e política, compostas das restrições informais (sanções, tabus, costumes, tradições e códigos de conduta) e regras formais (constituições, leis e direito de propriedade).

Instituições são variáveis independentes que estimulam comportamentos, estruturam decisões coletivas e influenciam decisivamente o alcance de resultados. Os arranjos institucionais são resultado da construção de território,[19] isto é, um produto do seu contexto na medida em que compreendem as regras específicas que os agentes estabelecem para si em suas transações econômicas ou em suas relações políticas e sociais no espaço-local.

14. RATZEL, F. O povo e seu território. In: MORAES, A. C. R. (Org.). *Ratzel*. São Paulo: Ática, 1990. p. 73-82.
15. RAFFESTIN, C. *Pour une géographie du pouvoir*, 1980.
16. SACK, R. D. *Human territoriality:* its theory and history. Cambridge: CUP Archive, 1986.
17. DAVIS, L. E.; NORTH, D. C. *Institutional change and American economic growth*. Cambridge: CUP Archive, 1971.
18. NORTH, D. C. Institutions. *Journal of Economic Perspectives*, v. 5, n. 1, p. 97-112, 1991.
19. MULS, 2008.

As ligações informais baseadas em laços afetivos, relacionais e de confiança ganham relevo na análise de território. Um território representa uma trama de relações com raízes históricas, configurações políticas e identidades percebidas pelos indivíduos sociais. Todos esses elementos somam-se a estratégias individuais e coletivas, mecanismos de aprendizagem e troca de conhecimento na construção de um território e da territorialidade.

O debate sobre território ganhou destaque nos últimos anos no contexto de desenvolvimento. A variável geográfico-espacial, a exemplo do que ocorreu nos estudos da Terceira Itália e de distritos industrias de Marshall, passou a ser incorporada a fim de melhor compreender o dinamismo de determinadas regiões e suas relações com o desempenho dos atores e das instituições. Em parte, procurava-se explicar como a proximidade dos atores fomentaria ações coletivas e cooperação, favorecendo o surgimento de oportunidades inovadoras de desenvolvimento. Sob essa perspectiva, o desenvolvimento seria fruto de interações sociais que repercutem no amadurecimento das instituições locais. Elementos sociais e históricos passam, então, a exercer um peso importante na análise.

O território pode ser visto como um constructo social e econômico, isto é, um arranjo institucional que se desenha em dado espaço-local. Para Méo,[20] quatro elementos distintos contribuem para a definição de um território: I) poder público; II) dinâmicas socioeconômicas ligadas ao sistema produtivo; III) comportamentos, aspectos indenitários e pertencimento; e IV) relação entre sociedade e natureza.

Para Muls,[21] um território se define por meio da ação coletiva e da construção de instituições locais, sendo, portanto, um constructo socioeconômico e institucional. Em outras palavras, um território é resultado da mobilização e da interação de atores que buscam identificar e resolver um problema comum em dado espaço geográfico.[22]

A identidade territorial, que funcionaria como mediador e facilitador das relações entre os agentes, não é apenas uma condição já estabelecida, sendo construída pela ação coletiva dentro dos processos de formação, favorecida pelo compartilhamento de valores comuns, hábitos, experiências históricas, identidade e pelas relações de confiança.[23]

20. MÉO, 1998 *apud* CAZELLA, BONNAL, MALUF, 2009.
21. MULS, 2008.
22. PECQUEUR, B. (Ed.). *Dynamiques territoriales et mutations économiques*. Paris: l'Harmattan, 1996.
23. PECQUEUR, 1996; BOUCHER, REQUIER-DESJARDINS, 2002; REQUIER-DESJARDINS, BOUCHER, CERDAN, 2003.

Outro conceito importante relacionado ao território é a ideia de ativo territorial. Para Pecqueur,[24] um território é constituído de recursos latentes que devem ser identificados e valorizados por meio de arranjos institucionais, dando origem a ativos territoriais específicos e de difícil transferência, uma vez que resultam da interação e combinação de competências, trajetórias e percepções heterogêneas e complexas. Sob a dinâmica de desenvolvimento territorial, a especificação de ativos diferencia um território dos demais.

Caso típico de ativo territorial é a fabricação do queijo de leite cru da Serra da Canastra em Minas Gerais. Além dos aspectos endafoclimáticos que caracterizam a região da referida serra, aspectos culturais e sociais relacionados ao "modo de fazer" tradicional do queijo, transmitidos entre atores em um arranjo e ao longo de sua trajetória, definem um produto com atributos específicos – hoje valorizados junto ao mercado consumidor. O mesmo tem acontecido em outras regiões do mundo com diferentes produtos com indicação de origem. A exploração dessas estratégias de diferenciação está condicionada à criação de mecanismos de coordenação e cooperação entre os atores, troca de conhecimentos, regras e normas.

CONSIDERAÇÕES FINAIS

O presente capítulo procurou introduzir o conceito de sistema agroalimentar localizado enquanto aglomerado de atores sociais e econômicos que se articulam em uma rede de cooperação e instituições locais, vista a exploração de atributos específicos relacionados com a combinação de conhecimentos, saberes, trajetórias e percepções heterogêneas. Tais redes incluem atores e instituições cuja atuação multifuncional tenha finalidade econômico-produtiva e de reprodução social em determinado local chamado **território.**

Três conceitos contribuem para o entendimento de SIAL e seu papel no desenvolvimento local, viabilizando estratégias de diferenciação baseadas em aspectos geográficos: multifuncionalidade da agricultura, redes e aglomerações locais e territorialidade.

O anseio de promover um desenvolvimento sustentável tem alimentado o debate sobre novas estruturas de organização da produção agroalimentar mundial. Mudanças no perfil de consumo reforçam essa tendência e promovem os sistemas agroalimentares localizados como veículo de desenvolvimento e inovação.

24. PECQUEUR, 1996.

REFERÊNCIAS

BAGNASCO, A. *Tre Italie:* la problematica territoriale dello sviluppo economico. Bologna: Il Mulino, 1977.

BECATTINI, G. Italian industrial districts: problems and perspectives. *International Studies of Management & Organization*, v. 21, n. 1, p. 83-90, 1991.

BONNAL, P.; MALUF, R. S. Políticas de desenvolvimento territorial e multifuncionalidade da agricultura familiar no Brasil. *Política & Sociedade*, v. 8, n. 14, p. 211-250, 2009.

BRESCIANI, F.; DEVE, F.; STRINGER, R. The multiple roles of agriculture in developing countries. In: BROUWER, F. (Ed.). *Sustaining agriculture and the rural environment governance, policy and multifunctionality*. Cheltenham: Edward Elgar, 2004.

BRUSCO, S. The idea of the industrial district: its genesis. In: PYKE, F.; BECATTINI, G.; SENGENBERGER, W. (Ed.). *Industrial districts and inter-firm co-operation in Italy*. Geneva: International Institute for Labor Studies, 1990.

CARNEIRO, M. J. *Para além da produção:* multifuncionalidade e agricultura familiar. Rio de Janeiro: Mauad X, 2003.

CAZELLA, A. A.; BONNAL, P.; MALUF, R. S. Multifuncionalidade da agricultura familiar no Brasil e o enfoque da pesquisa. In: CAZELLA, A. A.; BONNAL, P.; MALUF, R. S. (Orgs.). *Agricultura familiar:* multifuncionalidade e desenvolvimento territorial no Brasil. Rio de Janeiro: Mauad X, 2009.

DAVIS, L. E.; NORTH, D. C. *Institutional change and american economic growth*. Cambridge: Cambridge University Press, 1971.

FOOD AND AGRICULTURE ORGANIZATION OF THE UNITED NATIONS (FAO). The state of food security and nutrition in the world 2017: building resilience for peace and food security. *FAO*, 2017. Disponível em: <http://www.fao.org/3/a-I7695e.pdf>. Acesso em: 12 mar. 2019.

FOURNIER, E.; REQUIER-DESJARDINS, D. *Les relations horizontales au sein des systèmes agroalimentaires localisés:* un état de la question – etudes de cas au Bénin. In: Iº COLLOQUE INTERNACIONAL SIAL, Montpellier, France, 2002.

GAFFARD, JL. *Economie industrielle et de l'innovation*. Paris: Dalloz, 1990.

MARSHALL, A. *Principles of economic*. 8. ed. London: Macmillan, 1920.

MUCHNIK, J. Identidad territorial y calidad de los alimentos: procesos de calificación y competencias de los consumidores. *Agroalimentaria*, v. 11, n. 22, p. 89-98, 2006.

MULS, L. M. Desenvolvimento local, espaço e território: o conceito de capital social e a importância da formação de redes entre organismos e instituições locais. *Revista Economia*, Brasília, v. 9, n. 1, p. 1-21, 2008.

NORTH, D. C. Institutions. *Journal of Economic Perspectives*, v. 5, n. 1, p. 97-112, 1991.

PECQUEUR, B. (Ed.). *Dynamiques territoriales et mutations économiques*. Paris: l'Harmattan, 1996.

PORTER, M. E. *The competitive advantage:* creating and sustaining superior performance. New York: Free Press, 1985.

RAFFESTIN, C. *Pour une géographie du pouvoir.* Lyon: ENS Éditions, 1980.

RATZEL, F. *O povo e seu território.* In: MORAES, A. C. R. (Org.). *Ratzel.* São Paulo: Ática, 1990.

RENTING, H. et al. Exploring multifunctional agriculture. A review of conceptual approaches and prospects for an integrative transitional framework. *Journal of Environmental Management*, v. 90, p. S112-S123, 2009.

SACK, R. D. *Human territoriality:* its theory and history. Cambridge: CUP Archive, 1986.

UNITED NATIONS CONFERENCE ON ENVIRONMENT AND DEVELOPMENT (UNCED). Agenda 21 an action plan for the next century. New York, 1992.

VAN HUYLENBROECK, G.; DURAND, G. *Multifunctional agriculture:* a new paradigm for European agriculture and rural development. Farnham: Ashgate Publishing, 2003.

ZEITLIN, J. Local industrial strategies: introduction. *Economy and Society*, v. 18, n. 4, p. 367-373, 1989.

CAPÍTULO 15

Empreendedorismo rural: oportunidades de negócio

Cândido Ferreira da Silva Filho
Paulo Antonio da Graça Lima Zuccolotto
Eduard Prancic
Samuel Carvalho de Benedicto

INTRODUÇÃO

A atividade rural é importante para a economia mundial e brasileira, pois, além de gerar empregos e renda, boa parte do Produto Interno Bruto (PIB) tem origem no meio rural, fazendo com que a participação dos produtos agrícolas na pauta de exportações seja imprescindível para a economia de muitos países, sobretudo os menos desenvolvidos. Inegavelmente, a atividade rural influencia de maneira direta o desenvolvimento dos países.

Contudo, a atividade rural enfrenta muitas adversidades que envolvem desde pragas e doenças que atingem a produção agropecuária, até a formulação das políticas públicas voltadas ao setor. Apesar dos muitos desafios enfrentados pela atividade rural, as transformações recentes nos sistemas de comunicação, o desenvolvimento da biotecnologia e a preocupação crescente da população com as mudanças ambientais e climáticas ampliaram as oportunidades de negócio no meio rural. O aproveitamento nas oportunidades que surgem a todo momento depende da capacidade empreendedora da população. Assim, o empreendedorismo pode impulsionar o desenvolvimento e o progresso econômico também na atividade rural.

A existência de vínculos entre desenvolvimento e empreendedorismo foi proposta, pioneiramente, por Joseph Schumpeter.[1] O fenômeno do empreendedorismo é importante para as nações, pois ideias inovadoras geram oportunidades

1. Joseph Alois Schumpeter escreveu, entre outras, a obra *Teoria do desenvolvimento econômico*. No Capítulo II do livro, o autor trata das relações entre ação empreendedora e economia.

econômicas, elevam a produção e a produtividade e são fonte de novos empregos, além de serem uma das bases de sustentação do desenvolvimento econômico e social das nações.

Logicamente, muitos fatores influenciam o comportamento empreendedor, como valores culturais e fatores políticos, institucionais e individuais. Portanto, a compreensão do empreendedorismo e, especialmente, do empreendedorismo no meio rural, exige um enfoque abrangente e multidisciplinar.

Face o exposto, os objetivos deste trabalho são: apresentar a evolução do conceito empreendedorismo; caracterizar a atividade e o empreendedorismo rural; e apontar novas formas de fazer negócio no meio rural e oportunidades a serem aproveitadas pelo empreendedor rural.

15.1 EMPREENDEDORISMO

Os estudos acerca do empreendedorismo admitem diversas abordagens.[2] Pioneiramente, autores como Richard Cantillon (1680-1734), Jean Baptiste Say (1767-1832) e Joseph Schumpeter (1883-1950) discutiram o empreendedorismo sob uma abordagem econômica, isto é, a ação empreendedora como um mecanismo gerador de novas oportunidades, de inovação e de desenvolvimento econômico.

Posteriormente, David McClelland[3] preferiu focar as características socioculturais e psicológicas do empreendedor, o comportamento empreendedor e as respectivas características empreendedoras. Destacam-se também as contribuições de Louis Jacques Filion, para quem o empreendedor é aquele que realiza visões.

15.1.1 Abordagem econômica

Richard Cantillon merece destaque por sua concepção de empreendedor enquanto tomador de risco, isto é, alguém que compra mercadorias e serviços pagando determinado preço, com o objetivo de vendê-los no futuro, cobrando preços incertos. Jean Baptiste Say argumenta que a função do empreendedor é

2. Ver a dissertação de Paula Cristina A. S. Barbosa denominada *Determinantes do sucesso individual e da intenção empreendedora através da propensão empreendedora*, de 2015.

3. David McClelland realizou estudos do comportamento do empreendedor e procurou identificar características pessoais inerentes ao empreendedor de sucesso.

combinar fatores produtivos e reuni-los, com esforços voltados para o gerenciamento e para os riscos associados ao empreendimento.

Joseph Schumpeter reconhece o papel do empreendedor como o motor da inovação e do desenvolvimento econômico, cuja função é realizar coisas ou combinações novas. Em outros termos, empreendedor é aquele que toma a iniciativa de mudar os modelos tecnológicos e de demanda existentes na economia.

Contudo, Joseph Schumpeter deixa claro que a figura do empreendedor não se confunde com a figura do gestor (ou administrador), uma vez que os dirigentes de empresas, ou gerentes, simplesmente operam um negócio já estabelecido, desempenhando funções diferentes dos empreendedores. Ressalte-se que a inovação é inerente à ação empreendedora e o gerente schumpeteriano, aquele que simplesmente opera um negócio, vem sendo substituído pelo intraempreendedor, isto é, o gerente que possui a capacidade para idealizar e implementar projetos.

O empreendedor possui papel fundamental na criação de riqueza e geração de desenvolvimento nos países capitalistas, o qual, por meio da "destruição criativa", revoluciona continuamente a estrutura econômica ao destruir a antiga ordem e pôr em pé uma nova, sendo responsável pela transformação da economia. Isso ocorre porque a inovação leva à substituição de produtos e serviços antigos por novos produtos e serviços; processos e sistemas de produção antigos são destruídos; novos processos e sistemas de produção ganham importância; o novo ocupa o lugar do antigo; e a economia é transformada, e a nação progride.

15.1.2 Abordagem sociopsicológica

David McClelland procurou caracterizar os fatores de sucesso dos empreendedores, além de investigar a relação entre a necessidade popular de realização em determinada cultura e o progresso econômico. Para tanto, estudou a relação entre as necessidades de realização (conseguir realizar algo difícil), poder (necessidade de controlar o ambiente) e afiliação (necessidade de aproximar-se, colaborar com prazer e retribuir a um aliado) e o comportamento humano.[4]

Para McClelland, a motivação da população, medida pelo grau de realização (*n* realização), é fundamental para o desenvolvimento de uma nação. Pessoas

4. Eduardo Girão Santiago em *Vertentes teóricas sobre empreendedorismo em Schumpeter, Weber e McClelland:* novas referências para a sociologia do trabalho, de 2009, apresenta os fundamentos teóricos de três visões que demarcam as discussões sobre o empreendedorismo.

com elevado grau de motivação possuem maiores chances de se tornarem empreendedores bem-sucedidos; enquanto pessoas dotadas de elevado grau de realização, em geral, tendem a correr riscos moderados em suas decisões e não estão interessadas em trabalhos repetitivos e rotineiros.

O empreendedor é tanto um produto da sociedade (ser social) como um iniciador de normas sociais. É o elo entre a motivação da população e o desenvolvimento nacional. McClelland apresentou recomendações para criar uma cultura favorável ao crescimento da iniciativa empresarial, como desenvolver um sentimento nacional voltado à força realizadora por meio, por exemplo, da divulgação das realizações de vulto; estimular o feminismo e a emancipação da mulher; e implantar treinamentos voltados para a motivação realizadora.[5]

A partir da obra de McClelland, ganha importância a disseminação da cultura empreendedora que pode ser realizada por meio de cursos e treinamentos. Profissionais podem ser preparados para atuar no mercado de trabalho como empreendedores e/ou funcionários, e é possível desenvolver as competências do empreendedor: conhecimento, habilidades e capacidade criativa e inovadora.[6]

15.1.3 Abordagem contemporânea

Louis Jacques Filion[7] afirma que empreendedor é o indivíduo capaz de definir visões e projetos que compreendam elementos de inovação e afastem-se do que já existe,[8] construindo visões em torno de oportunidades de negócio percebidas no mercado. Em verdade, a partir das visões, "o empreendedor desenvolve seu sistema organizacional, que compreende a interação com pessoas dentro da empresa, e o sistema de relações, que tem a ver com o ambiente externo". Por conseguinte, o empreendedor define visões e gera relacionamentos.

Os elementos característicos de uma pessoa com cultura empreendedora são os seguintes: identificação de oportunidades de negócio; definição de visões; expressão de diferenciais; avaliação de riscos; e gestão de relacionamentos.[9]

5. SANTIAGO, E. G. Vertentes teóricas sobre empreendedorismo em Schumpeter, Weber e McClelland: novas referências para a sociologia do trabalho. *Revista de Ciências Sociais*, v. 40, n. 2, p. 87-103, 2009.
6. SANTIAGO, 2009, p. 97.
7. Luis Jacques Filion acredita que o empreendedorismo é fundamental para o desenvolvimento das sociedade, enquanto base para a criação de riqueza, meio apropriado para valorizar as pessoas e a maior riqueza natural da sociedade.
8. Ver Loius Jacques Filion em *Visão e relações:* elementos para um metamodelo empreendedor, de 1993, desenvolvendo o conceito de visão e categorias de visão, bem como o processo de pensar por meio de uma visão.
9. FILION, L. J. Empreender: um sistema ecológico de vida. In. FILION, L. J.; DOLABELA, F. *Boa ideia! E agora?* São Paulo: Cultura Editores Associados, 2000. p. 22-23.

Ser empreendedor é também realizar projetos, seja criando sua empresa ou desenvolvendo alguma coisa completamente nova em uma empresa já existente. Para tanto, o conhecimento e a experiência são fundamentais. O empreendedor deve estar disposto a aprender continuamente, uma vez que conhecimento é fundamental para a ação empreendedora.

No Brasil, merece destaque Fernando Dolabela.[10] O autor entende que o empreendedor é um ser social, isto é, produto do meio em que vive, resultando, daí, a existência de regiões mais (ou menos) empreendedoras. Portanto, o comportamento e as atitudes que contribuem para o sucesso do empreendedor podem variar de um lugar para outro. De qualquer forma, empreender implica inovar com o objetivo de fazer a empresa sobreviver e prosperar, em meio a um ambiente de mudanças.

Enfim, face às várias abordagens, é possível afirmar que o empreendedorismo diz respeito à iniciativa de criar e implementar novos negócios ou promover mudanças em organizações existentes. Inovação e risco são expressões-chave para a compreensão do empreendedorismo, enquanto conhecimento e disposição para aprender continuamente são elementos fundamentais para o sucesso das iniciativas empreendedoras.

15.2 EMPREENDEDORISMO RURAL

O resultado do empreendimento rural depende de inúmeros fatores, desde aspectos físicos e biológicos até experiência, competência técnica, visão sistêmica e disposição para a inovação e risco do empreendedor rural.

15.2.1 Condicionantes da atividade rural

A atividade rural, entendida como a produção agrícola, pecuária e os serviços oferecidos no meio rural, possui particularidades que condicionam sua produção e determinam a rentabilidade e lucratividade do negócio. A produção rural está sujeita às oscilações meteorológicas (chuvas, ventos, geadas, alterações de temperatura, calor, luminosidade, entre outras); às características do solo (topografia, fertilidade e outros); à disponibilidade de recursos hídricos; à disponibilidade de infraestrutura (máquinas e equipamentos, edificações e

10. Fernando Dolabela procurou difundir a educação empreendedora por meio de obras como *Oficina do empreendedor*, de 2008, e *O Segredo de Luísa*, de 1999, em que tenta dramatizar o processo de criação de empresa.

construções rurais); e à localização (distância com relação aos centros urbanos). Além disso, pragas e doenças que podem atingir a produção agrícola e pecuária influenciam o sucesso do empreendimento rural.[11] Os fatores mencionados repercutem sobre a produção e a produtividade agropecuária, bem como sobre a rentabilidade e a lucratividade do negócio, e não estão sob domínio completo do empreendedor rural.

O resultado do empreendimento rural também é determinado por fatores institucionais e humanos. No que diz respeito aos aspectos institucionais, destacamos o sistema de comercialização, as normas e crenças, as oportunidades de mercado, as políticas públicas e o desempenho macroeconômico do país.[12] Embora os aspectos institucionais afetem os resultados do negócio, o empreendedor rural não os tem sob controle.

A disponibilidade de mão de obra para a atividade rural é influenciada pelos centros urbanos. Se cresce a oferta de empregos nos centros urbanos, então trabalhadores rurais migram para as cidades, repercutindo na disponibilidade de mão de obra para a atividade rural. Em relação aos aspectos humanos que determinam o sucesso de um empreendimento rural e sobre os quais o empreendedor rural possui maior domínio, destacamos a habilidade gerencial, a educação e o conhecimento do empreendedor, entre outros.

Assim, os resultados da atividade rural dependem de muitas variáveis que não estão sob o controle do empreendedor rural. As mais importantes guardam relação com aspectos meteorológicos, disponibilidade de infraestrutura, atração exercida pelos centros urbanos sobre os trabalhadores rurais, comportamento dos mercados e preços e ausência de serviços como armazéns para estoque da produção, limitando as possibilidades de comercialização da produção. Isso eleva, sobremaneira, a complexidade da atividade rural.

15.2.2 Empreendedor rural

O sucesso do empreendedor rural depende do enfrentamento e da superação de muitas adversidades. Por meio do modelo das cinco forças de Michael Porter,[13] verificamos quão hostil é o ambiente para o empresário rural, como mostra a Figura 15.1.

11. Ver Daltro Cella em CELLA, D. *Caracterização dos fatores relacionados ao sucesso de um empreendedor rural.* 2002. 147 f. Dissertação (Mestrado) – Escola Superior de Agricultura Luiz de Queiroz (Esalq), Universidade de São Paulo (USP), Piracicaba, 2002.

12. Cella (2002) comenta acerca dos fatores institucionais e sua relevância para o sucesso do empreendedor rural.

13. Michael E. Porter, na obra *Estratégia competitiva*, de 1991, explica o modelo das cinco forças. Ver o capítulo denominado Análise estrutural de indústrias.

FIGURA 15.1

Cinco forças de Porter

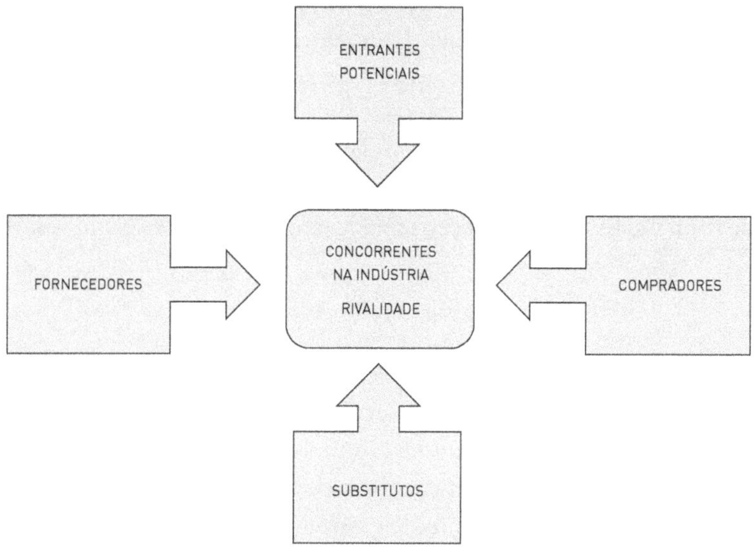

Fonte: PORTER, 1991, p. 23.

Isso ocorre porque o poder de negociação do empresário rural com os fornecedores de insumos e a agroindústria compradora dos produtos agropecuários é mínimo; as barreiras à entrada de novos empreendedores no setor são reduzidas; e os produtos da agropecuária possuem substitutos perfeitos. Além disso, a capacidade da agroindústria e dos fornecedores de insumos rurais de defender seus interesses junto aos formuladores de políticas públicas, aos serviços de crédito, de pesquisa e assistência técnica é muito superior aos produtores rurais. Decorre daí a adversidade do ambiente agropecuário ao empresário rural.

Como resultado, o sucesso do empreendimento rural depende da capacidade do empresário de criar e implementar novos negócios ou promover mudanças nos existentes, isto é, inovar, além de sua própria experiência e disposição em adquirir novos conhecimentos. Espera-se do empresário rural mais que a simples operação de um negócio: é preciso pensar e agir como empreendedor, cujo papel central é fortalecer a empresa rural, uma vez que seu crescimento depende da busca permanente por novas formas de organização da produção; de mudanças nos sistemas de produção tradicionais utilizando, por exemplo, estufas, sistemas de irrigação, novas formas de apresentação dos produtos ou o emprego de métodos orgânicos de produção; de diversificação das atividades produtivas e sua articulação e integração à indústria processadora; do estabelecimento de parcerias; do apoio ao aperfeiçoamento do capital humano por meio da educação formal e de treinamento, entre outras coisas. Essas iniciativas minimizam os riscos e elevam a produção, a produtividade, a rentabilidade e a lucratividade dos negócios.

Portanto, o fator determinante para os resultados técnicos e econômicos da atividade rural são a iniciativa e a capacidade empreendedora do empresário rural.

15.2.3 Internet, educação e treinamento

Para tomar decisões, o empreendedor rural precisa ter conhecimento amplo e profundo dos meios e instrumentos a serem empregados na produção e comercialização, além de conhecer diferentes opções de atividades e meios de produção, estimar os custos de produção e distribuição e os resultados do negócio. Isso significa que é o conhecimento do empreendedor que possibilita a tomada de decisão eficaz.

O empreendedor rural deve estar consciente de que o sucesso do negócio envolve tanto a produção dos bens e serviços como as áreas de recursos humanos, finanças, comercialização e marketing, entre outras. O sucesso do negócio depende da escolha das atividades, do uso dos fatores de produção, da utilização da tecnologia adequada, do controle permanente da produção e da gestão da mão de obra. Para além dos aspectos operacionais, o empreendedor precisa estar atento à gestão da mão de obra, aos custos de produção e aos resultados do negócio, à análise de mercado e à escolha dos canais de comercialização.

No entanto, o empreendedor, por vezes, pode ser neófito em algum dos aspectos importantes para o sucesso do negócio. A internet possibilita ao empreendedor rural conciliar sua dedicação ao negócio com o desenvolvimento de novas competências; por meio dela, o empreendedor rural tem acesso aos cursos e treinamentos oferecidos por instituições brasileiras e do mundo todo, sem sair de casa e com custos reduzidos. Assim, a internet possibilita ao empreendedor rural ampliar conhecimentos e competências, além de identificar oportunidades de negócio. No século XXI, o conhecimento é um ativo mais importante que máquinas e terras; sem ele, não há como ter ganhos sustentáveis no longo prazo.

15.2.4 Oportunidades de negócio no meio rural

A economia global passa por mudanças crescentes, o que reflete diretamente no meio rural, que é afetado diretamente por mudanças ambientais e climáticas, demográficas, tecnológicas, políticas e nos mercados. Contudo, emergem novas tecnologias e preocupações da sociedade que levam a novas formas de fazer negócios e de organização das empresas rurais. A internet, as redes sociais e outras tecnologias digitais, por exemplo, possibilitam a superação da distância em relação aos centros urbanos.

É necessário ressaltar que as transformações observadas na sociedade favorecem aquelas empresas com uma "boa causa", porque as pessoas buscam experiências positivas atreladas ao consumo dos produtos e serviços. Preocupações crescentes da população com a temática da sustentabilidade, mudança climática e responsabilidade socioambiental podem ser exploradas pela empresa rural. Os avanços tecnológicos e o melhoramento genéticos voltados à produção de plantas que demandam uma quantidade menor de recursos naturais e/ou não necessitem de pesticidas representam oportunidades de negócio para a empresa rural.[14]

15.2.4.1 INTERNET, REDES SOCIAIS E TECNOLOGIAS DIGITAIS

A internet, as redes sociais e outras tecnologias digitais estão transformando a maneira de fazer negócios no meio rural, fazendo surgir novas possibilidades de comunicação, logística e aprendizagem. A distância geográfica entre a empresa rural e os mercados potenciais pode ser contornada por meio da internet, permitindo às empresas rurais estabelecer contato direto com os clientes que demandam seus produtos e serviços, vendendo diretamente ao consumidor e dispensando o intermediário.

A internet possibilita também melhor programação da produção, da aquisição de insumos e da distribuição nos centros urbanos. Por meio da internet e demais tecnologias digitais, o empresário rural acompanha os mercados e preços, ajusta a produção à demanda da população, compara preços e toma decisões melhores em termos de produção, distribuição e aquisição de insumos. A internet e as redes sociais facilitam a divulgação da empresa rural e dos bens e serviços que oferta ao mercado, possibilitando o crescimento de sua autonomia.

14. Interessante discussão sobre oportunidades de negócios no meio rural pode ser encontrada no artigo Reimaginar las oportunidades de negocio que ofrece el mundo rural, da *Revista Rural de la UE*, n. 24, 2017. A discussão realizada neste trabalho está fundamentada na publicação da União Europeia.

15.2.4.2 MUDANÇAS AMBIENTAIS E CLIMÁTICAS

A sociedade espera que as áreas rurais contribuam para um mundo mais sustentável ao garantir a oferta de alimentos com menor demanda de recursos hídricos, preservando, assim, a qualidade do ar e da terra, revertendo a destruição do meio ambiente e preservando a biodiversidade. Evidentemente, são enormes os desafios e as responsabilidades da empresa rural.

Porém, a demanda que recai sobre a empresa rural implica também oportunidades. Nesse sentido, a empresa rural voltada à produção sem pesticidas, preocupada com a reciclagem, com o reaproveitamento dos recursos utilizados na produção e com a eficiência na utilização dos recursos naturais, promovendo a inclusão social e a erradicação da pobreza, possui grandes possibilidades de crescimento. O consumidor está disposto a adquirir e a pagar mais pelos bens e serviços das empresas preocupadas em contribuir para um mundo mais sustentável.

Outra possibilidade diz respeito à economia da experiência. Mais que bons produtos e serviços de qualidade, as pessoas buscam experiências positivas atreladas aos produtos e serviços. Se existe uma boa causa, a interação com pessoas e lugares pode ser explorada pela empresa rural. O ecoturismo, por exemplo, representa importante possibilidade de negócio no meio rural. As maiores preocupações são com a preservação e o equilíbrio do meio ambiente e a educação ambiental. O ecoturismo proporciona a experiência da vivência e o conhecimento do patrimônio natural, além de contribuir para o bem-estar ambiental, social, cultural e econômico das comunidades comprometidas com a preservação ambiental.

15.2.4.3 MUDANÇAS MERCADOLÓGICAS

Estão surgindo no mercado novas preferências e padrões de consumo que representam oportunidades de negócio para as empesas rurais. É o caso, por exemplo, dos consumidores preocupados com o respeito ao meio ambiente e ao bem-estar animal. Produtos que atendem a esses requisitos possuem demanda crescente, e a produção ambientalmente sustentável deve ser entendida como um diferencial competitivo, agregando valor ao produto.

Além disso, pode haver o reaproveitamento dos produtos descartados, fazendo com que o reaproveitamento e a reciclagem sejam fontes de renda para a empresa rural. Na atividade rural, são muitas as possibilidades de transformar o reaproveitamento de resíduos em oportunidades de negócio. Esse é o caso, por exemplo, da palha de arroz, que pode ser utilizada como biomassa em resinas termoplásticas na fabricação de tijolos, ou, então, o reaproveitamento dos dejetos produzidos pela bovinocultura, suinocultura e avicultura, que protegem o meio ambiente e, se transformados em energia por meio dos biodigestores ou utilizados como fertilizantes, elevam os rendimentos da empresa rural.

Outra possibilidade de negócio diz respeito aos produtos orgânicos que, por não fazerem uso de pesticidas (agrotóxicos) e adubos químicos, evitam a contaminação das águas, dos solos, das pessoas que manuseiam a produção e, até mesmo, dos consumidores finais. A empresa rural voltada aos produtos orgânicos utiliza outras técnicas de produção como a adubação verde, a adubação mineral, a adubação orgânica e a rotação de culturas. Por vezes, a produtividade é menor, mas, sendo certificada, os preços do mercado são maiores.

A produção artesanal também pode ser uma importante oportunidade de rendimentos para a empresa rural. Ela está ligada a uma atividade tradicional, a um saber transferido de geração para geração que deve ser valorizado. Muitas vezes, as receitas são oriundas da tradição familiar ou das práticas alimentares regionais. Outras características desse processo são o aspecto social e a menor presença de aditivos e conservantes.

Produtos que respeitem o meio ambiente e o bem-estar animal, produtos orgânicos e produtos artesanais possuem custos de produção mais elevados, mas são compensados por preços de mercado mais altos. Para tanto, a empresa rural deve valorizar esse diferencial competitivo por meio de uma marca ecológica, da utilização de embalagens sustentáveis e acessando diretamente o consumidor final sem intermediários.

15.2.4.4 ORGANIZAÇÃO EM REDE

Com o propósito de gerar crescimento sustentado, o empreendedor rural pode recorrer às novas formas de organização do negócio. No velho modelo, predominava a empresa hierárquica, com especialistas em suas áreas de competência, reduzindo o compartilhamento de conhecimentos e informações. Contudo, surgiram novas formas de fazer negócios, como é o caso da atuação em rede, que diz respeito aos grupos de empresas que estabelecem relações cooperativas, formadas durante um período indeterminado, em que prevalecem relações mútuas de confiança, com o mínimo de instrumentos contratuais.

No novo modelo de negócio, o conhecimento é compartilhado intra e entre empresas. Essa forma de organização do negócio se tornou possível a partir do surgimento das novas tecnologias de comunicação e informação como a internet, o correio eletrônico e as bases de dados compartilhados, possibilitando maior interação entre empresas dispersas no território.

O empreendedor rural precisa estar consciente de que a atuação em rede aumenta a eficiência, isto é, as ações conjuntas e cooperativas elevam a competitividade, e a reunião de esforços potencializa os resultados dos negócios. Para tanto, a confiança e a cooperação desempenham papel central no sucesso do negócio. Existem situações que favorecem a cooperação, tais como o compartilhamento de informações sobre mercados, preços e lucratividade, bem como tecnologias e sistemas de produção. Além disso, o empreendedor rural pode aumentar seus ganhos por meio das negociações conjuntas por ocasião da venda da produção ou então na aquisição dos insumos utilizados na produção.

A organização em rede confere maior poder à pequena empresa isolada no enfrentamento da grande corporação. Para enfrentar as incertezas de mercado, tanto tecnológicas como operacionais, o empreendedor rural precisa ter em seu horizonte a aliança estratégica entre empresas.

CONSIDERAÇÕES FINAIS

O empreendedor rural deve ter clara a percepção de que sempre existem problemas, mas tudo pode ser melhorado, uma vez que os problemas apontam para oportunidades de inovação. Se existe inovação, estamos diante de uma oportunidade de negócio. O grande desafio posto ao empreendedor rural é encontrar formas inteligentes de produção e prestação de serviços, superando as adversidades do meio rural, para alcançar o sucesso. Para isso, inovação e tecnologia são imprescindíveis.

O sucesso do empreendedor rural depende da sua disposição para assumir nova atitude em relação aos negócios. Oportunidades de negócio devem representar algo diferente, por isso a inovação é fundamental. Existe inovação quando são oferecidos ao mercado novos produtos ou serviços, aperfeiçoados produtos ou serviços existentes, atendendo a uma necessidade não satisfeita, ou quando são desenvolvidos processos mais eficientes de produção e comercialização. Por fim, oportunidades de negócio surgem a partir de propostas inovadoras que se afastam daquilo que já existe. O elemento central capaz de transformar uma oportunidade em um negócio de sucesso é o empreendedor rural.

REFERÊNCIAS

BARBOSA, P. C. A. S. *Determinantes do sucesso individual e da intenção empreendedora através da propensão empreendedora.* 2015. 122 f. Dissertação (Mestrado) – Faculdade de Economia, Universidade de Coimbra, Coimbra, 2015.

CANTILLON, R. *Ensaio sobre a natureza do comércio em geral (1755).* Curitiba: Segesta Editora, 2002.

CELLA, D. *Caracterização dos fatores relacionados ao sucesso de um empreendedor rural.* 2002. 147 f. Dissertação (Mestrado) – Escola Superior de Agricultura Luiz de Queiroz (Esalq), Universidade de São Paulo (USP), Piracicaba, 2002.

DOLABELA, F. *Oficina do empreendedor.* Rio de Janeiro: Sextante, 2008.

______. *O Segredo de Luísa.* São Paulo: Cultura Editores Associados, 1999.

FILION, L. J. Empreender: um sistema ecológico de vida. In. FILION, L. J.; DOLABELA, F. *Boa Ideia! E agora?* São Paulo: Cultura Editores Associados, 2000.

______. Visão e relações: elementos para um metamodelo empreendedor. *Revista de Administração de Empresas,* São Paulo, v. 33, n. 6, p. 50-61, nov.-dez. 1993.

McCLELLAND, D. C. Characteristics of successful entrepreneurs. *Journal of Creative Behavior,* n. 3, p. 219-233, 1987.

PORTER, M. E. *Estratégia competitiva:* técnicas para análise de indústrias e da concorrência. 8. ed. Rio de Janeiro: Campus, 1991.

RED EUROPEA DE DESARROLLO RURAL (REDR). Reimaginar las oportunidades de negocio que ofrece el mundo rural. *Revista Rural de la UE,* n. 24, 2017. Disponível em: <https://enrd.ec.europa.eu>. Acesso em: 11 nov. 2018.

SANTIAGO, E. G. Vertentes teóricas sobre empreendedorismo em Schumpeter, Weber e McClelland: novas referências para a sociologia do trabalho. *Revista de Ciências Sociais,* v. 40, n. 2, p. 87-103, 2009.

SAY, J. B. *Tratado de economia política.* São Paulo: Abril Cultural, 1983.

SCHUMPETER, J. A. *Teoria do desenvolvimento econômico:* uma investigação sobre lucros, capital, crédito, juro e o ciclo econômico. São Paulo: Nova Cultural, 1985.

PARTE IV

SUSTENTABILIDADE E RESPONSABILIDADE SOCIAL

CAPÍTULO 16

Desafios ambientais para a produção animal brasileira

JULIO CESAR PASCALE PALHARES
EMBRAPA PECUÁRIA SUDESTE

INTRODUÇÃO

A história da evolução humana está ligada ao consumo de proteína animal. O provável ponto de viragem para a evolução da humanidade ocorreu há cerca de quatro milhões de anos, na África. Naquele momento, a combinação de alguns elementos do desenvolvimento humano, como a linguagem, o andar ereto e o uso de armas, proporcionou um aumento de cerca de 30 vezes no consumo dessa proteína.[1] Ao longo do relativo curto período da história humana, grandes inovações, como a domesticação de animais, a adoção de um estilo de vida agrícola e a Revolução Industrial, aumentaram a população humana dramaticamente e tiveram efeitos ecológicos radicais.[2]

A produção global de alimentos atual é suficiente para atender às necessidades de um número ainda maior de pessoas, uma vez que os ganhos de produção devem ser traduzidos em ganhos na oferta de nutrientes para os consumidores.[3] Por exemplo, a oferta atual de vitamina B12 é suficiente para satisfazer a necessidade de 16,8 bilhões de pessoas, e a oferta de proteína animal satisfaz a necessidade de 11 bilhões de pessoas.

A produção animal, como qualquer outra atividade humana, é uma potencial fonte de impactos ambientais negativos para o meio ambiente. Como tal,

1. BUTYNSKI, T. Vertebrate predation by primates. *Human Evolution*, v. 11, p. 421-430, 1982.
2. BAR-ON, Y. M.; PHILLIPSB, R.; MILO, R. The biomass distribution on Earth. *Proceedings of the National Academy of Sciences of the United States* (PNAS), jun. 2018.
3. WOOD, S. A.; SMITH, M. R.; FANZO, J. et al. Trade and the equitability of global food nutrient distribution. *Nature Sustainability*, v. 34, p. 34-37, 2018.

deve ser manejada, diariamente, para que tais impactos sejam minimizados, conservando os recursos naturais em quantidade e qualidade – diz-se minimizados, pois não há como termos impactos nulos, seja na produção animal, seja na produção vegetal, na exploração de minerais, nas atividades industriais etc.

E quem determina esse impacto mínimo? Há duas possibilidades, que podem ocorrer juntas, isoladas ou uma desencadear a outra. O mínimo pode ser determinado pelo Estado, na forma de leis (instrumentos de comando e controle), estímulos (créditos, subsídios etc.) e ações de transferência de conhecimentos e tecnologias (programas e políticas). No caso do Brasil, a forma mais utilizada são os instrumentos de comando e controle. O Estado estipula padrões ambientais mínimos que devem ser obedecidos a fim de garantir um meio ambiente saudável – que é um direito de todos. Países com as condições econômica e social da Brasil que baseiam sua política ambiental em instrumentos de comando e controle podem ter problemas para atingir os níveis de preservação e conservação ambiental almejados pela sociedade devido às condições, muitas vezes, precárias das agências ambientais federais, estaduais e municipais, quais sejam: deficiência de pessoal e estrutura e/ou aparelhamento político e econômico.

O mínimo também pode ser determinado pela sociedade, geralmente pela comunidade que convive com a produção animal em uma mesma região. A partir de determinado momento, a sociedade passa a contestar os impactos ambientais negativos de determinada atividade produtiva, exigindo que adequações sejam feitas para garantir a qualidade ambiental. Situações como essa já ocorreram e ocorrem no Brasil. Talvez a mais emblemática de todas e, por consequência, a que produziu maiores avanços ambientais para a atividade produtiva e para a região, seja o caso da produção suinícola no Oeste Catarinense.

No início da década de 1990, a sociedade começou a questionar a situação ambiental da região devido à atividade, especificamente sobre a qualidade das águas superficiais que estariam comprometidas devido ao aporte direto de dejetos de suínos. A partir disso, surgiram várias iniciativas de pesquisas, bem como vários arranjos sociais para solucionar o problema. Tudo isso culminou com a assinatura de um termo de ajustamento de conduta em nível estadual, onde Ministério Público, agroindústrias, universidades e instituições de pesquisa, organizações não governamentais e comitês de bacias hidrográficas uniram-se com o objetivo de melhorar a qualidade das águas superficiais e o manejo dos dejetos de suínos. Essa é até hoje a maior experiência brasileira nesse sentido. Outro arranjo semelhante foi o termo de ajustamento de conduta para região da Amazônia Legal, cujo objetivo era dar qualidade ambiental (preservação das florestas) e social para a carne bovina produzida no bioma.

E, por fim, há o caso de, a partir da pressão social, o Estado se sentir na obrigação de regular a atividade produtiva. Esse tipo de situação também é recorrente no Brasil e em todo o mundo. Porém, minimizar os impactos ambientais da produção animal traz consigo desafios de ordem científica, técnica, produtiva, econômica e social. Para superar esses desafios, é fundamental que algumas ações/abordagens ocorram:

- Ciência, universidades e institutos de pesquisa em agropecuária devem internalizar em suas culturas científicas a dimensão ambiental. Isso ainda é pouco exercitado no Brasil, pois nessas instituições ainda vigora uma visão produtivista da produção de alimentos, sendo as pesquisas ambientais (manejo de recursos naturais e de resíduos) ainda pouco consideradas. No caso das universidades, é preciso inserir na formação do profissional agropecuário conhecimentos ambientais, não apenas os clássicos da ecologia, mas os conhecimentos práticos de como manejar os recursos e resíduos da produção. Infelizmente, o país ainda carece de profissionais com essas habilidades.
- Técnicos, profissionais agropecuários, agências de extensão rural, sindicatos, federações, ministérios etc. e a produção, indústrias produtoras de insumo e agroindústrias, necessitam, diariamente, internalizar os valores ambientais em suas práticas; se capacitar em conceitos e práticas ambientas relacionados com sua atividade; entender que atuam em complexos agroindustriais, portanto devem considerar os impactos ambientais de todo complexo de produção e compreender que o comportamento ambiental de um ator, seja ele positivo ou negativo, irradia para todos os outros atores; transmitir conhecimentos para todos os atores que com eles se relacionam; compartilhar experiências, dados, informações e conhecimentos entre todos e com a sociedade; comunicar-se com todos os atores sociais, sejam eles favoráveis ou não à produção animal, e que essa comunicação não seja feita em bases ideológicas e/ou passionais, mas sim reais e ratificadas pelo conhecimento – nos tempos atuais não basta dizer, tem que provar.
- A questão social que envolve todos os citados acima e a grande maioria da população sem vínculo produtivo, mas que consome os produtos gerados pela produção animal, deve ser levada em consideração. A sociedade é parte da superação dos desafios ambientais e, por isso, não pode ter um papel de simples espectador, exigindo várias coisas, mas abstendo-se de sua corresponsabilidade. De fato, a sociedade deve estar

constantemente apontando as fragilidades ambientais da atividade, mas também contribuindo para que sejam superadas. Essa contribuição pode ter um viés econômico, ou seja, a sociedade (consumidores) pode estar disposta a pagar pelo custo ambiental da produção do alimento e/ou um viés de cobrança de deveres, direitos e justiça econômica. O exemplo mais simples é entender que o produtor rural não é o único responsável pela produção de alimentos com segurança ambiental. Hoje, e, cada vez mais, ele é um elo de um complexo agroindustrial, composto de outros elos com grande poder econômico e político. A sociedade tem que cobrar desses elos corresponsabilidade ambiental e social e justiça econômica na obtenção e na remuneração das matérias-primas, caso contrário poucos avanços ambientais ocorrerão. No Brasil, algumas agroindústrias começam a bonificar os produtores por suas práticas ambientais, o que demonstra uma mudança de visão do setor, além de indicar que ele está disposto a dividir a conta com os produtores.

Em todos os grandes países produtores de proteína animal, os desafios ambientais estão e sempre se farão presentes. Há várias experiências exitosas de superação desses desafios, com as quais cabe ao Brasil aprender, mas sem deixar de criar suas próprias soluções, baseando-se em suas realidades ambientais, produtivas, econômicas e sociais. O que não pode é a sociedade brasileira, aqui, como em outras questões do país, manter seu constante estado de apatia, com nuances de cinismo e covardia; se assim for, estaremos perdendo riquezas naturais únicas no mundo, comprometendo a segurança alimentar de nossa população e o desenvolvimento das presentes e futuras gerações brasileiras e mundiais.

Antes de apresentar os desafios ambientais para produção animal brasileira, alguns temas serão detalhados, entre eles: fluxo de nutrientes em sistemas de produção animal; consequências ambientais de sistemas intensificados de produção animal; realidades mundiais; e decisões políticas e ambientais baseadas no conhecimento. O detalhamento é necessário, não só para justificar os desafios propostos, mas também para permitir que o leitor se aprofunde nessas temáticas fundamentais à atividade da produção animal.

16.1

FLUXO DE NUTRIENTES EM SISTEMAS DE PRODUÇÃO ANIMAL

O nitrogênio (N) é um componente essencial de várias estruturas, tais como proteínas, DNA, RNA, hormônios, enzimas e vitaminas. Ele ocorre em formas orgânicas e inorgânicas e em estados de oxidação diferentes. Formas não reativas, como nitrogênio gasoso (N_2), podem ser assimiladas por atividade microbiana. Os vegetais precisam de formas quimicamente disponíveis, como o amônio (NH_4^+) e nitrato (NO_{3-}), enquanto os animais necessitam de formas mais complexas, como aminoácidos e ácidos nucleicos.[4] O fósforo (P) é um dos principais macronutrientes para todos os organismos. É parte de moléculas como o DNA e RNA e é usado para transportar energia celular via adenosina trifosfato (ATP).

Trabalhar em sistemas de produção animal é entender todos os elos que compõem o sistema de produção e atuar em cada um deles para que as entradas no sistema, que ocorrem na forma de nutrientes (rações, fertilizantes, sementes etc.) sejam o mais próximo das saídas do sistema (carne, leite, ovos, lã, animais etc.). Portanto, pode-se resumir que é uma questão matemática na qual o balanço entre entradas e saídas deve ser o mais próximo possível. Todavia, essa simplicidade ainda é pouco entendida e exercitada pelos profissionais agropecuários, devido à sua formação acadêmica especialista, sem saber ou pouco relacionar sua especialidade com o todo (sistema de produção). A Figura 16.1 mostra os fluxos de nutrientes que ocorrem em um sistema de produção animal.

Um especialista em nutrição animal sabe muito bem relacionar sua especialidade com as questões econômicas da atividade – uma vez que a nutrição representa o maior custo em qualquer produção animal –, mas terá dificuldade em entender como a nutrição é parte do manejo dos resíduos, pois manejá-los significa administrar os nutrientes que não foram absorvidos pelos animais. Assim, quanto maior a eficiência de uso dos nutrientes e sua conversão em produtos, menor a carga poluidora dos resíduos, mais fácil e mais economicamente viável será manejar os resíduos da produção. A nutrição dos animais também se relaciona com as emissões de gases do efeito estufa: dependendo da fonte de energia utilizada na colheita, no beneficiamento e no transporte de cada ingrediente da dieta, isso representará maior ou menor impacto na contribuição da proteína animal para o aquecimento global.

Bar-On[5] calculou a biomassa total de seres vivos do planeta em equivalente de carbono. A biomassa de seres humanos é de aproximadamente 0,06 Gt de carbono; dos animais domésticos, 0,1 Gt de carbono (bovinos e suínos) e 0,005 Gt de carbono (aves). A soma total da biomassa de animais domésticos é 1,6 vezes maior que a biomassa humana. Os mamíferos selvagens representam 0,007 Gt de carbono e aves selvagens, 0,002 Gt de carbono. Os seres humanos e os animais domésticos superam todos os vertebrados juntos, com exceção dos peixes.

4. YARON, B.; DROR, I.; BERKOWITZ, B. *Soil-Subsurface change:* chemical pollutant impacts. Berlin: Springer, 2012. Disponível em: <http://link.springer.com/10.1007/978-3-642-24387-5>. Acesso em: 12 nov. 2018.
5. BAR-ON et al., 2018.

Os números demonstram a relevância da população de animais domésticos no planeta; assim, deve-se manejá-la, bem como a seus resíduos, da melhor forma para manter a qualidade ambiental das regiões onde está localizada.

FIGURA 16.1

Fluxo de nutrientes em um sistema de produção animal

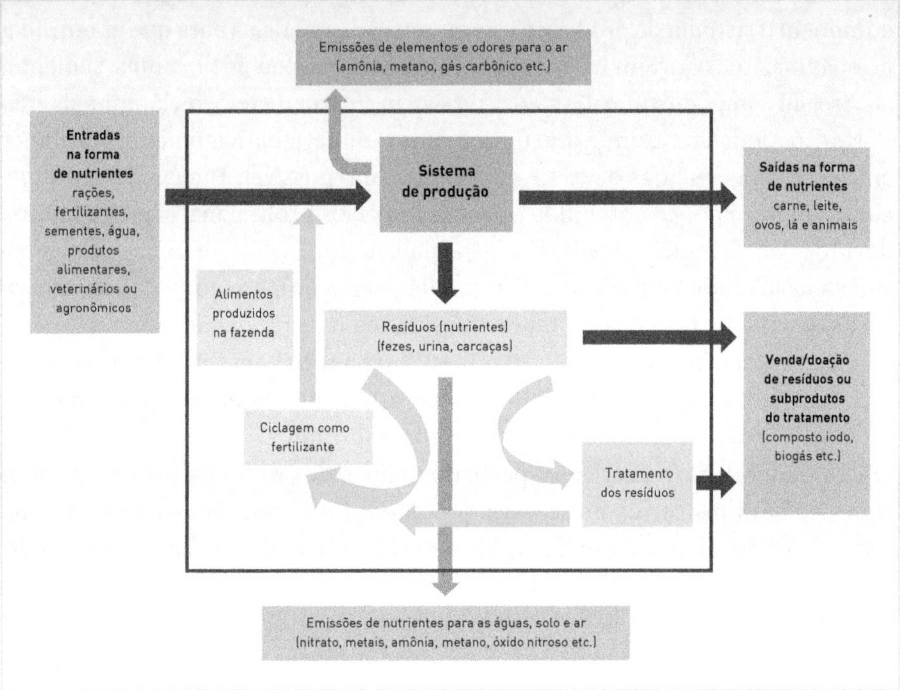

Fonte: elaborada pelos autores.

Globalmente, a produção pecuária excreta 100 Tg (70-140 Tg) de nitrogênio (N) por ano, mas apenas 20% a 40% desse valor é recuperado e utilizado como fertilizante.[6] O restante é perdido para o ambiente. As quantidades estimadas de fósforo (P) e potássio (K) nos resíduos pecuários são 1,5 e 3,0 vezes as presentes nos fertilizantes minerais,[7] mas apenas uma fração do P e do K são eficientemente utilizadas. A melhoria da eficiência no uso desses nutrientes

6. SHELDRICK, W.; SYERS, J. K.; LINGARD, J. Contribution of livestock excreta to nutrient balances. *Nutrient Cycling in Agroecosystems*, v. 66, p. 119-131, 2003; OENEMA, O.; TAMMINGA, S. Nitrogen in global animal production and management options from improving nitrogen use efficiency. *Science in China*, v. 48, p. 871-887, 2005.
7. SHELDRICK et al., 2003.

depende de melhor gestão dos resíduos, uso de tecnologia e reestruturação dos sistemas de produção industriais.[8]

A quantidade total de nitrogênio excretado na forma de resíduos animais nos estados membros da União Europeia (UE) foi de 9,2 Tg em 2011, o que representa apenas 15% menos que a quantidade de nitrogênio artificial consumida. Na Ásia, a maior quantidade de resíduos animais é produzida na região leste, sendo 75% da produção dessa região de origem chinesa. A América do Sul é o segundo maior produtor de resíduos animais, e a maior parte é proveniente dos bovinos. A Europa Ocidental tem o maior índice de recuperação de resíduos como fertilizante (64%), principalmente devido às restritas leis ambientais. As médias mundiais de recuperação de nutrientes em sistemas pecuários que utilizam os resíduos como fertilizantes são de 37% para o N, 42% para o P e 34% para o K.[9] Nos sistemas intensivos, o resíduo é um problema, pois falta terra para o aproveitamento.[10]

De acordo com estudos chineses, os animais de produção do país excretaram 23 Tg de nitrogênio (N) em 2010. Apenas $^1/_3$ desse total foi utilizado como fertilizante nas áreas agrícolas – valor muito inferior ao da Comunidade Europeia (81%) e dos Estados Unidos (74%). A reduzida proporção na China deve-se às perdas de nitrogênio na forma de amônia nas instalações animais, no armazenamento dos dejetos e pelos sistemas de tratamento, bem como pela descarga direta em rios.[11]

A publicação *Nitrogen inputs to agricultural soils from livestock manure: new statistics*, da Agência das Nações Unidas para Agricultura e Alimentação, estima que a produção global de dejetos animais aumentou 66%, de 73 para 124 milhões de toneladas de nitrogênio, de 1961 para 2016. A quantidade de dejeto aplicado nas áreas agrícolas aumentou de 18 para 28 milhões de toneladas de nitrogênio e, nas áreas de pastagem, de 48 para 86 milhões.[12]

Aplicação excessiva de fertilizantes e/ou de resíduos animais ou o uso ineficiente dos principais nutrientes, nitrogênio (N) e fósforo (P), são os principais

8. SIMS, J. T.; BERGSTRÖM, L.; BOWMAN, B. T.; OENEMA, O. Nutrient management for intensive animal agriculture: policies and practices for sustainability. *Soil Use Manage*, v. 21, p.141-151, 2005; BURTON, C. H.; TURNER, C. *Manure management, treatment strategies for sustainable agriculture*. 2. ed. Silsoe: Silsoe Research Institute, 2003; JU, X.; ZHANG, F.; BAO, X.; ROMHELD, V.; ROELCKE, M. Utilization and management of organic wastes in Chinese agriculture: past, present and perspectives. *Science in China*, v. 48, p. 965-979, 2005.

9. SHELDRICK et al., 2003.

10. SIMS et al., 2005.

11. BAI, Z.; MA, L.; JIN, S.; et al. Nitrogen, phosphorus, and potassium flows through the manure management chain in China. *Environmental Science & Technology*, v. 50, p. 13409-13418, 2016.

12. RAFFA, D.; TUBIELLO, F.; TURNER, D.; MONTERO SERRANO, J. Nitrogen inputs to agricultural soils from livestock manure: new statistics. *Food and Agriculture Organization of the United Nations (FAO)*, v. 24, p. 86, 2018. Disponível em: <http://www.fao.org/3/I8153EN/i8153en.pdf>. Acesso em: 12 nov. 2018.

contribuintes dos impactos ambientais negativos relativos à agropecuária[13] – principalmente os dois nutrientes citados enquanto fontes de poluição difusa. Os usos excessivos de fertilizantes e resíduos podem causar os seguintes impactos: elevação da salinidade do solo; eutrofização dos corpos d'água superficiais; emissão de gases do efeito estufa; e acúmulo de metais pesados e antibióticos.

No Brasil, há poucos estudos sobre fluxos de nutrientes em sistemas de produção animal, o que demonstra uma lacuna científica que deve ser preenchida a fim de empoderar os atores dos complexos agroindustriais e os tomadores de decisão públicos e privados. Dos estudos existentes, o mais completo foi o realizado por Gameiro,[14] que, a partir da abordagem de fluxo de materiais, observou que, no período de 1992 a 2013, a eficiência de uso de nitrogênio da produção animal brasileira aumentou de 12% para 22%, a de fósforo, de 25% para 49% e a de potássio, de 3% para 5%. Apesar da melhoria nas eficiências de uso dos nutrientes, a disponibilidade absoluta de resíduos para o ambiente foi de 4.213.617 para 8.926.480 t no caso do nitrogênio, de 724.774 para 1.231.074 t para o fósforo e de 3.261.303 para 6.983.040 t para o potássio. Os números demonstram que a melhoria da eficiência de uso de nutrientes é possível, mas que, se não for acompanhada por uma melhoria contínua nos padrões de manejo dos resíduos da produção animal, por si só não responderá a todas as demandas da sociedade.

Enfim, como evoluiremos de profissionais especialistas-produtivistas para especialistas-sistêmicos? Pode-se dizer, observando as realidades da produção animal nacional e em outros países, que isso não é fácil e não se dá no curto prazo. É um processo que tem de ser internalizado por todos os atores dos complexos produtivos, desde fornecedores de insumos, passando por produtores e pelo setor agroindustrial, até os consumidores. As universidades de ciências agrárias também são parte desses complexos e, portanto, têm a responsabilidade de formar profissionais mais habilitados para entender os fluxos de nutrientes dos sistemas de produção animal. No entanto, não há como formar esses profissionais se os professores, em sua grande maioria, também tiverem visões especialistas-produtivistas. Deve haver, então, uma mudança

13. KANTER, D. R. Nitrogen pollution: a key building block for addressing climate change. *Climatic Change*, v. 147, p. 11–21, 2018. Disponível em: <https://doi.org/10.1007/s10584-017-2126-6>. Acesso em: 12 nov. 2018; SHARPLEY, A.; WANG, X. Managing agricultural phosphorus for water quality: lessons from the USA and China. *Journal of Environmental Sciences*, v. 26, p. 1770-1782, 2014; TORRENT, J.; BARBERIS, E.; GIL-SOTRES, F. Agriculture as a source of phosphorus for eutrophication in southern Europe. *Soil Use and Management*, v. 23, p. 25-35, 2007. <https://doi.org/10.1111/j.1475-2743.2007.00122.x>. Acesso em: 12 nov. 2018.

14. GAMEIRO et al., 2017.

cultural profunda na academia para que as ciências agrárias possam atender às necessidades da sociedade que cada vez mais quer alimentos seguros, viáveis de serem adquiridos, com responsabilidade social e com qualidade ambiental.

16.2 AS POTENCIAIS CONSEQUÊNCIAS AMBIENTAIS DE SISTEMAS INTENSIFICADOS DE PRODUÇÃO ANIMAL

O aumento da produtividade e a consequente intensificação e industrialização da produção animal são um processo conhecido, cujo maior histórico são as criações de aves e suínos, apresentando como vantagens maior eficiência no uso de nutrientes e recursos; ganhos de escala; facilidade de controle pelos órgãos governamentais; maior poder de negociação para colocação dos produtos no mercado; redução da complexidade na tomada de decisão e estabelecimento de políticas, pois os atores envolvidos na produção diminuem. Kristensen[15] afirma que, além da estabilidade (urbano) política, os sistemas industriais são mais prestigiados pelos tomadores de decisão e mais fáceis de gerenciar do que os projetos de desenvolvimento rural. As vantagens ofertadas a esses sistemas são o acesso a infraestrutura, crédito, técnicos e outros serviços importantes, além de pouca ou nenhuma condição para aplicar medidas de proteção ambiental. O resultado é a oferta para a cidade de alimentos que são, supostamente, baratos, mas apenas aparentemente, pois muitos passivos ambientais e sociais são deixados para as futuras gerações.

Tradicionalmente, a estratégia dominante vinha sendo a de aumentar a produtividade por animal ou por área geográfica (hectare, por exemplo) - tendência essa que se poderia denominar genericamente de **intensificação.** Posteriormente, passou-se a objetivar a redução do impacto causado por unidade de produto animal - estratégia que ficou conhecida, por alguns, como **intensificação sustentável**. Nessa tendência, surgem esforços visando alterar o regime alimentar: um melhor balanceamento entre os diferentes tipos de alimentos, considerando não apenas suas características físicas intrínsecas, mas também seus valores extrínsecos, sejam eles de ordem ambiental e/ou social.[16] Apesar dos índices de eficiência e da contribuição para o mercado (inter)nacional, nas últimas décadas, a legitimidade dos sistemas intensivos de produção animal tornou-se assunto de debate pelas

15. KRISTENSEN, E.; LARSEN, C. E. S.; KYVSGAARD, N. C.; MADSEN, J.; HENRIKSEN, J. Livestock Production: the twenty first century's food revolution. *Livestock Research for Rural Development*, v. 16, n. 1, jan. 2004. Disponível em: <http://www.lrrd.org/lrrd16/1/kris161.htm>. Acesso em: 12 nov. 2018.

16. GAMEIRO, A. H.; SANTOS, J. P. D.; PALHARES, J. C. P.; BONAUDO, T.; TICHIT, M. A contabilidade do fluxo de materiais como método para análise da sustentabilidade da produção animal. In: GOBESSO, A. A. O. et al. (Org.). *Novos desafios da pesquisa em nutrição e produção animal*. Pirassununga: 5D Editora, 2017. p. 150-169.

partes interessadas, particularmente em relação às externalidades que causam, incluindo o bem-estar animal e os impactos ambientais.[17]

O impacto ambiental negativo da intensificação da produção pecuária no meio ambiente tornou-se mais claro nos últimos anos, mas muitas das complexas relações entre produção, sistemas produtivos e impacto ambiental ainda não estão bem compreendidas – isso é especialmente válido para o destino dos nutrientes e do carbono presentes nos resíduos animais, bem como para seu uso como fertilizante.[18] A motivação para regulamentar a intensificação da produção animal foi, inicialmente, baseada nas questões de poluição ambiental e, atualmente, nas questões de saúde humana, emissão de odores e uso de recursos naturais.[19] Durante os próximos 50 anos, a intensificação e a expansão agrícola provavelmente vão continuar com grande intensidade, proporcionando a eutrofização e a diminuição da biodiversidade dos corpos d'água e a degradação da condição atmosférica.[20]

Os crescentes excedentes das *commodities* agrícolas na UE e a conscientização sobre os impactos ambientais negativos provenientes da intensificação agropecuária resultaram em mudanças estruturais na política agrícola comum, o que levou à implementação de políticas ambientais cada vez mais restritivas a partir de meados da década de 1980.[21] A escala e a distribuição da indústria animal na província de Alberta (Canadá) ilustram o potencial para significativos e cumulativos impactos ambientais da produção de carne bovina e a necessidade que medidas sejam tomadas a fim de atender às preocupações da sociedade.[22] Para Devendra,[23] a intensificação das produções com uso massivo de ração e fertilizantes em partes da Ásia Oriental elevou a carga de nutrientes no ambiente, destruiu habitats e poluiu as águas com nitrogênio e fósforo. Afirmam Parris e Reille[24] que em países com produções industriais, como Japão e Coreia do

17. INGENBLEEK, P.; IMMINK, V. M. Managing conflicting stakeholder interests: an exploratory case analysis of the formulation of corporate social responsibility standards in the Netherlands. *Journal of Public Policy & Marketing*, v. 29, p. 52-65, 2010.
18. DIAMOND, J. Evolution, consequences and future of plant and animal domestication. *Nature*, 418, p. 700-707, 2002.
19. STEINFELD, H.; GERBER, P. Livestock production and the global environment: Consume less or produce better? *PNAS*, v. 107, n. 43, p. 18237-18238, 2010.
20. TILMAN, D.; FARGIONE, J.; WOLFF, B.; D'ANTONIO, C.; DOBSON, A.; HOWARTH, R.; SCHINDLER, D.; SCHLESINGER, W. H.; SIMBERLOFF, D.; SWACKHAMER, D. Forecasting agriculturally driven global environmental change. *Science*, v. 292, p. 281-284, 2001.
21. HENKENS, P. L. C. M.; VAN KEULEN, H. Mineral policy in the Netherlands and nitrate policy within the European community. *Netherlands Journal of Agricultural Science*, v. 49, p. 117-134, 2001.
22. KESSLER, A.; PARKINS, J. R.; KENNEDY, E. H. Environmental harm and "the good farmer": conceptualizing discourses of environmental sustainability in the beef industry. *Rural Sociology*, v. 0, 2016.
23. DEVENDRA, C. Crop-animal systems in Asia: future perspectives. *Agricultural Systems*, v. 71, p. 179-186, 2002.
24. PARRIS K.; REILLE L. Measuring the environmental impacts of agriculture: use and management of nutrients. *The International Fertiliser Society Proceedings*, n. 442, p. 31, 1999.

Sul, a quantidade de nutrientes aplicados no solo excede as demandas das culturas, resultando em problemas ambientais. Para Wood,[25] a necessidade de maior especialização produtiva dos produtores rurais que atendem às demandas do comércio internacional pode significar aumento da oferta de alimento e nutrientes para as populações dos países importadores, mas também pode determinar degradação das condições ambientais nos países exportadores.

O nível de densidade animal nos países é desigual. Regiões com > 2 unidade animal/ha apresentam problemas ambientais relacionados com o manejo dos resíduos e/ou com regulamentações governamentais que forçam os produtores a exportar os resíduos para outras regiões. Regiões com > 4 unidade animal/ha, além desses problemas, enfrentam restrições da sociedade.[26] Nos países da UE, a densidade animal pode variar de menos de 0,5 UA/ha a mais de 3 UA/ha. Os países com maiores densidades desenvolveram melhor infraestrutura de coleta de dados e informações do que os países com baixa densidade animal.[27]

A especialização da produção animal faz com que as propriedades não tenham a área necessária para ciclar os nutrientes presentes nos resíduos dos animais, e, como consequência, os nutrientes excedentes são perdidos para o meio ambiente.[28] Os limites biofísicos para densidade animal podem ser determinados pela capacidade de ciclar os nutrientes presentes nos resíduos no próprio local onde são produzidos.[29] Os estudos indicam que as regulamentações governamentais e as tecnologias de precisão na agricultura podem corrigir parte dos impactos negativos decorrentes da falta de área para ciclagem dos nutrientes presentes nos resíduos dos animais, com maior possibilidade de correção para o fósforo do que para o nitrogênio.[30]

Apesar do uso de ferramentas de nutrição de precisão, melhorias nas instalações dos animais e implementação de boas práticas de gerenciamento dos resíduos, em muitas regiões do globo, a quantidade de resíduos produzidos pelos sistemas intensivos de produção animal excede a capacidade das áreas

25. WOOD, S. A.; SMITH, M. R.; FANZO, J. et al. Trade and the equitability of global food nutrient distribution. *Nature Sustainability*, v. 34, p. 34-37, 2018.
26. WANG, J.; LIU, Q.; HOU, Y. et al. International trade of animal feed: its relationships with livestock density and N and P balances at country level. *Nutrient Cycling in Agroecosystems*, v. 110, n. 1, nov. 2017.
27. VELTHOF, G. L.; HOU, Y.; OENEMA, O. Nitrogen excretion factors of livestock in the European Union: a review. *Journal of the Science of Food and Agriculture*, v. 95, p. 3004-3014, 2015.
28. BAI, Z. H.; QIN, W.; CHEN, Q. et al. Changes in pig production in China and their effects on nitrogen and phosphorus use and losses. *Environmental Science & Technology*, v. 48, p. 12742-12749, 2014; STROKAL, M.; MA, L.; BAI, Z. et al. Alarming nutrient pollution of Chinese rivers as a result of agricultural transitions. *Environmental Research Letters*, v. 11, n. 2, p. 24014, feb. 2016.
29. ASAI, M.; LANGER, V.; FREDERIKSEN, P. Responding to environmental regulations through collaborative arrangements: social aspects of manure partnerships in Denmark. *Livestock Science*, v. 167, p. 370-380, 2014.
30. WANG et al., 2017.

agrícolas em absorver os nutrientes. Portanto, o uso de alguma tecnologia de tratamento dos resíduos pode ser necessário, a fim de satisfazer os padrões ambientais. Isso implica a redução da carga de nutriente dos resíduos e/ou na exportação dos produtos do tratamento. No entanto, essa abordagem ainda é economicamente pouco atrativa.[31]

Documento do Conselho de Suinocultores da província canadense de Manitoba,[32] cujo objetivo é explicitar os compromissos ambientais dos suinocultores visando à sustentabilidade da atividade, sugere que as áreas que recebem estercos animais devem ter seus solos analisados anualmente – o que ajudará na decisão da cultura a ser plantada e na quantidade de esterco utilizada. Os resíduos não podem simplesmente ser dispostos no solo sem orientação técnica. Os produtores de maior escala comprometem-se a ter um plano de manejo de resíduos e de nutrientes, mantendo registros detalhados das áreas receptoras de dejetos e análises dos solos e dos estercos.

Apesar da disponibilidade de tecnologias de tratamento dos resíduos de animais, com a vantagem de promoverem reduções da carga poluidora dos sistemas de produção, a realidade europeia indica baixa utilização dessas tecnologias e de forma desuniforme pelos países do continente – com exceção de quando a legislação impõe determinado padrão. Na maioria das vezes, a tecnologia que está em uso é selecionada considerando a viabilidade de operação e os benefícios ambientais.[33] Loyon conclui que a resistência à implementação de práticas de manejo dos resíduos varia muito, dependendo da situação de cada local. No entanto, alguns aspectos podem ser identificados como comuns à tomada de decisão pelos produtores, como adicional de custo do manejo por cabeça animal e compreensão reduzida sobre as legislações e os padrões ambientais. O custo é um problema óbvio, e poucos produtores investirão em tecnologias que tragam reduzido benefício na ausência de pressão regulatória. Também há de se destacar as percepções locais relacionadas com as pressões sociais e da legislação. Para um produtor holandês, o custo de 30 euros por tonelada de resíduo é aceitável, enquanto para outras partes da Europa um euro por tonelada é considerado alto.

31. PETERSEN, S. O.; SOMMER, S. G.; BÉLINE, F.; BURTON, C.; DACH, J.; DOURMAD, J. Y.; LEIP, A.; MISSELBROOK, T.; NICHOLSON, F.; POULSEN, H. D.; PROVOLO, G.; SØRENSEN, P.; VINNERÅS, B.; WEISKE, A.; BERNAL M. P.; BÖHM, R.; JUHÁSZ, C.; MIHELIC, R. Recycling of Livestock Manure in a Whole-Farm Perspective. *Livestock Science*, v. 112, n. 3, p. 180-191, dec. 2007.

32. MANITOBA PORK COUNCIL. *Embracing a sustainable future*. Disponível em: <https://www.manitobapork.com/images/producers/pdfs/Embracing-a-Sustainable-Future-Acting-Locally-Thinking-Globally.pdf>. Acesso em: 17 fev. 2019.

33. LOYON, L. et al. Best available technology for European livestock farms: availability, effectiveness and uptake. *Journal of Environmental Management*, v. 166, p. 1-11, 2016.

A intensificação e a industrialização da produção animal sempre é justificada como a única forma de oferecer proteína em quantidade e a baixo custo. Isso é importante em países como o Brasil, em que grande parte da população, somente nos últimos anos, começou a ter acesso contínuo a esse tipo de proteína. Então, como manter as vantagens do processo e reduzir seu passivo ambiental?

Os países tradicionalmente produtores de proteína animal têm em comum a utilização de determinados instrumentos que se provaram eficientes e eficazes na redução do passivo ambiental: legislação ambiental restritiva e atualizada quanto à condição produtiva e agências governamentais com forte poder de fiscalização; sólidos programas de transferência de conhecimentos e tecnologias; e sistemas de suporte à tomada de decisão. O Brasil é carente de todos esses instrumentos. O país que já detém o título de um dos maiores produtores de proteína animal e almeja ser o maior entre os maiores não pode abrir mão desses instrumentos e praticar um processo de intensificação irresponsável e ausente de preceitos ambientais.

16.3 REALIDADES MUNDIAIS

O número de animais provavelmente não aumentará significativamente nos países da comunidade europeia nas próximas décadas, o que contrasta com o aumento nos países da Ásia e América Latina.[34] A situação europeia está relacionada com o crescimento populacional e o consumo de carne e de leite per capita estáveis, bem como pela influência das políticas ambientais. Neumann[35] afirma que alterações nos sistemas de produção animal estão associadas a mudanças na distribuição espacial, sendo a distribuição da atividade nos territórios influenciada por diversos fatores: mudanças de mercado e do comércio global, mudanças regionais relacionadas com aptidão e uso das terras, condições produtivas, restrições ambientais e políticas agrícolas. A limitação do uso dos resíduos animais como fertilizante pode ter contribuído para uma grande redução no plantel de animais nos países da UE.[36]

34. BRUINSMA, J. E. *World agriculture: towards 2015/2030 - an FAO perspective*. London: Earthscan Publications Ltd., 2003.
35. NEUMANN, K.; VERBURGB, P. H.; ELBERSENC, B.; STEHFESTD, E.; WOLTJER, G. B. Multi-scale scenarios of spatial-temporal dynamics in the European livestock sector. *Agriculture, Ecosystems and Environment*, v. 140, p. 88-101, 2011.
36. OENEMA, O. Governmental policies and measures regulating nitrogen and phosphorus from animal manure in European agriculture. *American Society of Animal Science*, v. 82, p. 196-206, 2004.

Para Palhares,[37] a relação da produção animal com o meio ambiente sempre foi assunto de abordagem delicada em todas as regiões do mundo onde há concentração geográfica das produções. A literatura sobre o assunto é extensa e relata inúmeros conflitos entre as produções pecuárias e as sociedades. Pode-se dizer que esses conflitos tiveram início nas regiões de alta concentração da Europa, principalmente na Holanda, Dinamarca, Bélgica e França. Esses conflitos espalharam-se pelo mundo, sendo detectados na América do Norte e na Ásia. Os países europeus são os que possuem as legislações ambientais mais restritivas para as produções animais – e deveriam ser tomadas como referenciais para elaboração de legislações por estarem validadas, propiciando a melhoria da qualidade ambiental e da relação produção animal e ambiente.

As políticas governamentais e as legislações que regulamentam a produção animal e o uso dos resíduos como fertilizante nos países da UE surgiram na década de 1980.[38] Os agricultores da UE têm que lidar com um número crescente de legislações – o que limita a liberdade de manejo dos resíduos, especialmente nas propriedades de produção animal intensiva. No início dos anos 1990, a UE implantou políticas e regulações ambientais que impactaram as produções agropecuárias.[39] Um dos mais importantes instrumentos ambientais é a Diretiva de Nitrato (91/676/CE), acordada por todos os estados-membros em 1991. Nos países onde havia intensa produção animal e propriedades de menor escala, o impacto da diretiva foi maior.

Durante as décadas de 1980 e 1990, ao longo das promulgações de legislações ambientais, as práticas ambientais indesejáveis na produção animal europeia eram o padrão vigente e, portanto, socialmente questionadas. As complexas relações de causa e efeito das atividades agropecuárias fizeram que algumas legislações não fossem legitimadas. A Holanda foi o primeiro país do mundo a estabelecer uma legislação relacionada com o manejo dos resíduos de animais. A lei utiliza a produção de nitrogênio e fósforo por unidade animal, portanto o número dessas unidades limita a quantidade de nitrogênio e fósforo que pode ser aplicada nas lavouras. A legislação impôs limites de forma

37. PALHARES, J. C. P. Tendências para o licenciamento ambiental na suinocultura brasileira. *Revista de Política Agrícola*, n. 4, p. 18-28, 2009.

38. DE CLERCQ, P.; GERTSIS, A. C.; HOFMAN, G. *Nutrient management legislation in European countries*. Wageningen: Wageningen Pers, 2001.

39. ONDERSTEIJN C. J. M.; BELDMAN A. C. G.; DAATSELAAR C. H. G.; GIESEN G. W. J.; HUIRNE, R. B. M. The dutch mineral accounting system and the european nitrate directive: implications for N and P management and farm performance. *Agriculture, Ecosystems, and Environment*, v. 92, p. 283-296, 2002.

escalonada e tornou-se mais restritiva a partir do ano 2000, quando multas foram estabelecidas para quem ultrapassasse os limites.[40]

A intensificação da produção animal na Holanda foi possível graças a maior utilização de fertilizantes e da importação de alimentos para os animais. A importação de nitrogênio pelos ingredientes para alimentação animal ultrapassou a quantidade necessária para as culturas vegetais de um fator de 2,5 em 1950 para um fator de 10 em 1980.[41] Historicamente, os resíduos agropecuários eram reciclados nos solos agrícolas. Esse ciclo fechado propiciou que fossem utilizados poucos insumos externos, resultando em sistemas agrícolas mais equilibrados.[42] Na Holanda, sistemas de controle para as quantidades de nitrogênio e fósforo a serem manejadas foram introduzidos pela primeira vez em 1980, como ferramenta de gestão voluntária para os produtores de leite. O método foi validado como instrumento de política ambiental para as atividades agropecuárias.[43]

A Holanda diminuiu o aporte de fósforo de 23 kg P/ha em 1961 para 8 kg P/ha em 2011. Isso se deve ao aumento do entendimento do poder fertilizante dos resíduos animais e das regulamentações ambientais, que têm restringido os limites permitidos de nitrogênio e fósforo por hectare.[44] Nos Países Baixos, as propriedades leiteiras que excederem a carga de 130 kg de N/ha estarão sujeitas a multa e podem, eventualmente, perder sua quota leiteira se a carga do elemento permanecer acima do limite.[45] Metson[46] demonstrou que somente 37% do fósforo disponível nos resíduos animais e humanos satisfaz a demanda total da cultura de milho nos Estados Unidos. Para isso, o fósforo precisaria ser transportado em média a 302 km para atender à região do Corn Belt que tem a maior demanda do elemento por produzir quase metade do milho americano. Os altos custos de logística impedem a eficaz reciclagem dos resíduos. Van Grinsven[47]

40. ADEOLA, O. Nutrient management procedures to enhance environmental conditions: an introduction. *Journal of Animal Science*, v. 77, p. 427-429, 1999.

41. OENEMA, O.; PIETRZAK, S. Nutrient management in food production: achieving agronomic and environmental targets. *AMBIO: A Journal of the Human Environment*, v. 31, p. 159-168, 2002.

42. ASHLEY, K.; CORDELL, D.; MAVINIC, D. A brief history of phosphorus: from the philosopher's stone to nutrient recovery and reuse. *Chemosphere*, v. 84, p. 737-746, 2011; KARUNANITHI, R.; SZÖGI, A.; BOLAN, N. et al. Phosphorus recovery and reuse from waste streams. *Advances in Agronomy*, v. 131, jan. 2015.

43. SCHRODER, J. J.; AARTS, H. F. M.; TEN BERGE, H. F. M.; VAN KEULEN, H.; NEETESON, J. J. Annotations to the use of whole-farm nitrogen balances and related indices for efficient nitrogen use. *European Journal of Agronomy*, v. 20, p. 33-44, 2003.

44. VAN GRINSVEN, H. J. M.; TIKTAK, A.; ROUGOOR, C. W. Evaluation of the Dutch implementation of the nitrates directive, the water framework directive and the national emission ceilings directive. *Journal of Life Sciences*, v. 78, p. 69-84, 2016.

45. POWELL, J. M.; GOURLEY, C. J. P.; ROTZ, C. A.; WEAVER, D. M. Nitrogen use efficiency: a potential performance indicator and policy tool for dairy farms. *Environmental Science & Policy*, v. 13, p. 217-228, 2010.

46. METSON, G. S.; MACDONALD, G. K.; HABERMAN, D. et al. Feeding the corn belt: opportunities for phosphorus recycling in U.S. agriculture. *Science of the Total Environment*, v. 542, p. 1117-1126, 2016.

47. VAN GRINSVEN et al., 2016.

mostra que a exportação obrigatória dos resíduos das áreas com alta densidade animal para áreas com baixa densidade e para outros países tem sido implementada na Holanda por meio de regulamentações desde a década de 1990, sendo o custo pago pelos produtores – o que determinou uma redução do excesso de nutrientes no ambiente.

No caso brasileiro, as poucas leis que existem para licenciar as atividades de produção animal são pouco exigentes quando comparadas com as legislações internacionais, com exceção de algumas legislações estaduais, sendo a Instrução Normativa n. 11 de Santa Catarina a de maior expressão e a mais avançada do país até o momento, pois licencia a atividade de suinocultura e foi atualizada em 14 de novembro de 2014. Em seu Anexo 8, que trata das recomendações técnicas para aplicação de fertilizantes orgânicos de suínos e do monitoramento da qualidade do solo, lê-se no item 3:

> para fins de dimensionamento do número de animais alojáveis em granjas de suínos, onde os dejetos gerados são totalmente ou parcialmente aplicados no solo, a dose do fertilizante orgânico de suínos e de demais fertilizantes orgânicos ou minerais a ser aplicada ao solo deve ser baseada na sua oferta do nutriente fósforo.

Essa é a única legislação nacional que regula o uso dos resíduos animais como fertilizante com base no elemento fósforo. O mais comum, e consta na maior parte das legislações internacionais, é que essa regulação se dê com base no nitrogênio, por ser o elemento que as culturas vegetais necessitam em maior quantidade. A opção pelo fósforo, no caso catarinense, foi porque as instituições de pesquisa e universidades do estado demonstraram que o aporte histórico de resíduos animais em determinadas regiões determinou níveis de fósforo nos solos em quantidades muito além das necessidades agronômicas – o que significa elevado potencial poluidor das áreas receptoras. Com isso, tomou-se uma atitude drástica, mas corajosa e com base no conhecimento.

A intenção é que a experiência catarinense sirva de lição para os demais estados brasileiros que, se não fizeram o dever de casa, regularem o quanto antes a disposição de resíduos animais e subprodutos do tratamento nos solos. Caso contrário, terão a mesma realidade vivida pelo estado de Santa Catarina: regiões do estado com altas concentrações de nutrientes nos solos, alto potencial de comprometimento da qualidade das águas superficiais e subterrâneas e intensos conflitos sociais.

Apesar do grande esforço de governos e pesquisadores ao longo dos anos, o sucesso na proteção do ambiente é ainda questionado em relação à eficácia das medidas propostas, com ênfase no nível de redução da poluição e seu custo; à adequação das ações de acordo com a realidade da atividade (propriedade); ao nível real de absorção das tecnologias propostas; e ao conflito e à incompatibilidade das ações para diferentes objetivos.[48] Com isso, justifica-se a hesitação para implementar as ações quando não há nenhum padrão ou documento normativo.

Loyon[49] avaliou as propriedades europeias quanto à sua condição produtivo-ambiental, concluindo que as opções de manejo dos resíduos são muito limitadas. Os resíduos sólidos são um problema menor em termos de disposição, frequentemente aplicados no solo; seu armazenamento se dá sobre cobertura ou no exterior em estruturas de concreto; os períodos mínimos de armazenamento e as capacidades não estão bem definidos; raramente a compostagem é feita, bem como nenhum outro tratamento; e o uso dos resíduos para geração de energia não é expressivo. De acordo com Petersen,[50] na Ásia, o esterco sólido produzido por suínos e bovinos é raspado do chão e compostado para ser usado como fertilizante.

Na Europa, entre 60% e 70% dos dejetos animais permanecem nos sistemas de criação, e há tendência de aumento desse percentual; entre 30% e 40% dos resíduos são deixados no pasto pelos animais, não havendo, então, manejo algum; e mais da metade dos resíduos coletados estão na forma líquida. Existe grande variação de manejos entre os países, e há pouca informação disponível relacionada com os tipos de manejo e capacidade de armazenamento dos resíduos.[51] Sistemas de coleta de lodo são dominantes nos Países Baixos (>95%), enquanto sistemas de separação sólido/líquido predominam no Reino Unido, França e Europa Central/Oriental. Grande parte da fração líquida é armazenada em tanques de concreto, aço ou plástico com ou sem cobertura. O uso da biodigestão anaeróbia é significativo na Alemanha, Áustria e Dinamarca. Em alguns países, como França, Espanha, Itália, Holanda e Bélgica, parte dos resíduos (principalmente de suínos e aves), a fração sólida, é seca e exportada.[52]

48. BURTON, TURNER, 2003.
49. LOYON, L.; BURTON, C. H.; GUIZIOU, F. Intensive livestock farming systems in use across Europe – a review of the current situation relating to IPPC based on recent data gathered by questionnaire. *GERE*, Cemagref, 2009. Disponível em: <https://www.ktbl.de/fileadmin/user_upload/Allgemeines/BAT-Support-Final-report4-2009.pdf>. Acesso em: 12 nov. 2018.
50. PETERSEN et al., 2007.
51. MENZI, H. Manure management in Europe: results of a recent survey. In: VENGLOVSKY, J.; GRESEROVA, G. *10th International Conference Hygiene Safety*, Strbske Pleso, High Tatras, Slovak Republic, may 14-18, p. 93-102, 2002.
52. OENEMA, O.; OUDENDAG, D.; VELTHOF, G. L. Nutrient losses from manure management in the European Union. *Livestock Science*, v. 112, p. 261-272, 2007.

Os projetos de pesquisa na área de meio ambiente e produção animal tendem a se concentrar em um poluente e, por vezes, apenas em uma parte do processo, instalações, armazenagem dos resíduos, uso como fertilizantes etc. Publicações recentes têm demonstrado que as mesmas ações têm impactos (positivo ou negativo) quando aplicadas a realidades distintas.[53] De acordo com Loyon,[54] muitas vezes os fatores locais influenciam significativamente o desempenho de uma determinada tecnologia de mitigação. Existe, portanto, uma dúvida sobre o desempenho real de tais técnicas, quando utilizadas ao nível da exploração comercial, especialmente quando o tipo de manejo desempenha importante papel. Apesar da disponibilidade de manejos e tecnologias que permitem, pelo menos, alguma redução das emissões oriundas da produção animal, as evidências sugerem que sua utilização é baixa em toda a Europa, exceto quando há imposição da lei.[55]

16.4

DECISÕES POLÍTICAS E AMBIENTAIS BASEADAS NO CONHECIMENTO

Conservação ambiental e produção de alimentos têm sido colocadas muitas vezes como processos antagônicos. Discussões acaloradas defendendo um ou outro são e serão cada vez mais constantes na sociedade. Nada incomum nisso, pois o embate de ideias sempre fez e fará parte dessas duas temáticas e de países que prezam pela democracia. Certamente, os atores sempre trarão para a mesa de discussão outros fatores decisórios que não apenas o conhecimento para defender seus pontos de vista. Isso também faz parte do processo; por isso a necessidade de bons mediadores para tentar compatibilizar todos os fatores que estão às claras e os que também não estão para tomar a decisão que melhor atenda às necessidades da maioria da sociedade.

Durante processos discursivos e decisórios, é muito comum ouvir o argumento: "a decisão deve ser tomada com base no conhecimento (ciência)". Uma frase que soa bem aos ouvidos de todos, mas que na prática é pouco exercitada. Essa situação tem sido muito comum nas recentes discussões ambientais no Brasil. Deve-se ressaltar que a literatura internacional é rica em documentar situações como essas, inclusive nos países mais desenvolvidos do mundo, então

53. HRISTOV, A. N. et al. Mitigation of greenhouse gas emissions in livestock production: a review of technical options for non-CO_2 emissions. In: GERBER, J. P.; HENDERSON, B.; MAKKAR, H. P. S. (Eds.). *FAO Animal Production and Health Paper*, Rome, n. 177, 2013.
54. LOYON et al., 2016.
55. LOYON et al., 2016.

podemos dizer que o Brasil não está sozinho. Enfim, também podemos resumir esse cenário em uma frase: "a decisão deve basear-se no conhecimento, desde que diga o que quero ouvir!".

Antes de relatar algumas situações recentes ocorridas no Brasil, que demonstram que as decisões foram tomadas com base em algum conhecimento (interesses) e não baseadas em razões técnicas e científicas, cabe destacar uma característica da sociedade brasileira que dificulta ainda mais o processo decisório: não somos um país com um regime democrático pleno.

Segundo a edição de 2017 do estudo *Democracy Index*, da revista *The Economist*,[56] o Brasil é uma democracia com falhas, recebendo uma pontuação total de 6,86 pontos, o que lhe conferiu a 49ª posição em um total de 167 países avaliados, ficando atrás de países como Argentina, Bulgária, Panamá, Índia e Jamaica. Os critérios avaliados pelo índice são: processo eleitoral (nível de justiça, liberdade e pluralidade das eleições); liberdades civis (liberdade de expressão e de imprensa); funcionamento do governo (honestidade e eficácia com questões financeiras); e cultura política (participação política dos cidadãos e apoio ao governo). A menor nota brasileira foi atribuída ao critério cultura política: 5,0. Desde que o relatório começou a ser publicado, em 2006, a pontuação da democracia brasileira nunca esteve tão baixa. Em 2006, 2008 e 2014, atingimos o pico: 7,38 pontos. No entanto, o Brasil nunca conquistou a posição de democracia plena.

Promover o desenvolvimento sustentável, atingir as metas dos objetivos do desenvolvimento sustentável para 2030, produzir alimentos, conservar o meio ambiente e tomar decisões sobre questões que naturalmente são conflituosas é muito mais difícil em uma sociedade com uma democracia frágil, na qual, certamente, os interesses dos mais fortes, seja econômica e/ou politicamente, prevalecerão. A fragilidade democrática faz com que a grande massa da sociedade seja facilmente conduzida, e, com isso, os interesses de poucos prevalecem sobre os de muitos.

Essa frágil democracia também traz outras questões que tornam o processo decisório ambiental ainda mais complexo, como a desigualdade econômica e educacional da sociedade brasileira; a falta de respeito aos direitos humanos, tendo como um dos resultados a presença de trabalho escravo no país; a não observância, ampla e irrestrita, do art. 186 da Constituição Federal, que define a função social da propriedade rural como aquela que atenda, simultaneamente,

56. CARBONARI, P. Só 11% dos países do mundo têm democracias plenas. *Super Interessante*, 15 mar. 2018. Disponível em: <https://super.abril.com.br/sociedade/so-11-dos-paises-do-mundo-tem-democracias-plenas>. Acesso em: 12 nov. 2018.

aos seguintes requisitos: (I) aproveitamento racional e adequado; (II) utilização adequada dos recursos naturais disponíveis e preservação do meio ambiente; (III) observância das disposições que regulam as relações de trabalho; (IV) exploração que favoreça o bem-estar dos proprietários e dos trabalhadores, instrumentos de comando e controle ambientais que devem ser aplicados por órgãos reguladores e fiscalizadores desestruturados e/ou, muitas vezes, loteados politicamente.

Na história recente do país, podemos destacar três casos em que as decisões ambientais consideraram tudo, menos o que a comunidade científica estava defendendo.

Em julho de 2010, a Academia Brasileira de Ciências (ABC) e a Sociedade Brasileira para o Progresso da Ciência (SBPC) iniciaram os trabalhos de um grupo multidisciplinar e multi-institucional para oferecer dados e argumentos técnico-científicos que pudessem subsidiar as discussões em torno de mudanças no Código Florestal propostas no substitutivo ao Projeto de Lei n. 1.876, de 1999. O resultado de todo o trabalho foi o relatório *O Código Florestal e a ciência:* contribuições para o diálogo, que em suas conclusões destaca:

> a SBPC e a ABC desejam continuar contribuindo para o aprimoramento do Código Florestal, fornecendo subsídios científicos e tecnológicos para os debates. A revisão crítica dos vários temas abordados no Código Florestal deverá ser feita também à luz da ciência e das tecnologias mais avançadas, numa prospecção cuidadosa das virtudes e dos problemas da lei vigente, pois é preciso avançar na legislação ambiental e agrícola brasileira.[57]

Em fevereiro de 2011, os cientistas apresentaram os resultados do estudo ao Congresso Nacional, ressaltando que o projeto de lei do deputado Aldo Rebelo, relator do substitutivo ao PL n. 1.876, de 1999, não considerava o conhecimento científico disponível na atualidade. As duas entidades sugeriram que o Congresso Nacional adiasse por dois anos a votação do novo Código Florestal, para que pudesse tomar a decisão sobre a nova lei com base em estudos científicos, e se colocavam à disposição para mediar o diálogo entre todas as partes interessadas, ressaltando, por fim, que nenhum cientista ou pesquisador foi consultado sobre a proposta do deputado Aldo Rebelo aprovada em julho de 2010 na comissão especial na Câmara dos Deputados.

Em 25 de abril de 2012, a Câmara dos Deputados aprovou o novo Código Florestal, enviando-o para sanção presidencial.

57. SOCIEDADE BRASILEIRA PARA O PROGRESSO DA CIÊNCIA (SBPC). O Código Florestal e a ciência: contribuições para o diálogo. *SBPC*, São Paulo, p. 124, 2011.

Na nova lei, foram mantidos conceitos como Áreas de Preservação Permanente, Reserva Legal, Planos de Manejo Florestal Sustentável e incluídos outros, com destaque para o Cadastro Ambiental Rural (CAR), o Programa de Recuperação Ambiental e a possibilidade de Pagamentos por Serviços Ambientais (PSA), que, se definidos corretamente, com conceitos e valores delimitados pela ciência, o que não ocorreu na nova lei, poderiam ser um excelente instrumento de planejamento ambiental e agrícola da propriedade rural, condicionando a expansão da produção de alimentos de forma sustentável ambientalmente.

Em 25 de fevereiro de 2018, a SBPC e a ABC enviaram uma carta ao Supremo Tribunal Federal (STF), antes do julgamento final das Ações Diretas de Inconstitucionalidade (Adins), na qual relatam:

> Após a aprovação da Lei n. 12.651, as discussões continuaram e, em função dos retrocessos da nova lei, três Ações Diretas de Inconstitucionalidade foram colocadas no Supremo Tribunal Federal. Foram realizadas novas audiências públicas para discutir essas ADINS. Novamente a academia participou desse processo reforçando mais uma vez a necessidade, agora do STF, de considerar o conhecimento científico nessa revisão. Por mais estranho que pareça, o relator das ADINS não convidou para as audiências públicas as duas maiores representantes da comunidade científica brasileira (ABC e SBPC), apesar de a presidência da SBPC ter encaminhado uma mensagem ao relator indicando os nomes de representantes dessas entidades que deveriam representá-las na audiência, mas, infelizmente, essa solicitação não foi atendida.

Em 28 de fevereiro de 2018, o STF concluiu o julgamento sobre o novo Código Florestal, reconhecendo a validade de vários dispositivos, declarando alguns trechos inconstitucionais e atribuindo interpretação conforme a outros itens.

O Projeto de Lei n. 6.299, de 2002, aprovado em 28 de junho de 2018, foi contestado por várias instituições científicas. Esse

> altera os arts. 3º e 9º da Lei n. 7.802, de 11 de julho de 1989, que dispõe sobre a pesquisa, a experimentação, a produção, a embalagem e rotulagem, o transporte, o armazenamento, a comercialização, a propaganda comercial, a utilização, a importação, a exportação, o destino final dos resíduos e embalagens, o registro, a classificação, o controle, a inspeção e a fiscalização de agrotóxicos, seus componentes e afins, e dá outras providências.

A SBPC e várias instituições como a Associação Brasileira de Saúde Coletiva, Fundação Oswaldo Cruz, o Inca, o Ministério Público Federal, o Ministério

Público do Trabalho, a Defensoria Pública da União, o Conselho Nacional de Saúde, o Conselho Nacional dos Direitos Humanos, o Ministério da Saúde, o Ministério do Meio Ambiente e a Agência Nacional de Vigilância Sanitária (Anvisa) publicaram notas técnicas alertando para os riscos contidos nesse Projeto de Lei, manifestando-se contrárias à sua aprovação devido à necessidade de serem utilizadas evidências científicas para dar suporte à elaboração de legislações e políticas públicas relacionadas ao uso de agrotóxicos.

As argumentações para a não aprovação englobam o fato de a proposta sugerir a troca do termo **agrotóxico** para **defensivo fitossanitário e produtos de controle ambiental**, sem uma justificativa científica plausível para tal; a desregulamentação do aparato regulatório de proteção à saúde e ao meio ambiente relacionado aos agrotóxicos no Brasil; evidências científicas atestam o risco que a população está correndo frente a medidas que intensificam o uso e a exposição a agrotóxicos; a proposta representa em seu conjunto uma série de medidas que buscam flexibilizar e reduzir custos para o setor produtivo, negligenciando os impactos para a saúde e para o meio ambiente; e o PL prevê que os agrotóxicos possam ser liberados pelo Ministério da Agricultura, Pecuária e Abastecimento, mesmo se órgãos reguladores, como Ibama e Anvisa, não tiverem concluído suas análises.

O manifesto da Sociedade Brasileira para o Progresso da Ciência contra a aprovação do Projeto de Lei n. 6.299, de 2002 recebeu o apoio de mais de 20 sociedades científicas desde sua publicação. No manifesto, a SBPC conclama as instituições de pesquisa, os órgãos governamentais, o Congresso Nacional, as entidades representativas dos diversos setores sociais e a sociedade brasileira como um todo para que seja realizado um debate mais amplo e aprofundado sobre as possíveis consequências desse PL e, com o tempo adequado, para que não se aprove às pressas uma legislação sobre os agrotóxicos que pode trazer consequências ainda mais graves para a saúde da população e para o meio ambiente brasileiro.

A última tentativa de votação do Projeto de Lei na Comissão Especial Deliberativa da Câmara dos Deputados ocorreu em 8 de maio de 2018.

Ainda há discussões sobre a nova Lei do Licenciamento Ambiental, Projeto de Lei n. 3.729, de 2004. Em 27 de abril de 2017, a SBPC enviou uma carta ao presidente do Congresso Nacional, na qual conclui:

> considerando que o licenciamento ambiental é um tema extremamente relevante para o país, com grandes impactos para o seu futuro social, ambiental e econômico, e que envolve

a sociedade civil organizada, com especial atenção para a comunidade científica, vimos solicitar que Vossa Excelência não aceite o regime de urgência para apreciação da PL o que impedirá discussões relevantes com todos os atores.

Entidades de pesquisa, Ministério Público Federal, organizações da sociedade civil, associações de servidores de órgãos ambientais e associações de municípios acusam o relator do PL de negar a promoção e a participação em debates públicos para a melhoria do texto, o que resulta na atual situação de completa polarização e falta de consenso sobre a referida proposição. O Projeto de Lei n. 3.729, de 2004, foi arquivado nos termos do art. 105 do Regimento Interno da Câmara dos Deputados em 31 de janeiro de 2019.

Os fatos relatados demonstram que a ciência tem sido pouco considerada nas decisões políticas de nosso país. Isso não deve ser motivo para a comunidade científica nacional abrir mão de sua prerrogativa de assistir a sociedade brasileira com conhecimentos para que possa tomar as melhores decisões. Pelo contrário, as situações adversas e derrotas devem motivar pesquisadores e cientistas a gerar cada vez mais informações, conhecimentos e tecnologias com relevantes impactos ambientais, sociais e econômicos. Certamente, o aspecto político faz parte de qualquer discussão e decisão, mas não deve e não pode ser o único, pois, se assim for, a sociedade brasileira corre sério risco de perder, cada vez mais, seus recursos naturais em quantidade e qualidade, o que, por consequência, impactará a viabilidade da produção de alimentos pelo país.

16.5 DESAFIOS PARA A PECUÁRIA BRASILEIRA

Os desafios listados são inerentes a todas as cadeias pecuárias e estão baseados em trabalhos de agências internacionais (FAO, Banco Mundial e OCDE), agências nacionais (Ministérios do Meio Ambiente e da Agricultura, Pecuária e Abastecimento), revisão de trabalhos científicos, experiência e reflexões do autor na temática do capítulo. Certamente, os desafios serão atingidos no curto, médio e longo prazo devido às especificidades de cada cadeia pecuária e sistema de produção, região produtora, estrutura dos órgãos de fiscalização, pressão social e de mercados e valores ambientais da sociedade brasileira. Outra realidade que deve ser considerada é o fato de o Brasil ser um país em desenvolvimento, com profundos contrastes ambientais, sociais, culturais e econômicos.

Os desafios são apresentados com base em dimensões no Quadro 16.1.

QUADRO 16.1

Desafios ambientais para produção animal brasileira

DIMENSÕES			
Produtiva	**Ambiental**	**Econômica**	**Humana**
• Utilizar tecnologias nutricionais que reduzam o volume dos resíduos e a quantidade de nutrientes, bem como o potencial de emissão de gases de efeito estufa. • Considerar ações de melhoramento genético dos animais indicadores de desempenho ambiental, como: eficiência de uso de nutrientes, consumo de água, emissão de gases etc. • Relacionar as características dos microrganismos do sistema digestivo dos animais com seu potencial poluidor. • Internalizar manejos que visem à eficiência de uso dos recursos naturais renováveis e não renováveis. • Utilizar manejos que reduzam a quantidade de fósforo residual no solo.	• Conhecer e manejar os fluxos de nutrientes nos sistemas de produção a fim de melhorar a eficiência de seu uso. Atenção especial deve ser dada aos fluxos de nitrogênio e fósforo. • Prezar pela eficiência de uso da água (relação litros por quilograma de produto), monitorar o consumo das águas e utilizar práticas de reúso da água. • Ter como referencial a capacidade de suporte dos solos para o uso dos resíduos como fertilizante, tendo como elementos de referência o nitrogênio e, para áreas ambientalmente sensíveis, o fósforo. • Fazer uso de tecnologias de tratamento de resíduos, principalmente, em propriedades com limitação de área agrícola para disposição dos resíduos no solo.	• Inserir nos cálculos de custo de produção os custos do manejo ambiental, como custo da água, do armazenamento e disposição dos resíduos no solo, do sistema de tratamento, das licenças ambientais, da capacitação dos colaboradores em práticas ambientais etc. • Utilizar manejos, práticas e tecnologias que promovam a redução das perdas de recursos naturais e insumos. • Fomentar modelos integrados de produção pecuária/agricultura. • Estabelecer parcerias das universidades e instituições de pesquisa com a iniciativa privada para que essa financie ações de pesquisa, inovação e transferência de tecnologias.	• Abandonar as abordagens de "final de tubo"[58] e "bala de prata"[59] no manejo ambiental das atividades pecuárias, propondo e desenvolvendo todas as ações de forma sistêmica e integrada. • Fortalecer os serviços de extensão rural para que esses atuem como elo entre a pesquisa ambiental/pecuária e os produtores rurais. O fortalecimento insere a capacitação ambiental dos técnicos das agências municipais, estaduais e federais. • Desenvolver programas para melhorar o nível de educação formal e informal dos produtores para que isso não seja um limitante a uma melhor condição ambiental das propriedades. • Internalizar em todos os elos dos complexos agroindustriais os conhecimentos e manejos ambientais relacionados às atividades pecuárias, bem como a responsabilidade de transferi-los para os produtores.

⇛

58. Na abordagem de "final de tubo", entende-se que o problema ambiental de sistemas de produção animal é o resíduo. Com isso, há poucas alternativas de intervenção, armazenamento e uso como fertilizante e/ou tratamento dos resíduos. Deve-se entender que os resíduos são uma consequência do manejo do sistema de produção. Portanto, o manejo ambiental de um sistema de produção animal inicia-se pelo manejo nutricional, engloba os manejos reprodutivos, sanitários, de pastagem e cultivo de grãos, de instalações, de mão de obra, entre outros. Entendendo o sistema produtivo dessa forma, o manejo ambiental será mais fácil e economicamente mais viável.

59. Na abordagem de "bala de prata", também chamada de "um sapato serve para todos", entende-se que uma única prática ou tecnologia é a solução para o problema ambiental. A solução deve considerar a posição geográfica da propriedade e suas características ambientais, produtivas, econômicas, sociais e culturais. Portanto, não há uma solução única. Quanto mais flexibilidade tivermos na proposição de ações mitigatórias, menor o custo e mais fáceis de serem internalizadas pelo setor e pelos agentes de fiscalização e regulação.

⇛

DIMENSÕES			
Produtiva	**Ambiental**	**Econômica**	**Humana**
• Estabelecer programas e manejos de uso racional de antibióticos, visando à sua não presença nas matrizes solo, água, fezes e urina dos animais. • Desenvolver tecnologias construtivas para as instalações animais que promovam o menor consumo de recursos naturais, reduzam a emissão de gases e odores e melhorem a condição do trabalhador. • Disponibilizar práticas e tecnologias validadas para as diferentes condições produtivas, econômicas, sociais, culturais e ecológicas. • Documentar todas as informações produtivas da propriedade a fim de subsidiar a tomada de decisão quanto ao manejo ambiental.	• Identificar a contribuição das atividades pecuárias para presença de patógenos, metais e antibióticos no ambiente e propor ações mitigatórias. • Utilizar fontes de energia renovável na propriedade rural (biomassa, eólica e solar). • Aplicar metodologias de avaliação ambiental dos sistemas de produção (análises de ciclo de vida, de materiais e de energia, "pegada", balanço de nutrientes etc.). • Avaliar, de forma sistêmica, os vários sistemas de produção, identificando seus limitantes ambientais e propor ações mitigatórias que conciliem a viabilidade econômica e ambiental e a permanência do homem no campo. Essas análises também devem considerar como a intervenção em uma matriz ambiental impacta as outras a fim de propor intervenções que promovam impactos ambientais positivos mais amplos e conhecimento das relações entre as matrizes ambientais. • Estabelecer indicadores de desempenho ambiental e utilizá-los como referências para tomada de decisão e ações de comunicação. • Fomentar sistemas de produção com elevado grau de resiliência.	• Demonstrar para a sociedade brasileira e para os mercados internacionais a viabilidade econômica e ambiental da pecuária nacional. • Entender que a unidade de produção terá multifunções (recreação, educação, desenvolvimento das áreas rurais, manutenção da estrutura ecológica etc.).	• O setor agroindustrial deve ser mais proativo nas questões de comunicação e transparência e fomentar o diálogo com os vários atores sociais • Fomentar programas e redes de pesquisa em manejo ambiental das atividades pecuárias. O suporte financeiro deve ter um perfil de longo prazo a fim de que os resultados possam ser validados e monitorados. • Aproximar os complexos agroindustriais de outros setores da sociedade, principalmente os de saúde e nutrição. • O Estado deve desempenhar seu papel de agente regulador, principalmente no que diz respeito à regulação ambiental e social. Caso isso não ocorra, haverá concentração e industrialização da pecuária brasileira sem precedentes, com altos custos ambientais e sociais. • Educar os consumidores brasileiros quanto aos sistemas de produção, o valor nutricional dos alimentos e a condição ambiental das atividades pecuárias. • Fomentar a comunicação constante entre os setores pecuários e os tomadores de decisão (políticos e jurídicos) para que tenham ciência das realidades produtivas. • Devido à disponibilização de um maior número de programas, certificações e políticas ambientais de adesão voluntária, os consumidores questionarão as cadeias produtivas quanto à adesão; caso a adesão não ocorra, justificativas terão de ser dadas com prejuízos econômicos e de imagem.

CONSIDERAÇÕES FINAIS

A não superação dos desafios ambientais identificados para a pecuária brasileira poderá ter consequências negativas, causando grandes conflitos para o setor e do setor para a sociedade. Dentre essas consequências, podemos destacar:

- será determinado por lei que as dietas para os animais terão de considerar em suas formulações tecnologias para redução da excreção de nutrientes;
- o uso dos resíduos como fertilizante terá como elemento de referência o fósforo;
- será exigido que a propriedade tenha uma porcentagem mínima de área agrícola, determinando o plantio de culturas vegetais que tenham elevada capacidade de extração de nutrientes;
- a quantidade máxima permitida de aplicação de nutrientes via dejetos animais como fertilizante será estipulada abaixo do nível econômico ótimo para a cultura vegetal;
- será obrigatório a incorporação dos resíduos animais no solo quando utilizados como fertilizante;
- serão impostas multas para o excesso de nutrientes nas dietas e no solo;
- haverá limites legais para o número de unidades animais por hectare;
- será proibido ter atividades pecuárias em áreas ambientalmente sensíveis;
- serão estabelecidas moratórias produtivas para territórios e/ou unidades hidrográficas que apresentem elevado nível de degradação;
- se as práticas ambientais de adesão voluntária não forem internalizadas por grande parte dos produtores, poderão se transformar em leis e regulações, reduzindo o tempo de adequação e aumentando o custo para o uso da prática;
- terá de ser feita a reengenharia das instalações e da propriedade a fim de contribuir na redução dos impactos ambientais negativos e no manejo dos resíduos;
- será obrigatório o uso de sistemas integrados;
- arranjos sociais serão estabelecidos para analisar, planejar, implementar e monitorar as ações propostas.

REFERÊNCIAS

ADEOLA, O. Nutrient management procedures to enhance environmental conditions: an introduction. *Journal of Animal Science*, v. 77, p. 427-429, 1999.

ASAI, M.; LANGER, V.; FREDERIKSEN, P. Responding to environmental regulations through collaborative arrangements: social aspects of manure partnerships in Denmark. *Livestock Science*, v. 167, p. 370-380, 2014.

ASHLEY, K.; CORDELL, D.; MAVINIC, D. A brief history of phosphorus: from the philosopher's stone to nutrient recovery and reuse. *Chemosphere*, v. 84, p. 737-746, 2011.

BAI, Z.; MA, L.; JIN, S. et al. Nitrogen, Phosphorus, and Potassium flows through the manure management chain in China. *Environmental Science & Technology*, v. 50, p. 13.409-13.418, 2016.

BAI, Z. H.; QIN, W.; CHEN, Q. et al. Changes in pig production in China and their effects on nitrogen and phosphorus use and losses. *Environmental Science & Technology*, v. 48, p. 12.742-12.749, 2014.

BAR-ON, Y. M.; PHILLIPS, R.; MILO, R. The biomass distribution on Earth. *Proceedings of the National Academy of Sciences of the United States* (PNAS), jun. 2018.

BRUINSMA, J. E. *World agriculture: towards 2015/2030 – an FAO perspective*. London: Earthscan Publications Ltd., 2003.

BURTON, C. H.; TURNER, C. *Manure management, treatment strategies for sustainable agriculture*. 2. ed. Silsoe: Silsoe Research Institute, 2003.

BUTYNSKI, T. Vertebrate predation by primates. *Human Evolution*, v. 11, p. 421-430. 1982.

CARBONARI, P. Só 11% dos países do mundo têm democracias plenas. *Super Interessante*, 15 mar. 2018. Disponível em: <https://super.abril.com.br/sociedade/so-11-dos-paises-do-mundo-tem-democracias-plenas>. Acesso em: 12 nov. 2018.

DAVIS, L. E.; AJZEN, I.; SAUNDERS, J.; WILLIAMS, T. The decision of African American students to complete high school: an application of the theory of planned behavior. *Journal of Educational Psychology*, v. 94, p. 810-819. 2002.

DE CLERCQ, P.; GERTSIS, A. C.; HOFMAN, G. *Nutrient management legislation in european countries*. Wageningen: Wageningen Pers, 2001.

DEVENDRA, C. Crop-animal systems in Asia: future perspectives. *Agricultural Systems*, v. 71, p. 179-186, 2002.

DIAMOND, J. Evolution, consequences and future of plant and animal domestication. *Nature*, p. 700-707, 2002.

GAMEIRO, A. H.; SANTOS, J. P. D.; PALHARES, J. C. P.; BONAUDO, T.; TICHIT, M. A contabilidade do fluxo de materiais como método para análise da sustentabilidade da produção animal. In: GOBESSO, A. A. O. et al. (Org.). *Novos desafios da pesquisa em nutrição e produção animal*. Pirassununga: 5D Editora, 2017.

HANEGRAAF, M. C.; DEN BOER, D. J. Perspectives and limitations of the Dutch minerals accounting system (Minas). *European Journal of Agronomy*, 20, p. 25-31, 2003.

HENKENS, P. L. C. M.; VAN KEULEN, H. Mineral policy in the Netherlands and nitrate policy within the European community. *Netherlands Journal of Agricultural Science*, v. 49, p. 117-134, 2001.

HRISTOV, A. N. et al. Mitigation of greenhouse gas emissions in livestock production: a review of technical options for non-CO_2 emissions. In: GERBER, J. P.; HENDERSON, B.; MAKKAR, H. P. S. (Eds.). *FAO Animal Production and Health Paper*, Rome, n. 177, 2013.

INGENBLEEK, P.; IMMINK, V. M. Managing conflicting stakeholder interests: an exploratory case analysis of the formulation of corporate social responsibility standards in the Netherlands. *Journal of Public Policy & Marketing*, v. 29, p. 52-65, 2010.

JU, X.; ZHANG, F.; BAO, X.; ROMHELD, V.; ROELCKE, M. Utilization and management of organic wastes in Chinese agriculture: past, present and perspectives. *Science in China*, v. 48, p. 965-979, 2005.

KANTER, D. R. Nitrogen pollution: a key building block for addressing climate change. *Climatic Change*, v. 147, p. 11-21, 2018. Disponível em: <https://doi.org/10.1007/s10584-017-2126-6>. Acesso em: 12 nov. 2018.

KARUNANITHI, R.; SZÖGI, A.; BOLAN, N. et al. Phosphorus recovery and reuse from waste streams. *Advances in Agronomy*, v. 131, jan. 2015.

KESSLER, A.; PARKINS, J. R.; KENNEDY, E. H. Environmental harm and "the good farmer": conceptualizing discourses of environmental sustainability in the beef industry. *Rural Sociology*, v. 0, 2016.

KRISTENSEN, E.; LARSEN, C. E. S.; KYVSGAARD, N. C.; MADSEN, J.; HENRIKSEN, J. Livestock Production: the twenty first century's food revolution. *Livestock Research for Rural Development*, v. 16, n. 1, jan. 2004. Disponível em: <http://www.lrrd.org/lrrd16/1/kris161.htm>. Acesso em: 12 nov. 2018.

KYLLINGSBÆK, A.; JØRGEN, A. E.; HANSEN, F. Development in nutrient balances in Danish agriculture 1980-2004. *Nutrient Cycling in Agroecosystems*, v. 79, n. 3, p. 267-280, 2007.

LOBATO, M. *A onda verde*. 13. ed. São Paulo: Brasiliense, 1979.

LOYON, L. et al. Best available technology for European livestock farms: availability, effectiveness and uptake. *Journal of Environmental Management*, v. 166, p. 1-11, 2016.

LOYON, L.; BURTON, C. H.; GUIZIOU, F. Intensive livestock farming systems in use across Europe – a review of the current situation relating to IPPC based on recent data gathered by questionnaire. *GERE*, Cemagref, 2009. Disponível em: <https://www.ktbl.de/fileadmin/user_upload/Allgemeines/BAT-Support-Final-report4-2009.pdf>. Acesso em: 12 nov. 2018.

MANITOBA PORK COUNCIL. *Embrancing a sustainable future*. Disponível em: <http://www.manitobapork.com/sustainablefuture.aspx>. Acesso em: 12 abr. 2011.

MARTÍNEZ-GARCÍA, C. G.; DORWARD, P.; REHMAN, T. Factors influencing adoption of improved grassland management by small-scale dairy farmers in central Mexico and the implications for future research on smallholder adoption in developing countries. *Livestock Science*, v. 152, p. 228-238, 2013.

MENZI, H. Manure management in Europe: results of a recent survey. In: VENGLOVSKY, J.; GRESEROVA, G. *10th International Conference Hygiene Safety*, Strbske Pleso, High Tatras, Slovak Republic, may 14-18, p. 93-102, 2002.

METSON, G. S.; MACDONALD, G. K.; HABERMAN, D. et al. Feeding the corn belt: opportunities for phosphorus recycling in U.S. agriculture. *Science of the Total Environment*, v. 542, p. 1117-1126, 2016.

MU, W. et al. Nutrient balance at chain level: a valuable approach to benchmark nutrient losses of milk production systems. *Journal of Cleaner Production*, v. 112, p. 2419-2428, jan. 2016.

NEUMANN, K.; VERBURGB, P. H.; ELBERSENC, B.; STEHFESTD, E.; WOLTJER, G. B. Multiscale scenarios of spatial-temporal dynamics in the European livestock sector. *Agriculture, Ecosystems and Environment*, v. 140, p. 88-101, 2011.

OENEMA, O. Governmental policies and measures regulating nitrogen and phosphorus from animal manure in European agriculture. *American Society of Animal Science*, v. 82, p. 196-206, 2004.

OENEMA, O.; OUDENDAG, D.; VELTHOF, G. L. Nutrient losses from manure management in the European Union. *Livestock Science*, v. 112, p. 261-272, 2007.

OENEMA, O.; PIETRZAK, S. Nutrient management in food production: achieving agronomic and environmental targets. *AMBIO: A Journal of the Human Environment*, v. 31, p. 159-168, 2002.

OENEMA, O.; TAMMINGA, S. Nitrogen in global animal production and management options from improving nitrogen use efficiency. *Science in China*, v. 48, p. 871-887, 2005.

OENEMA, O.; VELLINGA, T. V.; VAN KEULEN, H. Nutrient management under grazing. In: ELGERSMA, A.; DIJKSTRA, J.; TAMMINGA, S. (Eds.). *Fresh herbage for dairy cattle:* the key to a sustainable food chain. Netherlands: Springer, 2006.

ONDERSTEIJN C. J. M.; BELDMAN A. C. G.; DAATSELAAR C. H. G.; GIESEN G. W. J.; HUIRNE, R. B. M. The dutch mineral accounting system and the european nitrate directive: implications for N and P management and farm performance. *Agriculture, Ecosystems, and Environment*, v. 92, p. 283-296, 2002.

PALHARES, J. C. P. Tendências para o licenciamento ambiental na suinocultura brasileira. *Revista de Política Agrícola*, n. 4, p. 18-28, 2009.

PALHARES, J. C. P.; PEZZOPANE, J. R. M. Water footprint accounting and scarcity indicators of conventional and organic dairy production systems. *Journal of Cleaner Production*, v. 1, p. 1-14, 2015.

PARRIS K.; REILLE L. Measuring the environmental impacts of agriculture: use and management of nutrients. *The International Fertiliser Society Proceedings*, n. 442, p. 31, 1999.

PETERSEN, S. O.; SOMMER, S. G.; BÉLINE, F.; BURTON, C.; DACH, J.; DOURMAD, J. Y.; LEIP, A.; MISSELBROOK, T.; NICHOLSON, F.; POULSEN, H. D.; PROVOLO, G.; SØRENSEN, P.; VINNERÅS, B.; WEISKE, A.; BERNAL M. P.; BÖHM, R.; JUHÁSZ, C.; MIHELIC, R. Recycling of livestock manure in a whole-farm perspective. *Livestock Science*, v. 112, n. 3, p. 180-191, dec. 2007.

POWELL, J. M.; GOURLEY, C. J. P.; ROTZ, C. A.; WEAVER, D. M. Nitrogen use efficiency: a potential performance indicator and policy tool for dairy farms. *Environmental Science & Policy*, v. 13, p. 217-228, 2010.

RAFFA, D.; TUBIELLO, F.; TURNER, D.; MONTERO SERRANO, J. Nitrogen inputs to agricultural soils from livestock manure: new statistics. *Food and Agriculture Organization of the United Nations (FAO)*, v. 24, p. 86, 2018. Disponível em: <http://www.fao.org/3/I8153EN/i8153en.pdf>. Acesso em: 12 nov. 2018.

REIFSCHNEIDER, F. J. B; HENZ, G. P.; RAGASSI, C. F.; ANJOS, U. G.; FERRAZ, R. M. *Novos ângulos da história da agricultura*, v. 24, Brasília: Embrapa Informação Tecnológica, 2010.

SCHRODER, J. J.; AARTS, H. F. M.; TEN BERGE, H. F. M.; VAN KEULEN, H.; NEETESON, J. J. Annotations to the use of wholefarm nitrogen balances and related indices for efficient nitrogen use. *European Journal of Agronomy*, v. 20, p. 33-44, 2003.

SCHRODER, J. J.; CORRE, W. J. Actualization of Nitrogen and Phosphorus Desk Studies. *Plant Research International*, Report 22, Wageningen, p. 182, 2000.

SHARPLEY, A.; WANG, X. Managing agricultural phosphorus for water quality: lessons from the USA and China. *Journal of Environmental Sciences*, v. 26, p. 1770-1782, 2014.

SHELDRICK, W.; SYERS, J. K.; LINGARD, J. Contribution of livestock excreta to nutrient balances. *Nutrient Cycling in Agroecosystems*, v. 66, p. 119-131, 2003.

SIMS, J. T.; BERGSTRÖM, L.; BOWMAN, B. T.; OENEMA, O. Nutrient management for intensive animal agriculture: policies and practices for sustainability. *Soil Use Manage*, v. 21, p. 141-151, 2005.

SOCIEDADE BRASILEIRA PARA O PROGRESSO DA CIÊNCIA (SBPC). O Código Florestal e a Ciência: contribuições para o diálogo. *SBPC*, São Paulo, p. 124, 2011.

STEINFELD, H.; GERBER, P. Livestock production and the global environment: Consume less or produce better? *PNAS*, v. 107, n. 43, p. 18237-18238, 2010.

STROKAL, M.; MA, L.; BAI, Z. et al. Alarming nutrient pollution of Chinese rivers as a result of agricultural transitions. *Environmental Research Letters*, v. 11, n. 2, p. 24014, feb. 2016.

TILMAN, D.; FARGIONE, J.; WOLFF, B.; D'ANTONIO, C.; DOBSON, A.; HOWARTH, R.; SCHINDLER, D.; SCHLESINGER, W. H.; SIMBERLOFF, D.; SWACKHAMER, D. Forecasting agriculturally driven global environmental change. *Science*, v. 292, p. 281-284, 2001.

TORRENT, J.; BARBERIS, E.; GIL-SOTRES, F. Agriculture as a source of phosphorus for eutrophication in southern Europe. *Soil Use and Management*, v. 23, p. 25-35, 2007. <https://doi.org/10.1111/j.1475-2743.2007.00122.x>. Acesso em: 12 nov. 2018.

VAN GRINSVEN, H. J. M.; TIKTAK, A.; ROUGOOR, C. W. Evaluation of the Dutch implementation of the nitrates directive, the water framework directive and the national emission ceilings directive. *Journal of Life Sciences*, v. 78, p. 69-84, 2016.

VELTHOF, G. L.; HOU, Y.; OENEMA, O. Nitrogen excretion factors of livestock in the European Union: a review. *Journal of the Science of Food and Agriculture*, v. 95, p. 3004-3014, 2015.

WANG, J.; LIU, Q.; HOU, Y. et al. International trade of animal feed: its relationships with livestock density and N and P balances at country level. *Nutrient Cycling in Agroecosystems*, v. 110, n. 1, nov. 2017.

WOOD, S. A.; SMITH, M. R.; FANZO, J. et al. Trade and the equitability of global food nutrient distribution. *Nature Sustainability*, v. 34, p. 34-37, 2018.

YARON, B.; DROR, I.; BERKOWITZ, B. *Soil-Subsurface change:* chemical pollutant impacts. Berlin: Springer, 2012. Disponível em: <http://link.springer.com/10.1007/978-3-642-24387-5>. Acesso em: 12 nov. 2018.

CAPÍTULO 17

Desenvolvimento de novos produtos agroalimentares sustentáveis

Luís Fernando Soares Zuin

Poliana Bruno Zuin

INTRODUÇÃO

No ambiente produtivo dos territórios rurais, em busca de maior lucratividade, um dos caminhos que o produtor rural pode percorrer é desenvolver, conjuntamente com os centros de inovações agropecuárias de cunho governamental ou privado, novas tecnologias (produtos e processos) sustentáveis[1] para serem empregadas em suas rotinas produtivas. Entendemos como sustentabilidade nos territórios rurais as mais variáveis interações produtivas que buscam de forma conjunta um ambiente baseado na alteridade dialógica. O principal objetivo desse desenvolvimento conjunto de novas tecnologias é agregar valor às matérias-primas, produzidas em suas propriedades de forma ambientalmente sustentável e socialmente justa.

Para percorrer esse novo caminho produtivo, o produtor rural deve apresentar um olhar de fronteira e centrífugo,[2] que vai além dos limites físicos de sua propriedade e de seus processos produtivos. Certamente essa nova postura dialógica[3] vai ajudá-lo na busca por aumento da eficácia e da eficiência de seus processos produtivos, visando abranger as dificuldades e oportunidades presentes no atual ambiente socioeconômico, que perpassa a cadeia produtiva do agronegócio. O olhar, em um processo produtivo sustentável, adquire nova perspectiva

1. Por novas tecnologias sustentáveis entendemos os novos produtos, processos e serviços construídos conjuntamente com os sujeitos pertencentes aos territórios rurais.
2. BAKHTIN, M. *Estética da criação verbal.* São Paulo: Martins Fontes, 2003; BAKHTIN, M. *Marxismo e filosofia da linguagem.* São Paulo: Hucitec, 2010a.
3. Ver capítulos 1, 2 e 3.

de desenvolvimento econômico, dentro de uma sociedade que determina de forma mais criteriosa a quantidade de produtos e o ato de consumi-los.

O desafio para a nossa sociedade é enfrentar a passagem para esse novo paradigma, que se tornará predominante. A mudança certamente envolverá alterações em vários elementos e dimensões socioeconômicas que constituem o atual modelo consumista, transformando, por exemplo, os padrões éticos e estéticos dos produtos; os atos de consumo, validados pelos padrões culturais atuais; os fluxos de energia e insumos; e os ambientes econômicos e institucionais. O que estamos vivenciando nesse momento é o início desse processo.[4]

De forma ampla, o desenvolvimento de produtos sustentáveis apresenta condicionantes provenientes dos conceitos de design social e eco design, como:[5]

- mitigar o uso de recursos energéticos e naturais;
- não empregar nos processos matérias esgotáveis, danosas e perigosas ao bioma;
- empregar na confecção de produtos e processos matéria-prima que pode ser reciclada e renovada;
- empregar um mínimo possível de variedade de materiais;
- facilitar a rastreabilidade de produtos finais por codificação;
- diminuir os números de processos produtivos;
- mitigar ao máximo a geração de resíduos e consumo de fontes energéticas;
- ajudar a desenvolver tecnologias socialmente justas e ambientalmente corretas;
- aumentar a vida útil dos produtos, investindo em maior durabilidade e confiabilidade;
- desenvolver embalagens reutilizáveis ou recicláveis, restringindo seu uso ao máximo;
- pensar em produtos modulares e fáceis de serem reparados e/ou repostos;
- adequar o desenvolvimento de novos produtos às interações e aos contextos socioculturais locais;
- proporcionar a valorização dos sentidos e significados sociais e culturais, bem como os elementos ambientais de um território rural.

4. MANZINI, E.; VEZZOLI, C. *O desenvolvimento de produtos sustentáveis:* os requisitos ambientais dos produtos industriais. São Paulo: Edusp, 2008.
5. PANZINO, A. V. Uma reflexão sobre design social, eco design e design sustentável. In: I SIMPÓSIO BRASILEIRO DE DESIGN SUSTENTÁVEL, 2007. Disponível em: <http://naolab.nexodesign.com.br/wp-content/uploads/2012/03/PAZMINO2007-DSocial-EcoD-e-DSustentavel.pdf>. Acesso em: 13 nov. 2018.

Como será visto neste capítulo, levar em consideração esses fatores permitirá, durante o desenvolvimento de novos produtos, trabalhá-los de forma dialógica.

Na busca por elevar tanto a produtividade como a lucratividade de seus empreendimentos, o proprietário rural pode percorrer três caminhos, todos levando em conta durante o processo de desenvolvimento de novos produtos os preceitos design social e eco design.[6] O primeiro refere-se à aplicação, em suas matérias-primas, de alguma forma de processamento sustentável e com responsabilidade social nas dependências de sua propriedade rural. O segundo é a certificação das matérias-primas (orgânicos, denominação de origem, comércio justo, entre outros padrões de qualidade). E, por fim, o terceiro percurso é a junção dos dois anteriores, isto é, uma matéria-prima certificada que sofreu algum grau de processamento na propriedade rural.

Com relação às matérias-primas de origem animal, o processo de manufatura, certificação e os caminhos percorridos para a comercialização tendem a ser um pouco mais complexos, como no caso das cadeias produtivas da carne e do leite de origem bovina. Entretanto, a partir de 2018, foi aprovada a Lei n. 13.680,[7] que cria um selo único denominado ARTE, permitindo que o pequeno e o médio produtor rural comercializem seus produtos que receberam algum tipo de processamento ou certificação em todo o território nacional. Essa lei não exclui a fiscalização pelos órgãos competentes de saúde pública do estado, mas possibilita que o produtor rural amplie consideravelmente seu acesso ao mercado consumidor mais amplo.

Antes, em um contexto produtivo mais intrincado, a comercialização do produto pecuário era colocada frente às barreiras sanitárias impostas pela legislação passada, que impediam que um produto certificado apenas pelos padrões sanitários descritos no Serviço de Vigilância Sanitária Municipal (SIM) fosse comercializado fora dos limites territoriais da cidade que o produziu. Assim, para que o produtor rural pudesse comercializar sua mercadoria em todo o estado e/ou país, deveria possuir, respectivamente, as certificações do Serviço de Inspeção Estadual e Federal. Entretanto, as exigências para a obtenção dessas certificações eram volumosas e complexas – o que, frequentemente, tornava economicamente inviável sua aplicação em muitos empreendimentos rurais de pequeno e médio porte.

6. ZUIN, L. F. S.; QUEIROZ, T. R. Gestão e inovação nos agronegócios. In: ZUIN, L. F. S.; QUEIROZ, T. R. (Orgs.). *Agronegócios: gestão e inovação*. São Paulo: Saraiva, 2006. p. 1-19; PANZINO, 2007.

7. BRASIL. Governo Federal. *Lei n. 13.680, de 14 de junho de 2018*. Disponível em: <http://www.planalto.gov.br/ccivil_03/_ato2015-2018/2018/Lei/L13680.htm>. Acesso em: 13 nov. 2018.

Entretanto, por meio de vários debates públicos, uma variedade de vozes estruturou um novo padrão de qualidade para esse tipo de produto; sendo agora o grande desafio, tanto para o dirigente rural como para os demais sujeitos que compõem sua cadeia produtiva, desenvolver novos produtos e processos que possam ser comercializados em todo o território sob o selo ARTE. Novos padrões de qualidade surgirão com o tempo, tanto voluntários como impostos, daí a importância de entender essa complexidade de sentidos e significados que os sujeitos trazem para o debate a partir da interação de vozes. Apesar de possivelmente conflituoso, esse processo permite que a decisão sobre os caminhos produtivos do desenvolvimento de novos produtos seja realizada por meio de um caminho dialógico mais duradouro e menos imprevisível.[8]

Por outro lado, alguns produtos como milho, soja e café, produzidos nas propriedades rurais, recebem a designação de *commodities* agropecuárias, sendo definidos pelo Ministério do Desenvolvimento, Indústria e Comércio Exterior (MDIC) como

> [...] produtos de base em estado bruto (matérias-primas) ou com pequeno grau de industrialização, de qualidade quase uniforme, produzidos em grandes quantidades e por diferentes produtores. Estes produtos "in natura", cultivados ou de extração mineral, podem ser estocados por determinado período sem perda significativa de qualidade. Possuem cotação e negociabilidade globais, utilizando bolsas de mercadorias.[9]

O contexto produtivo das *commodities* é caracterizado por um ambiente homogêneo, padronizado e com pouca variedade de produtos cultivados, sendo bem-sucedido em alguns contextos produtivos específicos (como no caso das grandes monoculturas). No entanto, historicamente, essa abordagem, tanto para a pesquisa como para o desenvolvimento agropecuário, em ambientes produtivos complexos (propriedades que possuem ampla diversidade de produtos de origem animal e vegetal) se mostrou inadequada. Fatores sociais e

8. Referenciam este e o parágrafo anterior: MANZINI, VEZZOLI, 2008; CRUZ, F. T.; MENASCHE, R. Alimentos tradicionais, modos de vida e patrimônio cultural: uma reflexão a partir do Queijo Serrano. *Ateliê Geográfico (UFG)*, v. 6, p. 28-51, 2012; ZUIN, L. F. S. et al. Estudo da agroindustrialização no campo percorrido por três microempresas rurais que processam leite de cabra localizadas no estado de São Paulo. In: CONTERATO, M. A. et al. (Orgs.). *Mercados e agricultura familiar:* interfaces, conexões e conflitos. Porto Alegre: Via Sapiens, 2013; ZUIN, L. F. S.; ZUIN, P. B. *Produção de alimentos tradicionais:* extensão rural. Aparecida: Ideias & Letras, 2008; ZUIN, L. F. S.; ZUIN, P. B. Comunicação dialógica na gestão ambiental: novos caminhos metodológicos para a extensão rural. In: PALHARES, J. C.; GEBLER, L. (Orgs.). *Gestão ambiental na agropecuária*, v. 2. Brasília: Embrapa Informação Tecnológica, 2014. p. 13-48.

9. MINISTÉRIO DO DESENVOLVIMENTO, INDÚSTRIA E COMÉRCIO EXTERIOR. *Exportações de commodities*. Disponível em: <http://www.mdic.gov.br/sitio/interna/interna.php?area=5&menu=1955>. Acesso em: 13 nov. 2018.

culturais, intrínsecos aos territoriais rurais e seus habitantes, influenciam diretamente **o que** e **como** seria produzido o alimento.[10]

Podem-se observar algumas diferenças nos modos de gerenciar, produzir e comercializar apresentados pelos produtos *commodities* e os processados-certificados para os sujeitos pertencentes à cadeia produtiva do agronegócio, bem como para o consumidor. Os produtos do tipo processado-certificado apresentam na produção da matéria-prima e em seu processamento os saberes-fazeres locais e os sentidos constituídos historicamente por meio de interações dialógicas, apresentando técnicas produtivas centenárias.[11] Já os produtos *commodities* não possuem essa característica, sendo definidos por um padrão contemporâneo internacional de qualidade, ou seja, por uma imposição monológica, em que são levados em consideração o sentido e o significado de poucas vozes.[12]

Nas propriedades rurais, uma das formas de produzir os produtos processados-certificados é por meio do processo de desenvolvimento de produtos alimentícios sustentáveis. Propomos, a seguir, uma série de fases e atividades que podem auxiliar no desenvolvimento desse tipo de produto, resultando no processo de agroindustrialização dos territórios rurais, para ser usado independentemente do tamanho da organização rural.

17.1

DESENVOLVIMENTO DE PRODUTOS ALIMENTÍCIOS SUSTENTÁVEIS

O desenvolvimento de produtos é considerado pelas organizações um processo cada vez mais agudo e decisivo para a melhora da competividade, em um ambiente de negócios em que se oferta intensamente ao mercado consumidor ampla variedade de produtos cujo ciclo de vida está cada vez mais reduzido.[13] Nesse cenário, o processo de desenvolvimento de produtos alimentícios sustentáveis (PDPS)[14] é determinado pelo estudo do ciclo de vida do produto.

10. DARNHOFER, I.; GIBBON, D.; DEDIEU, B. Farming systems research: an approach to inquiry. In: DARNHOFER, I.; GIBBON, D.; DEDIEU, B. *Farming systems research into the 21st century:* the new dynamic. Dordrecht: Springer Science, 2012.

11. CRUZ, 2012; SANTOS, J. S.; CRUZ, F. T.; MENASCHE, R. O mineiro, o queijo e os conflitos (nada poéticos) em torno dos alimentos tradicionais produzidos artesanalmente no Brasil. In: 5º ENCONTRO DA REDE DE ESTUDOS RURAIS, 2012, Belém, *Anais...*, UFPA, 2012; ZUIN, ZUIN, 2008.

12. ZUIN, ZUIN, 2014.

13. ROZENFELD, H. et al. *Gestão de desenvolvimento de produtos:* uma referência para a melhoria do processo. São Paulo: Saraiva, 2006.

14. MANZINI, VEZZOLI, 2008; ZUIN, L. F. S.; ALLIPRANDINI, D. H. Gestão da inovação na produção agropecuária (GIPA). In: ZUIN, L. F. S.; QUEIROZ, T. R. (Orgs.). *Agronegócios:* gestão e inovação. São Paulo: Saraiva, 2006; BAKHTIN, 2010a; BAKHTIN, M. *Para uma filosofia do ato responsável.* São Carlos: Pedro & João Editores, 2010b.; BAKHTIN, 2003; GONÇALVES-DIAS, S. L. F. Há vida após a morte: um (re)pensar estratégico para o fim da vida das embalagens. *Gestão & Produção* (UFSCar), v. 13, p. 463-474, 2006; PANZINO, 2007.

Cabe ao gestor do empreendimento determinar o conjunto de elementos, atividades e interações que compõem esse ciclo de vida e detalhá-lo nas atividades iniciais do PDPS que serão incorporadas a ele. Para isso, os sujeitos envolvidos no processo buscam a inter-relação e as prioridades entre as mais variadas estratégias de produto, processo e mercado apresentadas, sendo uma das principais estratégias o desenvolvimento de produtos socialmente justos em ambientalmente sustentáveis.

De forma abrangente, o objetivo do ciclo de vida do produto é, por um lado, diminuir ao mínimo o emprego de matérias-primas e energia durante a produção. Por outro, deve ser realizado pelos gestores o planejamento do descarte de resíduos e da reutilização das embalagens depois que o produto for consumido, arquitetando um processo de logística reversa. Em produtos do tipo "usar e jogar fora", como no caso alimentício, a postura atual de parte das indústrias é não se responsabilizar pela eliminação ou pelo reúso dos resíduos depois de ofertados ao mercado consumidor. Atualmente, as empresas de embalagem tentam mitigar os efeitos de seus produtos apresentando às pessoas formas de usá-los, como no caso de construção de telhas e outros produtos. Entretanto, esse cenário deve mudar nos próximos anos, com as empresas a apresentar uma postura mais ativa para com a destinação dos resíduos produzidos pelos consumidores, principalmente nas atividades que reutilizam os mais diversos tipos de polímeros.[15]

O PDPS deve ir além dos estudos que determinarão a forma e a função da matéria-prima. A busca é por um olhar dialógico que entenda a plenitude do sistema-produto. A conscientização dos problemas trazidos pelo atual modelo produtivo fez com que as pessoas procurassem cada vez mais produtos, processos e serviços que propiciassem um **consumo limpo**. O desenvolvimento desse tipo de produto passa, necessariamente, pela mudança de postura e comportamento dos consumidores, ou seja, o **produto limpo** deve também ser social e culturalmente aceitável. O papel do PDPS é aproximar a tecnologia do ecologicamente necessário. Para isso, é imprescindível levar em conta, durante os trabalhos, as especificidades e necessidades dos sentidos e significados que cada voz reverbera em seu território rural. Um dos objetivos mercadológicos do PDPS é destacar e individualizar os produtos e processos ecologicamente favoráveis, em detrimento dos que ainda não se preocupam com seus impactos nos biomas.[16]

15. CRAVO, J. C. M.; FIORELLI, J.; CRUZ, V. C.; FONSECA, R.; LAHR, F. A. R. Evaluation of recycled tiles and OSB ceiling materials in closed broiler house prototypes. *Revista Brasileira de Ciência Avícola/Brazilian Journal of Poultry Science*, v. 11, p. 221-226, 2009; CRAVO, J. C. M. *Forro ecológico à base de saco de cimento, embalagem tetra pak e resina poliuretana de mamona para aplicação em galpões avícolas*. 2016. Tese (Doutorado em Zootecnia – Qualidade e Produtividade Animal) – Universidade de São Paulo (USP), São Paulo, 2016.

16. ZUIN, ZUIN, 2014; MANZINI, VEZZOLI, 2008; PANZINO, 2007.

17.2

CICLO DE VIDA DOS PRODUTOS ALIMENTÍCIOS

A proposta de administrar o ciclo de vida do produto por meio do olhar dialógico nos territórios rurais[17] é composta por cinco fases:

1. Pré-produção.
2. Produção.
3. Distribuição.
4. Consumo.
5. Descarte.

A postura dos gestores quando planejam o ciclo de vida do produto deve ser dialógica – seja de fronteira, centrífuga ou sistêmica –, analisando todas as diversidades de caminhos e interações que o produto percorrerá, até o momento de determinar o que será feito com os resíduos após o consumo, que pode ocorrer tanto dentro da propriedade rural como nos demais agentes da cadeia produtiva do agronegócio e no consumidor final. Um aspecto importante no ciclo de vida do produto sustentável é que ele também é determinado por ciclos de vida de outros produtos, os quais o orbitam e o complementam.

Logo, o trabalho do dirigente é, também, visualizar e detalhar outros ciclos de vida adicionais e insumos, como os das embalagens, maquinários, transporte, energia, hídricos, entre outros elementos constituintes do produto final. O importante nessa etapa de planejamento é contar a história do ciclo de vida do produto, entender e projetar as atividades e processos que vão constituí-lo, além de considerar, em cada uma das etapas, a quantidade de insumos, energia, resíduos e emissões lançadas no bioma (água, ar e solo).[18]

O planejamento complexo das atividades do PDPS envolve um conjunto amplo de interações e significações com sujeitos pertencentes aos ambientes internos e externos à propriedade rural. Certamente, os trabalhos serão bem-sucedidos caso realizados em um ambiente produtivo dialógico. Nesse contexto, o sujeito que coordena as atividades e tarefas no PDPS terá de possuir o perfil de gestor dialógico.[19]

17. MANZINI, VEZZOLI, 2008; ZUIN, ZUIN, 2014; ZUIN, ALLIPRANDINI, 2006.
18. Referenciam este e o parágrafo anterior: ZUIN, ZUIN, 2014; MANZINI, VEZZOLI, 2008; BAKHTIN, 2010a; BAKHTIN, 2010b; BAKHTIN, 2003.
19. Ver definição no Capítulo 1.

17.2.1 Pré-produção

A pré-produção é a primeira fase do PDPS, responsável por determinar caminhos, quantidades e frequências de fornecimento das matérias-primas empregadas no desenvolvimento tanto do produto como do processo. Nesse estudo, as formas de aquisição e produção dos recursos nas propriedades rurais são elencadas e planejadas, determinando qual será o padrão de qualidade do conjunto de matérias-primas usadas na confecção do produto. A matéria-prima poderá ser obtida tanto com outros produtores como pode ser produzida no próprio local. Quanto à aquisição (frequência) ou à produção desses recursos, o gestor dialógico deverá pensar como se dará o transporte e o armazenamento até o local de manufatura na propriedade rural. Nesse momento, os sujeitos começam a se preocupar com o gasto energético que o conjunto de atividades pode gerar, bem como com seu impacto no bioma do território rural.

Os produtos alimentícios são manufaturados a partir de dois conjuntos de recursos diretos: a matéria-prima de origem vegetal e/ou animal e o tipo da embalagem em que o produto será apresentado para o consumidor final, envoltos pelo gasto energético e hídrico. Os recursos podem ser renováveis, como as matérias-primas vegetais e animais, e não renováveis, como em alguns produtos à base de petróleo, empregados em determinadas embalagens e na geração de energia. No caso das embalagens, antes de chegarem à propriedade rural, já passaram por uma série de processos para a sua confecção, os quais consumiram diversos conjuntos de insumos materiais e energéticos.

De forma ampla, os tipos de recursos empregados na produção dos alimentos e das embalagens são recuperáveis em dois momentos: um antes e o outro depois do consumo. No primeiro momento, os recursos são recolhidos antes de chegar ao mercado e são resultado de algum padrão de qualidade alterado, podendo ocasionar danos à saúde dos consumidores. Nesse caso, o produto é destinado a outro caminho que não a alimentação humana. No segundo momento, quando o produto já foi consumido pelas pessoas, resta a embalagem e, às vezes, sobras de alimentos. Nesse caso, podem ser usados na compostagem ou incinerados, gerando certa quantidade de energia. Quanto a outros tipos de embalagens, dependendo do processo de reciclagem, podem ser empregadas na confecção de novas embalagens, talvez não de alimentos, mas de outros produtos como os utilizados para a limpeza nas casas e, também, nos processos produtivos de insumos para a construção civil.[20]

20. MANZINI, VEZZOLI, 2008; GONÇALVES-DIAS, 2006.

Nesse momento, o produtor rural começa a pensar como pode ser elaborada a logística reversa da embalagem dos produtos. Atualmente, o produtor não é responsável por esse caminho de volta, mas outras empresas interessadas no uso dessas embalagens podem fazê-lo. O importante é que, nessa etapa, o gestor dialógico pense em empregar na confecção da embalagem materiais que facilitem seu desmonte e sua reutilização – sendo essa etapa fundamental no processo de reciclagem. Por isso a importância do diálogo entre os sujeitos que compõem uma cadeia produtiva no momento do PDPS.[21] No momento seguinte, tem início o ciclo de vida do produto na etapa de produção.

17.2.2 Produção

O ciclo de vida do produto na etapa de produção pode ser desdobrado em três fases: I) transformação da matéria-prima animal e/ou vegetal; II) elaboração do produto alimentício; e III) finalização.

Nesse momento, as matérias-primas começam a ser transformadas em produtos que poderão ser consumidos pelas pessoas de forma direta, como no caso de queijos e embutidos, ou produtos que requerem algum tipo de preparo pelo consumidor, como os vários tipos de vegetais, os quais são limpos e higienizados, sendo encontrados, atualmente, no varejo em boa quantidade e variedade. As matérias-primas podem receber duas designações: as de uso direto e as de uso indireto quanto ao seu emprego no processo produtivo. As de uso direto são aquelas que, quando beneficiadas, estão no produto, como o açúcar presente em uma compota de doce de abóbora. As de uso indireto seriam os materiais incorporados no processo produtivo, como os maquinários que realizam o processamento do alimento. A produção do produto alimentício nas propriedades rurais pode empregar um complexo suporte de máquinas e outros equipamentos para a elaboração e finalização.

A produção envolve o planejamento e a gestão das formas de execução de vários conjuntos de atividades, como testes e controles dos padrões de qualidade para o produto e a embalagem; fluxo do produto durante seu processamento; quantidade de funcionários, bem como se estão preparados para realizar as atividades produtivas; entre outras. Essas atividades visam mitigar o consumo de energia e o impacto dos resíduos nos territórios rurais. Após a finalização do

21. CRAVO et al., 2009; MANZINI, VEZZOLI, 2008; GONÇALVES-DIAS, 2006.

produto alimentício, o destino é a próxima etapa – a distribuição para os locais de venda –, que pode ocorrer no próprio território rural, diretamente ao consumidor final, no atacado e/ou no varejo.

17.2.3 Distribuição

Quando pensamos no ciclo de vida dos produtos na fase de distribuição, observamos que pode ser desdobrado em três atividades: I) embalagem; II) transporte; e III) armazenagem. Nos alimentos, o produto finalizado é embalado e entregue aos locais de venda, obedecendo aos padrões de qualidade e de uso planejados durante a etapa de produção. No Brasil, atualmente, boa parte do transporte de alimentos até os locais de venda é realizada por meio do transporte rodoviário, sendo o valor pago pelo gasto energético – significativamente impactante no custo final desse produto.

No mesmo caminho, uma parte cada vez mais significativa de alimentos prontos para o consumo encontra-se inserida na cadeia do frio, aumentando ainda mais o gasto energético para mantê-los refrigerados até sua aquisição pelo consumidor. O elevado gasto energético desse tipo de alimento também se encontra relacionado à estrutura, cada vez mais ampla e intensa, empregada em seu armazenamento nos posto de venda e também, em alguns casos, nos pontos de distribuição. De forma geral, essa etapa pode ser difícil de ser mensurada pela equipe PDPS, pois a frequência e a quantidade de produtos a serem destinados aos pontos de venda e distribuição são um pouco imprevisíveis quando lançados no mercado; por isso, o importante é fazer essa mensuração mesmo que seja realizada com o produto já no mercado consumidor.

17.2.4 Consumo

Nessa etapa, ocorrem duas atividades com os produtos alimentícios: o preparo e o consumo pelos sujeitos em suas casas ou restaurantes. Nesses locais, os produtos ainda consumirão energia para o armazenamento e o posterior preparo. Esse tipo de produto e sua embalagem podem gerar resíduos e refugos; por isso, sua posterior destinação deve ser constituída pelo gestor dialógico, facilitando a atividade de descarte para o consumidor final ou os demais pontos de venda e consumo.

17.2.5 Descarte

No momento em que o produto alimentício é descartado, podemos pensar em algumas opções envolvendo seu destino, como:

- empregar o descarte do produto alimentício, destinando-o para compostagem ou incineração;
- reutilizar sua embalagem para outros produtos, sejam alimentícios ou não;
- optar pela não reutilização.

De forma ampla, a reciclagem pode apresentar dois caminhos, um com ciclo fechado e outro, aberto. O primeiro caso ocorre quando, em um processo produtivo, um material reciclado possui o mesmo destino dado a um material virgem, sendo usado na confecção de um novo produto. Na reciclagem de ciclo aberto, os materiais são destinados a outro tipo de produto, diferente daquele do qual foi originado. As garrafas do tipo PET,[22] empregadas frequentemente em refrigerantes, podem seguir esses dois caminhos, dependendo de como serão a separação, o manuseio e a higienização depois do consumo.[23] Um adendo importante ao ciclo de vida de um produto é pensar a sua interação com outros ciclos de vida (adicionais) de outras matérias-primas, que interagem e complementam o produto principal, o qual estamos desenvolvendo. Com alimentos, temos ciclos de vida adicionais de matérias-primas, como os das embalagens, que interagem com o produto alimentício a fim de garantir o padrão de qualidade projetado durante o PDPS.[24]

17.3

PROJETO DO CICLO DE VIDA DO PRODUTO ALIMENTÍCIO

Os projetos do ciclo de vida do produto e da embalagem devem estar presentes durante todo o seu desenvolvimento. Modelos ascendentes de processos de desenvolvimento de produtos,[25] voltados para alimentos, contemplavam uma parte do ciclo de vida do produto levando em conta apenas aspectos produtivistas,

22. Politereftalato de etileno.
23. GONÇALVES-DIAS, 2006.
24. MANZINI, VEZZOLI, 2008.
25. ZUIN, ALLIPRANDINI, 2006; ALLIPRANDINI, D. H.; TOLEDO, J. C.; BOSI, M. G. Modelo para o desenvolvimento de produtos da indústria de alimentos. In: AMARAL, D. C. (Org.). *Gestão do ciclo de vida dos produtos*. São Carlos: IFM/ Novos Talentos, 2005, v. 3, p. 141-156; FULLER, G. W. *New food product development:* from concept to marketplace. Boca Raton: CRC Press, 1994.

como as definições da estratégia da empresa e seus produtos, estudos de viabilidade, desenvolvimento do protótipo, testes físico-químicos e microbiológicos do produto, lançamento dos produtos no mercado, entre outras atividades. Trata-se de um conjunto de atividades que estão preponderantemente relacionadas com os caminhos dos produtos, processos e receptividade junto aos consumidores. Esses modelos consideravam de forma tímida o ciclo de vida do produto e da embalagem depois do seu consumo, apresentando poucas ou nenhuma atividade relacionada com o tema sustentabilidade ambiental.

Atualmente, os responsáveis pelo desenvolvimento de produtos nas organizações começam a pensar em um ciclo de vida mais abrangente para seus produtos, buscando soluções definitivas para as várias formas de danos que o produto e as embalagens podem causar aos biomas depois do uso pelos consumidores. Isso tem ocorrido porque é simplesmente mais eficaz agir de forma preventiva, já contemplando no PDPS atividades relacionadas com a sustentabilidade do produto e do processo durante todos os agentes de uma cadeia produtiva, mitigando seus efeitos. Essa nova postura dos dirigentes possui origem em um conjunto de fatores que vão desde a exigência dos mercados consumidores por produtos mais sustentáveis e socialmente justos, até legais, com legislações que punem empresas que não levam em consideração padrões principalmente relacionados com a preservação de biomas e ambientes produtivos não danosos ao trabalhador, entre outros.[26]

Todavia, qual o objetivo do projeto do ciclo de vida dos produtos alimentícios? Certamente, a principal finalidade é desenvolver nos gestores das organizações agropecuárias um olhar centrífugo e de fronteira, voltado para todo o ciclo de vida de seu produto e processo. O gestor dialógico procura diagnosticar, na fase de projeto, como se dá o emprego de matérias-primas, energia e hídricos desde as rotinas produtivas até o descarte, levando em conta o volume produzido e tentando minimizar, de forma intensa e frequente, o impacto das emissões e resíduos nos mais diversos biomas.

17.4

MÉTODO PARA O DESENVOLVIMENTO DE NOVOS PRODUTOS ALIMENTÍCIOS SUSTENTÁVEIS

O desenvolvimento de produtos sustentáveis consiste na realização de uma série de atividades pelos gestores e suas equipes de PDPS, os quais buscam um produto e um processo que sejam sustentáveis e socialmente justos, a partir

26. MANZINI, VEZZOLI, 2008.

das necessidades e dos desejos dos mercados e consumidores, combinados às restrições tecnológicas e legais. Esse processo ainda é permeado pela estratégia de negócios da organização, refletindo e determinando as especificidades de cada projeto (produto e processo), buscando a sobrevivência por meio de produção, lançamento e acompanhamento dos produtos nos mercados que vão consumi-los.[27] Atualmente, é impensável o ato de projetar um produto e seu processo sem pensar como o seu ciclo de vida afetará os biomas com os quais vai interagir.[28]

Com a abordagem de PDPS, iremos expor um método de desenvolvimento de produtos agropecuários sustentáveis para ser empregado nos caminhos que percorrem as atividades de agroindustrialização nos territórios rurais. Como pode ser observado na Figura 17.1, o método de PDPS[29] proposto encontra-se dividido em cinco etapas:

1. Estratégias do produto.
2. Conceito multifuncional do produto.
3. Desenvolvimento do produto e do processo.
4. Testes de validação do produto e do processo.
5. Lançamento e retirada do produto do mercado consumidor.

Constituir o ciclo de vida do produto de forma sustentável passa pelo desenvolvimento constante de uma nova postura dos gestores, e não apenas por aplicações práticas de ferramentas técnicas e gerenciais que envolvam a sustentabilidade em suas rotinas de trabalho. Durante o desenvolvimento do produto, processo ou serviço, as atividades desenvolvidas pelo gestor dialógico vão além de minimizar a quantidade de matérias-primas e energia. Os novos caminhos produtivos desse gestor buscam propiciar a escolha de recursos com baixo impacto ambiental e social.

Outro ponto de diferenciação do gestor dialógico é a busca por observar na etapa de conceituação do produto como será a destinação dos resíduos e o descarte depois de os produtos serem consumidos pelas pessoas, bem como a diminuição do consumo hídrico e de energia não apenas relativos aos processos produtivos, mas também ao uso e ao consumo do produto e da embalagem nos demais agentes da cadeia produtiva que vão interagir com ele.

27. ROZENFELD, 2006.
28. MANZINI, VEZZOLI, 2008.
29. ZUIN, ZUIN, 2014; MANZINI, VEZZOLI, 2008; ZUIN, ALLIPRANDINI, 2006; ROZENFELD, 2006; FULLER, 1994; GONÇALVES-DIAS, 2006.

FIGURA 17.1

Processo de desenvolvimento de produtos alimentícios sustentáveis

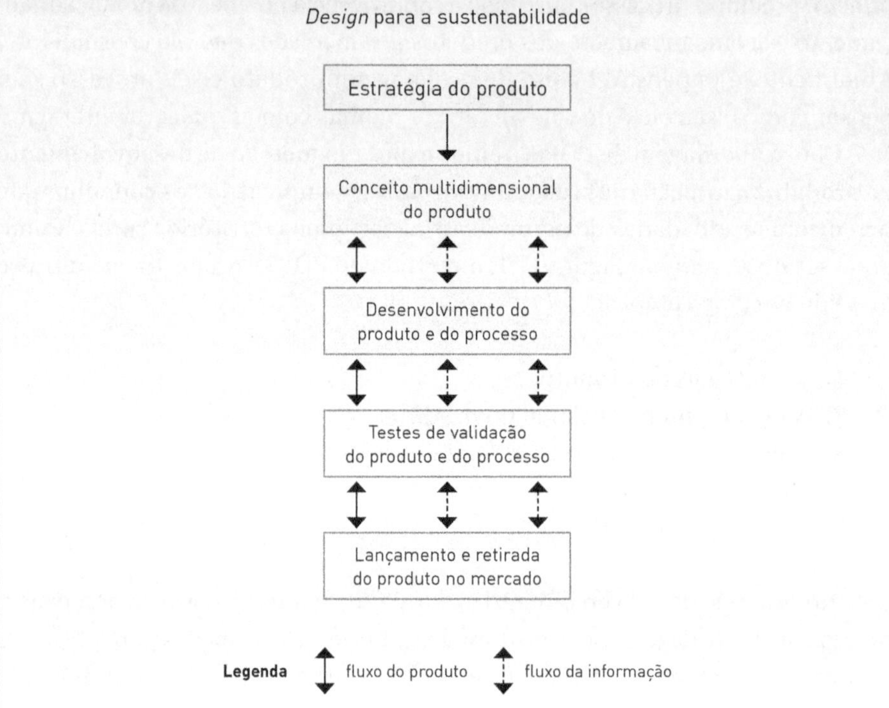

Fonte: adaptada de MANZINI, VEZZOLI, 2008; ZUIN, ALLIPRANDINI, 2006; FULLER, 1994; ROSENFELD, 2006; ZUIN, ZUIN, 2014; GONÇALVES-DIAS, 2006.

Por último, o dirigente, junto com sua equipe e os demais sujeitos da cadeia produtiva em que sua organização está inserida, procura facilitar a higienização e a separação dos componentes da embalagem, visando à sua reutilização em larga escala. O gestor dialógico sabe que a produção de sentidos, os quais são usados em suas atitudes proativas, ocorre pelo embate das mais variadas vozes de forma polifônica e equipotente. Quanto maior for o número de interações, vivências e experiências, mais sistêmica será sua visão e, provavelmente, mais seguros serão suas decisões e seus reflexos no mundo real.

17.4.1 Estratégias do produto

A administração estratégica reflete um conjunto de ações e desdobramentos que resultam na construção e na implementação de metodologias e métodos nas organizações, visando à sobrevivência em um mercado cada vez mais competitivo e global. Tanto o método de implementação como a construção da estratégia devem estar alinhados com os objetivos mercadológicos da organização.[30]

Todavia, como pensar em uma administração estratégica em um ambiente competitivo global e localmente[31] sustentável? Realizar exercícios constantes de diagnóstico do planejamento estratégico nas organizações pode ser o início de uma solução mais robusta e com menos riscos, mas esse caminho apenas surtirá efeito se os demais sujeitos pertencentes à cadeia produtiva do agronegócio, bem como o consumidor final, forem ouvidos.

Esse exercício[32] dialógico busca determinar e produzir sentidos semelhantes sobre a importância de um produto sustentável ambientalmente e socialmente justo. Certamente, dessa atividade dialógica sairá o conceito multifuncional do produto, o qual será desdobrado em produtos e processos nas organizações, que, entre outros atributos, buscará minimizar o emprego de insumos, energia e hídricos tanto nos trabalhos de desenvolver um novo produto ou processo, como no momento em que já estejam implementados nas rotinas de trabalho da organização nos territórios rurais.[33]

17.4.2 Conceito multidimensional do produto

Atualmente, o consumidor, ao escolher um produto alimentício no momento da compra, não pensa apenas no preço, mas também em uma ampla gama de dimensões que ligam vários conceitos, como saciar a fome, manter a saúde, estreitar laços culturais, determinantes socioeconômicos de sua origem, preservação da natureza em todo o ciclo de vida do produto e da embalagem, entre outras. O consumidor, no momento em que está adquirindo um produto, produz um sentido que o leva a procurar determinado conjunto de atributos no alimento. O agrupamento dessa variedade de atributos faz parte da constituição dessas

30. CHANNON, D. F. Administração estratégica. In: COOPER, C. L.; ARGYRIS, C. (Orgs.). *Dicionário enciclopédico de administração*. São Paulo: Atlas, 2003.
31. Local no sentido de que os produtos são adquiridos, consumidos e descartados em determinada região geográfica (uma propriedade rural ou uma cidade).
32. Ver Capítulo 1.
33. MANZINI, VEZZOLI, 2008.

dimensões. Logo, o conceito de produto e embalagem será a soma dos atributos que o consumidor espera encontrar no mercado consumidor.[34]

Geralmente, produtos e embalagens inovadoras têm origem em novos conceitos, buscando a mudança dos sentidos nos sujeitos historicamente constituídos, como no caso da exigência de produtos e processos sustentáveis. Quando os conceitos são qualificados e quantificados, tem início a etapa de desenvolvimento do produto e processo. Esses conjuntos de conceitos possuem significados e sentidos que reverberam posições éticas e estéticas, tanto nos consumidores como nos demais agentes da cadeia produtiva do agro.

Dessa forma, temos o ato ético e estético de projetar um produto alimentício buscando garantir sua segurança alimentar (física, química e microbiológica), potencializar a saúde do consumidor (alimentos nutracêuticos e funcionais), facilitar o desmonte da embalagem e sua destinação para refugo ou retrabalho e mitigar no processo produtivo o uso de energia e água.[35] Por outro lado, temos conjuntos de posições ideológicas que impactam de forma significativa os processos produtivos nos territórios rurais, como o emprego de práticas de manejo que garantam o bem-estar dos animais de produção.[36]

17.4.3 Desenvolvimento do produto e processo

Nessa etapa do PDPS, o produto e seu processo começam a tomar forma no mundo; é realizada uma variedade de análises, como estudos de capacidade produtiva da organização, levando em conta informações referentes à frequência e à quantidade do fornecimento da matéria-prima; estudos dos padrões de qualidade da matéria-prima e demais insumos; maquinário necessário para transformá-la; locais de armazenamento tanto da matéria-prima como do produto finalizado; e a forma como a distribuição do produto será realizada.

Os estudos envolvem os custos de aquisição de todos esses fatores. Do lado dos funcionários, temos os custos de contratação e/ou capacitação nos novos processos produtivos. Concluídos os estudos, é confeccionado o protótipo do produto e da embalagem, levando em consideração os conceitos e a mitigação

34. ROZENFELD, 2006.

35. MANZINI, VEZZOLI, 2008; SANTOS, A. C. *Modelo de referência para o processo de desenvolvimento de produtos alimentícios – PDPA com foco no projeto do processo*. 2004. Dissertação (Mestrado em Engenharia Mecânica) – Universidade Federal de Santa Catarina (UFSC). GONÇALVES-DIAS, 2006; MORAES, F. P.; COLLA, L. M. Alimentos funcionais e nutracêuticos: definições, legislação e benefícios à saúde. *Revista Eletrônica de Farmácia*, v. 3, n. 2, p. 99-112, 2006.

36. Referenciam este e o parágrafo anterior: COSTA, A. N.; MARTINS, T. D. D. Aspectos técnicos e éticos da produção intensiva de suínos. In: I CONGRESSO BRASILEIRO DE BIOÉTICA E BEM-ESTAR ANIMAL e I SEMINÁRIO NACIONAL DE BIOSSEGURANÇA E BIOTECNOLOGIA ANIMAL, 2008, Recife; *Anais*..., Brasília, *Conselho Federal de Medicina Veterinária*, v. 1. p. 49-53, 2008.

de insumos, energia e hídricos descritos na etapa anterior. De forma mais detalhada, outros estudos relacionados dizem respeito à logística reversa de resíduos e embalagens que o produto alimentício produz durante seu ciclo de vida. Depois dessa etapa, é realizada uma bateria de testes, cujo objetivo é validar tanto o produto como o processo.

É interessante observar que, atualmente, mesmo sendo crescente a preocupação em desenvolver produtos e embalagens mais sustentáveis, o que se observa nas gôndolas dos supermercados é uma gama de produtos muito semelhantes entre si, que possuem quase nenhuma diferenciação quanto ao conjunto de atributos. Nesse caso, o consumidor levará em conta como principal estratégia de venda o preço do produto e não seus atributos, os quais não o diferenciam de seu concorrente. Produtos competindo por custo dificilmente incorporarão inovações radicais, como novas embalagens e ingredientes.[37]

17.4.4 Teste de validação do produto e processo

No início dessa fase são preparados conjuntos de estudos físico-químicos e microbiológicos do produto, os quais propiciarão a validação junto aos padrões de qualidade institucionais e comerciais. Os padrões de qualidade institucional referem-se, por exemplo, às normas da vigilância sanitária e às formulações do produto, estabelecidas para a fabricação, distribuição e comercialização. Quanto às normas comerciais, trata-se da materialização do conceito multidimensional do produto que deverá ser aprovado pelo consumidor. Já o processo é testado no momento em que se produz o lote-piloto, acertando o fluxo e a frequência da passagem e da transformação do produto. Com todos esses estudos realizados, começam as duas últimas etapas do método PDPS: o lançamento e a retirada do produto do mercado.

17.4.5 Lançamento e retirada do produto no mercado

As atividades que envolvem o lançamento do produto vão depender de vários fatores, como construção dos canais de distribuição do produto, disponibilidade e quantidade de investimentos ofertados pelo produtor para essa atividade,

37. TOLEDO, J. C.; ALLIPRANDINI, D. H.; BOSI, M. G.; ZUIN, L. F. S. Gestão do processo de desenvolvimento de produto na indústria brasileira de alimentos. In: BATALHA, M. O. B. (Org.). *Gestão do agronegócio:* textos selecionados. São Carlos: EdUFSCar, 2005. p. 85-150.

estudo dos canais de divulgação do produto e parcerias com os locais de comercialização, entre outros fatores.

A retirada do produto e de sua embalagem do mercado, e não sua descontinuidade produtiva, diz respeito à construção de canal de logística reversa, que pode ficar a cargo tanto da organização que produz o produto como de outras empresas que possuem interesse socioeconômico em realizar essa atividade. Por outro lado, a descontinuidade produtiva pode ser ocasionada por mudanças nos padrões éticos e estéticos de consumo, relacionados tanto com o modo como foi produzido como com a forma como é apresentado na gôndola do supermercado.

CONSIDERAÇÕES FINAIS

Desenvolver produtos diferenciados das *commodities* é uma necessidade tanto do produtor rural como do mercado consumidor, que busca alimentos mais saudáveis, ambientalmente sustentáveis, com certificações socioambientais e geográficas, as quais encontram-se ligadas aos processos, comprovando seus atributos produtivos. Esse novo mercado apresenta-se como uma nova possibilidade de renda e de integração entre os produtores, uma vez que vários projetos para a agroindustrialização de forma sustentável estão sendo, atualmente, estimulados por políticas públicas em todo o território nacional. Esse cenário produtivo ganha nos tempos atuais um poderoso novo impulso com o advento da Lei Federal n. 13.680, de 14 de junho de 2018, pois permite que o produto artesanal e tradicional possa ser comercializado, desde que submetido a fiscalização adequada em todo o território nacional.

Todavia, para que o produtor rural possa usufruir com segurança desse novo cenário produtivo, vimos, no decorrer deste capítulo, que, para que os produtos processados-certificados sejam lançados no mercado com sucesso, é necessária a realização de uma série de estudos e atividades presentes no PDPS. A articulação e a realização dessas atividades pressupõem a construção de uma parceria sólida e dialógica entre extensionistas e produtores rurais. Esses dois sujeitos, durante os trabalhos do PDPS, devem buscar, constantemente, diálogos com os demais agentes da cadeia produtiva em que o produto se encontra inserido. Os diálogos visam produzir sentidos semelhantes entre os sujeitos, diminuindo os vários conjuntos de incertezas que orbitam o desenvolvimento de produtos sustentáveis nos territórios rurais.

REFERÊNCIAS

ALLIPRANDINI, D. H.; TOLEDO, J. C.; BOSI, M. G. Modelo para o desenvolvimento de produtos da indústria de alimentos. In: AMARAL, D. C. (Org.). *Gestão do ciclo de vida dos produtos*. São Carlos: IFM/Novos Talentos, 2005. v. 3.

BAKHTIN, M. *Marxismo e filosofia da linguagem*. São Paulo: Hucitec, 2010a.

______. *Para uma filosofia do ato responsável*. São Carlos: Pedro & João Editores, 2010b.

______. *Estética da criação verbal*. São Paulo: Martins Fontes, 2003.

BRASIL. Governo Federal. *Lei n. 13.680, de 14 de junho de 2018*. Disponível em: <http://www.planalto.gov.br/ccivil_03/_ato2015-2018/2018/Lei/L13680.htm>. Acesso em: 13 nov. 2018.

CHANNON, D. F. Administração estratégica. In: COOPER, C. L.; ARGYRIS, C. (Orgs.). *Dicionário enciclopédico de administração*. São Paulo: Atlas, 2003.

COSTA, A. N.; MARTINS, T. D. D. Aspectos técnicos e éticos da produção intensiva de suínos. In: I CONGRESSO BRASILEIRO DE BIOÉTICA E BEM-ESTAR ANIMAL e I SEMINÁRIO NACIONAL DE BIOSSEGURANÇA E BIOTECNOLOGIA ANIMAL, 2008, Recife, *Anais*..., Brasília: Conselho Federal de Medicina Veterinária, v. 1. p. 49-53, 2008.

CRAVO, J. C. M. *Forro ecológico à base de saco de cimento, embalagem tetra pak e resina poliuretana de mamona para aplicação em galpões avícolas*. Tese (Doutorado em Zootecnia – Qualidade e Produtividade Animal) – Universidade de São Paulo (USP), São Paulo, 2016.

CRAVO, J. C. M.; FIORELLI, J.; CRUZ, V. C.; FONSECA, R.; LAHR, F. A. R. Evaluation of recycled tiles and OSB ceiling materials in closed broiler house prototypes. *Revista Brasileira de Ciência Avícola/Brazilian Journal of Poultry Science*, v. 11, p. 221-226, 2009.

CRUZ, F. T.; MENASCHE, R. Alimentos tradicionais, modos de vida e patrimônio cultural: uma reflexão a partir do Queijo Serrano. *Ateliê Geográfico (UFG)*, v. 6, p. 28-51, 2012.

DARNHOFER, I.; GIBBON, D.; DEDIEU, B. Farming systems research: an approach to inquiry. In: DARNHOFER, I.; GIBBON, D.; DEDIEU, B. *Farming systems research into the 21st century*: the new dynamic. Dordrecht: Springer Science, 2012.

FULLER, G. W. *New food product development*: from concept to marketplace. Boca Raton: CRC Press, 1994.

GONÇALVES-DIAS, S. L. F. Há vida após a morte: um (re)pensar estratégico para o fim da vida das embalagens. *Gestão & Produção* (UFSCar), v. 13, p. 463-474, 2006.

MANZINI, E.; VEZZOLI, C. *O desenvolvimento de produtos sustentáveis*: os requisitos ambientais dos produtos industriais. São Paulo: Edusp, 2008.

MINISTÉRIO DO DESENVOLVIMENTO, INDÚSTRIA E COMÉRCIO EXTERIOR. *Exportações de commodities*. Disponível em: <http://www.mdic.gov.br/sitio/interna/interna.php?area=5&menu=1955>. Acesso em: 13 nov. 2018.

MORAES F. P.; COLLA L. M. Alimentos funcionais e nutracêuticos: definições, legislação e benefícios à saúde. *Revista Eletrônica de Farmácia*, v. 3, n. 2, p. 99-112, 2006.

PANZINO, A. V. Uma reflexão sobre design social, eco design e design sustentável. In: I INTERNATIONAL SYMPOSIUM ON SUSTAINABLE DESIGN, 2007. Disponível: <http://naolab.nexodesign. com.br/wp-content/uploads/2012/03/PAZMINO2007-DSocial-EcoD-e-DSustentavel.pdf>. Acesso em: 13 nov. 2018.

ROZENFELD, H. et al. *Gestão de desenvolvimento de produtos:* uma referência para a melhoria do processo. São Paulo: Saraiva, 2006.

SANTOS, A. C. *Modelo de referência para o processo de desenvolvimento de produtos alimentícios - PDPA com foco no projeto do processo.* 2004. Dissertação (Mestrado em Engenharia Mecânica) - Universidade Federal de Santa Catarina (UFSC), Santa Catarina, 2004.

SANTOS, J. S.; CRUZ, F. T.; MENASCHE, R. O mineiro, o queijo e os conflitos (nada poéticos) em torno dos alimentos tradicionais produzidos artesanalmente no Brasil. In: 5º ENCONTRO DA REDE DE ESTUDOS RURAIS, 2012, Belém, *Anais...*, UFPA, 2012.

TOLEDO, J. C.; ALLIPRANDINI, D. H.; BOSI, M. G.; ZUIN, L. F. S. Gestão do processo de desenvolvimento de produto na indústria brasileira de alimentos. In: BATALHA, M. O. (Org.). *Gestão do agronegócio:* textos selecionados. São Carlos: EdUFSCar, 2005.

ZUIN, L. F. S.; ALLIPRANDINI, D. H. Gestão da inovação na produção agropecuária (GIPA). In: ZUIN, L. F. S.; QUEIROZ, T. R. (Orgs.). *Agronegócios:* gestão e inovação. São Paulo: Saraiva, 2006.

ZUIN, L. F. S.; QUEIROZ, T. R. Gestão e inovação nos agronegócios. In: ZUIN, L. F. S.; QUEIROZ, T. R. (Orgs.). *Agronegócios:* gestão e inovação. São Paulo: Saraiva, 2006.

ZUIN, L. F. S.; ZUIN, P. B. *Produção de alimentos tradicionais:* extensão rural. Aparecida: Ideias & Letras, 2008.

______. Comunicação dialógica na gestão ambiental: novos caminhos metodológicos para a extensão rural. In: PALHARES, J. C.; GEBLER, L. (Orgs.). *Gestão ambiental na agropecuária*, v. 2. Brasília: Embrapa Informação Tecnológica, 2014.

ZUIN, L. F. S.; ZUIN, P. B.; BATTAGIN, H. V.; MANRIQUE, M. A. D.; FERTE, S. Estudo da agroindustrialização no campo percorrido por três microempresas rurais que processam leite de cabra localizadas no estado de São Paulo. In: CONTERATO, M. A. et al. (Orgs.). *Mercados e agricultura familiar:* interfaces, conexões e conflitos. Porto Alegre: Via Sapiens, 2013.

CAPÍTULO 18

Os caminhos da responsabilidade socioambiental e da sustentabilidade produtiva nas organizações

Cristiane Hengler Corrêa Bernardo
Roberto Bernardo

INTRODUÇÃO

O que leva uma organização a investir em responsabilidade socioambiental? Postura, filosofia de gestão, marketing, estratégia de negócios, cobrança social, exigência legal, decisão consciente ou todos esses fatores comungados?

A resposta não é tão simples, pois pode variar de organização para organização, principalmente em função da cultura, do porte e até do setor em que atua. Não é possível, então, escolher um só fator como determinante para que uma organização opte por desenvolver ações de responsabilidade socioambiental. Todavia, podem ser indicados os principais caminhos que levam a implantar ações de responsabilidade socioambiental e de sustentabilidade produtiva.

Desde o início dos anos 1980, a responsabilidade socioambiental nas organizações vem sendo cobrada pela mídia nacional e internacional em função do advento da globalização. No início deste século, essa cobrança foi ainda mais intensificada, principalmente por meio das redes sociais. Busch e Ribeiro[1] reforçam essa afirmação ao dizerem que a contribuição da globalização foi fundamental para disseminar a necessidade de reestruturar os papéis dos atores na sociedade. Tal mudança ultrapassa a visão tradicional, na qual o Estado era o único responsável pela promoção do bem-estar social. Nesse sentido, as organizações e a sociedade, de modo geral, passam também a ser responsáveis.

1. BUSCH, S. E.; RIBEIRO, H. Responsabilidade socioambiental empresarial: revisão da literatura sobre conceitos. *Revista de Gestão Integrada em Saúde do Trabalho e Meio Ambiente*, v. 4, n. 2, art. 1, maio-ago. 2009.

Young[2] atribui a grande força que as organizações podem ter para solucionar problemas ambientais e sociais ao seu poder político, assim como à sua intensa competência em mobilizar recursos. Logicamente, essa força ganha ainda mais efetividade em parcerias com o Estado e com a sociedade.

Não há uma definição única ou consensual de responsabilidade socioambiental empresarial. O que se pode dizer é que deriva do conceito de responsabilidade social, que, por sua vez, amplia-a, acrescentando a dimensão ambiental. Para Carroll,[3] a responsabilidade social compreende quatro perspectivas, quais sejam: econômica, legal, ética e discricionária ou filantrópica.

A responsabilidade econômica compreende as obrigações da empresa na produção de bens e serviços a um preço justo, mas com responsabilidade de ganhos para que seja possível manter a organização. A responsabilidade legal refere-se ao cumprimento das obrigações colocadas pelas legislações à qual a organização está subordinada. A responsabilidade ética é relativa ao comportamento da organização de acordo com as normas às quais aquela sociedade está submetida. E, por fim, a responsabilidade discricionária refere-se ao ato voluntário de desenvolver atividades sociais não exigidas por lei ou pela ética.[4]

Nesse sentido, a dimensão ambiental não seria uma quarta dimensão dissociada das demais, mas estaria inserida nas quatro dimensões já descritas. Inclui-se ainda, ao conceito ambiental, a sustentabilidade. Swarbrooke[5] entende sustentabilidade como o desenvolvimento capaz de satisfazer "nossas necessidades hoje, sem comprometer a capacidade das pessoas de satisfazerem as suas no futuro".

Com base nas definições mencionadas, chega-se ao conceito de responsabilidade socioambiental organizacional como o agir consciente das organizações em respeito às dimensões econômicas, legais, éticas e discricionárias da sociedade em que está inserida, levando em consideração as pessoas e o ambiente.

Essa responsabilidade socioambiental torna-se cada vez mais importante, visto que, como afirma Dias,[6] desde a Revolução Industrial, os problemas de contaminação do meio ambiente apenas aumentaram. Quando um bem comum, como é o caso do meio ambiente, é explorado para a obtenção de benefícios privados, sem responsabilidade, essa ação pode acarretar impactos

2. YOUNG, R. Dilemmas and advances in corporate social responsibility in Brazil: the work of the Ethos Institute. *Natural Resources Forum*, v. 28, p. 291-301, 2004.
3. CARROLL, A. B. A Three-dimensional conceptual model of corporate social performance. *Academy of Management Review*, v. 4, n. 4, 1979.
4. CARROLL, 1979.
5. SWARBROOKE, J. *Turismo sustentável:* conceitos e impacto ambiental. 2. ed. São Paulo: Aleph, 2000.
6. DIAS, R. *Gestão ambiental:* responsabilidade social e sustentabilidade. 2. ed. São Paulo: Atlas, 2011. p. 220.

ambientais negativos. No entanto, como afirma Barbieri,[7] essa relação está mudando e muitas empresas estão se reinventando, seguindo normas e leis do seu setor e adotando medidas que visam ao bem-estar social ou ambiental.

Percebe-se ainda que, apesar da mudança de paradigmas e do aumento de organizações desenvolvendo ações de responsabilidade socioambiental, mesmo sem a exigência legal, em muitos casos várias organizações ainda não "capitalizaram" essas ações. Quando se fala em "capitalizar", aqui, não se tem a intenção de crítica, mas sim de sustentabilidade em diversos sentidos.

É preciso entender que as organizações empresariais têm fins lucrativos, não são assistencialistas e vivem em um mercado altamente competitivo. Nesse sentido, a conscientização e a realização das ações de responsabilidade socioambiental em muitos segmentos são determinantes até mesmo para a manutenção da competitividade da organização, e, para isso, é necessário divulgar tais ações – e é nesse sentido que se utiliza a expressão "capitalizar a ação".

Partindo desse contexto, a partir de agora, serão apresentadas ações de responsabilidade socioambiental e de (in)sustentabilidade produtiva desenvolvidas por organizações diversas, de várias regiões do estado de São Paulo, que poderão oferecer indícios sobre os fatores que as levaram a promover tais ações.

Os casos aqui descritos foram apresentados por discentes em Trabalho Interdisciplinar Orientado, no qual um dos objetivos específicos da pesquisa era verificar as ações ou a predisposição da organização analisada para a responsabilidade socioambiental. Outros casos foram observados em pesquisa de campo e experiência profissional dos próprios autores.

Ressalta-se que os casos aqui apresentados têm relação direta ou indireta com o agronegócio e com o desenvolvimento sustentável, uma vez que a responsabilidade socioambiental será um instrumento para prevenir a degradação de nossos recursos naturais, que são imprescindíveis para o setor.

18.1

O PERFUME QUE VEM DO AGRO: A RESPONSABILIDADE SOCIOAMBIENTAL EM UMA EMPRESA DE FRAGRÂNCIAS[8]

A empresa A é uma organização de grande porte, do ramo de perfumaria e cosméticos, e apresenta como um de seus principais objetivos o desenvolvimento sustentável de sua produção. Para tanto, investe na redução dos impactos

7. BARBIERI, J. C. *Gestão ambiental empresarial:* conceitos, modelos e instrumentos. 3. ed. São Paulo: Saraiva, 2011. p. 358.
8. A organização aqui descrita será tratada por empresa A, de maneira a preservar sua identidade, assim como todos os exemplos subsequentes.

negativos ao meio ambiente, assim como na construção de uma sociedade mais justa e com melhor qualidade de vida. Pode-se dizer que, de certa forma, a empresa A está inserida na cadeia produtiva agroindustrial, uma vez que, em sua produção, utiliza matéria-prima advinda do agro e desenvolve sua própria produção florestal para extração de material.

Tal objetivo se traduz em ações e projetos[9] desenvolvidos pela empresa A. O projeto A1 prevê o plantio de uma árvore a cada produto vendido. Pode-se dizer que esse projeto é uma ação de sustentabilidade não apenas ambiental, mas também de estratégia de negócio, ao passo que, ao plantar uma nova árvore a cada produto vendido, a organização está garantindo também a matéria-prima futura para seus produtos – além da imagem positiva que exibe perante um público consumidor cada vez mais exigente.

O projeto A2 busca a promoção de bem-estar dos colaboradores da organização e seus familiares. Essa promoção, que integra a política social da organização, realiza eventos culturais e de lazer para seu público interno, inclusive para seus familiares. Ofertar oportunidades de diversão e cultura ao público interno ajuda a organização a manter um clima harmonioso. Nesse sentido, apesar de ser uma ação voluntária da organização, o clima organizacional ganha e, com isso, também toda a organização.

A aquisição de uma área de reserva natural foi traduzida no projeto A3. A conservação da área inclui o controle de visitação, de modo que a fauna, a flora e os recursos hídricos do local sejam preservados. Não se trata de uma ação obrigatória e sim voluntária, mas esse projeto tem uma repercussão bastante grande entre os *stakeholders* da organização – o que também se traduz em marketing positivo.

O projeto A4 é composto por um centro de educação destinado aos filhos dos colaboradores da organização em questão. O centro funciona como uma creche e atende mais de 100 crianças entre quatro meses e seis anos de idade. Nesse caso, não é uma ação voluntária, mas uma obrigação, uma vez que o parágrafo XXV do art. 7º da Constituição Brasileira prevê que é um direito do trabalhador a "assistência gratuita aos filhos e dependentes desde o nascimento até 5 (cinco) anos de idade em creches e pré-escolas".[10] Essa obrigação do empregador pode ser cumprida pela criação de creches próprias ou, na ausência das mesmas, pelo auxílio financeiro em creche à escolha do trabalhador.

9. Os projetos serão denominados por A1, A2, A3, A4, A5 e A6, de modo que também fiquem no anonimato.

10. BRASIL. *Emenda Constitucional n. 53, de 19 de dezembro de 2006*. Disponível em: <http://www.planalto.gov.br/ccivil_03/Constituicao/Emendas/Emc/emc53.htm>. Acesso em: 13 mar. 2019.

Nesse mesmo sentido, em cumprimento às exigências legais, o projeto A5 contempla as mulheres que amamentam. Além da licença-maternidade de seis meses e creche no trabalho, a organização dispõe de local apropriado para a amamentação. Tanto o projeto A4 como o A5 ocorrem em função de exigência legal, no entanto, pode representar uma responsabilidade da organização nos aspectos da qualidade dos serviços oferecidos, assim como pelo respeito total aos direitos.

Por fim, o projeto A6 oferece oportunidades de formação profissional para jovens da comunidade onde a organização está inserida. Essa ação colabora para a capacitação de mão de obra para a própria organização, além de ser uma ação "simpática" junto à comunidade, que, por sua vez, deixa de ver a organização como um organismo externo, que só vem para explorar, e passa a perceber a colaboração para o desenvolvimento daquela localidade.

Não configurando como um novo projeto, mas sim como uma filosofia, a organização A não utiliza animais em testes para seus produtos. Percebe-se que tal ação, apesar de não ser uma exigência legal, quase se traduz em uma **exigência ética** para a sociedade atual, uma vez que existe pressão de grupos organizados e da própria mídia com relação ao uso de animais em testes.

18.2

UMA GRANJA DE OVOS ORGÂNICOS: A FILOSOFIA QUE ALIMENTA A RESPONSABILIDADE SOCIOAMBIENTAL

A empresa B é uma organização de pequeno porte produtora de ovos que iniciou suas atividades no interior do estado de São Paulo, em 2002. No início, a empresa dispunha de apenas um aviário e, devido à forte concorrência, teve que encontrar um nicho para manter-se no mercado. O nicho encontrado foi a produção de ovos caipiras e orgânicos, possuindo, hoje, nove aviários e uma produção de mais de um milhão de ovos por ano.

Apesar de ser uma empresa que, pelas próprias normas e legislações que regulamentam o setor, já está preocupada com questões de bem-estar animal, produção sustentável e saúde do consumidor, a empresa B procurou uma forma de se organizar de modo que a produção sustentável gerasse também benefícios aos seus colaboradores, além da verticalização da produção em duas áreas, com o objetivo de reduzir custos: a fábrica de ração e as granjas de produção de ovos. Toda a ração consumida na granja é produzida pela organização sem uso de produtos sintéticos, para que seja considerada orgânica.

A produção de ovos orgânicos pode ser considerada mais sustentável, uma vez que, além de oferecer um produto mais saudável, as aves também recebem uma alimentação mais natural e geram uma cadeia de insumos que atendam a esses mesmos preceitos de não agressão ao meio ambiente, uso racional dos recursos naturais e preservação dos recursos hídricos.

De acordo com os proprietários da granja, a produção de ovos orgânicos também trouxe para a empresa uma mudança de visão administrativa. Segundo um dos sócios da empresa B, "hoje não apenas cumprimos normas, mas buscamos sempre agir de modo sustentável, independentemente das obrigações legais".

Tal declaração é evidenciada por algumas ações destacadas pelos colaboradores da empresa, que contam com uma horta para que levem verduras e legumes para suas casas, além de suprir a necessidade de duas instituições sociais do município onde a empresa está sediada. A horta é irrigada com água de reaproveitamento da lavagem dos ovos, e os resíduos são transformados por compostagem em adubo orgânico também utilizado na horta.

Esse é um exemplo de ação de responsabilidade socioambiental que surge, não com base na perspectiva do lucro, mas sim na vertente do bem-estar dos colaboradores e da imagem que a comunidade passa a ter da empresa. Fica a pergunta: Seria esse um lucro intangível, que traz não apenas benefícios monetários, mas, muitas vezes, outros até maiores?

18.3

INDÚSTRIA DE MÓVEIS: O REFLORESTAMENTO QUE SALVA A MADEIRA NATIVA

As notícias constantes sobre o desmatamento em várias áreas do Brasil têm levado a sociedade, de modo geral, a olhar com maior atenção para a origem dos produtos que consome, além de contar com uma fiscalização ainda mais rigorosa sobre a origem da madeira em organizações que têm nessa sua principal matéria-prima. Esse é o caso da empresa C, uma indústria de grande porte produtora de móveis planejados.

A empresa que também está organizada como *franchising* montou uma rede de fornecedores de madeira de reflorestamento e utiliza tal ação como sendo seu principal diferencial no mercado. Percebe-se que, no início da organização, que já está há mais de 15 anos no mercado, tal atitude representava um diferencial bastante interessante. No entanto, atualmente, esse fato já passa a ser o esperado pelos clientes, como explica o gerente de marketing da organização: "A forma como hoje o consumidor vê o produto que está consumindo vai além do preço, da qualidade e da estética. O consumidor olha além. Quer saber que tipo de matéria-prima usamos, se compramos de empresas livres de mão de obra escrava, se a produção de nossos fornecedores é sustentável."

Além do rigor na seleção dos fornecedores da madeira, a empresa C tem iniciado alguns projetos que visam à sustentabilidade de sua atividade. Um deles é a produção de móveis a partir de madeira de demolição, unindo a tendência na área de móveis ao uso consciente da madeira. Outra iniciativa que ainda está em fase de experimentação é o desconto na compra de móveis novos, quando o consumidor decide trocar os móveis já produzidos e instalados pela empresa.

Com essa madeira, a empresa C tem produzido carteiras para escolas das comunidades do entorno das três regiões onde tem instalações industriais. A empresa C utiliza como marketing social e ambiental as ações que realiza, tanto junto à mídia quanto diretamente junto às comunidades onde está inserida. Tal atitude gera uma simpatia muito grande da população para com a empresa que reconhece os benefícios que a organização empreende.

18.4

O LÍQUIDO NAS GARRAFAS DE BEBIDAS: O SABOR QUE VEM DO CAMPO

Há quem diga que uma indústria de bebidas não pertence ao setor agroindustrial; outros afirmam que sim, existe uma relação direta e bastante estreita com o setor. Cevada e guaraná são ou não produtos do agronegócio? Então, pode-se afirmar que a indústria que utiliza tais matérias-primas para sua produção faz parte do setor agroindustrial.

A empresa D, cujo caso é apresentado a partir deste ponto, é uma multinacional de grande porte do setor de bebidas e tem unidades produtivas em vários estados brasileiros. A questão da responsabilidade socioambiental em multinacionais já está muito mais desenvolvida que em empresas nacionais. Ocorre que essa preocupação aconteceu muito antes em países desenvolvidos, e isso acaba gerando uma filosofia de gestão ainda mais rigorosa com relação à sustentabilidade da produção. Obviamente, como se sabe, a lucratividade é fator determinante e não deve ser afetada, mas, como já se viu, as exigências legais e dos *stakeholders* também são extremamente relevantes e podem representar estratégias de posicionamento da marca.

A empresa D conta com várias ações ligadas à sustentabilidade de sua produção, como controle sobre a produção de resíduos, o consumo de energia elétrica, a captação da água de chuva e o reaproveitamento da água utilizada para a produção de bebidas.

Ainda dentro das ações de sustentabilidade e de responsabilidade ambiental, cabem aqui alguns relatos de ações ligadas à manutenção da frota dos veículos leves e pesados e de movimentação de produtos do setor de armazenamento, usados na distribuição de bebidas e no deslocamento de seus colaboradores que utilizam veículos para desenvolver suas atividades profissionais.

Consideram-se aqui ações de sustentabilidade ligadas ao setor de manutenção da frota, como parte de programas de certificações ligadas aos sistemas de gestão da qualidade (NBR ISO 9001) e ao sistema de gestão ambiental (ISO 14000).

Há de se destacar que, no Brasil, poucas empresas possuem certificações ligadas à gestão ambiental, seja por suas dificuldades financeiras, seja por não ser parte de seus principais objetivos, pelas dificuldades de se implantar ou ainda pela complexidade de manter seus requisitos em sucessivas avaliações de auditorias internas e externas.

Como parte dos requisitos de gestão ambiental ligados à ISO 14000, estão ações como dar destinações corretas ao descarte de pneus, de baterias, do óleo do motor, das peças substituídas dos veículos, dos caminhões, das empilhadeiras, entre outros. Como a empresa de bebidas em questão está localizada no Centro-Oeste do Estado de São Paulo, há muita dificuldade em encontrar empresas devidamente cadastradas que possam emitir comprovantes de destinação correta dos produtos recebidos. Ocorreram várias situações em que a empresa, além de não conseguir vender esses materiais de descarte, teve de pagar para empresas fazerem coleta e emissão dos comprovantes necessários.

Houve também um caso em que uma companhia ambiental de governo do estado de São Paulo, responsável pelo controle, fiscalização, monitoramento e licenciamento de atividades geradoras de poluição, fez uma notificação para a empresa D para que não só os caminhões da empresa tivessem toda a sua documentação correta, mas também a frota de fornecedores e terceirizados. Portanto, a empresa D deveria notificar os proprietários dos caminhões de fornecedores e terceiros, dando prazo para que fizessem as devidas correções, sob pena de não mais poderem entrar na organização.

Em resumo, a companhia ambiental procurava fazer de forma indireta correções nos caminhões de outras empresas. Foram emitidas várias notificações e até multas por parte de agentes de fiscalização em visita à empresa de bebidas aos caminhões de fornecedores e de terceiros por problemas de documentação e por emissão de poluentes de seus escapamentos fora do limite permitido.

Pela experiência relatada por profissionais ouvidos para a elaboração desses relatos, percebe-se que as exigências de cumprimento das normas são muito mais rigorosas em grandes empresas e multinacionais se comparadas às empresas de médio e pequeno porte.

18.5

VERTICALIZAÇÃO DE UMA EMPRESA DE AQUICULTURA: DIFICULDADE NA SUSTENTABILIDADE AMBIENTAL

A aquicultura é considerada uma atividade multidisciplinar, ligada ao cultivo de diversos organismos aquáticos, incluindo plantas, moluscos, crustáceos e peixes. As espécies mais cultivadas no mundo são ostras, mariscos, camarão, carpas, tilápias e salmão. Para a realidade nacional, a aquicultura é a produção de organismos aquáticos, em qualquer fase de desenvolvimento, que envolve espaço controlado e confinado, podendo consumir recursos naturais, como água, energia e solo, necessitando racionalizar essas fontes. Em resposta a essa demanda, a aquicultura sustentável busca por lucro em sua produção, conservando o meio ambiente e os recursos naturais envolvidos, promovendo o desenvolvimento social.[11]

Ainda segundo Oliveira,[12] a exploração dessa fonte de recursos pode se dar de duas formas: produção em território continental ou produção marítima. No Brasil, 67% da produção são provenientes de território continental. Sua preferência decorre, principalmente, da disponibilidade de grandes extensões de terras com potencial de serem destinadas ao cultivo, da abundância de água doce e limpa e da ótima adaptabilidade das espécies destinadas à criação.

A aquicultura brasileira atualmente apresenta um novo cenário de crescimento, em que novas atividades produtivas começam a se estruturar, como a criação de peixes de água doce em tanques redes – sistemas de produção em que há uma concentração de peixes por metro cúbico, reduzindo os custos e ampliando a rentabilidade do negócio.

Diferentemente dos exemplos positivos de sustentabilidade ambiental citados anteriormente, a empresa E foi trazida para esse estudo por apresentar exemplos de problemas ambientais.

11. OLIVEIRA, R. C. O panorama da aquicultura no Brasil: a prática com foco na sustentabilidade. *Revista Intertox de Toxicologia, Risco Ambiental e Sociedade*, v. 2, n. 1, 2015.
12. OLIVEIRA, 2015.

A empresa E faz parte das atividades ligadas à aquicultura, contando com um complexo de produção que engloba praticamente todas as etapas, chamada de produção verticalizada, desde o fornecimento de grande parte dos alevinos, passando pela produção de ração, frigorífico e distribuição de filés de tilápia, *in natura* e congelado, aos grandes clientes atacadistas. A empresa E está localizada no noroeste do estado de São Paulo, situada em um dos braços pertencentes ao Rio Grande.

Começou suas atividades apenas com a piscicultura para a criação de tilápia-do-nilo, mas foi se verticalizando ao longo do tempo. Após cerca de cinco anos de piscicultura, acrescentou a fábrica de ração – uma vez que a ração representa, aproximadamente, 60% dos custos de produção da piscicultura. Por vislumbrar agregação de valor no produto final (até então se vendia o peixe limpo e inteiro), passou então a produzir filé de tilápia. Na ocasião, houve um grande salto da empresa na instalação do frigorífico de peixes. Pouco tempo depois, investiu na compra de matrizes de tilápias para obtenção de alevinos para seu próprio consumo (piscicultura).

Apesar do grande investimento em maquinários e instalações, começaram a ocorrer problemas ambientais ligados ao complexo sistema de produção. No sistema de produção da piscicultura de tilápias, surgiram problemas de saturação e contaminação das águas do braço do rio em que estão instalados os tanques rede. Com o passar do tempo, os dejetos dos peixes confinados nos mais de mil tanques rede foram se acumulando, além dos restos de ração do sistema de alimentação.

Por ser fácil a instalação e o manejo da operação da piscicultura próximo ao barranco, a operação estabeleceu os tanques de forma a bloquear parte do leito do braço do rio principal. No período de calor e de muita chuva, a qualidade da água piorava sensivelmente – o que foi comprovado pelos registros realizados nas medições. Portanto, influenciava negativamente na alimentação e, consequentemente, no consumo adequado de ração, comprometendo a conversão em peso dos peixes confinados.

A saída encontrada pelos gestores foi transferir os tanques rede para áreas mais próximas do leito do Rio Grande, em que havia melhor qualidade da água devido à maior oxigenação e à constante troca causada pela correnteza. Essa mudança também implicou maiores dificuldades operacionais, como maiores deslocamentos de mão de obra, insumos e perdas de ração pelo aumento da turbulência das águas.

Outro caso importante de consequências ambientais negativas ocorreu em virtude de falhas operacionais, aumentando o índice de mortalidade dos peixes do setor de piscicultura. Esse número era por volta de 25% desde a entrada dos alevinos até a despesca para abate – um valor considerado muito alto. Esse nível de mortalidade significava um volume muito grande de peixes, passando a ser um sério problema de descarte para a empresa. Tentou-se a compostagem como forma de solucioná-lo, mas, como o volume era alto, não dava tempo de completar o ciclo das áreas destinadas à compostagem. Tentou-se aproveitar parte desses peixes na graxaria, porém era contraindicado pelos órgãos de controle sanitário. A solução recomendada pelos especialistas era trabalhar duramente na diminuição dos índices de mortalidade.

Outro problema ambiental ocorrido na empresa E foi o sistema de tratamento da água usada pelo frigorífico, que não foi devidamente planejado. O sistema de filtração não comportou o alto volume de água de rejeito proveniente da produção do frigorífico. Como consequência, os órgãos governamentais de fiscalização e controle ambiental fizeram várias visitas notificando e até multando a empresa por não atender às normas de tratamento e descarte correto das águas utilizadas em suas operações. A sugestão dada pelo órgão de fiscalização foi instalar uma tubulação que levaria o excesso da água residual do frigorífico até o sistema de tratamento de água do município mais próximo, que ficava a aproximadamente 20 quilômetros da empresa, ou a adequação por meio de vultoso investimento na ampliação do sistema de tratamento de água atual.

Infelizmente, a empresa E não permitiu bons exemplos para serem compartilhados sobre responsabilidade socioambiental, visto que sua própria atuação já deveria prever ações que não apenas representavam responsabilidade ambiental e de sustentabilidade, mas se traduziam em sua própria existência enquanto empresa. Há, nesse caso, uma relação direta entre a sustentabilidade ambiental e a econômica.

CONSIDERAÇÕES FINAIS

Como relatado na introdução deste capítulo, não há um fator isolado para definir os motivos que levam uma organização a investir em responsabilidade socioambiental. O que fica evidente nos casos relatados é a estreita relação entre as ações de responsabilidade socioambiental e dois fatores principais: exigências legais e posicionamento da marca diante dos *stakeholders*.

No entanto, percebe-se ainda que no setor da piscicultura, e até mesmo no reflorestamento realizado pela empresa A, há uma relação também direta entre a preservação ambiental e da matéria-prima utilizada com a produção das organizações em questão. Se for realizada a proteção aos recursos naturais, há condições de produção; se não for feita essa proteção, os recursos são extintos e, com eles, a produção das organizações. Nesses dois casos, as exigências legais e dos *stakeholders* passam a ser secundárias, uma vez que sua própria produção depende diretamente da preservação dos recursos naturais à sua disposição.

Foi possível perceber ainda que manter uma sinergia com a comunidade onde estão instaladas as organizações também é uma importante preocupação das empresas, traduzida em ações de responsabilidade socioambientais. Também nesse caso, considera-se que tais ações não são realizadas com finalidades exclusivamente socioambientais. Há de se ler as entrelinhas de tais ações, ora pelas vias das exigências legais, ora pelas vias do posicionamento da marca, assim como da manutenção de um clima organizacional positivo.

Por fim, considera-se que as ações de responsabilidade socioambiental, desenvolvidas pelos mais variados motivos, são importantes aliadas das organizações em uma sociedade cada vez mais crítica, ciente de suas responsabilidades com os impactos gerados ao ambiente, possuidora de voz na mídia, sobretudo nas mídias sociais, e que pode ser responsável pelos rumos da produção que origina os produtos consumidos. Sendo assim, cuidar da saúde do planeta pode se traduzir também em cuidar da saúde da organização nos mais variados aspectos.

REFERÊNCIAS

BARBIERI, J. C. *Gestão ambiental empresarial:* conceitos, modelos e instrumentos. 3. ed. São Paulo: Saraiva, 2011.

BRASIL. *Emenda Constitucional n. 53, de 19 de dezembro de 2006.* Disponível em: <http://www.planalto.gov.br/ccivil_03/Constituicao/Emendas/Emc/emc53.htm>. Acesso: 13 mar. 2019.

BUSCH, S. E.; RIBEIRO, H. Responsabilidade socioambiental empresarial: revisão da literatura sobre conceitos. *Revista de Gestão Integrada em Saúde do Trabalho e Meio Ambiente,* v. 4, n. 2, art. 1, maio-ago. 2009.

CARROLL, A. B. A Three-dimensional conceptual model of corporate social performance. *Academy of Management Review*, v. 4, n. 4, 1979.

DIAS, R. *Gestão ambiental:* responsabilidade social e sustentabilidade. 2. ed. São Paulo: Atlas, 2011.

OLIVEIRA, R. C. O panorama da aquicultura no Brasil: a prática com foco na sustentabilidade. *Revista Intertox de Toxicologia, Risco Ambiental e Sociedade*, v. 2, n. 1, 2015.

SWARBROOKE, J. *Turismo sustentável:* conceitos e impacto ambiental. 2. ed. São Paulo: Aleph, 2000.

YOUNG, R. Dilemmas and advances in corporate social responsibility in Brazil: the work of the Ethos Institute. *Natural Resources Forum*, v. 28, p. 291-301, 2004.

CAPÍTULO 19

Práticas em educação ambiental

Poliana Bruno Zuin
Luís Fernando Soares Zuin

INTRODUÇÃO

Discutir sobre educação ambiental (EA) nos processos educativos da primeira infância nos territórios rurais e urbanos, em termos teóricos e metodológicos, tem como objetivo contribuir para o desenvolvimento de um olhar que será fundamental para a constituição conjunta e diversa de um ambiente produtivo mais sustentável e socialmente justo nos territórios rurais. A reflexão que trazemos aqui é orientada por autores de distintas áreas do conhecimento,[1] como pedagogia, psicologia, filosofia da linguagem, sociologia e geografia. Partindo desse pressuposto, algumas categorias são fundamentais para pensar o processo de ensino-aprendizagem por meio da conscientização de nossas crianças pelos educadores ambientais, que podem estar direta ou indiretamente em contato com os processos produtivos nos territórios rurais.

No cotidiano dos processos de ensino-aprendizado, o educador ambiental é constituído pela busca de sentidos que o ato humano apresenta no contexto das mudanças culturais nas mais variadas formas e intensidades de interações com outros sujeitos e objetos humanizados. Essa visão do educador ambiental vai de encontro à abordagem simplista de que esse sujeito estaria preocupado

1. BAKHTIN, M. *Estética da criação verbal*. São Paulo: Martins Fontes, 2003; BAKHTIN, M. *Para uma filosofia do ato responsável*. São Carlos: Pedro & João Editores, 2010b; VIGOTSKI, L. S. *A construção do pensamento e da linguagem*. São Paulo: Martins Fontes, 2001; FREIRE, P. *Conscientização:* teoria e prática da libertação. São Paulo: Cortez & Moraes, 1979; FREIRE, P. *Extensão ou comunicação?* Petrópolis: Paz e Terra, 1977; FREIRE, P. *Pedagogia do oprimido*. Petrópolis: Paz e Terra, 2005; SANTOS, M. *Técnica, espaço e tempo:* globalização e meio técnico-científico-informacional. São Paulo: Hucitec, 1994; VOLÓCHINOV, V. *Marxismo e filosofia da linguagem*. São Paulo: Editora 34, 2017.

apenas com as interações positivistas e mecanicistas do homem-natureza, compondo as inúmeras interações sócio-históricas presentes entre sujeitos e biomas, e não dialógicas.[2]

O processo educativo proposto pela EA, sob a perspectiva dialógica, objetiva a formação de sujeitos capazes de compreender o mundo e agir de forma crítica, consciente e responsiva. Nesse contexto, os sujeitos (independentemente da idade) constituem uma leitura de mundo voltada para as questões relativas a meio ambiente, biomas, sustentabilidade, desperdício, reciclagem, não degradação, não poluição, descarte correto de diferentes tipos de resíduos, entre outros sentidos e significados sócio-históricos presentes nas interações. Entretanto, grande parte dessas questões somente serão respondidas por meio de uma análise interpretativa e compreensiva dos sentidos e significados sócios-históricos dos sujeitos inseridos nos biomas. Isso posto, a EA, enquanto ciência, busca realizar as mediações dessas questões para que leve os sujeitos envolvidos nos processos produtivos a mudanças de atitudes em relação ao **estar** junto com os demais sujeitos no mundo concreto.[3]

Estar junto na vida nos leva a pensar na relação historicamente instituída entre educador e educando, cuja interação permite adquirir a consciência de nossa corporeidade com a materialidade existente ou como objeto inserido em determinado contexto socioeconômico e ambiental. Conscientizar-se de que nós, como sujeitos ativos e transformadores no mundo, ao mesmo tempo que somos determinados pela história, fazemos a história.[4] Cabe aos sujeitos conscientizar-se de que o homem em contato com a natureza extrai recursos materiais e energéticos, dos quais muitos não são renováveis, a fim de sanar suas necessidades e seus desejos. Conjuntos de necessidades e desejos que se tornam cada vez mais complexos e exigentes à medida que a própria sociedade vai se tornando exigente e complexa durante o ato de consumir, exigindo das cadeias produtivas produtos, processos e serviços com menor impacto nos biomas. Nesse contexto produtivo, surgem então novas denominações para o novo, como ecoinovação.[5]

Qualquer objeto somente é reconhecido por um grupo social quando passa por um processo de significação pelos sujeitos pertencentes a tal grupo. Por meio da produção de novos sentidos, esse objeto se torna humanizado e

2. CARVALHO, I. C. M. *A invenção da ecologia:* narrativas e trajetórias da educação ambiental. Porto Alegre: Editora Universidade/UFRGS, 2001; VOLÓCHINOV, 2017.
3. FREIRE, 1979; FREIRE, 2005; BAKHTIN, 2010a; VOLÓCHINOV, 2017; CARVALHO, 2001.
4. FREIRE, 1977, 2005; BAKHTIN, 2010a; VOLÓCHINOV, 2017.
5. MARTINEZ-BLANCO, J. Aplicaciones de eco-innovación en el sector agrícola: experiencias españolas. In: OMETTO, A. R.; PERES, R. B.; SAAVEDRA, Y. M. B. (Orgs.). *Ecoinovação para a melhoria ambiental de produtos e serviços:* experiências Espanholas e Brasileiras nos setores industrial, urbano e agrícola. São Carlos: Diagrama Editorial, 2012.

compreendido pelo grupo. A conscientização dos sujeitos depende necessariamente de o processo de significação determinar a constituição de uma postura voltada para a sustentabilidade. Daí a importância da conscientização por uma produção rural sustentável e socialmente justa, não apenas de nossas crianças, mas também de todos os agentes que fazem parte da cadeia produtiva do agronegócio, visando proporcionar um ambiente dialógico, aberto e inacabado na constituição das interações entre os sujeitos, não apenas durante as suas atividades produtivas, mas também nas demais relações como as de consumo. Basicamente, um sistema ambiental, quando observado pelo contexto produtivo agroalimentar, pode ser caracterizado por quatro determinantes: elementos, objetivos, interconexões e direção centrífuga.[6]

Temos, então, um sistema organizado e interconectado por seus elementos, de forma que o olhar dos sujeitos busca a direção centrífuga, indo para as fronteiras das interações e significações de seus elementos. Pensar de forma sistêmica no contexto da EA é levar em conta a complexidade, a abrangência e a não finalização do tema e seus textos nas incontáveis interconexões com outros temas e textos. O desafio para os sujeitos (urbanos ou rurais) é, ao desdobrar essas conexões entre os sistemas ambientais, não retroceder sua postura responsiva e adentrar em um contexto reducionista-tecnicista, constituído por um olhar simplificado das interações presentes nos territórios rurais, distanciando-se da proposta de uma EA dialógica – essa sendo muito mais profunda e diversa, desenvolvendo nos sujeitos a criticidade sobre o tema.[7]

A história dos sujeitos no mundo é marcada "por uma ruptura progressiva entre o homem e o seu entorno".[8] Devido ao uso das tecnologias e às mudanças das relações homem/bioma, uma série de desdobramentos e questionamentos sobre os meios de produção e as formas com as quais nos relacionamos com os biomas for posta em diálogo e reflexão por grande parte da comunidade científica, a fim de que fosse possível o desenvolvimento de práticas sustentáveis em interações e atividades produtivas, tanto no meio rural como urbano.

A dialogia que ocorre no âmbito da academia caminha para a conscientização dos indivíduos sobre a necessidade de um olhar cuidadoso e amoroso[9]

6. ZUIN, L. F. S.; ZUIN, P. B. Comunicação dialógica na gestão ambiental: novos caminhos metodológicos para a extensão rural. In: PALHARES, J. C. P.; GEBLER, L. (Orgs.). *Gestão ambiental na agropecuária*, v. 2. Brasília: Embrapa Informação Tecnológica, 2014. p. 13-48; BAKHTIN, 2010a; BAKHTIN, 2003; FREIRE, 1979, 2005; VOLÓCHINOV, 2017.
7. DUVOISIN, I. A.; RUSCHEINSKY, A. Visão sistêmica e educação ambiental: conflitos entre o velho e o novo paradigma. In: RUSCHEINSKY, A. (Org.). *Educação ambiental abordagens múltiplas*. 2. ed. Porto Alegre: Penso, 2012; MORSON, G. S.; EMERSON, C. *Mikhail Bakhtin:* criação de uma prosaística. São Paulo: Edusp, 2008.
8. SANTOS, 1994, p. 16.
9. FREIRE, 2005.

com o meio e os sujeitos em que nele vivem. Cabe aos ambientes educativos formais e não formais propiciar tais reflexões entre os sujeitos. Atualmente, parte dos capacitadores, inclusive aqueles que prestam serviços nos territórios rurais, é fruto de uma origem educacional centrada em uma extensa diversidade de informações, memorização e difusão da informação, apresentando uma forma linear e compartimentalizada do processo de ensino-aprendizagem.[10] Os sujeitos que apresentam essa postura reproduzem em suas práticas um contexto educativo que busca a hierarquia unidirecional e monológica do conhecimento, presente no arcabouço teórico do difusionismo-tecnicista.[11] Por outro lado, o educador-ambiental dialógico é um intérprete das leituras social e historicamente constituídas, contribuindo de forma significativa para a formação de um conjunto de relações do tipo sociedade-natureza e para a formação de um sujeito ecológico.[12]

Atualmente, os conteúdos e caminhos pedagógicos das capacitações relativos ao tema da sustentabilidade, em uma parte dos cursos de formação continuada, apresentam um viés reducionista e tecnicista, podendo ser divididos em três grandes conjuntos:[13]

1. Recursos humanos e ambientais tratados como mercadoria.
2. Caminhos pedagógicos empregados nos cursos de formação continuada, nos quais se prioriza, na maioria dos encontros, o saber-fazer em detrimento do saber-pensar, não despertando a criticidade nos sujeitos.
3. Espaço e local onde serão expostos os conteúdos relativos à sustentabilidade em processos e produtos e como se dará a gestão técnica dos recursos.

O que se observa nesses cursos é uma abordagem meramente produtivista, levando em consideração a conscientização desse ponto apenas com produtores rurais e funcionários. Por outro lado, esses cursos deveriam também fomentar a criticidade nesse grupo de sujeitos, instigando a pensar seu papel no mundo e suas inúmeras iterações, mas em outros grupos, como os familiares e as

10. DUVOISIN, RUSCHEINSKY, 2012; BROSLER, T. M.; OLIVEIRA, E. R. L.; BERGAMASCO, S. M. P. P. Métodos na nova extensão rural no Brasil: caminho para a participação, de quem? In: 48° CONGRESSO DA SOCIEDADE BRASILEIRA DE ECONOMIA, ADMINISTRAÇÃO E SOCIOLOGIA RURAL (SOBER), 2010, Campo Grande, *Anais*..., 2010.
11. ZUIN, ZUIN, 2014.
12. CARVALHO, 2001.
13. KITZMANN, D. I. S.; ASMUS, M. L. Do treinamento à capacitação: a integração da educação ambiental ao setor produtivo. In: RUSCHEINSKY, A. (Org.). *Educação ambiental:* abordagens múltiplas. Porto Alegre: Penso, 2012.

demais pessoas que interagem nos territórios rurais, que contribuiriam para a formação desse sujeito ecológico.[14]

O processo de ensino-aprendizagem denominado EA é mais amplo e profundo que os métodos empregados nos encaminhamentos difusionistas dos conteúdos durante uma capacitação ou treinamento. Tanto o treinamento como a capacitação visam a um processo mais pontual e efetivo de significação por parte dos sujeitos, ajustando a reação do sujeito para a realização de forma padronizada de determinada rotina produtiva. Entretanto, a EA é "um processo educativo que visa à transformação e à conscientização do indivíduo, alterando sua postura junto a esse tema",[15] ou seja, a constituição de uma nova significação dos sentidos voltados para esse tipo de interações dos sujeitos ecológicos.[16]

A palavra inserida em uma enunciação de conteúdo positivista-tecnicista não conhece o local da fronteira, e sim o marco do limite, quando move e percorre os compartimentos e delimitações presentes nas disciplinas que envolvem a EA, pois os saberes-fazeres residem tanto fora como dentro nesses domínios, bem como em suas mesclas. O olhar presente na EA busca, naturalmente, a transdisciplinaridade, pois não há um conhecimento sem álibi (puro), já que seu desenvolvimento e sua aplicação no mundo afetam as práticas sociais, muitas vezes de formas e caminhos imperativos.[17]

19.1

A DIALOGIA NA EDUCAÇÃO AMBIENTAL

Um dos grandes desafios dos sujeitos que desenvolverão os vários conteúdos temáticos presentes na EA, junto às pessoas que trabalham e vivem nos territórios rurais, é a participação efetiva desses indivíduos na construção de um novo modo produtivo, ou seja, a mudança de postura. A constituição de caminhos nos territórios rurais que envolvem os processos de ensino-aprendizado, que propiciam o desenvolvimento conjunto de técnicas e interações produtivas sustentáveis e socialmente justas, passa, necessariamente, pelo emprego tanto dos saberes-fazeres historicamente constituídos por produtores rurais, funcionários e seus familiares, como pelo conhecimento proveniente da ciência moderna.

14. CARVALHO, 2001; FREIRE, 1977.
15. KITZMANN, 2012, p. 188.
16. CARVALHO, 2001; VOLÓCHINOV, 2017.
17. HISSA, C. E. V. Fronteiras da transdisciplinaridade moderna. In: HISSA, C. E. V. (Org.). *Saberes ambientais:* desafios para o conhecimento disciplinar. Belo Horizonte: UFMG, 2008; BAKHTIN, 2010b.

Cabe ao extensionista rural (que também deve ser um tipo de educador-ambiental) promover esse encontro de conhecimentos transdisciplinares historicamente construídos.[18] Por meio desse cotejamento de textos, do embate dos mais variados conjuntos de sentidos, é que as soluções serão planejadas, desenvolvidas, aplicadas e melhoradas nos territórios rurais de forma significativa, polifônica e equipotente; portanto, dialógica.[19]

Os caminhos da significação[20] presentes nos processos de ensino-aprendizagem nos territórios rurais envoltos na EA dão origem a conjuntos de novos sentidos existentes nas palavras e nos pensamentos. Esses sentidos constituem as teorias sobre a comunicação dialógica, demarcando as ações e as contradições existentes nas relações sociais na interação com os objetos presentes no mundo. A mediação é importante na constituição do sujeito e ocorre por meio do uso de signos criados pelos próprios indivíduos, assim como do emprego dos instrumentos que auxiliam as atividades cotidianas.[21]

A importância do outro é fundamental para a nossa constituição, evidenciando o papel da palavra enquanto signo nessas relações.[22] Nosso papel enquanto sujeito ativo se insere **no** mundo e **com** o mundo por meio das relações e interações sociais,[23] como no caso das crianças que influenciam diretamente a formação de novos sentidos relativos à sustentabilidade dos pais, sejam eles pertencentes aos territórios rurais ou urbanos, em um processo educativo coletivo. Nesse caso, a escola assume também um papel importante na conscientização da comunidade nas questões das interações com os biomas e sujeitos.[24]

Autores como Vigotski, Bakhtin e Paulo Freire podem e devem ser utilizados pela área de EA, assim como por outras áreas do conhecimento, uma vez que buscaram, em seus estudos, tirar do eixo das discussões a passividade do sujeito em suas interações sociais e, portanto, de sua relação com o meio. Tais autores trazem à tona a máxima de que devemos estudar as interações existentes entre os sujeitos, desvendando e contextualizando os sentidos que estão por trás

18. RUSCHEINSKY, A.; COSTA, A. L. A educação ambiental a partir de Paulo Freire. In: RUSCHEINSKY, A. (Org.). *Educação ambiental:* abordagens múltiplas. Porto Alegre: Penso, 2012.
19. Referencia este e o parágrafo anterior: VOLÓCHINOV, 2017.
20. VIGOTSKI, 2001; BAKHTIN, 2010ab; BAKHTIN, 2003; FREIRE, 2005; FREIRE, 1977.
21. VIGOTSKI, 2001.
22. BAKHTIN, 2010a; BAKHTIN, 2003; BAKHTIN, 2017.
23. FREIRE, 1977.
24. ZAKRZEVSKI, S. B. A educação ambiental nas escolas do campo. In: MELLO S. S.; TRAJBER, R. (Orgs.). *Vamos cuidar do Brasil:* conceitos e práticas em educação ambiental na escola. Brasília: Ministério da Educação, Coordenação Geral de Educação Ambiental: Ministério do Meio Ambiente, Departamento de Educação Ambiental: Unesco, 2007. p. 109-201; LOUREIRO, C. F. B. Educação ambiental crítica: contribuições e desafios. In: MELLO, S. S.; TRAJBER, R. (Orgs.). *Vamos cuidar do Brasil:* conceitos e práticas em educação ambiental na escola. Brasília: Ministério da Educação, Coordenação Geral de Educação Ambiental: Ministério do Meio Ambiente, Departamento de Educação Ambiental: Unesco, 2007. p. 65-72.

de enunciações e atos, em uma busca por sujeitos que devem ser ativos e responsivos para com os demais em suas inúmeras relações de alteridade que permeiam o inacabamento de sentidos e significados durante sua vida.[25]

Visto isso, pensar em uma EA que busque a sustentabilidade dos modos produtivos significa alterar o foco que os sujeitos possuem das relações e processos que permeiam a produção agropecuária, fruto das relações sociais. A pergunta principal seria: Como pode se dar essa mudança de foco predominantemente produtivista? Tal transformação pode ocorrer por meio da constituição de relações dialógicas que levem em conta a produção de novos sentidos entre os sujeitos, em busca de um ato responsivo[26] pela conservação do bioma, os quais encontram-se inseridos nos processos produtivos nos territórios rurais.

Isso nos faz refletir sobre os processos mediativos que nos levariam à conscientização. O conceito de mediação é um dos fundamentos da dialogia freiriana, uma vez que a constituição do indivíduo ocorre por meio de mediações, sejam intencionais ou não, em cursos formais ou não formais. Segundo esse pressuposto, o indivíduo se constrói no contexto social em que vive, por meio da interação com os **outros**, com os quais ele tem contato, com instrumentos físicos e simbólicos que nortearão seu pensamento e sua vida em sociedade. É pela mediação simbólica que o indivíduo adquire consciência de suas relações no mundo e com o mundo.[27]

Para adquirirmos a consciência de nossos atos, necessitamos, antes, da compreensão[28] de interações, objetos e contextos. A compreensão é uma atividade mental mediada por signos, de forma que um signo é esclarecido por meio de outros signos. Todavia, para que haja um processo de compreensão de um tema ou enunciação advindos de outro sujeito,[29] há a necessidade de encontrarmos o contexto ideológico correspondente. Para que se possa compreender qualquer tema, há uma correlação entre a enunciação do locutor e as categorias prévias e historicamente incorporadas pelo interlocutor, ou seja, um diálogo "eu-outro".

Diante disso, pelo fato de a sociedade se inserir em um contexto histórico determinado, cujos homens produzem linguagem a partir da qual constituem suas atividades mentais e suas compreensões por meio das interações sociais, faz-se necessário haver maiores investigações sobre como o indivíduo, em seu

25. ZUIN, L. F. S.; REYES, C. R. *O ensino da língua materna:* dialogando com Vygotsky, Bakhtin e Freire. Aparecida: Ideias & Letras, 2010.
26. BAKHTIN, 2010a.
27. FREIRE, 2005.
28. FREIRE, 1979.
29. Aqui colocamos, também, qualquer material escrito, tecnologias para o campo, entre outros, pois tudo é fruto da ação humana.

processo histórico, se relacionou/relaciona com o meio e como podemos mudar tais relações,[30] como no caso da EA.

A EA deve constituir-se em uma disciplina específica a fim de que as mediações possam ser transdisciplinares, de maneira a levar à conscientização dos sujeitos em seus territórios rurais. Contudo, o extensionista rural com abordagem da EA deve estar capacitado para trabalhar as inter-relações existentes entre as várias disciplinas do saber, nas mais variadas interações que permeiam os territórios rurais. Para ser um profissional com essa postura, necessita-se de conteúdos e habilidades que extrapolam uma formação específica.

Os sujeitos buscam desenvolver uma visão sistêmica, mas, para isso, denotam um repertório de leitura e conhecimento de mundo variado e diverso em suas interações.[31] Logo, uma geração (produtores rurais e funcionários) aprende com outra (suas crianças), sendo esse o objetivo da mudança das relações entre os sujeitos e os biomas: a interação entre gerações para a construção de um novo olhar e postura. O extensionista rural também deve entrar no espaço da escola para desenvolver nos jovens (urbanos e rurais) uma consciência de preservação dos biomas.[32]

Um educador busca considerar o contexto no qual as pessoas estão inseridas e como se posicionam nele. Com essa informação, há como traçar estratégias de ensino, pelas quais o educador atua e enfatiza um repertório variado de leitura da palavra, ampliando o olhar e, consequentemente, a leitura dos mais variados contextos, indo além de uma única disciplina, de um único momento. Esse conhecimento se dá à medida que ocorrem o diálogo e a dialogia entre os sujeitos.[33] Em uma formação sólida, estar informado a respeito das mudanças de atitude em relação aos sujeitos que trabalham e habitam os territórios rurais faz-se necessário ao novo profissional das ciências agrárias, tornando fundamental a constituição de uma nova postura que saiba atrair os jovens para o debate sobre a preservação dos biomas, por meio de uma postura de educador dialógico, que sabe ouvir, interagir e, por meio da constituição dessa alteridade, sabe intervir.[34]

30. BAKHTIN, 2010a; BAKHTIN, 2003.
31. Referencia este e o parágrafo anterior: DUVOISIN, 2012.
32. DEBONI, F.; SILVA DE MELLO, S. Pensando sobre a "geração do futuro" no presente: jovem educa jovem, COM-VIDAS e Conferência. In: MELLO S. S.; TRAJBER, R. (Orgs.). *Vamos cuidar do Brasil:* conceitos e práticas em educação ambiental na escola. Brasília: Ministério da Educação, Coordenação Geral de Educação Ambiental: Ministério do Meio Ambiente, Departamento de Educação Ambiental: Unesco, 2007. p. 36-43.
33. FREIRE, 2005, 1977.
34. DEBONI, SILVA DE MELLO, 2007.

O trabalho do educador e sua maneira de ensinar envolvem conhecimentos de diversas áreas, como o domínio sobre conteúdos e currículo, adequando tais conhecimentos ao contexto e, assim, constituindo a compreensão pelos educandos.[35] A compreensão articula a palavra outra ao conteúdo temático trabalhado pelo educador, de maneira que, para que haja tal compreensão, locutor e interlocutor busquem compartilhar o mesmo contexto a fim de possuir o mesmo horizonte de significação,[36] que, nesse caso, envolve o encontro com os textos de preservação dos biomas e interações socioeconômicas dos territórios rurais trabalhados.

Uma formação inicial e continuada em EA torna-se inerente ao trabalho do educador nas mais variadas organizações para os diversos contextos produtivos e interacionais. Esse sujeito é o mediador intencional do educando com o objetivo de gerar novos sentidos de forma crítica, abrindo espaço para que todos os sujeitos, extensionistas e produtores rurais, desenvolvam uma postura responsiva perante a realidade produtiva que os cerca.

Diante do exposto, para que se tenha uma relação dialógica, há a necessidade de conhecer em profundidade o interlocutor. O conhecimento do sujeito e de seu contexto é fundamental nos processos de ensino-aprendizagem nos territórios rurais. Na busca pela conscientização dos sujeitos, o diálogo torna-se um procedimento metodológico essencial, pois, por meio dele, é possível que educador e educando compreendam um ao outro, bem como sua relação com o mundo e, principalmente, sua inserção nele. Por isso a importância do extensionista em realizar atividades como o diagnóstico dialógico socioeconômico e ambiental dos territórios rurais.[37]

Considerando que cada sujeito possui um contexto, vivências e saberes que lhe são próprios, que o constituem como homem no mundo e com o mundo, é necessária a realização de um diagnóstico[38] para a apreensão dessa realidade, a fim de conhecer quem são os sujeitos, o que sabem, como se constituem, as interações estabelecidas historicamente nos territórios rurais, entre outras informações. Esse conjunto de informações é essencial para que se planeje o processo de ensino-aprendizagem e ocorra a conscientização dos sujeitos.[39]

35. REALI, A. M. M. R.; REYES, C. R. *Reflexões sobre o fazer docente*. São Carlos: EdUFSCar, 2013. v. 3.
36. BAKHTIN, 2010ab; BAKHTIN, 2003; VOLÓCHINOV, 2017.
37. Ver Capítulo 4.
38. Podem ser empregados, nesse momento, os mesmos caminhos metodológicos propostos no Capítulo 3.
39. FREIRE, 2005.

Por outro lado, algumas outras estratégias podem ser empregadas na conscientização dos produtores rurais, como mobilizar os filhos desses sujeitos nas questões da produção sustentável e da preservação dos biomas. Veremos a seguir sugestões de encaminhamentos que poderão ser empregados pelos educadores ambientais em atividades com crianças na primeira infância pertencentes tanto aos ambientes urbanos como rurais.

19.2

TRANSFORMANDO A LEITURA DE MUNDO DAS CRIANÇAS

Acreditamos que, a fim de obter uma sociedade responsiva, o trabalho com os temas pertencentes a EA deve ser iniciado ainda na primeira infância, com ações que permitam às crianças vir a ter consciência sobre o ambiente[40] – não somente aquelas pertencentes ao meio urbano, mas também as que vivem nos territórios rurais, como filhos de trabalhadores e produtores.

Nas escolas, existem basicamente quatro formas de abordar a educação de acordo com elementos sobre, no, para e a partir do bioma:[41]

1. **Educação *sobre* o bioma:** possui enfoque informativo para a internalização de conhecimentos curriculares de forma isolada, conteudista, sem o acompanhamento de uma leitura crítica dos elementos e suas interações no biomas-sujeitos.
2. **Educação *no* bioma:** por meio de conjuntos de atividades didáticas vivenciadas diretamente no bioma, em contato com a flora e a fauna e demais elementos do território, os conteúdos programáticos, nesse caso, são tratados observando a natureza.
3. **Educação *para* o bioma:** de abordagem construtivistas, nessa forma de ensino, o aprendizado ocorre por meio da realização de projetos no bioma; de forma crítica, a preservação do bioma é tratada de maneira clara e evidente pelo educador ambiental.

40. SANTOS, F. S.; THIENGO, E. R. Educação infantil e educação ambiental: um olhar sobre a inserção do lúdico como ferramenta de aprendizagem as questões ambientais para as crianças da educação infantil. *Revista Sodebras*, v. 9, n. 101, p. 25-28, 2014.

41. MELLO, S. S.; TRAJBER, R. Apresentação. In: MELLO, S. S.; TRAJBER, R. (Orgs.). *Vamos cuidar do Brasil:* conceitos e práticas em educação ambiental na escola. Brasília: Ministério da Educação, Coordenação Geral de Educação Ambiental: Ministério do Meio Ambiente, Departamento de Educação Ambiental: Unesco, 2007. p. 6-10.

4. **Educação *a partir* do bioma:** incorpora, nas formas de aprendizado já citadas, o saber-fazer dos sujeitos que moram nos biomas, que interagiram historicamente com ele das mais variadas formas éticas e estéticas, ou seja, suas certezas e inseguranças, sua dependência e sua relação com o bioma, a diversidade de relações entre comunidades, entre outros fatores que impactam esses sujeitos e o ambiente em que vivem e trabalham.

A fim de discutirmos a EA, devemos nos orientar pela historicidade dos fatos. Sabe-se que a EA não aparece na grade curricular da educação básica para as crianças como disciplina específica, valendo, portanto, rememorar os caminhos e entraves que tem tido na história da educação brasileira. Na Constituição Federal de 1988, está descrito no art. 225 que "cabe ao Poder Público promover a Educação Ambiental em todos os níveis de ensino e a conscientização pública para a preservação do meio ambiente".

Todavia, essa discussão, relativa aos novos modos com que nos relacionamos e importamos com a preservação dos biomas, iniciou-se com maior intensidade na academia na década de 1990, com a publicação da obra *Primavera silenciosa*, de Rachel Carson.[42] Essa obra buscava combater os caminhos tomados pela Revolução Verde nos processos produtivos agroalimentares. O interesse despertado nas pessoas pelo tema do livro instaurou nas universidades um movimento ambientalista preservacionista, que culminou em uma série de debates e conferências por parte significativa da sociedade. É interessante salientar que tais atitudes marcaram a abertura política e, com isso, a possibilidade de diálogo para as transformações necessárias. A Revolução Verde, tão criticada por tal movimento, está relacionada de forma direta aos processos educativos de orientação produtivista-tecnicista, cujos educadores, trabalhando nos ambientes formais ou não formais, apresentavam uma prática hierárquica e autoritária.

No Brasil, com a abertura política na década de 1980, questionou-se o papel ativo dos sujeitos e sua inserção no mundo e com o mundo, e foram apresentadas novas possibilidades de mudanças tanto para o ambiente urbano como rural. Exemplo disso são as políticas públicas que vêm sendo constituídas visando à construção de novos olhares para o meio ambiente e traçadas em conformidade com a Lei n. 9.795, de 27 de abril de 1999, que em seu art. 1º conceitua a

42. CARSON, R. *Primavera silenciosa*. São Paulo: Gaia, 2010.

EA como uma relação cujos indivíduos, em sua coletividade, constroem acerca de habilidades, atitudes e competências voltadas para a conservação do meio ambiente em busca de uma qualidade de vida e sustentabilidade. Em seu segundo artigo, o documento pontua que:

> [...] a educação ambiental é um componente essencial e permanente da educação nacional, devendo estar presente, de forma articulada, em todos os níveis e modalidades do processo educativo, em caráter formal e não formal.

Contudo, apesar de nos últimos anos a EA ter sido mais trabalhada nos ambientes formais de educação, muito mais poderia ter sido feito sobre o desenvolvimento do tema. Uma das causas dessa demora pode ser atribuída à forma como esse tema é tratado nos Parâmetros Curriculares Nacionais[43] – documento que norteia as ações dos professores da educação básica. A temática meio ambiente faz parte de um grupo de conteúdos caracterizado como tema transversal, devendo ser trabalhado por diferentes disciplinas, mas sem corresponder a uma disciplina específica.[44] É interessante notar que o termo **meio ambiente** também possui uma ideologia por trás que é diferente de EA.

Nesse cenário, duas são as principais vertentes em EA que se configuram: abordagem ecológico-preservacionista e socioambiental.[45] A primeira possui como um dos pressupostos preservar e conservar a natureza, sem olhar para as questões econômicas e sociais presentes nos biomas. Possui ainda uma visão romantizada sobre a natureza, defendendo o fim do desenvolvimento com fundamentos em conteúdos de ecologia, sob uma perspectiva catastrófica quanto ao futuro da humanidade.

Já a vertente socioambiental apresenta como pressuposto preservar e conservar a natureza, contemplando, primeiramente, os aspectos socioeconômicos e históricos que a envolvem, uma vez que compreende o ambiente como fruto de um processo histórico de relações humanas e biomas. Os problemas socioambientais que ocorrem são fruto dessa interação homem-biomas, portanto não são analisados como catástrofes, mas se impõem como desafios aos profissionais a fim de serem revertidos ou diminuídos a partir da elaboração do conhecimento científico, bem como da conscientização das ações e dos limites do próprio homem.

43. BRASIL. Secretaria de Educação Fundamental. *Parâmetros curriculares nacionais:* apresentação dos temas transversais, ética. Brasília: MEC/SEF, 1997.
44. SANTOS, THIENGO, 2014.
45. CARVALHO, I. C. M. *Educação ambiental:* a formação do sujeito ecológico. São Paulo: Cortez, 2004.

Assim, essa abordagem configura-se como uma perspectiva crítica da EA. O olhar possui fundamentos enraizados na educação popular emancipadora, cujo pressuposto é romper com a visão de educação tecnicista da transmissão de conhecimentos. Como ruptura a essa concepção, é importante a prática mediadora dialógica existir nos processos de ensino-aprendizagem para a construção social de conhecimentos, uma vez que os conteúdos socioeconômicos e ambientais estão imbricados na vida dos sujeitos.[46] A fim de exemplificar, trazemos a seguir três relatos de experiência de nossa prática com crianças da primeira infância para mostrar como o trabalho com temáticas relevantes é importante para sua conscientização e como pode modificar a postura dos adultos de forma positiva perante a relação homem-ambiente.

ESTUDO DE CASO 19.1

Letramento para conscientização sobre o meio ambiente

Enquanto professora e pesquisadora da unidade de educação infantil da Universidade Federal de São Carlos, exerço um trabalho pedagógico junto às crianças, bem como reuniões com as famílias e com a direção e a coordenação, além de realizar trabalhos de pesquisa e extensão. Pelo fato de ser uma professora apaixonada por literatura infantojuvenil, os livros são os principais mediadores, em busca de desencadear diálogos problematizadores na roda de conversa com as crianças.

Há um projeto denominado *Letramentos na educação infantil: rodas de leitura e de conversa como espaço para a apropriação de novas leituras de mundo* que vai ao encontro da temática proposta para este artigo. Esse projeto busca fazer com que as crianças apreciem histórias, se conscientizem a respeito do cuidado com o ambiente no qual estão inseridas, desenvolvam a linguagem oral, a escuta, e se expressem por meio da arte. Sempre fazemos atividades oriundas dessas leituras e diálogos com materiais recicláveis.

⇛

46. CARVALHO, 2004.

⇛

As crianças de dois anos de idade estão descobrindo o mundo, e falar sobre os cuidados com a natureza aguça muito sua curiosidade, como preservar a natureza fechando a torneira ao escovar os dentes, o ciclo da água, sua falta e sua importância, observar o crescimento das plantas cultivadas – desde o feijão plantado em um copo com algodão até o ramo de alecrim ou a alface plantada na horta da escola, entre outras. É preciso fazê-las vivenciar como tudo necessita de cuidado e de água para viver e sobreviver, o que repercute em pequenas ações, como pedir aos pais que não demorem muito tempo no banho ou lembrar o coleguinha de fechar a torneira na hora de escovar os dentes.

Livros são sempre lidos a fim de mediar nossos diálogos problematizadores. A fim de propiciar essa mediação com as famílias, foi enviado às crianças de três anos de idade um livro denominado *Azul e lindo: planeta Terra, nossa casa.*[47] Junto com ele, segue um diário para que os pais registrem a leitura realizada junto à criança – trabalho esse denominado *O livro viajante*. Esse livro em questão traz todas as temáticas relativas ao cuidado com o nosso planeta, como preservar, combater a poluição, evitar o desmatamento, respeitar a diversidade e aprender com outros povos, melhor proteção e aproveitamento dos recursos etc. Em alguns relatos feitos pelas famílias, podemos observar a preocupação dos pequenos: "Ana já demonstrou atenção maior quanto ao desperdício de água ao escovar os dentes. Entendeu a importância da água para a vida e ficou surpresa quando viu a Terra azul. Apesar de não ser um livro de historinhas como ela está acostumada, acho que entendeu o recado e já tem um pouco mais de noção dos cuidados que devemos ter com o espaço em que vivemos".

Indo ao encontro desse relato, em duas de nossas entrevistas feitas em pesquisas desenvolvidas no Brasil e na América Latina, alguns entrevistados disseram o quanto as crianças são importantes para a mudança de postura dos pais em relação ao meio ambiente e até em relação ao bem-estar dos animais de produção. Nesses relatos, foram os filhos e as esposas que chamaram a atenção dos homens, fazendo-os mudar de atitude em relação às suas formas de intervenção na natureza e na relação homem-animal.

Fonte: ZUIN, L. F. S.; ZUIN, P. B.; PARANHOS DA COSTA, M. J.R. Operacionalização dos processos formativos nas práticas de bem-estar animal para vaqueiros em fazendas de gado de corte. In: ZUIN, P. B.; GIROTTI; M. T.; ROMUALDO, C. (Org.). *Diálogos em didática:* tecendo histórias sobre o ensinar e aprender. Aparecida: Ideias & Letras, 2016. v. 1, p. 103-126.

---

47. ROCHA, R.; ROTH, O. *Azul e lindo:* planeta Terra, nossa casa. São Paulo: Salamandra, 2008.

CONSIDERAÇÕES FINAIS

Trabalhar temas, nos cursos de formação continuada, que levem a uma produção rural viável economicamente, sustentável e socialmente justa, deve tornar-se o objetivo dos extensionistas rurais, que devem caminhar em vários locais e situações pedagógicas, como no caso das escolas rurais e urbanas que trabalham com alunos na primeira infância, com o objetivo de que essas crianças venham a auxiliar na educação dos adultos quanto à conscientização da preservação dos biomas nos territórios rurais. Deve-se trazer consciência ambiental e desenvolver tecnologias que aproximem uma realidade produtiva preocupada com o meio em que vivemos de maneira a preservarmos os biomas do nosso planeta.

Outro ponto positivo nas interações dos extensionistas rurais com as crianças, principalmente do meio urbano, é aproximar a realidade produtiva dos alimentos, fazendo com que a tensão existente entre os sujeitos pertencentes aos mundos rurais e urbanos seja mais harmônica.

Algumas investigações[48] descrevem que os sujeitos que trabalham ou possuem propriedades pertencentes aos territórios rurais são, ao mesmo tempo, protagonistas e vítimas dos resultados presentes nos impactos de seus processos produtivos nos biomas dos ambientes produtivos. Muitas vezes essas situações são determinadas pela falta de informação sobre como realizar corretamente uma atividade produtiva de forma sustentável. Por falta de conhecimento, esses sujeitos encontram-se diretamente inseridos nesse contexto produtivo que pode inclusive afetar suas vidas de forma negativa.

A capacitação dialógica presente na EA nos mais variados ambientes rurais e urbanos e as formas de interações educativas parecem ser o melhor caminho para que esses sujeitos possam atingir suas expectativas quanto aos novos modos produtivos sustentáveis e socialmente justos. Para Santos e Thiengo,[49] "o educador ambiental tem o papel de mediar as interações dos sujeitos com seu meio natural e social. Reconhecer a educação ambiental como uma área de múltiplas possibilidades e empreender uma prática efetiva nessa área são o ideal para esse profissional".

Pensar na criança como um agente de mudança de sua própria realidade permitirá que tenhamos um futuro mais seguro, tolerante e diverso.

48. KITZMANN, ASMUS, 2012.
49. SANTOS, THIENGO, 2014, p. 27.

REFERÊNCIAS

BAKHTIN, M. *Estética da criação verbal.* São Paulo: Martins Fontes, 2003.

______. *Para uma filosofia do ato responsável.* São Carlos: Pedro & João Editores, 2010a.

______. *Problemas da poética de Dostoiévski.* Rio de Janeiro: Forense Universitária, 2010b.

BRASIL. Secretaria de Educação Fundamental. *Parâmetros curriculares nacionais:* apresentação dos temas transversais, ética. Brasília: MEC/SEF, 1997.

BROSLER, T. M.; OLIVEIRA, E. R. L.; BERGAMASCO, S. M. P. P. Métodos na Nova Extensão Rural no Brasil: caminho para a participação, de quem? In: 48º CONGRESSO DA SOCIEDADE BRASILEIRA DE ECONOMIA, ADMINISTRAÇÃO E SOCIOLOGIA RURAL (SOBER), 2010, Campo Grande, *Anais...*, 2010.

CARSON, R. *Primavera silenciosa.* São Paulo: Gaia, 2010.

CARVALHO, I. C. M. *A invenção da ecologia:* narrativas e trajetórias da educação ambiental. Porto Alegre: Editora Universidade/UFRGS, 2001.

______. *Educação ambiental:* a formação do sujeito ecológico. São Paulo: Cortez, 2004.

DEBONI, F.; SILVA DE MELLO, S. Pensando sobre a "geração do futuro" no presente: jovem educa jovem, COM-VIDAS e Conferência. In: MELLO S. S.; TRAJBER, R. (Orgs.). *Vamos cuidar do Brasil:* conceitos e práticas em educação ambiental na escola. Brasília: Ministério da Educação, Coordenação Geral de Educação Ambiental: Ministério do Meio Ambiente, Departamento de Educação Ambiental: Unesco, 2007.

DUVOISIN, I. A.; RUSCHEINSKY, A. Visão sistêmica e educação ambiental: conflitos entre o velho e o novo paradigma. In: RUSCHEINSKY, A. (Org.). *Educação ambiental abordagens múltiplas.* 2. ed. Porto Alegre: Penso, 2012.

FREIRE, P. *Conscientização:* teoria e prática da libertação. São Paulo: Cortez & Moraes, 1979.

______. *Extensão ou comunicação?* Petrópolis: Paz e Terra, 1977.

______. *Pedagogia do oprimido.* Petrópolis: Paz e Terra, 2005.

______. *Professora sim tia não:* cartas a quem ousa ensinar. São Paulo: Olho d'Água, 1999.

KITZMANN, D. I. S.; ASMUS, M. L. Do treinamento à capacitação: a integração da educação ambiental ao setor produtivo. In: RUSCHEINSKY, A. (Org.). *Educação ambiental:* abordagens múltiplas. Porto Alegre: Penso, 2012.

HISSA, C. E. V. Fronteiras da transdisciplinaridade moderna. In: HISSA, C. E. V. (Org.). *Saberes ambientais:* desafios para o conhecimento disciplinar. Belo Horizonte: Editora UFMG, 2008.

LOUREIRO, C. F. B. Educação ambiental crítica: contribuições e desafios. In: MELLO S. S.; TRAJBER, R. (Orgs.). *Vamos cuidar do Brasil:* conceitos e práticas em educação ambiental na escola. Brasília: Ministério da Educação, Coordenação Geral de Educação Ambiental: Ministério do Meio Ambiente, Departamento de Educação Ambiental: Unesco, 2007.

MARTINEZ-BLANCO, J. Aplicaciones de eco-innovación en el sector agrícola: experiencias españolas. In: OMETTO, A. R.; PERES, R. B.; SAAVEDRA, Y. M. B. (Orgs.). *Ecoinovacão para melhoria ambiental de produtos e serviços:* experiências Espanholas e Brasileiras nos setores industrial, urbano e agrícola. São Carlos: Diagrama Editorial, 2012.

MELLO S. S.; TRAJBER, R. Apresentação. In: MELLO S. S.; TRAJBER, R. (Orgs.). *Vamos cuidar do Brasil:* conceitos e práticas em educação ambiental na escola. Brasília: Ministério da Educação, Coordenação Geral de Educação Ambiental: Ministério do Meio Ambiente, Departamento de Educação Ambiental: Unesco, 2007.

MORSON, G. S.; EMERSON, C. *Mikhail Bakhtin:* criação de uma prosaística. São Paulo: Edusp, 2008.

REALI, A. M. M. R.; REYES, C. R. *Reflexões sobre o fazer docente.* São Carlos: EdUFSCar, 2013. v. 3.

ROCHA, R.; ROTH, O. *Azul e lindo:* planeta Terra, nossa casa. São Paulo: Salamandra, 2008.

RUSCHEINSKY, A.; COSTA, A. L. A educação ambiental a partir de Paulo Freire. In: RUSCHEINSKY, A. (Org.). *Educação ambiental:* abordagens múltiplas. Porto Alegre: Penso, 2012.

SANTOS, F. S.; THIENGO, E. R. Educação infantil e educação ambiental: um olhar sobre a inserção do lúdico como ferramenta de aprendizagem as questões ambientais para as crianças da educação infantil. *Revista Sodebras*, v. 9, n. 101, p. 25-28, 2014.

SANTOS, M. A questão do meio ambiente: desafios para a construção de uma perspectiva transdisciplinar. *Revista de Gestão Integrada em Saúde do Trabalho e Meio Ambiente* (InterfacEHS), v. 1, n. 1, p. 139-151, 2006.

______. *Técnica, espaço e tempo:* globalização e meio técnico-científico-informacional. São Paulo: Hucitec, 1994.

VIGOTSKI, L. S. *A construção do pensamento e da linguagem.* São Paulo: Martins Fontes, 2001.

VOLÓCHINOV, V. *Marxismo e filosofia da linguagem.* São Paulo: Editora 34, 2017.

ZAKRZEVSKI, S.B. A educação ambiental nas escolas do campo. In: MELLO S. S.; TRAJBER, R. (Orgs.). *Vamos cuidar do Brasil:* conceitos e práticas em educação ambiental na escola. Brasília: Ministério da Educação, Coordenação Geral de Educação Ambiental: Ministério do Meio Ambiente, Departamento de Educação Ambiental: Unesco, 2007.

ZUIN, L. F. S.; REYES, C. R. *O ensino da língua materna:* dialogando com Vygotsky, Bakhtin e Freire. Aparecida: Ideias & Letras, 2010.

ZUIN, L. F. S.; ZUIN, P. B. Comunicação dialógica na gestão ambiental: novos caminhos metodológicos para a extensão rural. In: PALHARES, J. C. P.; GEBLER, L. (Orgs.). *Gestão ambiental na agropecuária*, v. 2. Brasília: Embrapa Informação Tecnológica, 2014.

ZUIN, L. F. S.; ZUIN, P. B.; MANRIQUE, M. A. D. A comunicação dialógica como fator determinante para os processos de ensino-aprendizagem que ocorrem na capacitação rural: um estudo de caso em um órgão público de extensão localizado no interior do estado de São Paulo. *Ciência Rural*, v. 41, n. 5, p. 917-923, 2011.

ZUIN, L. F. S.; ZUIN, P. B.; PARANHOS DA COSTA, M. J. R. Operacionalização dos processos formativos nas práticas de bem-estar animal para vaqueiros em fazendas de gado de corte. In: ZUIN, P. B.; GIROTTI; M. T.; ROMUALDO, C. (Org.). *Diálogos em didática:* tecendo histórias sobre o ensinar e aprender. Aparecida: Ideias & Letras, 2016.

ÍNDICE REMISSIVO